H. Lüneburg

Einführung in die Algebra

Springer-Verlag
Berlin Heidelberg New York 1973

Heinz Lüneburg
Fachbereich Mathematik der Universität Trier-Kaiserslautern

AMS Subject Classifications (1970): 13-01, 15-01, 20-01

ISBN 3-540-06260-2 Springer-Verlag Berlin Heidelberg New York
ISBN 0-387-06260-2 Springer-Verlag New York Heidelberg Berlin

Vorwort

Die vorliegenden Blätter stellen bis auf geringe Abweichungen den Inhalt einer dreisemestrigen Anfängervorlesung über lineare Algebra dar, die ich vom Winter 1970/71 bis zum Winter 1971/72 in Kaiserslautern gehalten habe. Mein Hauptanliegen bei dieser Vorlesung war, den etwas trockenen Stoff der linearen Algebra durch viele Beispiele und interessante Anwendungen reizvoller zu gestalten und durch die Beispiele auch dem Mangel ein wenig abzuhelfen, dem man immer wieder auch bei der eigenen Arbeit begegnet, daß es nämlich leichter fällt, einen Satz zu beweisen als ein Gegenbeispiel für eine Vermutung zu finden.

Die meisten Beispiele dieses Buches sind Beispiele für Ringe und Körper: Der Ring der ganzen Zahlen und seine homomorphen Bilder werden untersucht, die ganzen Hensel'schen p-adischen Zahlen werden als Endomorphismenringe der Prüfergruppen konstruiert, die ihrerseits interessante Beispiele von Gruppen liefern, die, wie man weiß, in der Theorie der abelschen Gruppen eine große Rolle spielen; die Hensel'schen p-adischen Zahlen erscheinen als Quotientenkörper dieser Ringe. Ferner werden alle Galoisfelder konstruiert und gezeigt, daß dies alle endlichen Körper sind. Die Endomorphismenringe von Vektorräumen liefern eine weitere Klasse von interessanten Beispielen. Die Struktur ihrer Rechts- und Linksidealverbände wird eingehend untersucht. Schließlich wird zu jeder Charakteristik ein Quaternionenschiefkörper konstruiert und zur Charakteristik Null sogar abzählbar viele, paarweise nicht isomorphe. Die ganzen Gauß'schen Zahlen sind ein Beispiel für einen euklidischen Ring und mit ihrer Hilfe und der Theorie der euklidischen Ringe erhält man einen Beweis für den Fermat'schen zwei-Quadrate-Satz.

Beispiele für Gruppen, die vorkommen, sind die schon erwähnten Prüfergruppen, die zyklischen, alternierenden und symmetrischen Gruppen. Die elementarabelschen 2-Gruppen werden durch die Potenzmenge einer Menge versehen mit der symmetrischen Differenz als Gruppenoperation erhalten. Benutzt man dies und ein klein wenig Gruppentheorie, so erhält man, daß eine endliche Menge ebensoviele Teilmengen gerader Länge wie Teilmengen ungerader Länge enthält.

Alle diese Beispiele dienen u.a. auch dem Zweck zu zeigen, wie sich die Theorie, die auch studiert wird, anwenden läßt. So werden die zyklischen Gruppen bzw. die homomorphen Bilder des Ringes der ganzen Zahlen erst nach den Homomorphiesätzen für Gruppen bzw. Ringe behandelt. Man hätte sie auch, wie man so schön sagt, von Hand erledigen können, es erschien mir jedoch lehrreicher und zeitsparender, die Sätze, die die Theorie liefert, an diesen einfachen Beispielen zum ersten Mal zu erproben.

Die Homomorphiesätze kommen wegen ihrer Wichtigkeit gleich dreimal vor: bei den Gruppen, bei den Ringen und bei den Moduln. Es zeigt sich, daß sie den Studenten beim dritten Vorkommen nur noch geringe Schwierigkeiten bieten. Da sie ein so wichtiges Hilfsmittel sind, rechtfertigt sich die Zeit, die man dafür aufwenden muß.

Ich konnte der Versuchung nicht widerstehen, beliebige Vektorräume in die Untersuchungen einzubeziehen, zumal sich, wenn man ihre Unterraumverbände, ihre Endomorphismenringe und Dualräume untersucht, eine ganze Reihe reizvoller Kriterien dafür ergeben, daß ein Vektorraum endlich erzeugt ist. Die Untersuchung beliebiger Vektorräume erfordert einige mengentheoretische Hilfsmittel, die in einem eigenen Abschnitt in extenso vorgeführt werden. Auch dies dient, glaube ich, der Bereicherung des Stoffes einer solchen Vorlesung.

Die Ringtheorie und die lineare Algebra finden dann Anwendung in dem Kapitel über Körpertheorie. Die Konstruktion des Zerfällungskörpers eines Polynoms dient später dazu, die Stellung der Eigenwerte einer linearen Abbildung zu klären. Andererseits wird sie zu der schon erwähnten Konstruktion der Galoisfelder benutzt und auch beim Beweise des Fundamentalsatzes der Algebra gehen die Zerfällungskörper von gewissen Polynomen ein.

Höhepunkt des Buches scheint mir die im letzten Kapitel entwickelte Theorie der endlich erzeugten Moduln über Hauptidealringen und ihre Anwendung auf lineare Abbildungen und Matrizen zu sein. Hier kommen noch einmal viele der zuvor entwickelten Ideen zum Tragen.

In einem Anhang findet der Leser das große und kleine deutsche Alphabet, so wie es von Hand geschrieben aussieht, ferner das große und kleine griechische Alphabet samt den Namen der griechischen Buchstaben. Obwohl heutzutage auf das Unterrichten der Kulturtechniken Lesen, Rechnen und Schreiben sehr viel Liebe und Mühe verwandt wird, scheinen diese beiden Alphabete immer mehr in Vergessenheit zu geraten. Da der Mathematiker jedoch ständig an einem Mangel an verwendbaren Symbolen leidet, wird er so schnell nicht auf diese beiden Alphabete verzichten wollen. Darum habe ich sie hier als Schreibvorlage für den Studenten hinzugefügt.

Zu erwähnen ist noch, wo das Buch von der Vorlesung abweicht. Der Abschnitt über endliche Mengen, die ich in der Vorlesung etwas nonchalant behandelte, ist hinzugekommen, ebenso der Satz von Wedderburn über endliche Schiefkörper. Die Konstruktion der reellen Zahlen habe ich in der Vorlesung nur kurz skizziert. Weggelassen habe ich das Kapitel über die Graßmannalgebra eines Vektorraumes, da es kaum Beziehungen zu dem andern hatte, was ich vortrug. Ferner schrieb ich den Abschnitt über die Idealstruktur des Endomorphismenringes eines Vektorraumes im Anschluß an einen Kolloquiumsvortrag von Herrn W. Liebert über Endomorphismenringe abelscher Gruppen völlig neu, wodurch er erheblich an Klarheit und Einfachheit gewann. Ich möchte Herrn Liebert an dieser Stelle recht herzlich danken, daß er es mir gestattete, von seinen Ideen freien Gebrauch zu machen.

Schließlich möchte ich mich nicht minder herzlich bei Herrn P. Plaumann bedanken, der mit mir das ganze Manuskript durchlas und viele Verbesserungsvorschläge machte, die wesentlich zur Klarheit des Textes beitrugen.

Kaiserslautern, im Dezember 1972 Heinz Lüneburg

Inhaltsverzeichnis

Kapitel I. Grundbegriffe

In diesem ersten Kapitel sammeln wir einige Grundtatsachen, die wir im folgenden immer wieder benötigen werden. Wir knüpfen dabei an Kenntnisse über die ganzen Zahlen an, die der Leser auf der Schule erworben hat. Dies geschieht so, daß wir zu Anfang des ersten Abschnitts einige der Dinge referieren und einige andere beweisen, die der Leser ohnehin schon weiß. Es geht uns darum, den Leser auf das, was kommt, einzustimmen, Namen zu nennen und Bezeichnungen einzuführen, die wir im weiteren Verlauf des Buches benötigen werden. Von der Einführung der vollständigen Induktion an wird es dann ernsthafter.

Der zweite und dritte Abschnitt dieses Kapitels handelt von Mengen und Abbildungen, Begriffe, ohne die man in der Mathematik nicht mehr auskommt. Wir reden wiederum ganz naiv von diesen Dingen, ohne eine Axiomatik zu versuchen, die den Leser an dieser Stelle des Spiels nur langweilen würde.

Im vierten Abschnitt dieses Kapitels bringen wir schließlich die grundlegenden Dinge über endliche Mengen. Dies gibt uns gleichzeitig Gelegenheit, die vollständige Induktion und den Umgang mit Äquivalenzrelationen und Abbildungen zu üben.

1. Die ganzen Zahlen

Im Rechenunterricht der ersten vier Jahre der Volksschule, die heute Grund- bzw. Hauptschule genannt wird, lernt man mit denjenigen Zahlen umzugehen, die dann später natürliche bzw. nicht-negative ganze Zahlen genannt werden. Die natürlichen Zahlen sind diejenigen Zahlen, die man gemeinhin mit den Symbolen 1,2,3,4,... bezeichnet, während die Symbole 0,1,2,3,4,... für die nicht-negativen ganzen Zahlen stehen. Später treten zu diesen Zahlen die negativen ganzen Zahlen -1,-2,-3,-4,... hinzu. Alle diese Zahlen heißen ganze Zahlen. Die Menge aller ganzen Zahlen bezeichnen wir mit $\mathbb{Z}$. Ist a eine ganze Zahl, so drücken wir das durch das Adhäsionssymbol $\in$ aus, indem wir $a \in \mathbb{Z}$ schreiben. $a \in \mathbb{Z}$ bedeutet also, daß a ein Element von $\mathbb{Z}$ ist, d.h., daß a eine ganze Zahl ist. Ist $a \in \mathbb{Z}$ und $b \in \mathbb{Z}$, so schreiben wir dafür meist kürzer $a,b \in \mathbb{Z}$. Entsprechend verfahren wir, wenn mehr als zwei ganze Zahlen vorliegen.

Im Rechenunterricht der Schule lernt man zwei ganze Zahlen a und b zu addieren. Ihre Summe, die man mit $a + b$ bezeichnet, ist wieder eine ganze Zahl, d.h., sind

$a,b \in \mathbb{Z}$, so ist auch $a + b \in \mathbb{Z}$. Für diese, Addition genannte, Verknüpfung von zwei ganzen Zahlen gelten die beiden folgenden Rechenregeln:

<u>1.1.</u> Es ist $a + (b + c) = (a + b) + c$ für alle $a,b,c \in \mathbb{Z}$.

<u>1.2.</u> Es ist $a + b = b + a$ für alle $a,b \in \mathbb{Z}$.

1.1 heißt das <u>Assoziativgesetz</u> und 1.2 das <u>Kommutativgesetz</u> der Addition. Ferner gilt

<u>1.3.</u> Sind $a,c \in \mathbb{Z}$, so gibt es genau ein $x \in \mathbb{Z}$ mit $a + x = c$.

1.3 besagt, daß die Gleichung $a + x = c$ stets eine ganzzahlige Lösung x hat, es jedoch keine zwei verschiedene Lösungen dieser Gleichung gibt, gleichgültig, welche ganzen Zahlen a und c auch sind. Die Lösung x der Gleichung $a + x = c$ bezeichnen wir mit $c - a$.

Es sei $a \in \mathbb{Z}$. Nach 1.3 gibt es genau ein Element $x \in \mathbb{Z}$ mit $a + x = a$. Es sei $b \in \mathbb{Z}$. Was ist $b + x$? Nach dem, was die Schule an Wissen über die ganzen Zahlen bereitstellt, ist $x = 0$ und daher $b + x = b$. Wir werden nun zeigen, daß wir dies, auch ohne auf weiteres früheres Wissen zurückzugreifen, nur mit Hilfe von 1.1, 1.2 und 1.3 beweisen können: Nach 1.3 gibt es ein $y \in \mathbb{Z}$ mit $a + y = b$. Nach 1.2 ist auch $y + a = b$. Mit 1.1 erhält man also

$$b + x = (y + a) + x = y + (a + x) = y + a = b.$$

Daher gilt

<u>1.4.</u> Es gibt genau ein, mit 0 bezeichnetes, Element in $\mathbb{Z}$, welches die Eigenschaft besitzt, daß $z + 0 = z$ ist für alle $z \in \mathbb{Z}$.

0 heißt das bez. der Addition <u>neutrale Element</u> oder die <u>Identität</u> bez. der Addition oder auch das <u>Nullelement</u> von $\mathbb{Z}$.

Neben der Addition gibt es noch eine weitere Verknüpfung zwischen ganzen Zahlen, nämlich die Multiplikation. Sind $a,b \in \mathbb{Z}$, so ist das Produkt ab von a mit b ebenfalls eine ganze Zahl. Für die, Multiplikation genannte, Verknüpfung zweier ganzer Zahlen gelten die beiden Rechenregeln:

<u>1.1'.</u> Es ist $a(bc) = (ab)c$ für alle $a,b,c \in \mathbb{Z}$.

<u>1.2'.</u> Es ist $ab = ba$ für alle $a,b \in \mathbb{Z}$.

1.1' heißt sinngemäß das <u>Assoziativgesetz</u> und 1.2' das <u>Kommutativgesetz</u> der Multiplikation.

Weil es keine ganze Zahl x mit $2x = 1$ gibt, gilt ein 1.3 entsprechender Sachverhalt für die Multiplikation von ganzen Zahlen nicht; auch dann nicht, wenn man sich auf die von Null verschiedenen ganzen Zahlen beschränkt. Lösungen von Gleichungen sind jedoch eindeutig, falls sie existieren. Dies besagt gerade die sog. <u>Kürzungsregel</u>

<u>1.5.</u> Ist $a \in \mathbb{Z}$ und ist $a \neq 0$, sind ferner $b,c \in \mathbb{Z}$ und gilt $ab = ac$, so ist $b = c$.

Die Rolle, die die Null bei der Addition spielt, wird von der Eins bei der Multiplikation übernommen. Es ist ja $1a = a$ für alle $a \in \mathbb{Z}$. Entsprechend heißt 1 das bez. der Multiplikation <u>neutrale Element</u> oder die <u>Identität</u> bez. der Multiplikation oder auch das <u>Einselement</u> von $\mathbb{Z}$.

In meiner Kindheit lernte man, daß die Multiplikation eine verkürzte Addition ist. Sie ist nämlich ein rationelles Verfahren, das mehrmalige Aufaddieren ein und desselben Summanden durchzuführen. So ist es nicht verwunderlich, daß Addition und Multiplikation eng miteinander verknüpft sind. Der Heiratskontrakt, der zwischen den beiden Verknüpfungen besteht, ist das sog. <u>Distributivgesetz</u>. Es lautet:

<u>1.6.</u> Es ist $a(b + c) = ab + ac$ für alle $a,b,c \in \mathbb{Z}$.

Aus 1.6 folgt mit Hilfe der Kommutativität der Multiplikation auch das andere Distributivgesetz $(a + b)c = ac + bc$ auf folgende Weise:

$$(a + b)c = c(a + b) = ca + cb = ac + bc.$$

<u>1.7.</u> Es ist $0a = a0 = 0$ für alle $a \in \mathbb{Z}$.

Beweis. Nach 1.2' ist $0a = a0$, so daß wir nur die Gleichung $a0 = 0$ zu beweisen brauchen. Nach 1.4 ist $0 + 0 = 0$ und $a0 + 0 = a0$. Daher ist

$$a0 + 0 = a0 = a(0 + 0) = a0 + a0.$$

Also sind 0 und $a0$ Lösungen der Gleichung $a0 + x = a0$. Mit 1.3 folgt somit $a0 = 0$, q. e. d.

Die natürlichen Zahlen 1,2,3,4,... bilden einen Teil der ganzen Zahlen. Für die Menge aller natürlichen Zahlen schreiben wir im folgenden stets $\mathbb{N}$. Ist a eine natürliche Zahl, so drücken wir das durch $a \in \mathbb{N}$ aus. Sind $a,b \in \mathbb{N}$, so ist auch $a + b \in \mathbb{N}$ und $ab \in \mathbb{N}$, d.h., Summe und Produkt zweier natürlicher Zahlen sind ebenfalls natürliche Zahlen. Diesen Sachverhalt drückt man auch dadurch aus, daß man sagt, daß die Menge der natürlichen Zahlen unter den in $\mathbb{Z}$ definierten Verknüpfungen der Addition und Multiplikation <u>abgeschlossen</u> ist. Diese Eigenschaft von $\mathbb{N}$ werden wir im nun folgenden an ganz wesentlichen Stellen auszunutzen haben.

Auf der Menge der ganzen Zahlen gibt es eine größer-kleiner Beziehung, meist <u>Anordnung</u> genannt, die sich mit Hilfe von $\mathbb{N}$ wie folgt definieren läßt: Sind $a,b \in \mathbb{Z}$ und ist $a - b \in \mathbb{N}$, so schreiben wir $b < a$, um diesen Sachverhalt auszudrücken, und sagen, daß b kleiner als a ist. Stattdessen sagen wir auch, daß a größer als b ist und schreiben $a > b$. Die Relation $<$ hat eine Reihe für uns wichtiger Eigenschaften, die wir hier notieren wollen.

<u>1.8.</u> (Trichotomie) Sind $a,b \in \mathbb{Z}$, so ist entweder $a < b$, $a = b$ oder $a > b$.

Beweis. Es gilt genau einer der drei Fälle: $a = b$ bzw. $a - b \in \mathbb{N}$ bzw. $b - a \in \mathbb{N}$, womit bereits alles bewiesen ist.

<u>1.9.</u> (Transitivität) Sind $a,b,c \in \mathbb{Z}$ und ist $a < b$ sowie $b < c$, so ist auch

$a < c$.

Beweis. $a < b$ und $b < c$ heißt $b - a \in \mathbb{N}$ und $c - b \in \mathbb{N}$.
Da $\mathbb{N}$ additiv abgeschlossen ist, ist dann

$$c - a = c - b + b - a \in \mathbb{N},$$

q. e. d.

<u>1.10.</u> Sind $a,b,c \in \mathbb{Z}$ und ist $a < b$, so ist $a + c < b + c$.

Beweis. Weil $a < b$ ist, ist $b - a \in \mathbb{N}$. Nun ist $b + c - (a + c) = b + c - a - c = b - a \in \mathbb{N}$, so daß in der Tat

$$a + c < b + c$$

ist, q. e. d.

<u>1.11.</u> Sind $a,b,c \in \mathbb{Z}$ und ist $a < b$, so gilt:

a) Ist $c > 0$, so ist $ac < bc$.

b) Ist $c < 0$, so ist $bc < ac$.

Insbesondere folgt aus $a < b$, daß $-b < -a$ ist.

Beweis. Aus $c > 0$ folgt $c = c - 0 \in \mathbb{N}$. Ferner ist $b - a \in \mathbb{N}$, da ja a kleiner als b ist. Nun ist $\mathbb{N}$ multiplikativ abgeschlossen. Daher ist $bc - ac = (b - a)c \in \mathbb{N}$, so daß in diesem Falle $ac < bc$ ist. Ist $c < 0$, so ist $-c = 0 - c \in \mathbb{N}$. Daher ist $ac - bc = (b - a)(-c) \in \mathbb{N}$, was wiederum mit $bc < ac$ gleichbedeutend ist. Die letzte Aussage von 1.11 folgt mit $c = -1$ aus b). Damit ist alles bewiesen.

Bei diesem Beweis haben wir mehrfach von den sog. <u>Vorzeichenregeln</u> Gebrauch gemacht. Dies sind die Regeln $(-a)b = a(-b) = -ab$, die ihrerseits die Regel $(-a)(-b) = ab$ nach sich ziehen. Diese Regeln lassen sich sehr einfach mit Hilfe der Distributivgesetze aus $a + (-a) = 0$ und $b0 = 0$ gewinnen.

Ist $a \in \mathbb{Z}$ und ist $a \geqslant 0$, so setzen wir $|a| = a$. Dabei bedeutet $a \geqslant b$, daß entweder $a > b$ oder $a = b$ ist. Ist $a < 0$, so setzen wir $|a| = -a$. Offenbar ist $|a|$ die nichtnegative der beiden Zahlen a und $-a$. Die Zahl $|a|$ heißt der <u>Absolutbetrag</u> von a. Statt Absolutbetrag sagt man meist kurz Betrag von a.

<u>1.12.</u> Sind $a,b \in \mathbb{Z}$, so ist $|ab| = |a||b|$ und $|a + b| \leqslant |a| + |b|$.

Beweis. Ist wenigstens eine der beiden Zahlen a und b gleich Null, so gelten offensichtlich beide Aussagen von 1.12. Wir können daher annehmen, daß sowohl a als auch b von Null verschieden ist. Ist $a > 0$ und $b > 0$, so gilt nach 1.11a) die Ungleichung $ab > 0b = 0$. Folglich ist $|ab| = ab = |a||b|$. Ist $a < 0$ und $b > 0$, so ist $|a| = -a$ und $|b| = b$. Nach 1.11b) ist ferner $ab < 0$. Daher ist $|ab| = -ab$, so daß $|ab| = -ab = (-a)b = |a||b|$ ist.

Für alle ganzen Zahlen a und b, für die $a < 0$ und $b > 0$ ist, gilt also $|ab| = |a||b|$. Hieraus folgt im Falle $b < 0$ und $a > 0$, daß $|ba| = |b||a|$ ist. Die Kommutativität der Multiplikation liefert daher, daß auch in diesem Falle $|ab| = |a||b|$ ist.

Sind schließlich a und b beide kleiner als Null, so ist nach 1.11b) das Produkt ab größer als Null. Daher ist $|ab| = ab = (-a)(-b) = |a||b|$. Damit ist gezeigt, daß für alle a,b die Gleichung $|ab| = |a||b|$ gilt. (Auch bei diesem Beweis haben wir mehrfach die Vorzeichenregeln benutzt.)

Den nun folgenden Beweis der Dreiecksungleichung lese der Leser mit Bleistift und Papier zur Hand, da der Beweis verhältnismäßig knapp aufgeschrieben ist. Er versuche, sich bei jeder Ungleichung klarzumachen, wie sie zustande kommt.

Es ist $-|a| \leqslant a \leqslant |a|$ und $-|b| \leqslant b \leqslant |b|$. Mehrmalige Anwendung von 1.10 liefert

$$-(|a| + |b|) \leqslant a - |b| \leqslant a + b \leqslant |a| + b \leqslant |a| + |b|.$$

Ist $a + b \geqslant 0$, so ist also $|a + b| = a + b \leqslant |a| + |b|$. Ist $a + b < 0$, so ist $|a + b| = -(a + b)$. Ferner folgt aus $-(|a| + |b|) \leqslant a + b$ nach 1.11 die Ungleichung $-(a + b) \leqslant |a| + |b|$, so daß auch in diesem Falle $|a + b| \leqslant |a| + |b|$ ist, q. e. d.

Die folgende Eigenschaft der ganzen Zahlen ist eine derjenigen Eigenschaften von $\mathbb{Z}$, durch die sich die ganzen Zahlen von anderen Zahlsystemen unterscheiden. Man muß sie an dieser Stelle einfach hinnehmen. Im Laufe der Zeit wird es dann klarer werden, was für eine Rolle 1.13 spielt.

1.13. Ist M eine Menge von ganzen Zahlen, die wenigstens eine ganze Zahl enthält und zu der es ein $z \in \mathbb{Z}$ gibt mit $z \leqslant x$ für alle $x \in M$, so gibt es ein $m \in M$ mit $m \leqslant x$ für alle $x \in M$.

1.13 besagt also, daß eine Menge von ganzen Zahlen unter gewissen Bedingungen ein kleinstes Element enthält. Wir werden nun 1.13 sofort benutzen, um die nächste Aussage zu beweisen.

1.14. (Euklidischer Algorithmus) Sind a und b ganze Zahlen und ist $b \neq 0$, so gibt es ganze Zahlen c und r mit $a = cb + r$ und $0 \leqslant r < |b|$.

Beweis. Es sei zunächst $b > 0$. Wir betrachten die Menge

$$M = \{z | z = a - xb,\ x \in \mathbb{Z},\ z \geqslant 0\},$$

d.h. die Menge aller derjenigen ganzen Zahlen z, die von der Form $a - xb$ mit $x \in \mathbb{Z}$ sind und die außerdem nicht-negativ sind. Wir zeigen, daß 1.13 auf M anwendbar ist. Weil $b > 0$ ist, ist sogar $b \geqslant 1$. Nach 1.11b) ist folglich $(-|a|)b \leqslant -|a| \leqslant a$, so daß $0 \leqslant a - (-|a|)b$ ist. Somit ist $a - (-|a|)b$ ein Element von M. Die Menge M enthält also wenigstens eine ganze Zahl. Ferner ist $0 \leqslant z$ für alle $z \in M$. (Es bedeutet $z \in M$, daß z eine nicht-negative ganze Zahl von der Form $a - xb$ mit $x \in \mathbb{Z}$ ist.) Nach 1.13 gibt es also ein $r \in M$ mit $r \leqslant z$ für alle $z \in M$. Wegen $r \in M$ gibt es ein $c \in \mathbb{Z}$ mit $r = a - cb$. Ferner gilt $r \geqslant 0$. Um 1.14 für den Fall $b > 0$ zu beweisen, müssen wir nur noch zeigen, daß $r < |b| = b$ ist. Wäre $r \geqslant b$, so wäre $a - (c + 1)b = r - b \geqslant 0$ und daher $r - b \in M$, was wegen $r - b < r$ einen Widerspruch ergäbe. Also ist doch $r < b$, denn nach 1.8 gibt es ja nur die Möglichkeiten $r > b$, $r = b$ und $r < b$, wovon wir die beiden ersten ausgeschlossen haben.

Ist $b < 0$, so ist $-b > 0$, so daß es, wie wir gerade gesehen haben, ganze Zahlen c' und r gibt mit $a = c'(-b) + r$ und $0 \leqslant r < -b = |b|$. Setzt man $c = -c'$, so ist $a = cb + r$ und $0 \leqslant r < |b|$, q. e. d.

Einfachste Beispiele zeigen, daß nicht immer $r = 0$ ist, d.h., daß die Gleichung $ax = b$, wie wir schon früher bemerkten, in $\mathbb{Z}$ nicht immer lösbar ist. Dies führt zu der Definition der <u>Teilbarkeit</u> zweier ganzer Zahlen: Sind $a,b \in \mathbb{Z}$, so heißt a durch b <u>teilbar</u>, falls es ein $c \in \mathbb{Z}$ gibt mit $a = cb$. Ist a durch b teilbar, so nennen wir a ein <u>Vielfaches</u> von b und b einen <u>Teiler</u> von a. Falls b ein Teiler von a ist, schreiben wir b / a. Die Relation $/$ hat die folgenden beiden Eigenschaften:

<u>1.15.</u> (Reflexivität) Für alle $a \in \mathbb{Z}$ gilt a / a.

<u>1.16.</u> (Transitivität) Sind $a,b,c \in \mathbb{Z}$ und gilt a / b sowie b / c, so gilt auch a / c.

Beweis. 1.15 gilt wegen $a = a1$. Um 1.16 zu beweisen, gelte a / b und b / c. Es gibt dann ganze Zahlen e und f mit $b = ae$ und $c = bf$. Daher ist $c = bf = (ae)f = a(ef)$, so daß a in der Tat ein Teiler von c ist. Damit ist auch 1.16 bewiesen. (Man vergleiche 1.16 mit 1.9.)

<u>1.17.</u> 1 und -1 sind die einzigen Teiler von 1.

Beweis. Es seien a und b ganze Zahlen mit $ab = 1$. Nach 1.12 ist dann $|a||b| = |ab| = |1| = 1$. Ferner ist wegen $0 \neq 1$ auch $a \neq 0 \neq b$. Folglich ist $|a| \geqslant 1$ und $|b| \geqslant 1$ und daher $|a| = 1 = |b|$. Hieraus folgt $a = 1$ oder $a = -1$, q. e. d.

a und b seien zwei ganze Zahlen und c sei eine natürliche Zahl. c heißt <u>größter gemeinsamer Teiler</u> von a und b, falls c die folgenden Eigenschaften besitzt:

1) c / a und c / b.
2) Aus $x \in \mathbb{Z}$ und x / a und x / b folgt x / c.

Die erste Eigenschaft besagt also, daß c sowohl a als auch b teilt, während die zweite Eigenschaft besagt, daß jede ganze Zahl, die sowohl a als auch b teilt, ein Teiler von c ist.

Es erhebt sich die Frage, ob zwei ganze Zahlen stets einen größten gemeinsamen Teiler besitzen und ob dieser, falls er existiert, eindeutig bestimmt ist. Darauf gibt der folgende Satz eine Antwort.

<u>1.18. Satz.</u> Sind a und b ganze Zahlen, die nicht beide gleich Null sind, so besitzen a und b genau einen größten gemeinsamen Teiler. Diesen bezeichnen wir mit (a,b).

Überdies gibt es ganze Zahlen x und y mit $(a,b) = ax + by$.

Beweis. Wir beweisen zunächst die Eindeutigkeit. Es seien c und d zwei natürliche Zahlen, die 1) und 2) erfüllen. Nach 1) ist dann d ein Teiler von a und von b, so daß d nach 2) auch ein Teiler von c ist. Ebenso zeigt man, daß c ein Teiler von d ist. Es gibt daher ganze Zahlen e und f mit $c = de$ und $d = cf$. Also ist $d = def$. Wegen $d \neq 0$ folgt $ef = 1$, so daß nach 1.17 entweder $e = 1$ oder $e = -1$ ist. Wegen $c > 0$ und $d > 0$ folgt hieraus mit Hilfe von 1.11, daß auch $e > 0$ ist. Also ist $e = 1$ und daher $c = de = d$. Damit ist gezeigt, daß a und b höchstens einen größten gemeinsamen Teiler haben.

Um die Existenz zu beweisen, bedienen wir uns wieder der Eigenschaft 1.13 der ganzen Zahlen. Dazu betrachten wir die Menge $M = \{z | z = au + bv \text{ mit } u,v \in \mathbb{Z}, z > 0\}$. Die Menge M besteht also aus denjenigen natürlichen Zahlen, die von der Form $au + bv$ mit $u,v \in \mathbb{Z}$ sind. Da die beiden Zahlen a und b nicht beide Null sind, und da die Voraussetzungen in a und b symmetrisch sind, können wir annehmen, daß $b \neq 0$ ist. Ist $b > 0$, so ist $b = a0 + b1 \in M$. Ist $b < 0$, so ist $-b = a0 + b(-1) \in M$. Damit ist gezeigt, daß M wenigstens ein Element enthält. Weil M nur aus natürlichen Zahlen besteht, ist $1 \leqslant z$ für alle $z \in M$. Nach 1.13 gibt es folglich ein $c \in M$ mit $c \leqslant z$ für alle $z \in M$. Weil c ein Element von M ist, gibt es ganze Zahlen x und y mit $c = ax + by$.

Es seien nun u und v irgendwelche ganze Zahlen und $m = au + bv$. (Weil u und v beliebig sind, liegt m nicht notwendig in M.) Mit Hilfe des Euklidischen Algorithmus finden wir ganze Zahlen t und r mit $m = tc + r$ und $0 \leqslant r < c$. Dann ist $au + bv = t(ax + by) + r$. Hieraus folgt $r = a(u - tx) + b(v - ty)$. Wäre $r > 0$, so wäre $r \in M$. Hieraus folgte der Widerspruch $r \geqslant c > r$. Also ist $r = 0$. Damit ist gezeigt, daß c jede Zahl der Form $au + bv$, also insbesondere auch $a1 + b0 = a$ und $a0 + b1 = b$ teilt. Somit erfüllt c die Bedingung 1). Es sei nun d ein Teiler von a und von b. Dann ist $a = a'd$ und $b = b'd$. Also ist

$$c = ax + by = a'dx + b'dy = (a'x + b'y)d,$$

so daß d auch ein Teiler von c ist. Folglich erfüllt c auch die Bedingung 2), q. e. d.

Zwei ganze Zahlen a und b heißen <u>teilerfremd</u>, falls $(a,b) = 1$ ist.

An das folgende Korollar muß man sich immer dann sofort erinnern, wenn es von zwei ganzen Zahlen heißt, daß sie teilerfremd sind.

<u>1.19. Korollar.</u> Sind a und b teilerfremde ganze Zahlen, so gibt es ganze Zahlen x und y mit $ax + by = 1$.

<u>1.20. Satz.</u> Sind $a,b,c \in \mathbb{Z}$, ist $(a,b) = 1$ und gilt a / bc, so gilt a / c.

Beweis. Weil a und b teilerfremd sind, gibt es $x,y \in \mathbb{Z}$ mit $1 = ax + by$. Also ist $c = cax + cby$. Nun gilt a / ca und a / cb. Folglich gilt $a / cax + cby = c$, q. e. d.

Bevor wir weitere Folgerungen aus 1.20 ziehen, müssen wir ein weiteres Beweisprinzip formulieren, nämlich das Prinzip der vollständigen Induktion. Es lautet folgendermaßen:

1.21. Prinzip der vollständigen Induktion (1.Form). Es sei z eine ganze Zahl. Ferner sei jeder ganzen Zahl $n \geq z$ eine Aussage $A(n)$ zugeordnet, die entweder wahr oder falsch ist. Ist $A(z)$ wahr und zieht die Gültigkeit von $A(n)$ stets die Gültigkeit von $A(n + 1)$ nach sich, so gilt $A(n)$ für alle $n \geq z$.

Beweis. Wir nehmen an, 1.21 sei falsch. Wir nehmen also an, daß jeder ganzen Zahl $n \geq z$ eine Aussage $A(n)$ zugeordnet ist, die entweder wahr oder falsch ist. Ferner nehmen wir an, daß $A(z)$ wahr ist, und daß die Gültigkeit von $A(n)$ stets die Gültigkeit von $A(n + 1)$ nach sich zieht. Schließlich nehmen wir noch an, daß nicht alle $A(n)$ gültig sind und führen diese letzte Annahme zu einem Widerspruch.

Wir betrachten die Menge W derjenigen ganzen Zahlen x, für die $x \geq z$ gilt und für die $A(x)$ falsch ist. Weil wir angenommen haben, daß 1.21 falsch ist, enthält W wenigstens ein Element. Ferner ist $z \leq x$ für alle $x \in W$. Es gibt folglich nach 1.13 ein $w \in W$ mit $w \leq x$ für alle $x \in W$. Weil $A(z)$ wahr ist, ist $z \neq w$. Hieraus und aus $z \leq w$ folgt $z < w$, so daß $z \leq w - 1$ ist. Dies impliziert, daß $A(w - 1)$ definiert ist. Nun ist $w - 1 < w$. Weil w das kleinste Element in W ist, ist $A(w - 1)$ daher wahr. Daher ist auch $A(w - 1 + 1) = A(w)$ wahr im Widerspruch zu $w \in W$. Dieser Widerspruch rührt daher, daß wir angenommen haben, 1.21 sei falsch. Diese Annahme ist somit zu verwerfen, so daß 1.21 bewiesen ist.

Bei einem axiomatischen Aufbau des Systems der ganzen Zahlen wird häufig die folgende Version von 1.21 unter die Axiome aufgenommen: Ist M eine Menge von natürlichen Zahlen, ist $1 \in M$ und folgt aus $n \in M$, daß auch $n + 1 \in M$ ist, so ist $M = \mathbb{N}$. Dieser Spezialfall von 1.21 zieht wieder die volle Gültigkeit von 1.21 nach sich, wie man sich leicht überlegt. Er hat aber auch 1.13 zur Folge, was ebenfalls unschwer zu beweisen ist. Wir werden hier nicht näher auf die Gleichwertigkeit dieser drei Aussagen eingehen, lassen diese Bemerkungen vielmehr als Herausforderung an den Leser stehen.

Gemäß 1.21 verläuft ein Beweis durch vollständige Induktion folgendermaßen: Zunächst zeigt man die Gültigkeit von $A(z)$. Dieser Schritt ist die sog. Induktionsverankerung. Dann macht man die Induktionsannahme, daß $A(n)$ gilt und beweist unter dieser Annahme im Induktionsschritt die Gültigkeit von $A(n + 1)$. Wie das im einzelnen vor sich geht, werden wir an vielen Beispielen demonstrieren.

Bevor wir den nächsten Satz formulieren können, benötigen wir noch den Begriff der Primzahl. Eine natürliche Zahl p heißt eine Primzahl, falls $p > 1$ ist und falls $1, -1, p$ und $-p$ die einzigen Teiler von p sind. Beispiele von Primzahlen sind die Zahlen 2,3,5,7,11,13,17,19,23,29,31,...

Ist n eine ganze Zahl und p eine Primzahl, so ist $(n,p) = 1$ oder $(n,p) = p$, da 1 und p ja die einzigen natürlichen Zahlen sind, die p teilen. Ist also $(n,p) \neq 1$, so ist p / n.

1.22. Satz. Sind $n_1,\ldots,n_t \in \mathbb{Z}$ und ist p eine Primzahl, die das Produkt $\prod_{i=1}^{t} n_i$ der Zahlen $n_1,\ldots,n_t$ teilt, so gibt es ein i mit $1 \leqslant i \leqslant t$ und p / n_i.

Beweis. Um 1.22 zu beweisen, benutzen wir vollständige Induktion. Dazu müssen wir uns zunächst Aussagen A(t) verschaffen. Ist $t \geqslant 1$, so sei A(t) die Aussage: Teilt p ein Produkt von t ganzen Zahlen, so teilt p wenigstens einen der Faktoren des Produktes. A(1) ist trivialerweise wahr, denn das Produkt aus einer Zahl ist eben diese Zahl. Es sei $t \geqslant 1$ und A(t) sei richtig. Ferner sei p ein Teiler von $\prod_{i=1}^{t+1} n_i$. Dann ist also $p / (\prod_{i=1}^{t} n_i)n_{t+1}$. Ist p / n_{t+1}, so ist nichts mehr zu beweisen. Es sei also p kein Teiler von n_{t+1}. Dann sind p und n_{t+1} nach unserer Vorbemerkung teilerfremd, da p ja eine Primzahl ist. Nach 1.20 ist daher p ein Teiler von $\prod_{i=1}^{t} n_i$. Aus der Gültigkeit von A(t) folgt somit die Existenz eines i mit $1 \leqslant i \leqslant t$ und p / n_i. In jedem Falle gilt A(t + 1), so daß nach 1.21 die Aussage A(t) für alle natürlichen Zahlen t gilt, q. e. d.

Wir benötigen noch eine weitere Form der vollständigen Induktion. Diese lautet:

1.23. Vollständige Induktion (2.Form). Es sei z eine ganze Zahl und jeder ganzen Zahl $n \geqslant z$ sei eine Aussage A(n) zugeordnet, die entweder wahr oder falsch ist. Ist A(z) wahr und folgt aus der Gültigkeit der A(x) mit $z \leqslant x \leqslant n$ stets die Gültigkeit von A(n + 1), so gilt A(n) für alle $n \geqslant z$.

Beweis. Der Beweis von 1.21 läßt sich fast wörtlich auf diesen Fall übertragen. Wir nehmen also wieder an, unsere Behauptung sei falsch, und wir betrachten wieder die Menge W derjenigen ganzen Zahlen $x \geqslant z$, für die A(x) falsch ist. Weil wir angenommen haben, daß 1.23 falsch ist, gibt es wenigstens ein $x \in W$. Nach 1.13 gibt es daher wieder ein kleinstes Element $w \in W$. Weil A(z) richtig ist, ist $z < w$. Daher ist $z \leqslant w - 1 < w$, so daß A(x) für alle x, die zwischen z und w - 1 liegen, richtig ist. Hieraus folgt wiederum, daß auch A(w) richtig ist im Widerspruch zu $w \in W$. Dieser Widerspruch zeigt, daß unsere Annahme, 1.23 sei falsch, nicht zu halten ist, d.h., 1.23 ist bewiesen.

Bevor wir den nächsten Satz formulieren, wollen wir noch eine Verabredung treffen. Sind $a,b,c \in \mathbb{Z}$, ist $b \neq 0$ und gilt $a = bc$, so nennen wir c den Quotienten von a und b. Wir benützen für den Quotienten von a und b die Symbole $b^{-1}a$ und ab^{-1} sowie $\frac{a}{b}$.

1.24. Satz von der eindeutigen Primfaktorzerlegung. Es sei n eine natürliche Zahl. Ist $n > 1$, so läßt sich n auf genau eine Weise darstellen als $n = p_1^{\alpha_1} p_2^{\alpha_2} \dots p_r^{\alpha_r}$, wobei $p_1 > p_2 > \dots > p_r$ Primzahlen und die α_i natürliche Zahlen sind.

Beweis. Existenz der Zerlegung: Wir machen Induktion nach n. Da 2 eine Primzahl ist, ist 2 trivialerweise ein Produkt von Primzahlpotenzen. Es sei also $n > 2$ und 1.24 sei für alle natürlichen Zahlen k mit $2 \leqslant k < n$ bereits bewiesen. Ist n eine Primzahl, so ist nichts mehr zu beweisen. Es sei also $n = uv$ mit $1 < u < n$ und $1 < v < n$. Nach Induktionsannahme sind u und v Produkte von endlich vielen Primzahlpotenzen. Indem man gegebenenfalls Potenzen derselben Primzahl, die in der Zerlegung von u und v vorkommen, zusammenfaßt, erhält man auch eine solche Zerlegung von n. Nach 1.23 ist daher jede von 1 verschiedene natürliche Zahl Produkt von endlich vielen Primzahlpotenzen.

Eindeutigkeit der Zerlegung: Der Satz ist im Falle $n = 2$ richtig. Es sei also $n > 2$ und der Satz sei für alle k mit $2 \leqslant k < n$ bewiesen. Schließlich sei $n = p_1^{\alpha_1} p_2^{\alpha_2} \dots p_r^{\alpha_r} = q_1^{\beta_1} q_2^{\beta_2} \dots q_s^{\beta_s}$ mit $p_1 > \dots > p_r$ und $q_1 > \dots > q_s$. Nach 1.22 gibt es ein i mit p_1 / q_i. Daher ist $p_1 \leqslant q_i \leqslant q_1$. Ebenso folgt die Existenz eines j mit $q_1 \leqslant p_j \leqslant p_1$, so daß also $q_1 \leqslant p_1 \leqslant q_1$ ist. Folglich ist $p_1 = q_1$. Ferner ist $np_1^{-1} < n$ und

$$np_1^{-1} = p_1^{\alpha_1 - 1} p_2^{\alpha_2} \dots p_r^{\alpha_r} = p_1^{\beta_1 - 1} q_2^{\beta_2} \dots q_s^{\beta_s}.$$

Nach Induktionsannahme ist daher $r = s$ und $p_i = q_i$ für $i = 2,3,\dots,r$ sowie $\alpha_1 - 1 = \beta_1 - 1$ und $\alpha_i = \beta_i$ für $i = 2,3,\dots,r$. Damit ist auch die Eindeutigkeit der Zerlegung bewiesen.

1.25. Satz (EUKLID). Es gibt unendlich viele Primzahlen.

Beweis. $p_1, p_2, \dots, p_n$ seien n verschiedene Primzahlen. Dann ist $a = p_1 p_2 \dots p_n + 1 > 1$. Nach 1.24 gibt es daher eine Primzahl p, die a teilt. Es ist $p \neq p_i$ für alle i, da sonst p ein Teiler von 1 wäre. Es gibt also $n + 1$ Primzahlen, falls es n Primzahlen gibt. Da es wenigstens eine Primzahl gibt, folgt, daß es unendlich viele Primzahlen gibt, q. e. d.

Zum Abschluß dieses Abschnitts führen wir noch eine Familie von Relationen auf $\mathbb{Z}$ ein, die uns im weiteren Verlauf unserer Untersuchungen immer wieder wichtig sein werden. Ihre Bedeutung und Zweckmäßigkeit sind hier noch nicht zu erahnen, werden jedoch im folgenden, wie ich glaube, immer mehr zutage treten, so daß sich weitere Worte darüber erübrigen.

n sei eine natürliche Zahl. Sind $a,b \in \mathbb{Z}$ und ist n ein Teiler von a - b, so nennen wir a <u>kongruent zu</u> b <u>modulo</u> n und schreiben $a \equiv b \bmod n$, um diesen Sachverhalt auszudrücken.

<u>1.26. Satz.</u> Die Relation der Kongruenz modulo n hat die folgenden Eigenschaften:

1) Es ist $a \equiv a \bmod n$ für alle $a \in \mathbb{Z}$.
2) Ist $a \equiv b \bmod n$, so ist $b \equiv a \bmod n$.
3) Ist $a \equiv b \bmod n$ und $b \equiv c \bmod n$, so ist $a \equiv c \bmod n$.
4) Ist $a \equiv b \bmod n$ und $c \equiv d \bmod n$, so ist $a + c \equiv b + d \bmod n$ und $ac \equiv bd \bmod n$.
5) Ist $ab \equiv ac \bmod n$, so ist $b \equiv c \bmod n(a,n)^{-1}$.

Beweis. 1) folgt aus $n / 0 = a - a$. Ist $n / a - b$, so ist $n / -(a - b) = b - a$, so daß auch 2) gilt. Ist $n / a - b$ und $n / b - c$, so ist $n / a - b + b - c = a - c$. Damit ist 3) bewiesen. Ist $n / a - b$ und $n / c - d$, so ist $n / a - b + c - d = a + c - (b + d)$. Ferner ist $n / (a - b)c$ und $n / (c - d)b$. Daher ist $n / (a - b)c + (c - d)b = ac - db$, so daß auch 4) richtig ist. Es ist $a(b - c) = ab - ac = mn$ mit einer geeigneten ganzen Zahl m. Daher ist $a(b - c) = m(a,n)n(a,n)^{-1}$. Ferner ist $(a,n(a,n)^{-1}) = 1$. Nach 1.20 ist daher a ein Teiler von $m(a,n)$, so daß in der Tat $n(a,n)^{-1}$ ein Teiler von b - c ist. Damit ist auch 5) bewiesen.

<u>Aufgaben</u>

1) Beweise durch vollständige Induktion:
   a) Es ist $n < 2^n$ für alle $n \in \mathbb{N}$.
   b) Es ist $(1 + x)^n > 1 + nx$ für alle $n,x \in \mathbb{N}$ mit $n \geqslant 2$. (Diese Ungleichung heißt die <u>Bernoulli'sche Ungleichung</u>.)
   c) Es ist $\sum_{i=1}^{n} i = \frac{1}{2}n(n + 1)$ für alle $n \in \mathbb{N}$.
   d) Es ist $\sum_{i=1}^{n} i^2 = \frac{1}{6}n(n + 1)(2n + 1)$ für alle $n \in \mathbb{N}$.

2) Jedem Paar (n,k) von nicht-negativen ganzen Zahlen mit $0 \leqslant k \leqslant n$ ordnen wir eine ganze Zahl f(n,k) zu. Gilt dann $f(n,0) = f(n,n) = 1$ für alle nicht-negativen ganzen Zahlen n, sowie $f(n + 1,k) = f(n,k) + f(n,k - 1)$ für alle n und k mit $0 < k \leqslant n$, so ist
$$f(n,k) = \frac{n!}{k!(n - k)!}.$$
   Dabei ist $0! = 1$ und $n!$ das Produkt über die ersten n natürlichen Zahlen, falls $n > 0$ ist. (Die Zahlen f(n,k) heißen <u>Binominalkoeffizienten</u>. Wir bezeichnen sie

im folgenden mit $\binom{n}{k}$.)

3) Sind a,b,c,d $\in \mathbb{Z}$ und ist $a < b$ sowie $c < d$, so ist auch $a + c < b + d$.

4) Sind a,b $\in \mathbb{Z}$, so ist $||a| - |b|| \leq |a - b|$.

5) a und b seien ganze Zahlen. Ferner sei $b \neq 0$. Wendet man den Euklidischen Algorithmus mehrfach an, so erhält man ganze Zahlen $q_0, q_1, q_2, \ldots$ und $r_1, r_2, r_3, \ldots$ mit

$$\begin{array}{ll} a = q_0 b + r_1, & 0 \leq r_1 < |b|, \\ b = q_1 r_1 + r_2, & 0 \leq r_2 < r_1, \\ r_1 = q_2 r_2 + r_3, & 0 \leq r_3 < r_2, \\ \vdots & \vdots \\ r_k = q_{k+1} r_{k+1} + r_{k+2}, & 0 \leq r_{k+2} < r_{k+1}, \\ \vdots & \vdots \end{array}$$

Da es nur endlich viele ganze Zahlen zwischen 0 und $|b|$ gibt, gibt es ein n mit $r_n \neq 0 = r_{n+1}$. (Dabei muß man $|b| = r_0$ setzen, falls bereits $r_1 = 0$ sein sollte.) Zeige, daß $r_n = (a,b)$ ist. (Dies muß man mit vollständiger Induktion beweisen und zwar muß man zweimal vollständige Induktion anwenden, um die beiden definierenden Eigenschaften von (a,b) für r_n nachzuweisen. Dabei ist zu beachten, daß man hier eine dritte Form der Induktion verwendet, die man folgendermaßen formulieren kann: Sind z und t ganze Zahlen mit $z \leq t$ und ist jeder ganzen Zahl n mit $z \leq n \leq t$ eine Aussage A(n) zugeordnet, die entweder wahr oder falsch ist, so gilt: Ist A(z) wahr und folgt aus der Wahrheit von A(n) und $n < t$ die Wahrheit von A(n + 1), so ist A(n) wahr für alle n mit $z \leq n \leq t$. Man beweist dies wieder mit Hilfe von 1.13.)

6) Benutze Aufgabe 5), um (1128,11) zu finden, und bestimme Zahlen x und y mit $1128x + 11y = (1128,11)$.

7) Es sei n eine natürliche Zahl mit $n > 1$. Zeige, daß n genau dann eine Primzahl ist, wenn aus a,b $\in \mathbb{Z}$ und $ab \equiv 0 \bmod n$ stets n / a oder n / b (oder beides) folgt. (Man beachte, daß "genau dann" besagt, daß zweierlei zu beweisen ist:
1. Ist n eine Primzahl und ist n ein Teiler von ab, so ist n / a oder n / b.
2. Folgt aus n / ab stets n / a oder n / b, so ist n eine Primzahl.)

2. Mengen und Mengenoperationen

Wir gehen davon aus, daß der Leser eine intuitive Vorstellung dessen hat, was eine Menge ist. Diese Vorstellung wird umso klarer werden, je mehr Beispielen von Mengen er begegnen wird. Hier sind einige: Die Menge $\mathbb{Z}$ der ganzen Zahlen, die Menge $\mathbb{N}$

der natürlichen Zahlen, die Menge der geraden Zahlen usw. Die Zahlen 1,2,5,19 bilden ebenfalls eine Menge, die wir mit $\{1,2,5,19\}$ bezeichnen. Allgemeiner: Sind n verschiedene Elemente $a_1,\dots,a_n$ gegeben, so bezeichnen wir die von ihnen gebildete Menge mit $\{a_1,a_2,\dots,a_n\}$ bzw. $\{a_i | 1 \leq i \leq n\}$. Die letzte Schreibweise ist wiederum ein Spezialfall der folgenden Bezeichnungsweise. Es stehe E für eine oder auch mehrere Eigenschaften. Ist x irgendein Individuum, so schreiben wir E(x), falls x alle diejenigen Eigenschaften besitzt, die der Buchstabe E beinhaltet. Mit $\{x|E(x)\}$ bezeichnen wir dann die Menge aller x, für die E(x) gilt. Beispiele dieser Art sahen wir bereits im Abschnitt 1. Beim Beweise etwa, daß zwei ganze Zahlen a und b, die nicht beide gleich Null sind, einen größten gemeinsamen Teiler haben. Dort betrachteten wir die Menge $\{z|z = au + bv \text{ mit } u,v \in \mathbb{Z} \text{ und } z > 0\}$. Was wir hier mit E bezeichnen, stand dort für: Ist natürliche Zahl der Form au + bv mit $u,v \in \mathbb{Z}$.

Ist M eine Menge und ist a ein Element dieser Menge, so schreiben wir $a \in M$. Ist a kein Element von M, so drücken wir das durch $a \notin M$ aus. Sind M und N Mengen und ist jedes Element von N auch ein Element von M, so heißt N eine Teilmenge von M und M heißt Obermenge von N. Ist N Teilmenge von M, so schreiben wir dafür $N \subseteq M$ bzw. $M \supseteq N$. Ist $N \subseteq M$, so sagen wir auch, daß N in M enthalten ist, daß M die Menge N umfaßt, und was dergleichen Redensarten noch sind. Ist die Menge N nicht in der Menge M enthalten, so schreiben wir $N \nsubseteq M$. Ist $N \nsubseteq M$, so gibt es also ein $x \in N$ mit $x \notin M$.

M sei die Menge der Buchstaben, die beim Schreiben des Wortes Donaudampfschiffahrtsgesellschaftskapitän benötigt werden, und N sei die Menge {a,c,d,e,f,g,h,i,k,l,m,n, o,p,r,s,t,u,ä}. Offenbar sind M und N dieselben Mengen, denn jeder Buchstabe, der zur Menge N gehört, wird beim Schreiben des Wortes Donaudampfschiffahrtsgesellschaftskapitän benötigt und jeder Buchstabe, der beim Schreiben dieses Ungetüms benutzt wird, kommt auch in N vor. M. a. W. die Menge N ist eine Teilmenge von M und M ist eine Teilmenge von N. Diese letzte Bemerkung werden wir benutzen, um den Begriff der Gleichheit zweier Mengen zu präzisieren. Wir werden also zwei Mengen M und N gleich nennen, wenn sowohl $M \subseteq N$ als auch $N \subseteq M$ gilt.

Gelegentlich interessiert man sich nur für die von der Menge M verschiedenen Teilmengen von M. Jede solche Teilmenge heißt eine echte Teilmenge von M. So ist z.B. die Menge $\mathbb{N}$ der natürlichen Zahlen eine echte Teilmenge von $\mathbb{Z}$.

M und N seien Mengen. Ihre Vereinigung $M \cup N$ ist die Menge

$$\{x|x \text{ ist Element wenigstens einer der Mengen M und N}\}.$$

Statt "wenigstens einer" werden wir häufig "oder" sagen. Dabei ist also zu beachten, daß "oder" hier, wie meist im mathematischen Sprachgebrauch, nicht ausschließend ist, wie im Gebrauch der Umgangssprache. $x \in M$ oder $x \in N$ heißt also, daß x Element wenigstens einer der beiden Mengen M und N ist. Es ist demnach nicht verboten, daß x sowohl in M als auch in N liegt. Nach dieser Bemerkung wiederholen wir noch einmal die Definition der Vereinigungsmenge zweier Mengen. Die Vereinigung $M \cup N$ der Mengen M und N ist die Menge $\{x|x \in M \text{ oder } x \in N\}$. Hier drei einfache Beispiele: Es ist $M \cup M = M$ für alle Mengen M. Ferner gilt $M \cup N = M$ für alle Mengen M und N mit $N \subseteq M$. Ist $M = \{1,2,3,4\}$ und $N = \{3,4,5,7\}$, so ist $M \cup N = \{1,2,3,4,5,7\}$.

M und N seien wieder zwei Mengen. Der <u>Durchschnitt</u> $M \cap N$ von M und N ist die Menge $\{x|x \in M \text{ und } x \in N\}$. Offenbar ist $M \cap M = M$ für alle Mengen M und $M \cap N = N$ für alle Mengen M und N, für die $N \subseteq M$ gilt. Ist wiederum $M = \{1,2,3,4\}$ und $N = \{3,4,5,7\}$, so ist $M \cap N = \{3,4\}$. Ist $M = \{1,2\}$ und $N = \{5,7\}$, so passiert ein Unglück, falls man versucht, den Durchschnitt $M \cap N$ zu bilden, da es kein Element gibt, welches sowohl in M als auch in N liegt. Um einen solchen Unglücksfall auszuschließen und lästige Fallunterscheidungen zu vermeiden, beziehen wir eine Menge in unsere Untersuchungen ein, die keinerlei Elemente enthält. Wir nennen sie die <u>leere Menge</u> und bezeichnen sie mit dem Symbol $\emptyset$. Dieser Extremfall einer Menge, sowie Mengen mit einem, zwei oder drei Elementen zeigen, daß der mathematische Begriff der Menge nur bedingt etwas mit dem Wort Menge der Umgangssprache zu tun hat, da Menge in der Umgangssprache stets den Begriff "viel" mit umfaßt.

Zurück zu unserem Beispiel $M = \{1,2\}$ und $N = \{5,7\}$. Nach den nun getroffenen Vereinbarungen ist also $M \cap N = \emptyset$. Sind M und N zwei Mengen und gilt $M \cap N = \emptyset$, so nennen wir M und N <u>disjunkt</u> oder auch <u>elementfremd</u>. Für die leere Menge gilt, daß sie Teilmenge jeder Menge ist, da ja jedes der - nicht vorhandenen - Elemente von $\emptyset$ in jeder Menge liegt: $\emptyset \subseteq M$ für alle Mengen M. Ferner gelten für je zwei Mengen M und N die Inklusionen $M \cap N \subseteq M \subseteq M \cup N$.

<u>2.1. Satz.</u> Sind A, B, C drei Mengen, so ist

$$A \cap (B \cup C) = (A \cap B) \cup (A \cap C)$$

und

$$A \cup (B \cap C) = (A \cup B) \cap (A \cup C).$$

Beweis. Um die erste der beiden Gleichungen zu beweisen, müssen wir auf Grund unserer Definition der Gleichheit zweier Mengen die beiden Inklusionen
$A \cap (B \cup C) \subseteq (A \cap B) \cup (A \cap C)$ und $(A \cap B) \cup (A \cap C) \subseteq A \cap (B \cup C)$ beweisen. Es sei also zunächst $x \in A \cap (B \cup C)$. Dann ist $x \in A$ und $x \in B \cup C$. Weil $x \in B \cup C$ gilt, ist $x \in B$ oder $x \in C$. Ist $x \in B$, so ist $x \in A$ und $x \in B$ und daher $x \in A \cap B$. Wegen $A \cap B \subseteq (A \cap B) \cup (A \cap C)$ ist daher x ein Element der letzten Menge. Ist dagegen $x \in C$, so ist $x \in A$ und $x \in C$ und folglich $x \in A \cap C$. Wegen $A \cap C \subseteq (A \cap B) \cup (A \cap C)$ ist also auch in diesem Falle
$x \in (A \cap B) \cup (A \cap C)$. Weil x irgendein Element von $A \cap (B \cup C)$ war, ist damit gezeigt, daß $A \cap (B \cup C)$ eine Teilmenge von $(A \cap B) \cup (A \cap C)$ ist.

Um die zweite Inklusion zu beweisen, beachten wir, daß die trivialerweise geltenden Inklusionen $A \cap B \subseteq A$ und $A \cap C \subseteq A$ die Inklusion $(A \cap B) \cup (A \cap C) \subseteq A$ nach sich zieht, und daß aus $A \cap B \subseteq B \subseteq B \cup C$ und $A \cap C \subseteq C \subseteq B \cup C$ die Inklusion $(A \cap B) \cup (A \cap C) \subseteq B \cup C$ folgt. Aus $(A \cap B) \cup (A \cap C) \subseteq A$ und $(A \cap B) \cup (A \cap C) \subseteq B \cup C$ folgt schließlich die zu beweisende zweite Inklusion $(A \cap B) \cup (A \cap C) \subseteq A \cap (B \cup C)$. Damit ist die erste Gleichung von 2.1 bewiesen.

Um die zweite Gleichung zu beweisen, sind wieder zwei Inklusionen nachzuweisen, nämlich $A \cup (B \cap C) \subseteq (A \cup B) \cap (A \cup C)$ und $(A \cup B) \cap (A \cup C) \subseteq A \cup (B \cap C)$. Es ist $A \subseteq A \cup B$ und $A \subseteq A \cup C$, so daß $A \subseteq (A \cup B) \cap (A \cup C)$ ist. Ferner ist $B \cap C \subseteq B \subseteq A \cup B$ und $B \cap C \subseteq C \subseteq A \cup C$. Also ist $B \cap C \subseteq (A \cup B) \cap (A \cup C)$. Insgesamt erhalten wir $A \cup (B \cap C) \subseteq (A \cup B) \cap (A \cup C)$, so daß die erste der zu beweisenden Inklusionen in der Tat bewiesen ist.

Um die zweite Inklusion zu beweisen, müssen wir die Elemente von $(A \cup B) \cap (A \cup C)$ einzeln betrachten. Es sei also $x \in (A \cup B) \cap (A \cup C)$. Ist $x \in A$, so ist $x \in A \cup (B \cap C)$ und es ist nichts mehr zu beweisen. Es sei also $x \notin A$. Wegen $x \in A \cup B$ und $x \in A \cup C$ ist dann $x \in B$ und $x \in C$ und folglich $x \in B \cap C$, so daß auch in diesem Falle $x \in A \cup (B \cap C)$ gilt. Es gilt also auch die zweite Inklusion, so daß 2.1 vollständig bewiesen ist.

A sei eine Menge und jedem $a \in A$ sei eine Menge M_a zugeordnet. A heißt dann <u>Indexmenge</u> für die Familie $\mathfrak{F} = (M_a | a \in A)$. Im allgemeinen kann man $\mathfrak{F}$ nicht als Menge auffassen, da es vorkommen kann, daß für verschiedene Elemente a und b in A die Mengen M_a und M_b gleich sind. Dies ist der Grund, weshalb wir hier runde Klammern statt der geschweiften verwenden. Ein Beispiel wird die Definition etwas erhellen. Es sei p eine Primzahl und $A = \mathbb{N}$. Ferner sei für $a \in A$ die Menge M_a gleich der Menge $\{x | x \in \mathbb{Z}, x \equiv 0 \bmod p^a\}$. Jeder natürlichen Zahl a wird also diejenige Menge zugeordnet, die aus allen durch p^a teilbaren ganzen Zahlen besteht. $\mathbb{N}$ ist somit Indexmenge für die Familie $\mathfrak{F}_a = (M_a | a \in \mathbb{N})$, wobei M_a, um es noch einmal zu sagen, die Menge aller durch p^a teilbaren ganzen Zahlen ist.

Es sei $\mathfrak{F} = (M_a | a \in A)$ eine Familie von Mengen. Wir definieren dann die Vereinigung und den Durchschnitt über die Mengen dieser Familie wie folgt: Die Vereinigung über alle M_a mit $a \in A$ ist die Menge

$$\bigcup_{a \in A} M_a = \{x | \text{Es gibt ein } a \in A \text{ mit } x \in M_a\}.$$

Der Durchschnitt über alle diese Mengen ist die Menge

$$\bigcap_{a \in A} M_a = \{x | \text{Es ist } x \in M_a \text{ für alle } a \in A\}.$$

Ein Element x gehört also genau dann zur Vereinigung über die M_a, wenn x Element wenigstens eines der M_a ist, und x gehört zum Durchschnitt, wenn x zu allen M_a gehört.

Wir betrachten noch einmal das oben angeführte Beispiel, wo also M_a die Menge der durch p^a teilbaren ganzen Zahlen ist. Ist die ganze Zahl z durch p^{a+1} teilbar, so ist sie auch durch p^a teilbar. Dies besagt, daß $M_{a+1} \subseteq M_a$ ist. Insbesondere folgt $M_a \subseteq M_1$ für alle natürlichen Zahlen a. Ist nun $x \in \bigcup_{a \in A} M_a$, so liegt x in wenigstens einem der M_a, so daß x wegen $M_a \subseteq M_1$ in M_1 liegt. Folglich ist $\bigcup_{a \in A} M_a \subseteq M_1$. Da andererseits jedes Element von M_1 zu $\bigcup_{a \in A} M_a$ gehört, gilt $M_1 \subseteq \bigcup_{a \in A} M_a$. Also ist $\bigcup_{a \in A} M_a = M_1$. Was ist $\bigcap_{a \in A} M_a$? Es sei x ein Element dieses Durchschnitts. Dann liegt x in allen M_a, so daß $x \equiv 0 \bmod p^a$ für alle natürlichen Zahlen a gilt. Aus dem Satz von der eindeutigen Primfaktorzerlegung folgt daher, daß x = 0 ist. Weil andererseits 0 durch alle Potenzen von p teilbar ist, ist $\bigcap_{a \in A} M_a = \{0\}$.

<u>2.2. Satz.</u> Ist $(M_a | a \in A)$ eine Familie von Mengen und ist M irgendeine Menge, so ist

$$M \cap \bigcup_{a \in A} M_a = \bigcup_{a \in A} (M \cap M_a)$$

und

$$M \cup \bigcap_{a \in A} M_a = \bigcap_{a \in A} (M \cup M_a).$$

Da Wiederholung ein wesentlicher Bestandteil des Lernens ist, führen wir den Beweis dieses Satzes hier vor, obwohl er sich nur unwesentlich von dem Beweise des Satzes 2.1 unterscheidet. Um die beiden Gleichungen zu beweisen, müssen wir wieder jeweils zwei Inklusionen beweisen, wie wir dies auch beim Beweise von 2.1 und bei der Bestimmung von Durchschnitt und Vereinigung in dem gerade behandelten Beispiel taten. Es sei also, um mit dem Beweis der ersten Gleichung zu beginnen, $x \in M \cap \bigcup_{a \in A} M_a$. Dann ist $x \in M$ und $x \in \bigcup_{a \in A} M_a$. Nach der Definition der Vereinigung von Mengen gibt es also ein $a \in A$ mit $x \in M_a$. Daher ist $x \in M \cap M_a$ für wenigstens ein $a \in A$, so daß $x \in \bigcup_{a \in A} (M \cap M_a)$ ist. Weil x irgendein Element aus $M \cap \bigcup_{a \in A} M_a$ war, ist $M \cap \bigcup_{a \in A} M_a \subseteq \bigcup_{a \in A} (M \cap M_a)$.

Um die zweite Inklusion zu beweisen, beachten wir, daß die für alle $a \in A$ geltende Inklusion $M \cap M_a \subseteq M$ die Inklusion $\bigcup_{a \in A} (M \cap M_a) \subseteq M$ nach sich zieht. Ferner ist $M \cap M_b \subseteq M_b \subseteq \bigcup_{a \in A} M_a$ für alle $b \in A$, so daß $\bigcup_{a \in A} (M \cap M_a) \subseteq \bigcup_{a \in A} M_a$ gilt. Daher ist $\bigcup_{a \in A} (M \cap M_a) \subseteq M \cap \bigcup_{a \in A} M_a$, womit auch die zweite Inklusion und damit die erste der beiden Gleichungen bewiesen ist.

Um die zweite Gleichung zu beweisen, bemerken wir zunächst, daß $M \subseteq M \cup M_a$ für alle $a \in A$ gilt, woraus $M \subseteq \bigcap_{a \in A} (M \cup M_a)$ folgt. Ferner ist $\bigcap_{a \in A} M_a \subseteq M_b \subseteq M \cup M_b$ für alle $b \in A$, so daß auch $\bigcap_{a \in A} M_a \subseteq \bigcap_{a \in A} (M \cup M_a)$ erfüllt ist. Insgesamt erhalten wir die Richtigkeit der Inklusion

$$M \cup \bigcap_{a \in A} M_a \subseteq \bigcap_{a \in A} (M \cup M_a).$$

Es sei schließlich $x \in \bigcap_{a \in A} (M \cup M_a)$. Ist $x \in M$, so ist $x \in M \cup \bigcap_{a \in A} M_a$ und es ist nichts mehr zu beweisen. Es sei also $x \notin M$. Wegen $x \in \bigcap_{a \in A} (M \cup M_a)$ gilt $x \in M \cup M_a$ für alle $a \in A$, woraus wegen $x \notin M$ folgt, daß x für alle $a \in A$ in M_a liegt. Daher ist $x \in \bigcap_{a \in A} M_a$, woraus wiederum $x \in M \cup \bigcap_{a \in A} M_a$ folgt. Damit ist auch die zweite Gleichung bewiesen.

M und N seien zwei Mengen. Wir betrachten die <u>geordneten Paare</u> (m,n) mit $m \in M$ und $n \in N$. Zwei solcher Paare (m,n) und (m',n') heißen gleich, falls $m = m'$ und $n = n'$ ist. Diese Gleichheitsdefinition ist der Grund weshalb man die Paare geordnet nennt, denn es kommt bei ihr ja darauf an, welches Element an erster und welches an zweiter Stelle in der Klammer steht; das Paar (1,2) ist von dem Paar (2,1) verschieden. An dieser Stelle passiert nun wieder ein Unglück, wie das gerade angeführte Beispiel zeigt. Ist nämlich $M = N = \mathbb{Z}$, so hat (m,n) zwei verschiedene Bedeutungen. Einmal ist (m,n) das Paar, welches aus den beiden ganzen Zahlen m und n besteht, und zum andern bezeichnet (m,n) den größten gemeinsamen Teiler von m und n. Dies ist jedoch nicht wirklich tragisch, da der Zusammenhang stets zeigt, was mit (m,n) an der betreffenden Stelle gerade gemeint ist.

Es kommt sehr häufig vor, daß Termini technici sowie Symbole in mehr als einer Weise verwendet werden, wie das ja auch in jeder Sprache der Fall ist. Ein Beispiel aus der deutschen Sprache ist die Buchstabenreihe "überlaufen", die je nach Betonung verschiedenen Wortgattungen angehört und auch verschiedene Bedeutung hat. Welches Wort mit dieser Buchstabenfolge gemeint ist, muß man aus dem Zusammenhang erschließen. Lange philosophieren könnte man über die beiden verschiedenen Bedeutungen der Zeichenfolge "modern". Ebenso wie bei diesen Zeichenfolgen muß man sich bei mathematischen Texten immer vergewissern, was ein bestimmtes Wort oder ein bestimmtes Symbol an einer bestimmten Stelle bedeutet.

Wenn man einen mathematischen Text nicht versteht, so kann das viele Ursachen haben. Meist denkt man zuerst an eigenes Unvermögen. Eine Ursache kann aber z.B. auch sein, daß der Autor einem Wort einen anderen Sinn gibt, als es der Leser gewohnt ist. Eine andere häufige Ursache ist die, daß Fehlerhaftes abgedruckt wurde, während der Leser, insbesondere aber der Anfänger erwartet, daß das, was er liest, auch richtig ist.

Doch zurück zu den beiden Mengen M und N. Die Menge der geordneten Paare (m,n) mit $m \in M$ und $n \in N$ bezeichnen wir mit $M \times N$. Sie heißt das cartesische Produkt von M mit N. Ist R eine Teilmenge des cartesischen Produktes $M \times N$ der beiden Mengen M und N, so heißt R eine binäre Relation zwischen M und N. Binär soll andeuten, daß es sich um eine Relation zwischen zwei Mengen handelt. Meist werden wir dieses Adjektiv überhaupt nicht benutzen und nur von einer Relation zwischen M und N reden. Ist $M = N$ und $R \subseteq M \times M$, so heißt R eine (binäre) Relation auf M. Ist $M = N$, so heißt $D(M) = \{(m,m) | m \in M\}$ die Diagonale von $M \times M$. Offenbar ist D(M) nichts anderes als die Gleichheitsrelation auf M. Weitere Beispiele von Relationen sind:

1) $M = N = \mathbb{Z}$ und $R = \{(m,n) | m / n\}$. In diesem Fall ist R also die Teilbarkeitsrelation.

2) $M = N = \mathbb{Z}$ und $R = \{(m,n) | m \leq n\}$. In diesem Falle ist R die Anordnungsrelation auf $\mathbb{Z}$.

3) $M = N = \mathbb{Z}$ und $R = \{(a,b) | a \equiv b \bmod n\}$ mit einer gegebenen natürlichen Zahl n.

4) $M = \mathbb{Z} \times \mathbb{Z}$, $N = \mathbb{Z}$ und $R = \{((a,b),c) | a + b = c\}$ oder $R = \{((a,b),c) | ab = c\}$.

Schon diese wenigen Beispiele zeigen, welche Vielfalt sich unter dem Begriff Relation verbirgt. Bevor wir weitergehen, wollen wir noch die Verabredung treffen, statt $(a,b) \in R$ bzw. $(a,b) \notin R$ meist $a\,R\,b$ bzw. $a \not R\, b$ zu schreiben.

Es sei R eine binäre Relation auf M. Die Relation R heißt reflexiv, falls $D(M) \subseteq R$ ist, d.h., wenn $a\,R\,a$ für alle $a \in M$ gilt. R heißt symmetrisch, falls $a\,R\,b$ stets $b\,R\,a$ nach sich zieht. Schließlich heißt R transitiv, falls $a\,R\,c$ aus der gleichzeitigen Gültigkeit von $a\,R\,b$ und $b\,R\,c$ folgt. Ist die Relation R reflexiv, symmetrisch und transitiv, so heißt R Äquivalenzrelation. Beispiele für Äquivalenzrelationen sind D(M), d.h. die Gleichheitsrelation und die Kongruenz modulo einer natürlichen Zahl, wie 1.26 zeigt.

M sei eine Menge und $\sim$ sei eine Äquivalenzrelation auf M. Ist $x \in M$, so setzen wir $cl(x) = \{y | y \in M, y \sim x\}$. Die Menge cl(x) heißt die Äquivalenzklasse von x modulo $\sim$, wobei wir den Zusatz modulo $\sim$ meist weglassen werden. Ist $X \subseteq M$ und gibt es ein $x \in M$ mit $X = cl(x)$, so nennen wir X eine Äquivalenzklasse von oder auch modulo $\sim$. Mit $M/\sim$ bezeichnen wir die Menge aller Äquivalenzklassen modulo $\sim$.

2.3. Satz. Es sei M eine Menge und $\sim$ sei eine Äquivalenzrelation auf M. Dann gilt:

a) Ist $X \in M/\sim$, so ist $X \neq \emptyset$.

b) Sind $X,Y \in M/\sim$ und ist $X \neq Y$, so ist $X \cap Y = \emptyset$.

c) Es ist $M = \bigcup_{X \in M/\sim} X$.

Ist umgekehrt π eine Menge von nicht-leeren Teilmengen von M, ist $X \cap Y = \emptyset$, falls $X,Y \in \pi$ und $X \neq Y$ ist, und ist $M = \bigcup_{X \in \pi} X$, so gibt es genau eine Äquivalenzrelation $\sim$ auf M mit $\pi = M/\sim$.

Beweis. Wir zeigen zunächst, daß eine auf M definierte Äquivalenzrelation $\sim$ die Eigenschaften a), b) und c) besitzt.

a) Ist $X \in M/\sim$, so gibt es ein $x \in M$ mit $X = cl(x)$. Weil die Relation $\sim$ reflexiv ist, ist $x \sim x$ und daher $x \in cl(x) = X$, so daß $X \neq \emptyset$ ist.

b) Es seien $X,Y \in M/\sim$. Ferner sei $X \cap Y \neq \emptyset$. Um b) zu beweisen, müssen wir unter den gegebenen Voraussetzungen zeigen, daß $X = Y$ ist; denn wenn $X \cap Y \neq \emptyset$ die Gleichung $X = Y$ zur Folge hat, so besagt das, daß die beiden Ungleichungen $X \cap Y \neq \emptyset$ und $X \neq Y$ nicht gleichzeitig bestehen können. Wegen $X,Y \in M/\sim$ gibt es nun Elemente $x,y \in M$ mit $X = cl(x)$ und $Y = cl(y)$. Es sei $z \in X \cap Y$. Dann ist also $z \sim x$ und $z \sim y$. Weil die Relation $\sim$ symmetrisch ist, ist $x \sim z$ und $z \sim y$, woraus mit Hilfe der Transitivität $x \sim y$ folgt. Ist nun $u \in X$, so ist $u \sim x$. Hieraus und aus $x \sim y$ folgt $u \sim y$, so daß $u \in cl(y) = Y$ ist. Damit ist $X \subseteq Y$ gezeigt. Weil die Voraussetzungen in X und Y symmetrisch sind, folgt auch $Y \subseteq X$, so daß $X = Y$ ist.

c) Ist $x \in M$, so ist, wie wir unter a) gesehen haben, $x \in cl(x)$ und daher $x \in \bigcup_{Y \in M/\sim} Y$, so daß $M \subseteq \bigcup_{Y \in M/\sim} Y$ gilt. Da die andere Inklusion trivialerweise erfüllt ist, ist in der Tat $M = \bigcup_{X \in M/\sim} X$.

Es sei π eine Menge von nicht-leeren Teilmengen von M, die die in der zweiten Hälfte des Satzes aufgeführten Eigenschaften besitzt. Sind $x,y \in M$, so setzen wir $x \sim y$ genau dann, wenn es ein $X \in \pi$ gibt mit $x,y \in X$. Wir zeigen, daß $\sim$ eine Äquivalenzrelation ist und daß $M/\sim = \pi$ ist. Es sei $x \in M$. Wegen $M = \bigcup_{X \in \pi} X$ gibt es ein $X \in \pi$ mit $x \in X$. Also ist $x,x \in X$, so daß $x \sim x$ gilt. Die Relation $\sim$ ist demnach reflexiv. Sind $x,y \in M$ und ist $x \sim y$, so gibt es ein $X \in \pi$ mit $x,y \in X$. Dann ist aber auch $y,x \in X$ und folglich $y \sim x$, so daß $\sim$ auch symmetrisch ist. Schließlich seien $x,y,z \in M$ und es gelte $x \sim y$ und $y \sim z$. Dann gibt es $X,Y \in \pi$ mit $x,y \in X$ und $y,z \in Y$. Wegen $y \in X \cap Y$ ist $X \cap Y \neq \emptyset$, so daß nach Voraussetzung $X = Y$ ist. Dann ist aber $x,z \in X$, was seinerseits mit $x \sim z$ gleichbedeutend ist. Damit ist gezeigt, daß $\sim$ eine Äquivalenzrelation ist.

Der Nachweis, daß auch die Gleichung $\pi = M/\sim$ gilt, ist für den Anfänger etwas knifflich. Es ist zu zeigen, daß jede Menge, die ein Element von π ist, auch zu $M/\sim$ gehört und umgekehrt. Dazu muß man zeigen, daß jede Menge, die zu π gehört, einer Menge, die in $M/\sim$ liegt, gleich ist und umgekehrt. Wir zeigen zunächst $\pi \subseteq M/\sim$. Dazu sei $X \in \pi$. Weil X nicht-leer ist, gibt es ein $x \in X$. Ist $y \in X$, so ist $x \sim y$, so daß $y \in cl(x)$ ist. Damit ist $X \subseteq cl(x)$ gezeigt. Es sei nun $z \in cl(x)$. Dann ist $x \sim z$, so daß es ein $Z \in \pi$ gibt mit $x,z \in Z$. Weil $x \in X \cap Z$ ist, folgt $X = Z$. Also ist $z \in X$, d.h., es ist $cl(x) \subseteq X$. Dies liefert zusammen mit der bereits bewiesenen Inklusion, daß $X = cl(x)$ ist. Dies besagt wiederum, daß $X \in M/\sim$ ist. Folglich ist $\pi \subseteq M/\sim$.

Es sei $Y \in M/\sim$. Weil $\sim$ eine Äquivalenzrelation ist, ist Y nicht leer. Es sei also $y \in Y$. Weil $M = \bigcup_{X \in \pi} X$ ist, gibt es ein $X \in \pi$ mit $y \in X$. Wie wir bereits wissen, ist $X \in M/\sim$. Hieraus und aus $y \in X \cap Y$ folgt $X = Y$. Also ist $Y \in \pi$, so daß auch die Inklusion $M/\sim \subseteq \pi$ gilt. Damit ist die Gleichheit von π und $M/\sim$ gezeigt.

Es bleibt zu zeigen, daß $\sim$ die einzige Äquivalenzrelation auf M ist, für die $M/\sim = \pi$ gilt. Um dies zu zeigen, sehen wir von der speziellen Konstruktion von $\sim$ ab und nehmen vielmehr an, daß $\sim_1$ und $\sim_2$ zwei Äquivalenzrelationen auf M sind mit $M/\sim_1 = M/\sim_2 = \pi$, und zeigen, daß dies $\sim_1 = \sim_2$ zur Folge hat. Dies hat den Vorteil, daß die Voraussetzungen in $\sim_1$ und $\sim_2$ symmetrisch werden, so daß, was immer wir auf Grund dieser Voraussetzungen über $\sim_1$ und $\sim_2$ beweisen, auch für $\sim_2$ und $\sim_1$ gilt. Um $\sim_1 = \sim_2$ zu beweisen, genügt es daher, $\sim_1 \subseteq \sim_2$ zu beweisen. (Beachte, daß Relationen Mengen sind.) Ist dies schließlich bewiesen, so ist gezeigt, daß es höchstens eine Äquivalenzrelation gibt, so daß π gerade aus ihren Äquivalenzklassen besteht. Weil wir andererseits in $\sim$ bereits eine solche Äquivalenzrelation gefunden haben, ist $\sim$ die einzige mit dieser Eigenschaft. Es seien also $x,y \in M$ und es gelte $x \sim_1 y$, d.h., es sei $(x,y) \in \sim_1$. Dann ist $x \in cl_1(y)$. Wegen $M/\sim_1 = M/\sim_2$ ist $cl_1(y) \in M/\sim_2$. Hieraus und aus $y \in cl_1(y)$ folgt weiter $cl_1(y) = cl_2(y)$. Aus $x \in cl_1(y) = cl_2(y)$ folgt schließlich $(x,y) \in \sim_2$, so daß in der Tat $\sim_1 \subseteq \sim_2$ ist. Damit ist 2.3 vollständig bewiesen.

Aufgaben

1) P sei die Menge der Primzahlen. Ist $p \in P$, so sei $M_p = \{x \mid x \in \mathbb{Z}, p / x\}$. Bestimme $\bigcup_{p \in P} M_p$ und $\bigcap_{p \in P} M_p$.

2) Für $n \in \mathbb{N}$ sei $M_n = \{x \mid x \in \mathbb{Z}, x \geq n\}$. Bestimme $\bigcup_{n \in \mathbb{N}} M_n$ und $\bigcap_{n \in \mathbb{N}} M_n$.

3) Sind A und B Mengen, so bezeichnen wir mit $A \setminus B$ die Menge $\{x \mid x \in A, x \notin B\}$. Somit ist $A \setminus B$ die Menge aller Elemente von A, die nicht in B liegen. Zeige, daß $(A \cup B) \setminus (A \cap B) = (A \setminus B) \cup (B \setminus A)$ ist.

4) Es sei $(M_a | a \in A)$ eine Familie von Mengen. Ferner sei M eine Menge mit $M_a \subseteq M$ für alle $a \in A$. Zeige, daß $\bigcup_{a \in A} M_a \subseteq M$ ist.

5) Es sei $(M_a | a \in A)$ eine Familie von Mengen. Ferner sei M eine Menge mit $M \subseteq M_a$ für alle $a \in A$. Zeige, daß $M \subseteq \bigcap_{a \in A} M_a$ ist.

6) Es sei M eine Menge. Mit P(M) bezeichnen wir die Menge aller Teilmengen von M und nennen sie die Potenzmenge von M. Ist $X \in P(M)$, so setzen wir $X^c = M \setminus X$. Die Menge X^c heißt das Komplement von X in M. Beweise die De Morgan'schen Regeln: Für alle $X,Y \in P(M)$ gilt $(X \cup Y)^c = X^c \cap Y^c$ und $(X \cap Y)^c = X^c \cup Y^c$. Verallgemeinere diese Regeln auf beliebige Familien von Teilmengen von M.

7) Wieviele binäre Relationen gibt es auf der Menge $\{1,2\}$?

3. Abbildungen

Die wichtigsten Relationen zwischen Mengen, die es überhaupt gibt, sind die Abbildungen. Wir widmen ihnen daher einen eigenen Abschnitt dieses ersten Kapitels. Wir beginnen mit ihrer Definition. Sind M und N zwei Mengen und ist $A \subseteq M \times N$, so heißt A eine Abbildung von M in N, falls es zu jedem $m \in M$ genau ein $n \in N$ gibt mit $(m,n) \in A$. Ist A eine Abbildung von M in N und ist $(m,n) \in A$, so heißt n das Bild von m unter A und m heißt ein Urbild von n. Jedes Element aus M hat also genau ein Bild unter der Abbildung A, während ein Element aus N im allgemeinen mehrere Urbilder oder aber auch gar kein Urbild besitzt.

Der Begriff der Abbildung ist sehr allgemein, wie die folgenden Beispiele schon erahnen lassen.

1) $A = D(M)$ ist eine Abbildung von M in sich. D(M) heißt in diesem Zusammenhang die identische Abbildung von M auf sich oder auch die Identität auf M. Häufigste Symbole für die Identität sind: id_M, id, ι, I, 1.

2) $A = \{(x,x^2) | x \in \mathbb{Z}\}$ ist eine Abbildung von $\mathbb{Z}$ in sich.

3) Es sei $M = \mathbb{Z} \times \mathbb{Z} \setminus \{(0,0)\}$ und $N = \mathbb{Z}$. Ferner sei $A = \{((x,y), ggT(x,y)) | (x,y) \in M\}$. Dabei bezeichne ggT(x,y) den größten gemeinsamen Teiler von x und y. (Man muß sich zu helfen wissen!) Dann ist A eine Abbildung von M in N.

4) M sei eine Menge und P(M) ihre Potenzmenge. Setzt man $A = \{(X,X^c) | X \in P(M)\}$, so ist A eine Abbildung von P(M) in sich.

5) M und N seien Mengen. Setze $P_M = \{((a,b),a) | (a,b) \in M \times N\}$. Dann ist P_M eine Abbildung von $M \times N$ in M. Sie heißt die Projektion von $M \times N$ auf M. Entsprechend definiert man P_N.

6) M sei eine Menge und $\sim$ sei eine Äquivalenzrelation auf M. Setze $A = \{(x,cl(x)) | x \in M\}$. Offenbar ist A eine Abbildung von M in $M/\sim$.

Wir werden im folgenden so vielen Abbildungen begegnen, daß wir mit dem Buchstaben A alleine zu ihrer Bezeichnung nicht auskommen werden. Wir werden daher Abbildungen mit allen möglichen Buchstaben, insbesondere auch aus dem griechischen Alphabet, sowie mit anderen Symbolen bezeichnen. Ist σ eine Abbildung von M in N und ist $(m,n) \in \sigma$, so ist $n \in N$ durch das Element $m \in M$ bereits eindeutig festgelegt. Dies legt es nahe, statt der schwerfälligen Schreibweise $(m,n) \in \sigma$ andere Schreibweisen wie $m^{\sigma} = n$, $m\sigma = n$, $\sigma(m) = n$, $\sigma_m = n$, $\sigma : m \to n$, u. v. a. m. zu benutzen. Es sind also m^{σ}, $m\sigma$, $\sigma(m)$, σ_m usw. die eindeutig bestimmten Bilder von m unter der Abbildung σ.

Die letzte Schreibweise ist uns im letzten Abschnitt schon begegnet. Ist nämlich $(M_i | i \in I)$ eine Familie von Mengen, so ist M nichts anderes als eine Abbildung von I in eine Menge von Mengen und M_i ist das Bild von i unter M. Daß I in diesem Falle Indexmenge genannt wird, rührt von der Schreibweise her.

Ist σ eine Abbildung von M in N, so definieren wir die Abbildung σ^- von N in $P(M)$ vermöge

$$x^{\sigma^-} = \{y | y \in M, y^{\sigma} = x\}, \qquad x \in N.$$

x^{σ^-} ist also die Menge der Urbilder von x. Wir nennen die Abbildung σ <u>injektiv</u>, falls x^{σ^-} für alle $x \in N$ höchstens ein Element enthält. Ist σ injektiv, so hat jedes $x \in N$ also höchstens ein Urbild. Anders ausgedrückt: Die Abbildung σ ist genau dann injektiv, wenn aus $u, v \in M$ und $u^{\sigma} = v^{\sigma}$ stets $u = v$ folgt.

Die Abbildung σ heißt <u>surjektiv</u>, falls $x^{\sigma^-} \neq \emptyset$ ist für alle $x \in N$. Ist σ surjektiv, so hat also jedes Element aus N wenigstens ein Urbild. Um es noch einmal zu sagen: σ heißt surjektiv, falls es zu jedem $x \in N$ (wenigstens) ein $y \in M$ gibt mit $y^{\sigma} = x$.

Die Abbildung σ heißt <u>bijektiv</u>, falls σ sowohl injektiv als auch surjektiv ist. In diesem Fall hat also jedes $x \in N$ genau ein Urbild in M.

Wir betrachten noch einmal die Beispiele 1) bis 6) und untersuchen, welche der dort angegebenen Abbildungen injektiv, surjektiv oder bijektiv ist.

1) A ist bijektiv, da $xA^- = \{x\}$ für alle $x \in M$ ist.

2) A ist weder injektiv noch surjektiv, da $2A^- = \emptyset$ und $4A^- = \{2,-2\}$ ist.

3) A ist weder injektiv noch surjektiv, da $xA^- = \emptyset$ für $x \leq 0$ und $(1,p) \in 1A^-$ für alle Primzahlen p.

4) Wegen $XA^- = \{X^c\}$ für alle $X \in P(M)$ ist A bijektiv.

5) P_M und P_N sind stets surjektiv. P_M bzw. P_N ist genau dann injektiv, falls M bzw. N genau ein Element enthält.

6) Es ist $cl(x)A^- = cl(x)$. Weil $cl(x)$ für alle x nicht leer ist, ist daher A surjektiv. A ist genau dann injektiv, wenn für alle x die Gleichung $cl(x) = \{x\}$ gilt, d.h., wenn $\sim = D(M)$ ist.

Ist σ eine Abbildung von M in N, so ist $\sigma = \{(x,x^\sigma) | x \in M\}$. Hieraus folgt, daß die beiden Abbildungen σ und τ genau dann gleich sind, wenn $x^\sigma = x^\tau$ für alle $x \in M$ gilt. Von dieser Bemerkung werden wir immer wieder Gebrauch machen.

σ sei eine Abbildung von M in N und τ sei eine Abbildung von N in P. Das Produkt $\sigma\tau$ von σ und τ ist die durch $x^{\sigma\tau} = (x^\sigma)^\tau$ für alle $x \in M$ definierte Abbildung von M in P. Man erhält also das Produkt $\sigma\tau$ durch Hintereinanderausführen der beiden Abbildungen σ und τ. Schreibt man Abbildungen so, wie wir es im Augenblick getan haben, als Exponenten, so bedeutet $\sigma\tau$, daß man zuerst σ auf x und dann τ auf das Bild von x unter σ anzuwenden hat. Schreibt man das Bild von x unter σ als $\sigma(x)$ und das Bild von y unter τ als $\tau(y)$, so ist man gezwungen, das Produkt von σ und τ durch die Vorschrift $(\sigma\tau)(x) = \tau(\sigma(x))$ zu definieren, falls $\sigma\tau$ nach wie vor zuerst σ und dann τ heißen soll. Definiert man $\sigma\tau$ durch die Vorschrift $(\sigma\tau)(x) = \sigma(\tau(x))$, so heißt $\sigma\tau$ zuerst τ und dann σ, d.h., das Produkt ist auf phönikische Weise von rechts nach links zu lesen. Hierbei ist nun τ plötzlich zu einer Abbildung von M in N und σ zu einer Abbildung von N in P geworden. Wer es nicht gemerkt hat, dem sei noch einmal gesagt, daß man sich immer vergewissern muß, was der Autor eines Textes wirklich meint. Es gibt ja soviele Möglichkeiten des Mißverstehens.

Um den Anfänger, denn für ihn ist dieses Buch in erster Linie geschrieben, an die verschiedenen, in der Literatur auftretenden Schreibweisen zu gewöhnen, werde ich beide Schreibweisen, die phönikische und die andere, benutzen, so wie es mir gerade einfällt, und mich auch nicht scheuen, zwei Abbildungen miteinander zu verknüpfen, von denen die eine als Exponent und die andere als $f(x)$ auftritt. Was $\sigma\tau$ bedeutet, wird nicht ein für allemal festgelegt, sondern ist immer aus dem Zusammenhang zu erschließen.

3.1. Satz. σ sei eine Abbildung der Menge M in die Menge N und τ sei eine Abbildung von N in M. Ist $\sigma\tau = id_M$, so ist σ injektiv.

Beweis. Weil id_M eine Abbildung von M in M ist, kann $\sigma\tau$ nur heißen: erst σ, dann τ. Um 3.1 zu beweisen, werden wir also zweckmäßigerweise die Abbildungen rechts von den Elementen schreiben, auf die sie wirken, obgleich das, wie wir oben gesehen haben, nicht notwendig ist. Es seien also x,y zwei Elemente aus M und es sei $x\sigma = y\sigma$. Unter diesen Voraussetzungen ist zu zeigen, daß $x = y$ ist. Daß dem wirklich so ist, zeigt die folgende Gleichungskette:

$$x = x\mathrm{id}_M = x(\sigma\tau) = (x\sigma)\tau = (y\sigma)\tau = y(\sigma\tau) = y\mathrm{id}_M = y.$$

3.2. Satz. Es sei σ eine Abbildung der Menge M in die Menge N und τ sei eine Abbildung von N in M. Ist $\tau\sigma = \mathrm{id}_N$, so ist σ surjektiv.

Beweis. Auch hier ist das Produkt der beiden Abbildungen von links nach rechts zu lesen, so daß die gleichen Bemerkungen, wie beim Beweise von 3.1 gelten. Um 3.2 zu beweisen, ist zu zeigen, daß es zu jedem $y \in N$ ein $x \in M$ mit $x\sigma = y$ gibt. Es sei also $y \in N$. Wir setzen versuchsweise $x = y\tau$. Dann ist

$$x\sigma = (y\tau)\sigma = y(\tau\sigma) = y\mathrm{id}_N = y, \quad \text{q. e. d.}$$

3.3. Satz. ρ sei eine Abbildung der Menge M in die Menge N. Genau dann ist ρ bijektiv, wenn es zwei Abbildungen σ und τ von N in M gibt mit $\rho\sigma = \mathrm{id}_M$ und $\tau\rho = \mathrm{id}_N$.

Beweis. Gibt es die Abbildungen σ und τ, so ist ρ nach 3.1 und 3.2 bijektiv. ρ sei also bijektiv. Ist $y \in N$, so gibt es genau ein $x \in M$ mit $y\rho^- = \{x\}$. Wir definieren ρ^{-1} durch $y\rho^{-1} = x$. Dann ist ρ^{-1} eine Abbildung von N in M mit $x\rho\rho^{-1} = x = x\mathrm{id}_M$ für alle $x \in M$ und $y\rho^{-1}\rho = y = y\mathrm{id}_N$ für alle $y \in N$. Auf Grund unserer Bemerkung über die Gleichheit zweier Abbildungen ist also $\rho\rho^{-1} = \mathrm{id}_M$ und $\rho^{-1}\rho = \mathrm{id}_N$, q. e. d.

3.4. Korollar. Ist ρ eine Bijektion von M auf N und sind σ und τ Abbildungen von N in M mit $\rho\sigma = \mathrm{id}_M$ und $\tau\rho = \mathrm{id}_N$, so ist $\sigma = \tau = \rho^{-1}$.

Beweis. Ist $y \in N$, so ist

$$y\tau = (y\tau)\mathrm{id}_M = (y\tau)\rho\rho^{-1} = (y(\tau\rho))\rho^{-1} = (y\mathrm{id}_N)\rho^{-1} = y\rho^{-1}$$

und daher, da dies für alle $y \in N$ gilt, $\tau = \rho^{-1}$. Ferner ist

$$y\sigma = (y\mathrm{id}_N)\sigma = (y\rho^{-1}\rho)\sigma = ((y\rho^{-1})\rho)\sigma = (y\rho^{-1})(\rho\sigma) = (y\rho^{-1})\mathrm{id}_M = y\rho^{-1},$$

so daß auch $\sigma = \rho^{-1}$ ist, q. e. d.

Die Abbildung ρ^{-1} heißt die zu ρ inverse Abbildung oder auch einfach die Inverse von ρ.

3.5. Satz. M, N, S und T seien vier Mengen. Ist dann ρ eine Abbildung von M in N und σ eine Abbildung von N in S sowie τ eine Abbildung von S in T, so ist $(\rho\sigma)\tau = \rho(\sigma\tau)$.

Beweis. Wir sollten einen Augenblick verweilen und überlegen, ob die beiden Ausdrücke, die links und rechts des Gleichheitszeichens stehen, überhaupt sinnvoll sind. Das Produkt $\rho\sigma$ ist definiert und eine Abbildung von M in S. Da τ eine Abbildung von S in T ist, ist auch $(\rho\sigma)\tau$ definiert. Ebenso einfach sieht man, daß auch $\rho(\sigma\tau)$ definiert und ebenso wie $(\rho\sigma)\tau$ eine Abbildung von M in T ist. Um die Gleichheit der beiden Abbildungen zu beweisen, sei $x \in M$. Dann ist

$$x((\rho\sigma)\tau) = (x(\rho\sigma))\tau = ((x\rho)\sigma)\tau = (x\rho)(\sigma\tau) = x(\rho(\sigma\tau)).$$

Da dies für alle $x \in M$ gilt, ist $(\rho\sigma)\tau = \rho(\sigma\tau)$, q. e. d.

3.6. Satz. Ist ρ eine Abbildung von M auf N und σ eine Abbildung von N auf S, so ist $\rho\sigma$ eine Abbildung von M auf S.

Bei diesem Satz kommt es auf das Wörtchen "auf" an, welches dreimal vorkommt. Es soll besagen, daß alle drei Abbildungen surjektiv sind. Wir werden es in Zukunft häufig verwenden, wenn wir ausdrücken wollen, daß eine Abbildung surjektiv ist. Doch nun zum Beweise des Satzes. Es sei $s \in S$. Es gibt dann ein $y \in N$ mit $y\sigma = s$. Ferner gibt es ein $x \in M$ mit $x\rho = y$. Daher ist $x(\rho\sigma) = (x\rho)\sigma = y\sigma = s$, q. e. d.

3.7. Satz. Ist ρ eine injektive Abbildung von M in N und σ eine injektive Abbildung von N in S, dann ist $\rho\sigma$ eine injektive Abbildung von M in S.

Beweis. Es seien $x,y \in M$ und es sei $x(\rho\sigma) = y(\rho\sigma)$. Dann ist $(x\rho)\sigma = x(\rho\sigma) = y(\rho\sigma) = (y\rho)\sigma$. Da σ injektiv ist, ist $x\rho = y\rho$. Die Injektivität von ρ impliziert nun ihrerseits $x = y$, q. e. d.

Ist $M \neq \emptyset$, so bezeichnen wir mit S(M) die Menge aller Bijektionen von M auf sich. S(M) heißt die <u>symmetrische Gruppe</u> auf M. Die Elemente von S(M) werden auch <u>Permutationen</u> von M genannt.

Wendet man die Sätze 3.3, 3.4, 3.5, 3.6 und 3.7 auf die Elemente von S(M) an, so erhält man

3.8. Satz. Sind $\rho, \sigma, \tau \in S(M)$, so gilt:

(j) $\rho\sigma \in S(M)$.
(ij) $(\rho\sigma)\tau = \rho(\sigma\tau)$.
(iij) $id_M \in S(M)$ und $\rho id_M = id_M\rho$.
(iv) Es gibt ein $\rho^{-1} \in S(M)$ mit $\rho\rho^{-1} = id_M = \rho^{-1}\rho$.

Aufgaben

1) M sei eine nicht-leere Menge. Ferner sei A die Menge aller Abbildungen von M in sich und Ä die Menge aller Äquivalenzrelationen auf M. Bestimme $A \cap Ä$.

2) σ sei eine Bijektion der Menge M auf die Menge N und τ sei eine Abbildung von N in M. Zeige: Ist $\sigma\tau = id_M$, so ist $\tau = \sigma^{-1}$.

3) Es sei σ die durch $(m,n)^\sigma = m + n$ definierte Abbildung von $\mathbb{Z} \times \mathbb{Z}$ in $\mathbb{Z}$ und τ die durch $m^\tau = (m - 1,1)$ definierte Abbildung von $\mathbb{Z}$ in $\mathbb{Z} \times \mathbb{Z}$. Zeige, daß $\tau\sigma = id_{\mathbb{Z}}$ ist. Was kann man über $\sigma\tau$ und was über σ aussagen? (Vergleiche Aufgabe 3) mit Aufgabe 2).)

4) Es sei M eine Menge und P(M) ihre Potenzmenge. Schließlich sei ϕ eine Abbildung von M in P(M). Setze $X = \{x | x \in M, x \notin \phi(x)\}$. Zeige, daß es kein $m \in M$ mit $\phi(m) = X$ gibt. (Hieraus folgt insbesondere, daß es keine surjektive Abbildung von M auf P(M) gibt.)

4. Endliche Mengen

Das Zählen spielt in vielen Teilen der Mathematik eine große Rolle. Da wir uns dieser Kunst verschiedentlich bedienen werden, wollen wir hier ihre Grundlagen legen. Dies bietet uns erneut Gelegenheit, den Gebrauch der vollständigen Induktion zu üben, sowie eine erste Gelegenheit, uns an den Umgang mit Abbildungen zu gewöhnen.

Es sei M eine Menge. Ist $M = \emptyset$, so heißt M <u>endlich der Länge</u> 0. Ist n eine natürliche Zahl, so heißt M <u>endlich der Länge</u> n, falls es eine Bijektion von M auf die Menge

$$[n] = \{x | x \in \mathbb{N}, 1 \leq x \leq n\}$$

gibt. Die Menge M heißt <u>endlich</u>, falls es eine nicht-negative ganze Zahl n gibt, so daß M endlich der Länge n ist.

Unsere anschauliche Vorstellung einer endlichen Menge sagt uns, daß die Anzahl der Elemente einer endlichen Menge, d.h. ihre Länge, von der Art wie wir zählen, unabhängig ist. Wir erhalten stets die Zahl 5, gleichgültig, ob wir beim Zählen der Finger unserer linken Hand mit dem Daumen oder mit dem kleinen Finger beginnen. Daß dies bei unserer Definition der Endlichkeit ebenso ist, wollen wir nun zeigen. Wir beginnen mit dem

<u>4.1. Satz.</u> Sind m und n natürliche Zahlen und gibt es eine Bijektion von $[m]$ auf $[n]$, so ist $m = n$.

Beweis. Wir machen Induktion nach m. Ist σ eine Bijektion von $[1] = \{1\}$ auf $[n]$, so ist offenbar $1 = n$, da 1 andernfalls zwei verschiedene Bilder unter σ hätte. Es sei also $m \geqslant 1$ und es sei bereits gezeigt, daß $m = n$ ist, falls es eine Bijektion von $[m]$ auf $[n]$ gibt. Es sei nun σ eine Bijektion von $[m + 1]$ auf $[n + 1]$.

1. Fall: $\sigma(m + 1) = n + 1$. In diesem Falle definieren wir eine Abbildung τ von $[m]$ in $[n]$ durch die Vorschrift $\tau(x) = \sigma(x)$ für alle $x \in [m]$. Zunächst ist τ nur eine Abbildung von $[m]$ in $[n + 1]$. Weil σ injektiv ist und wir $\sigma(m + 1) = n + 1$ angenommen haben, ist $\sigma(x) \in [n]$ für alle $x \in [m]$. Daher ist τ eine Abbildung von $[m]$ in $[n]$. Aus $\tau(x) = \tau(y)$ folgt $\sigma(x) = \sigma(y)$, so daß $x = y$ ist, da σ ja injektiv ist. Also ist auch τ injektiv. Ist $z \in [n]$, so gibt es ein $x \in [m + 1]$ mit $\sigma(x) = z$. Wegen $z \neq n + 1$ folgt $x \neq m + 1$ und folglich $z = \sigma(x) = \tau(x)$, womit auch die Surjektivität von τ nachgewiesen ist. Also ist τ eine Bijektion von $[m]$ auf $[n]$, so daß nach Induktionsannahme $m = n$ ist, was wiederum $n + 1 = m + 1$ nach sich zieht.

2. Fall: $\sigma(m + 1) = b \neq n + 1$. Wir definieren folgendermaßen eine Abbildung ρ von $[n + 1]$ auf sich: $\rho(n + 1) = b$ und $\rho(b) = n + 1$ sowie $\rho(z) = z$ für alle $z \in [n + 1] \setminus \{b, n + 1\}$. Offenbar ist ρ eine Permutation von $[n + 1]$. Aus 3.6 und 3.7 folgt daher, daß $\lambda = \rho\sigma$ eine Bijektion von $[m + 1]$ auf $[n + 1]$ ist. Nun ist

$$\lambda(m + 1) = (\rho\sigma)(m + 1) = \rho(\sigma(m + 1)) = \rho(b) = n + 1.$$

Somit ist λ eine Bijektion von $[m + 1]$ auf $[n + 1]$, die $m + 1$ auf $n + 1$ abbildet. Wie im ersten Fall gezeigt, folgt hieraus die Gleichung $m + 1 = n + 1$, q. e. d.

<u>4.2. Korollar</u>. Ist M endlich der Länge m und auch endlich der Länge n, so ist $m = n$.

Beweis. Ist $M = \emptyset$, so ist $m = 0 = n$. Es sei also $M \neq \emptyset$. Es gibt dann eine Bijektion σ von M auf $[m]$ und eine Bijektion τ von M auf $[n]$. Dann ist $\tau\sigma^{-1}$ nach 3.6 und 3.7 eine Bijektion von $[m]$ auf $[n]$, so daß nach 4.1 die Gleichung $m = n$ gilt, q. e. d.

Das gerade bewiesene Korollar besagt nun gerade, daß das Zählen von der Art des Zählens unabhängig ist.

Ist M endlich der Länge n, so schreiben wir dafür $|M| = n$.

<u>4.3. Satz</u>. Ist M eine endliche Menge und T eine Teilmenge von M, so ist auch T endlich. Ist T eine echte Teilmenge von M, so ist $|T| < |M|$.

Beweis. Es sei M eine Menge der Länge n. Ist $n = 0$, so ist $M = \emptyset$ und daher $T = \emptyset$. In diesem Fall ist der Satz also richtig. Ist $n = 1$, so sind $\emptyset$ und M die einzigen Teilmengen von M, so daß der Satz auch in diesem Falle gilt. Es sei also $n \geqslant 2$ und der Satz sei für Mengen der Länge $n - 1$ bereits bewiesen. Ist $T = M$, so ist nichts mehr zu beweisen. Es sei also $T \neq M$. Es gibt dann ein $a \in M$ mit $a \notin T$. Weil $|M| = n$ ist, gibt es eine Bijektion σ von M auf $[n]$. Wir können annehmen, daß $\sigma(a) = n$ ist. Ist nämlich $\sigma(a) = b \neq n$, so definieren wir durch $\rho(b) = n$ und $\rho(n) = b$ sowie $\rho(i) = i$ für alle $i \in [n] \setminus \{b,n\}$ eine Permutation ρ auf $[n]$. Dann ist $\rho\sigma$ eine Bijektion von M auf $[n]$, die a auf n abbildet, so daß wir tatsächlich von vornherein $\sigma(a) = n$ annehmen können. Wegen $n \geq 2$ ist $M \setminus \{a\} \neq \emptyset$, so daß durch $\tau(x) = \sigma(x)$ für alle $x \in M \setminus \{a\}$ eine Abbildung τ von $M \setminus \{a\}$ in $[n - 1]$ definiert wird. τ ist offenbar bijektiv, was wiederum $|M \setminus \{a\}| = n - 1$ impliziert. Weil T eine Teilmenge von $M \setminus \{a\}$ ist, folgt schließlich nach Induktionsannahme, daß T endlich ist und daß $|T| \leq n - 1 < n = |M|$ gilt, q. e. d.

4.4. Korollar. M und N seien endliche Mengen mit $|M| = |N|$. Ist σ eine injektive Abbildung von M in N, so ist σ surjektiv.

Beweis. Es sei $Y = \{\sigma(x) | x \in M\}$. Wegen $Y \subseteq N$ ist Y nach 4.3 endlich. Es sei $|Y| = k$. Dann gibt es eine Bijektion τ von Y auf $[k]$. Wegen 3.6 und 3.7 ist $\tau\sigma$ eine Bijektion von M auf $[k]$, so daß $|M| = k$ ist. Also ist auch $|N| = k = |Y|$. Hieraus und aus 4.3 folgt $Y = N$, so daß σ surjektiv ist, q. e. d.

Bemerkung. Wie dieser Beweis zeigt, gilt auch das folgende Resultat, welches man heutzutage schon in der ersten Klasse der Grundschule lernt: Sind M und N endliche Mengen und gibt es eine Bijektion von M auf N, so ist $|M| = |N|$.

4.5. Satz. Es sei π eine Menge von lauter nicht-leeren Teilmengen der endlichen Menge M. Ist dann $M = \bigcup_{X \in \pi} X$ und ist $X \cap Y = \emptyset$ für alle $X,Y \in \pi$ mit $X \neq Y$, so ist $|M| = \sum_{X \in \pi} |X|$.

Beweis. Ist $|\pi| = 1$, so ist nichts zu beweisen. Es sei $|\pi| = 2$ und $\pi = \{A,B\}$. Dann ist also $M = A \cup B$ und $A \cap B = \emptyset$. Nach 4.3 sind A und B endlich. Es sei $|A| = m$ und $|B| = n$. Ferner sei ρ eine Bijektion von A auf $[m]$ und σ eine Bijektion von B auf $[n]$. Wir definieren eine Abbildung τ vermöge $\tau(x) = \rho(x)$ für $x \in A$ und $\tau(x) = \sigma(x) + m$ für $x \in B$. Wegen $A \cap B = \emptyset$ ist τ wirklich eine Abbildung, da kein $x \in A \cup B$ sowohl in A als auch in B liegen kann. Daher ist jedem $x \in A \cup B = M$ genau ein Bild zugeordnet. Offenbar ist τ sogar eine Bijektion von M auf $[m + n]$, so daß $|M| = m + n$ ist.

Ist $|\pi| = n \geq 2$ und ist $\pi = \{X_1, \ldots, X_n\}$, so setzen wir $A = \bigcup_{i=1}^{n-1} X_i$ und $B = X_n$. Nach Induktionsannahme ist daher $|A| = \sum_{i=1}^{n-1} |X_i|$. Ferner ist

$$A \cup B = \left(\bigcup_{i=1}^{n-1} X_i\right) \cup X_n = \bigcup_{i=1}^{n} X_i = M$$

und nach 2.2 ist

$$A \cap B = \Big(\bigcup_{i=1}^{n-1} X_i\Big) \cap X_n = \bigcup_{i=1}^{n-1}(X_i \cap X_n) = \bigcup_{i=1}^{n-1} \emptyset = \emptyset.$$

Also ist

$$|M| = |A| + |B| = \sum_{i=1}^{n-1} |X_i| + |X_n| = \sum_{i=1}^{n} |X_i|,$$

q. e. d.

4.6. Korollar. M und N seien zwei endliche Mengen. Ist $|M| = |N|$ und ist σ eine surjektive Abbildung von M auf N, so ist σ auch injektiv.

Beweis. Wir betrachten $\pi = \{X | X = \sigma^{-}(y),\ y \in N\}$. Weil σ surjektiv ist, ist $X \neq \emptyset$ für alle $X \in \pi$. Ferner folgt aus $\sigma^{-}(y) \cap \sigma^{-}(z) \neq \emptyset$, daß es ein $x \in M$ gibt mit $\sigma(x) = y$ und $\sigma(x) = z$, so daß also $y = z$ ist. Somit ist $X \cap Y = \emptyset$ für alle $X,Y \in \pi$ mit $X \neq Y$. Schließlich ist $|\pi| = |N|$, weil σ surjektiv ist. Nach 4.5 ist daher $|N| = |M| = \sum_{X \in \pi} |X|$. Hieraus, aus $|\pi| = |N|$ und $|X| \geqslant 1$ für alle $X \in \pi$ folgt schließlich $|X| = 1$ für alle $X \in \pi$, so daß σ injektiv ist, q. e. d.

Wir hatten bislang nur das cartesische Produkt von zwei Mengen definiert. Das cartesische Produkt von n Mengen $M_1,\ldots,M_n$ wird entsprechend definiert als die Menge $M_1 \times M_2 \times \ldots \times M_n$ aller n-tupel $(a_1,a_2,\ldots,a_n)$ mit $a_i \in M_i$, wobei wir die Gleichheit zweier n-tupel $(a_1,a_2,\ldots,a_n)$ und $(b_1,b_2,\ldots,b_n)$ wieder durch die Gleichheit sämtlicher Komponenten definieren, d.h., wir setzen genau dann $(a_1,a_2,\ldots,a_n) = (b_1,b_2,\ldots,b_n)$, wenn $a_i = b_i$ für alle $i \in \{1,2,\ldots,n\}$ gilt.

4.7. Satz. Sind $M_1,\ldots,M_n$ endliche Mengen, so ist

$$|M_1 \times M_2 \times \ldots \times M_n| = \prod_{i=1}^{n} |M_i|.$$

Beweis. Zunächst eine Vorbemerkung. Ist eine der Mengen leer, so gibt es kein n-tupel $(a_1,a_2,\ldots,a_n)$ mit $a_i \in M_i$ für alle i, so daß in diesem Falle das cartesische Produkt dieser Mengen ebenfalls leer ist. Daher ist 4.7 in diesem Falle richtig. Wir können somit im weiteren Verlauf des Beweises annehmen, daß die Mengen M_i alle nicht leer sind. Wir machen nun Induktion nach n. Ist $n = 1$, so ist wieder nichts zu beweisen. Es sei also $n > 1$ und der Satz sei für $n - 1$ Mengen bereits bewiesen. Wir definieren auf $M_1 \times M_2 \times \ldots \times M_n$ eine Relation $\sim$ vermöge der Vorschrift $(a_1,a_2,\ldots,a_n) \sim (b_1,b_2,\ldots,b_n)$ genau dann, wenn $a_n = b_n$ ist. Weil die Gleichheitsrelation eine Äquivalenzrelation ist, folgt, daß auch $\sim$ eine Äquivalenzrelation ist. Die Äquivalenzklasse, zu der $(a_1,\ldots,a_{n-1},x)$ gehört, ist durch das Element $x \in M_n$ eindeutig festgelegt. Wir bezeichnen sie daher mit A_x. Wir definieren nun eine

Abbildung σ von A_x in $M_1 \times M_2 \times \ldots \times M_{n-1}$ vermöge $(a_1,\ldots,a_{n-1},x)^\sigma = (a_1,\ldots,a_{n-1})$. Offenbar ist σ bijektiv, so daß A_x und $M_1 \times M_2 \times \ldots \times M_{n-1}$, wie wir auf Grund unserer Bemerkung nach 4.4 wissen, für alle $x \in M_n$ gleichviele Elemente enthalten. Nach Induktionsannahme ist daher $|A_x| = \prod_{i=1}^{n-1} |M_i|$ für alle $x \in M_n$. Weil die A_x Äquivalenzklassen sind, ist $A_x \cap A_y = \emptyset$, falls nur $x \neq y$ ist. Ferner ist $M_1 \times \ldots \times M_n = \bigcup_{x \in M_n} A_x$. (Für diese beiden Bemerkungen siehe 2.3.) Nach 4.5 ist folglich

$$|M_1 \times \ldots \times M_n| = \sum_{x \in M_n} |A_x| = |M_n| \prod_{i=1}^{n-1} |M_i| = \prod_{i=1}^{n} |M_i|,$$

q. e. d.

Aufgaben

1) N sei die Menge der nicht-negativen ganzen Zahlen und E(N) sei die Menge der endlichen Teilmengen von N. Wir definieren eine Abbildung ϕ von E(N) in N wie folgt:

$$\phi(\emptyset) = 0,$$
$$\phi(X) = \sum_{y \in X} 2^y \text{ für alle } X \in E(N) \text{ mit } X \neq \emptyset.$$

Zeige, daß ϕ eine Bijektion von E(N) auf N ist. (Vergleiche diese Aufgabe mit Aufgabe 4 von Abschnitt 3.)

2) Es sei M eine endliche Menge der Länge $n \geqslant 1$. Ferner sei B(M) die Menge der Bijektionen von $\{1,2,\ldots,n\}$ auf M. Zeige, daß $|B(M)| = n!$ ist. (Hinweis: Betrachte zu jedem $x \in M$ die Menge $B_x = \{\sigma | \sigma \in B(M),\ n^\sigma = x\}$ und mache vollständige Induktion nach n.)

3) Es sei M eine endliche Menge mit n Elementen. Ferner sei A(M) die Menge aller Abbildungen von $\{1,2,\ldots,m\}$ in M. Zeige, daß $|A(M)| = n^m$ ist. (Hinweis: Betrachte zu jedem $x \in M$ die Menge $A_x = \{\sigma | \sigma \in A(M),\ m^\sigma = x\}$ und mache Induktion nach m. - Bemerke: Aufgabe 3 und 4 liefern im Falle $n = m \geqslant 2$ die Ungleichung $n! < n^n$, da es dann Abbildungen von $\{1,2,\ldots,n\}$ in M gibt, die nicht bijektiv sind.)

4) Es sei M eine endliche Menge mit n Elementen. Zeige, daß $|P(M)| = 2^n$ ist.

5) Sind X und Y endliche Mengen, so ist auch $X \cup Y$ endlich.

Kapitel II. Gruppen

In diesem Kapitel unternehmen wir einen ersten Versuch zu verstehen, was es mit einer algebraischen Theorie auf sich hat. Wir tun dies am Beispiel der Gruppen, von denen es interessante Beispiele wie Sand am Meer gibt, so daß es sich lohnt, den abstrakten Begriff der Gruppe einzuführen und zu versuchen, sich möglichst viel Informationen über Gruppen im allgemeinen zu verschaffen, bevor man sich wieder dem Studium einzelner Individuen zuwendet. Ein weiterer Grund, weshalb wir mit den Gruppen beginnen, ist, daß sie sich besonders einfach definieren lassen.

Ziel der Gruppentheorie ist, alle Gruppen zu bestimmen. Was das letztlich bedeutet, wird man erst dann sagen können, wenn das Programm durchgeführt ist. Wenn man sich jedoch die Vielfalt der Beispiele ansieht, scheint es, daß man ein Ende niemals erreichen wird. Man wird sich daher weiterhin bemühen, möglichst viel an gutem Werkzeug bereitzustellen, um wenigstens mit einzelnen Gruppen und Gruppenklassen fertig zu werden. Die bescheidenen Mittel, die wir hier entwickeln, reichen aus, um im vierten Abschnitt alle zyklischen Gruppen zu bestimmen. Später, in Kapitel VII, Abschnitt 4, wird es uns dann noch gelingen, einen vollen Überblick über alle endlich erzeugten abelschen Gruppen zu gewinnen.

1. Definitionen und erste Resultate

Es sei G eine nicht-leere Menge und f sei eine Abbildung von $G \times G$ in G. Das Bild von (a,b) unter f bezeichnen wir meist mit ab, gelegentlich auch mit $a + b$ oder noch anderen Symbolen. f heißt eine <u>binäre Verknüpfung</u> auf G. Bezeichnen wir das Bild von (a,b) unter f mit ab, so nennen wir ab das <u>Produkt</u> der Elemente a und b. Bezeichnen wir das Bild von (a,b) unter f mit $a + b$, so heißt $a + b$ sinngemäß die <u>Summe</u> der beiden Elemente a und b. Wenn wir f multiplikativ schreiben, d.h., wenn wir $f(a,b) = ab$ setzen, so deuten wir das dadurch an, daß wir $G(\cdot)$ schreiben. Schreiben wir f additiv, so erinnern wir daran durch die Schreibweise $G(+)$. Benutzen wir andere Symbole, so schreiben wir die fraglichen Symbole zwischen die Klammern hinter dem G. Ist jedoch nur eine Verknüpfung im Spiel, so schreiben wir nur G, da in diesem Falle ja klar ist, welche Verknüpfung gemeint ist.

G sei eine nicht-leere Menge und auf G sei eine multiplikativ geschriebene Verknüpfung gegeben. G heißt bezüglich dieser Verknüpfung eine Gruppe, falls die folgenden Bedingungen erfüllt sind:

a) Für alle $a,b,c \in G$ gilt $(ab)c = a(bc)$.

b) Es gibt ein Element $e \in G$ mit den Eigenschaften:

b1) Es ist $ea = a$ für alle $a \in G$.

b2) Zu jedem $a \in G$ gibt es ein $b \in G$ mit $ba = e$.

a) besagt, daß die Verknüpfung assoziativ ist. In b) wird die Existenz eines linksneutralen Elementes e gefordert. Ein solches Element nennt man auch eine Linkseins bez. der auf G definierten Verknüpfung. Ferner wird von e noch verlangt, daß die Gleichung $ba = e$ für alle $a \in G$ eine Lösung $b \in G$ hat. Das Element b heißt ein Linksinverses von a.

Bei der Definition einer Gruppe ist es völlig unerheblich, daß man die auf G definierte Verknüpfung multiplikativ schreibt. Schreibt man sie additiv, so lautet a) so: Für alle $a,b,c \in G$ gilt $(a + b) + c = a + (b + c)$. Die Eigenschaft b) wird man zweckmäßigerweise so formulieren: Es gibt ein Element $o \in G$ mit $o + a = a$ für alle $a \in G$ und zu jedem $a \in G$ gibt es ein $b \in G$ mit $b + a = o$. Dem Leser wird es nun nicht mehr schwer fallen hinzuschreiben, was $G(*)$ für Eigenschaften haben muß, um eine Gruppe zu sein.

Beispiele:

1) Ist M eine nicht-leere Menge, so ist S(M), wie Satz I.3.8 besagt, bez. der Hintereinanderausführung von Abbildungen als Verknüpfung eine Gruppe.

2) $\mathbb{Z}$ (+) ist eine Gruppe, wie aus I.1.1, I.1.4 und I.1.3 folgt.

3) Es sei M eine Menge und P(M) ihre Potenzmenge. Sind $X,Y \in P(M)$, so setzen wir $X + Y = (X \cup Y) \setminus (X \cap Y)$. Wir zeigen, daß P(M)(+) eine Gruppe ist. Zunächst ist klar, daß $X + Y \in P(M)$ ist, so daß + eine binäre Verknüpfung auf P(M) ist. Um die Assoziativität zu beweisen, seien $X,Y,Z \in P(M)$. Wir zeigen zunächst, daß $X + (Y + Z) \subseteq (X + Y) + Z$ ist. Dazu sei $u \in X + (Y + Z)$.

1. Fall: $u \in X$. Dann ist $u \notin Y + Z$. Dies ergibt zwei Unterfälle, nämlich $u \in X$, $u \in Y$, $u \in Z$ und $u \in X$, $u \notin Y$, $u \notin Z$. Im ersten Unterfall ist $u \notin X + Y$ und $u \in Z$ und daher $u \in (X + Y) + Z$. Im zweiten Unterfall ist $u \in X + Y$ und $u \notin Z$, so daß auch in diesem Falle $u \in (X + Y) + Z$ gilt.

2.Fall: $u \notin X$. Dann ist $u \in Y + Z$. Es gibt wieder zwei Unterfälle, den Unterfall $u \notin X$, $u \in Y$, $u \notin Z$ und den Unterfall $u \notin X$, $u \notin Y$, $u \in Z$. Im ersten Unterfall ist $u \in X + Y$ und $u \notin Z$, und im zweiten ist $u \notin X + Y$ und $u \in Z$. In jedem Fall ist $u \in (X + Y) + Z$.

Damit ist die Inklusion $X + (Y + Z) \subseteq (X + Y) + Z$ gezeigt. Da dies für alle $X,Y,Z \in P(M)$ gilt, ist auch $Z + (Y + X) \subseteq (Z + Y) + X$. Nun ist offenbar $A + B = B + A$ für alle $A,B \in P(M)$. Daher ist

$$(X + Y) + Z = Z + (Y + X) \subseteq (Z + Y) + X = X + (Y + Z).$$

Dies beweist die zweite Inklusion, so daß + in der Tat assoziativ ist.

Aus

$$\emptyset + X = (\emptyset \cup X) \setminus (\emptyset \cap X) = X \setminus \emptyset = X$$

und

$$X + X = (X \cup X) \setminus (X \cap X) = X \setminus X = \emptyset$$

folgt schließlich, daß auch b) gilt, wobei also $\emptyset$ das Nullelement von $P(M)(+)$ und X das Inverse zu X ist. Damit ist gezeigt, daß $P(M)(+)$ eine Gruppe ist.

Ist G eine Gruppe und gilt für alle $a,b \in G$ die Gleichung $ab = ba$, so heißt G abelsch nach N. H. Abel, der diese Gruppen als erster eingehender untersuchte. Die unter 2) und 3) genannten Beispiele sind alle abelsch. S(M) ist jedoch nicht abelsch, falls M mindestens drei Elemente enthält (s. Aufg. 1).

1.1. Satz. Ist G eine Gruppe und erfüllt das Element $e \in G$ die Eigenschaft b), so gilt:

j) Es ist auch $ae = a$ für alle $a \in G$.

ij) Ist $fa = a$ für ein $a \in G$, so ist $f = e$. Insbesondere gibt es also nur ein Element in G, welches b) erfüllt.

iij) Ist $ba = e$, so ist auch $ab = e$ und b ist durch a eindeutig bestimmt.

Beweis. Es gibt Elemente b und c mit $ba = e$ und $cb = e$. Es ist dann $a = ea = (cb)a = c(ba) = ce$. Also ist $ab = (ce)b = c(eb) = cb = e$. Damit ist der erste Teil von iij) bewiesen. Ferner ist $ae = a(ba) = (ab)a = ea = a$. Dies beweist j). Ist $fa = a$, so ist $f = fe = f(ab) = (fa)b = ab = e$. Dies beweist ij). Ist schließlich $xa = e$, so ist $x = xe = x(ab) = (xa)b = eb = b$, q. e. d.

Das Element e ist also nicht nur eine Linkseins von G, sondern auch eine Rechtseins. Wir nennen e daher die Eins in G, bzw. das Einselement von G. Wird die Verknüpfung in G additiv geschrieben, so wird man sinngemäß von der Null in G bzw. dem Nullelement von G reden. Gelegentlich nennt man dieses ausgezeichnete Element auch das bez. der in G erklärten Verknüpfung neutrale Element. Das durch $a \in G$ eindeutig bestimmte Element $b \in G$, für welches $ab = ba = e$ gilt, nennen wir, auch wenn die Verknüpfung nicht multiplikativ geschrieben wird, das zu a inverse Element oder auch das Inverse von a. Wir bezeichnen das Inverse von a mit a^{-1} bzw. mit $-a$, je nachdem ob die Verknüpfung in G multiplikativ oder additiv geschrieben ist.

<u>1.2. Satz.</u> Ist G eine Gruppe, so gilt:

a) Ist $a \in G$, so ist $(a^{-1})^{-1} = a$.

b) Sind $a,b \in G$, so ist $(ab)^{-1} = b^{-1}a^{-1}$.

c) Sind $a,b \in G$, so gibt es eindeutig bestimmte Elemente $x,y \in G$ mit $ax = b = ya$.

Beweis. a) Nach 1.1 iij) ist $e = aa^{-1}$. Ferner ist $e = (a^{-1})^{-1}a^{-1}$, so daß nach 1.1 iij) die Gleichung $(a^{-1})^{-1} = a$ gilt.

b) Es ist $e = b^{-1}a^{-1}ab$, so daß ebenfalls nach 1.1 iij) die Gleichung $(ab)^{-1} = b^{-1}a^{-1}$ gilt.

c) Ist $x \in G$ und $ax = b$, so ist $a^{-1}b = a^{-1}(ax) = (a^{-1}a)x = ex = x$. Es gibt also höchstens ein $x \in G$ mit $ax = b$. Setzt man andererseits $x = a^{-1}b$, so ist $ax = a(a^{-1}b) = (aa^{-1})b = eb = b$. Ebenso einfach sieht man, daß $y = ba^{-1}$ die einzige Lösung der Gleichung $ya = b$ ist.

<u>Bemerkung</u>. Aus c) folgen die beiden, in allen Gruppen geltenden <u>Kürzungsregeln</u>: Ist $ax = ax'$, so ist $x = x'$, bzw. ist $ya = y'a$, so ist $y = y'$.

Wir haben beim Beweise von 1.2 b) sämtliche Klammern weggelassen, was in diesem Falle, wie man sich leicht überzeugt, erlaubt ist. Daß man Klammern überhaupt immer weglassen kann, besagt gerade

<u>1.3. Allgemeines Assoziativgesetz.</u> Es sei G eine nicht-leere Menge, auf der eine assoziative Verknüpfung definiert ist, die wir multiplikativ schreiben.
Sind $g_1,g_2,g_3,\ldots \in G$, so setzen wir $P(g_1) = \{g_1\}$, $P(g_1,g_2) = \{g_1g_2\}$ und weiter induktiv

$P(g_1,g_2,\ldots,g_k) = \{z \mid$ Es gibt ein $m \in \mathbb{N}$ mit $m < k$ sowie ein $x \in P(g_1,g_2,\ldots,g_m)$ und ein $y \in P(g_{m+1},\ldots,g_k)$ mit $z = xy\}$.

Dann ist $|P(g_1,g_2,\ldots,g_k)| = 1$ für alle natürlichen Zahlen k, d.h., es ist $P(g_1,g_2,\ldots,g_k) = \{g_1(g_2(\ldots g_{k-2}(g_{k-1}g_k)\ldots))\}$.

Wir beweisen diesen Satz durch Induktion nach k. Der Satz ist sicherlich richtig für $k = 1$ und $k = 2$. Es sei also $k \geqslant 3$. Es sei ferner $z \in P(g_1,g_2,\ldots,g_k)$. Es gibt dann eine natürliche Zahl m mit $m < k$ sowie Elemente $x \in P(g_1,\ldots,g_m)$ und $y \in P(g_{m+1},\ldots,g_k)$ mit $z = xy$.

1. Fall: $m = 1$. Dann ist $x = g_1$ und nach Induktionsannahme $y = g_2(g_3(\ldots(g_{k-1}g_k)\ldots))$. In diesem Falle ist $z = g_1(g_2(g_3(\ldots(g_{k-1}g_k)\ldots)))$, so daß nichts mehr zu beweisen ist.

2. Fall: $m > 1$. Dann ist nach Induktionsannahme, da ja sowohl m als auch $k - m$ echt kleiner als k sind, $x = g_1(g_2(\ldots(g_{m-1}g_m)\ldots))$ und $y = g_{m+1}(g_{m+2}(\ldots(g_{k-1}g_k)\ldots))$. Hieraus erhält man unter Benutzung des Assoziativgesetzes

$$z = (g_1(g_2(\ldots(g_{m-1}g_m)\ldots)))(g_{m+1}(g_{m+2}(\ldots(g_{k-1}g_k)\ldots))) =$$

$$g_1((g_2(\ldots(g_{m-1}g_m)\ldots))(g_{m+1}(g_{m+2}(\ldots(g_{k-1}g_k)\ldots)))).$$

Nun ist

$$(g_2(\ldots(g_{m-1}g_m)\ldots))(g_{m+1}(g_{m+2}(\ldots(g_{k-1}g_k)\ldots))) \in P(g_2,\ldots,g_k).$$

Daher ist dieses Element nach Induktionsannahme gleich dem Element $g_2(g_3(\ldots(g_{k-1}g_k)\ldots))$, so daß $z = g_1(g_2(\ldots(g_{k-1}g_k)\ldots))$ ist, q. e. d.

Aufgaben

1) Ist M eine Menge, die mindestens drei Elemente enthält, so ist S(M) nicht abelsch.

2) Ist G eine Gruppe mit dem Einselement e, ist ferner $a^2 = e$ für alle $a \in G$, so ist G abelsch. (Es ist $a^2 = aa$.)

3) G sei eine endliche Gruppe und $|G|$ sei gerade. Zeige, daß G ein Element g mit $g \neq e = g^2$ enthält. (Betrachte die Relation $\sim$ auf G, die durch $a \sim b$ genau dann, wenn $b = a$ oder $b = a^{-1}$, definiert ist.)

4) Es sei G eine nicht-leere endliche Menge, auf der eine assoziative Verknüpfung definiert ist. Ferner gelte:

a) Aus $a,x,y \in G$ und $ax = ay$ folgt stets $x = y$, und

b) Aus $a,x,y \in G$ und $xa = ya$ folgt stets $x = y$.

Zeige, daß G unter diesen Voraussetzungen eine Gruppe ist. (Betrachte zu jedem $a \in G$ die durch $x \to ax$ und $x \to xa$ für alle $x \in G$ definierten Abbildungen von G in sich.)

5) Es sei G eine nicht-leere Menge. Für alle $a,b \in G$ setzen wir $ab = b$. Zeige:

j) $(ab)c = a(bc)$ für alle $a,b,c \in G$.

ij) Es gibt ein Element $e \in G$ mit $ea = a$ für alle $a \in G$.

iij) Zu jedem $a \in G$ gibt es ein b mit $ab = e$.

Wann ist G eine Gruppe? (Vergleiche die vorstehenden Eigenschaften mit den definierenden Eigenschaften a) und b) einer Gruppe.)

6) G sei eine Gruppe. Ist $g \in G$, so setzen wir $g^0 = e$. Ist n eine nicht-negative ganze Zahl, so setzen wir $g^{n+1} = g^n g$. Damit ist g^m für alle nicht-negativen ganzen Zahlen m definiert. Ist $m < 0$, so definieren wir g^m durch $(g^{-m})^{-1}$. Zeige, daß für zwei ganze Zahlen m und n stets die Gleichung $g^{m+n} = g^m g^n$ gilt.

7) Ist G eine abelsche Gruppe, sind $g,h \in G$ und ist $n \in \mathbb{Z}$, so ist $(gh)^n = g^n h^n$.

8) Man interpretiere die Aufgaben 6) und 7) in dem Fall, daß die Verknüpfung auf G additiv geschrieben ist.

9) Gebe Beispiele von Gruppen an, die die Bedingung von Aufgabe 2) erfüllen.

2. Untergruppen

Es sei G eine Gruppe und $U \subseteq G$. Die Menge U heißt Untergruppe von G, falls gilt:

(1) $U \neq \emptyset$.
(2) Sind $u,v \in U$, so ist $uv \in U$.
(3) Ist $u \in U$, so ist $u^{-1} \in U$.

Ist U eine Untergruppe von G, so ist $e = uu^{-1} \in U$, falls nur $u \in U$ ist. Ferner ist $(uv)w = u(vw)$ für alle $u,v,w \in U$, so daß U also bez. der in G definierten Verknüpfung selbst eine Gruppe ist.

Der folgende Hilfssatz faßt die Bedingungen (2) und (3) zu einer einzigen zusammen, was gelegentlich von Nutzen ist, wenn man nachzuweisen hat, daß eine gegebene Teilmenge einer Gruppe sogar eine Untergruppe ist.

2.1. Hilfssatz. Ist U eine Teilmenge der Gruppe G, so ist U genau dann eine Untergruppe von G, falls U nicht leer ist und falls für $u,v \in U$ stets $uv^{-1} \in U$ gilt.

Beweis. Ist U eine Untergruppe, so ist $U \neq \emptyset$ nach (1). Sind ferner $u,v \in U$, so ist nach (3) auch $v^{-1} \in U$. Aus (2) folgt daher $uv^{-1} \in U$. Jede Untergruppe von G erfüllt also die Bedingungen des Hilfssatzes.

Es sei umgekehrt U eine nicht-leere Teilmenge von G und es gelte $uv^{-1} \in U$ für alle $u,v \in U$. Wegen $U \neq \emptyset$ gilt (1). Ist $u \in U$, so ist $e = uu^{-1} \in U$. Daher ist auch

$u^{-1} = eu^{-1} \in U$, so daß auch (3) erfüllt ist. Sind schließlich $u,v \in U$, so ist nach dem gerade Bewiesenen auch $v^{-1} \in U$ und daher $uv = u(v^{-1})^{-1} \in U$, q. e. d.

Unser nächstes Ziel ist, alle Untergruppen von $\mathbb{Z}$ (+) zu bestimmen.

<u>2.2. Satz</u>. Ist U eine Untergruppe von $\mathbb{Z}$ (+), so gibt es eine nicht-negative ganze Zahl u mit $U = \{uz | z \in \mathbb{Z}\}$. Ist umgekehrt u eine ganze Zahl und ist $U = \{uz | z \in \mathbb{Z}\}$, so ist U eine Untergruppe von $\mathbb{Z}$ (+).

Beweis. Ist $U = \{0\}$, so ist $U = \{0z | z \in \mathbb{Z}\}$, so daß in diesem Falle nichts zu beweisen ist. Es sei also $U \neq \{0\}$. Es gibt dann ein $x \in U$ mit $x \neq 0$. Nach (3) ist dann auch $-x \in U$. Es gibt folglich ein $y \in U$ mit $y > 0$. Es sei u das kleinste positive Element in U. Ist n eine natürliche Zahl und ist $nu \in U$, so ist $(n + 1)u = nu + u \in U$, da ja U additiv abgeschlossen ist. Also ist $nu \in U$ für alle natürlichen Zahlen n (vollständige Induktion). Ferner ist $0u = 0 \in U$. Ist $n < 0$, so ist $nu = -((-n)u) \in U$, da U eine Untergruppe von $\mathbb{Z}$ (+) ist. Also ist $\{nz | z \in \mathbb{Z}\} \subseteq U$. Ist nun $x \in U$, so gibt es nach I.1.14 ganze Zahlen b und c mit $x = bu + c$ und $0 \leqslant c < u$. Wegen $bu \in \{uz | z \in \mathbb{Z}\} \subseteq U$ ist $c = x - bu \in U$. Weil u das kleinste positive Element in U ist, folgt weiter $c = 0$, da ja $0 \leqslant c < u$ ist. Also ist $U \subseteq \{uz | z \in \mathbb{Z}\}$. Folglich ist $U = \{uz | z \in \mathbb{Z}\}$.

Es sei schließlich u eine ganze Zahl und $U = \{uz | z \in \mathbb{Z}\}$. Dann ist $0 = u0 \in U$, so daß U nicht leer ist. Es seien ferner $a,b \in U$. Es gibt dann ganze Zahlen x und y mit $a = ux$ und $b = uy$. Dann ist $a + (-b) = ux - uy = u(x - y) \in U$, so daß U nach 2.1 eine Untergruppe von $\mathbb{Z}$ (+) ist, q. e. d.

Ist U eine nicht-leere Teilmenge von G und erfüllt U die Bedingung (2) für Untergruppen, so nennen wir U <u>multiplikativ abgeschlossen</u>. Statt multiplikativ abgeschlossen, sagt man natürlich <u>additiv abgeschlossen</u>, wenn die Verknüpfung additiv geschrieben wird.

<u>2.3. Hilfssatz</u>. Ist U eine nicht-leere, endliche Teilmenge der Gruppe G, so ist U genau dann eine Untergruppe von G, falls U multiplikativ abgeschlossen ist.

Beweis. Jede Untergruppe einer Gruppe ist multiplikativ abgeschlossen. Es sei also umgekehrt U eine endliche, nicht-leere Teilmenge von G, die multiplikativ abgeschlossen ist. Ist $v \in U$, so definieren wir die Abbildung $\sigma(v)$ von U in sich wie folgt: $u^{\sigma(v)} = uv$ für alle $u \in U$. Weil U multiplikativ abgeschlossen ist, ist $\sigma(v)$ tatsächlich eine Abbildung von U in sich. Ist $u^{\sigma(v)} = w^{\sigma(v)}$ mit $u,w \in U$, so ist $uv = wv$, so daß nach der Bemerkung zu 1.2 die Gleichung $u = w$ gilt. Dies besagt, daß $\sigma(v)$ injektiv ist. Nach I.4.4 folgt wegen der Endlichkeit von U, daß $\sigma(v)$ auch surjektiv ist.

Es gibt also ein $u \in U$ mit $uv = u^{\sigma(v)} = v$. Dies impliziert nach 1.1 ij), daß $e = u \in U$ ist. Wiederum aus der Surjektivität von $\sigma(v)$ folgt die Existenz eines $u \in U$ mit $uv = u^{\sigma(v)} = e$, so daß auch $v^{-1} = u \in U$ ist. All dies zusammen besagt nun gerade, daß U eine Untergruppe ist, q. e. d.

Ist G eine Gruppe und U eine Untergruppe von G, sind ferner $a,b \in G$, so nennen wir a <u>(rechts)kongruent</u> zu b modulo U, falls $ab^{-1} \in U$ ist. Wir schreiben für diesen Sachverhalt $a \equiv_r b \bmod U$.

<u>2.4. Hilfssatz.</u> Ist G eine Gruppe und U eine Untergruppe von G, so ist die Relation der Rechtskongruenz modulo U eine Äquivalenzrelation.

Beweis. a) Ist $a \in G$, so ist $aa^{-1} = e \in U$, da U ja eine Untergruppe ist. Also ist $a \equiv_r a \bmod U$.

b) Sind $a,b \in G$ und ist $a \equiv_r b \bmod U$, so ist $ab^{-1} \in U$. Weil U eine Untergruppe ist, ist $ba^{-1} = (ab^{-1})^{-1} \in U$. Also ist $b \equiv_r a \bmod U$.

c) Sind schließlich $a,b,c \in G$, ist $a \equiv_r b \bmod U$ und $b \equiv_r c \bmod U$, so ist $ab^{-1} \in U$ und $bc^{-1} \in U$. Daher ist $ac^{-1} = ab^{-1}bc^{-1} \in U$. Auch hierbei benutzten wir, daß U eine Untergruppe ist.

a), b) und c) besagen nun, daß $\equiv_r$ reflexiv, symmetrisch und transitiv, d.h. eine Äquivalenzrelation ist, q. e. d.

Ist U eine Untergruppe von G und ist $a \in G$, so setzen wir $Ua = \{ua \mid u \in U\}$. Die Menge Ua heißt eine <u>Rechtsrestklasse</u> mod U, bzw. eine Rechtsrestklasse von U.

<u>2.5. Hilfssatz.</u> Ist U eine Untergruppe der Gruppe G und ist $a \in G$, so ist $Ua = \{x \mid x \in G, x \equiv_r a \bmod U\}$. Ist umgekehrt $X \in G/\equiv_r$ und ist $a \in X$, so ist $X = Ua$.

Beweis. Ist $u \in U$, so ist $u^{-1} \in U$ und daher $a(ua)^{-1} = u^{-1} \in U$. Dies besagt aber gerade $ua \equiv_r a \bmod U$ für alle $u \in U$. Somit ist $Ua \subseteq \{x \mid x \in G, x \equiv_r a \bmod U\}$. Es sei umgekehrt $x \equiv_r a$. Dann gibt es ein $u \in U$ mit $xa^{-1} = u$. Hieraus folgt $x = ua \in Ua$. Also ist $Ua = \{x \mid x \in G, x \equiv_r a \bmod U\}$.

Es sei X eine Äquivalenzklasse und $a \in X$. Dann ist $X = \mathrm{cl}(a)$. Andererseits ist, wie wir gerade gesehen haben, $Ua = \mathrm{cl}(a)$, so daß $X = Ua$ ist, q. e. d.

Die Rechtsrestklassen mod U sind also gerade die Äquivalenzklassen der Relation $\equiv_r \bmod U$.

<u>2.6. Hilfssatz</u>. G sei eine Gruppe und U sei eine Untergruppe von G. Sind $a,b \in G$, so gibt es eine Bijektion von Ua auf Ub.

Beweis. Die durch $(ua)^\sigma = ub$ definierte Abbildung σ ist eine solche Bijektion, q. e. d.

Ist G eine endliche Gruppe, so heißt die Anzahl $|G|$ der Elemente von G die <u>Ordnung</u> von G. Ist G eine endliche Gruppe und ist U eine Untergruppe von G, so bezeichnen wir mit $|G:U|$ die Anzahl der Rechtsrestklassen von U in G. Die Zahl $|G:U|$ heißt der <u>Index</u> von U in G.

<u>2.7. Satz von Lagrange</u>. Ist G eine endliche Gruppe und U eine Untergruppe von G, so ist $|G| = |G:U||U|$. Insbesondere ist also $|U|$ ein Teiler von $|G|$.

Beweis. Es sei $n = |G:U|$. Ferner seien $Ux_1,\dots,Ux_n$ alle Rechtsrestklassen mod U. Nach 2.4, 2.5 und I.2.3 ist dann
$G = \bigcup_{i=1}^{n} Ux_i$ und $Ux_i \cap Ux_j = \emptyset$, falls $i \neq j$ ist. Nach I.4.5 ist daher $|G| = \sum_{i=1}^{n} |Ux_i|$. Nach 2.6 ist $|Ux_1| = |Ux_2| = \dots = |Ux_n|$. Schließlich ist $U = Ue$ eine Rechtsrestklasse, so daß $|U| = |Ux_i|$ für alle i gilt. Somit ist $|G| = n|U| = |G:U||U|$, q. e. d.

Es sei $g \in G$. Wir setzen $O(g) = \{z \mid z \in \mathbb{Z}, g^z = e\}$, dabei sei g^z wie in Aufgabe 6 von Abschnitt 1 definiert. Unsere erste Bemerkung ist die, daß O(g) nicht leer ist, denn es ist ja $g^0 = e$. Ist $z \in O(g)$, so ist $e = g^0 = g^{z+(-z)} = g^z g^{-z} = eg^{-z} = g^{-z}$, so daß auch $-z$ ein Element von O(g) ist. Sind $z,z' \in O(g)$, so ist $g^{z+z'} = g^z g^{z'} = ee = e$. Also ist auch $z + z' \in O(g)$. (Bei diesen Schlüssen haben wir die Aufgabe 6 von Abschnitt 1 benutzt.) Weil O(g) nicht leer ist, weil mit z auch $-z$ in O(g) liegt und weil O(g) additiv abgeschlossen ist, ist O(g) eine Untergruppe von $\mathbb{Z}(+)$. Nach 2.2 gibt es daher eine nicht-negative ganze Zahl o(g) mit $O(g) = \{o(g)z \mid z \in \mathbb{Z}\}$. Die Zahl o(g) heißt die <u>Ordnung</u> von g. Ist $o(g) > 0$, so sagen wir, daß g <u>endliche Ordnung</u> hat, ist $o(g) = 0$, so sagen wir scheinbar paradoxerweise, daß g von <u>unendlicher Ordnung</u> ist. Der Beweis des folgenden Korollares wird diese Benennung verständlich machen.

<u>2.8. Korollar</u>. Ist G eine endliche Gruppe und ist $g \in G$, so hat g endliche Ordnung und o(g) teilt $|G|$.

Beweis. Ist $o(g) = 0$, so ist $g^i \neq g^j$ für alle natürlichen Zahlen i und j mit $i \neq j$, da andernfalls $g^{i-j} = e$ und $0 \neq i - j \in O(g) = \{0\}$ wäre. Wäre also $o(g) = 0$, so wäre $\{g^i \mid i \in \mathbb{N}\}$ eine unendliche Teilmenge der endlichen Menge G. Dieser Widerspruch zeigt, daß $n = o(g)$ eine natürliche Zahl ist, womit insbesondere gezeigt ist, daß

g von endlicher Ordnung ist. Wir betrachten die Elemente $g^0 = e$, $g^1 = g$, $g^2, \ldots, g^{n-1}$. Ist $g^i = g^j$ und $0 \leq i \leq j < n$, so ist $g^{j-i} = e$ und daher $j - i \in O(g)$, so daß $j \equiv i \bmod n$ ist. Hieraus folgt wiederum, daß $i = j$ ist, da beide Zahlen ja zwischen 0 und $n - 1$ liegen. Dies besagt seinerseits, daß $U = \{e, g, g^2, \ldots, g^{n-1}\}$ eine Teilmenge von n Elementen aus G ist. Sind $g^i, g^j \in U$ und ist $i + j \leq n - 1$, so ist $g^i g^j = g^{i+j} \in U$. Ist $i + j \geq n$, so ist $i + j \leq 2n - 2$ und somit $0 \leq i + j - n \leq n - 2 < n - 1$. Hieraus folgt $g^{i+j} = g^n g^{i+j-n} = e g^{i+j-n} = g^{i+j-n} \in U$. Also ist U nach 2.3 eine Untergruppe von G. Nach dem Satz von Lagrange (2.7) ist folglich $o(g) = n = |U|$ ein Teiler von $|G|$, q. e. d.

Wegen $O(g) = \{o(g)z \mid z \in \mathbb{Z}\}$ folgt aus 2.8 im Falle einer endlichen Gruppe, daß $|G| \in O(g)$ ist für alle $g \in G$. Daher gilt

2.9. Korollar. Ist G eine endliche Gruppe und ist $g \in G$, so ist $g^{|G|} = e$.

Aufgaben

1) Formuliere die Definition von $O(g)$ und 2.9 im Falle, daß die Verknüpfung in G additiv geschrieben ist.

2) Es sei G eine Gruppe. Ferner sei $Z(G) = \{z \mid z \in G,\ zg = gz \text{ für alle } g \in G\}$. Zeige, daß $Z(G)$ eine Untergruppe von G ist. ($Z(G)$ heißt das Zentrum von G.)

3) Es sei G eine Gruppe und M sei eine nicht-leere Teilmenge von G. Schließlich sei $N_G(M) = \{g \mid g \in G,\ g^{-1}Mg = M\}$. Dabei ist $g^{-1}Mg = \{g^{-1}mg \mid m \in M\}$. Zeige, daß $N_G(M)$ eine Untergruppe von G ist. ($N_G(M)$ heißt der Normalisator von M in G.)

4) Es sei M eine Menge und $P(M)$ ihre Potenzmenge. Sind $X, Y \in P(M)$, so definieren wir $X + Y$ durch die Vorschrift $X + Y = (X \cup Y) \setminus (X \cap Y)$. Wie wir wissen, ist $P(M)(+)$ eine Gruppe. Es sei

$$H = \{X \mid X \in P(M),\ X \text{ ist endlich},\ |X| \equiv 0 \bmod 2\}.$$

Zeige, daß H eine Untergruppe von $P(M)$ ist. Bestimme den Index von H in $P(M)$, falls M endlich ist.

5) Es sei $P(M)(+)$ die in Aufgabe 4 beschriebene Gruppe. Ferner sei $\emptyset \neq X \in P(M)$. Bestimme $o(X)$.

6) Es sei $M = \{1, 2, \ldots, n\}$ und $1 \leq k \leq n$. Definiere $\sigma \in S(M)$ durch $i^\sigma = i + 1$ für $1 \leq i < k$ sowie $k^\sigma = 1$ und $i^\sigma = i$ für $k < i \leq n$. Zeige, daß $o(\sigma) = k$ ist.

7) Es sei $0 \neq x \in \mathbb{Z}(+)$. Bestimme $o(x)$.

8) Es sei $|M| = n$. Zeige, daß $|S(M)| = n!$ ist.

9) G sei eine Gruppe und $\mathcal{F}$ sei eine Familie von Untergruppen von G. Zeige, daß $D = \bigcap_{X \in \mathcal{F}} X$ eine Untergruppe von G ist.

10) U und V seien Untergruppen der Gruppe G. Ferner sei $UV = \{uv \mid u \in U \text{ und } v \in V\}$ sowie $VU = \{vu \mid u \in U \text{ und } v \in V\}$. Zeige, daß UV genau dann eine Untergruppe von G ist, wenn UV = VU ist.

3. Homomorphismen, Normalteiler und Faktorgruppen

Es sei G eine Gruppe und U eine Untergruppe von G. Zwei Elemente $a,b \in G$ heißen rechtskongruent mod U, falls $ab^{-1} \in U$ gilt. Entsprechend heißen $a,b \in G$ <u>linkskongruent</u> mod U, in Zeichen $a \equiv_l b$ mod U, falls $b^{-1}a \in U$ gilt. $\equiv_l$ ist eine Äquivalenzrelation, was ebenso einfach nachzuweisen ist wie die Tatsache, daß $\equiv_r$ eine Äquivalenzrelation ist. Die Äquivalenzklassen von $\equiv_l$ sind gerade die <u>Linksrestklassen</u> $aU = \{au \mid u \in U\}$ von U. Auch dies beweist man ganz entsprechend wie 2.5. Es gilt $a \equiv_r b$ mod U genau dann, wenn $b^{-1} \equiv_l a^{-1}$ mod U gilt. Hieraus folgt im Falle der Endlichkeit von G, daß $|G:U|$ auch die Anzahl der Linksrestklassen von U ist. Wem dieser Schluß nicht liegt, der beweise den Satz von Lagrange noch einmal, indem er die Linksrestklassen von U benutzt.

Wir fragen nun, unter welchen Bedingungen die Links- und die Rechtskongruenz mod U gleich sind. Bevor wir diese Frage beantworten, benötigen wir noch eine Definition. Ist G eine Gruppe und sind X und Y zwei nicht-leere Teilmengen von G, so setzen wir $XY = \{xy \mid x \in X, y \in Y\}$. Teilmengen von Gruppen werden häufig <u>Komplexe</u> genannt und die soeben definierte Verknüpfung auf $P(G) \setminus \{\emptyset\}$ heißt dementsprechend <u>Komplexmultiplikation</u>. (In der Theorie der konvexen Mengen heißt die entsprechende Verknüpfung von Teilmengen reeller Vektorräume <u>Minkowski'sche Addition</u>.) Sind X,Y,Z drei nicht-leere Komplexe der Gruppe G, so ist $(XY)Z = \{g \mid g = (xy)z,\ x \in X,\ y \in Y,\ z \in Z\}$ und $X(YZ) = \{g \mid g = x(yz),\ x \in X,\ y \in Y,\ z \in Z\}$. Daher ist $(XY)Z = X(YZ)$, so daß die Komplexmultiplikation assoziativ ist. Folglich gilt 1.3 auch in diesem Falle.

Bestehen bei der Komplexmultiplikation einzelne der Faktoren nur aus einem Element, so lassen wir die geschweiften Klammern weg. Sind etwa $a,b \in G$ und ist $N \subseteq G$, so ist also $NaNb = \{xayb \mid x,y \in N\}$.

<u>3.1. Satz.</u> Ist G eine Gruppe und N eine Untergruppe von G, so sind die folgenden Bedingungen äquivalent:

j) $\equiv_r$ mod N = $\equiv_l$ mod N.
ij) $Na = aN$ für alle $a \in G$.
iij) $a^{-1}Na = N$ für alle $a \in G$.
iv) $NaNb = Nab$ für alle $a,b \in G$.

Beweis. Wir beweisen zunächst, daß ij) aus j) folgt. Weil die Rechtsrestklassen mod N die Äquivalenzklassen von $\equiv_r$ und die Linksrestklassen mod N die Äquivalenzklassen von $\equiv_l$ sind, gibt es nach I.2.3 zu jedem $a \in G$ ein $b \in G$ mit $Na = bN$. Wegen $a \in Na$ ist $a \in bN$ und daher $aN = bN$. Also ist $Na = aN$ für alle $a \in G$.

Daß j) eine Konsequenz von ij) ist, folgt unmittelbar aus I.2.3.

ij) impliziert iij): Wegen $a^{-1}a = e$ für alle $a \in G$ ist $N = a^{-1}aN$. Daher ist $a^{-1}Na = a^{-1}aN = N$.

iij) impliziert iv): Es ist $NaNb = N(aN)b = N(aNa^{-1}a)b = NNab = Nab$.

iv) impliziert ij): Es ist $aN \subseteq NaN = NaNe = Nae = Na$ für alle $a \in G$. Insbesondere ist daher auch $a^{-1}N \subseteq Na^{-1}$ für alle $a \in G$, woraus wiederum $Na \subseteq aN$ folgt, so daß in der Tat $Na = aN$ ist. Damit ist alles bewiesen.

Hat N eine und damit alle der vier in 3.1 genannten Eigenschaften, so nennen wir N einen Normalteiler von G. Von den vier genannten Eigenschaften ist die dritte die handlichste; sie wird meistens benutzt, wenn nachzuweisen ist, daß eine Untergruppe sogar ein Normalteiler ist.

Um auszudrücken, daß N ein Normalteiler von G ist, schreiben wir $N \trianglelefteq G$. Ist G eine Gruppe und ist $N \trianglelefteq G$, so setzen wir $G/\equiv_r = G/N$. Sind $X,Y \in G/N$, so ist auch $XY \in G/N$. Ist nämlich $a \in X$ und $b \in Y$, so ist $X = Na$ und $Y = Nb$. Nach 3.1 iv) ist daher $XY = NaNb = Nab \in G/N$. Das Produkt zweier Elemente aus G/N ist also wieder ein Element von G/N. Daß G/N bezüglich dieser Verknüpfung eine Gruppe ist, sagt unter anderem der folgende Satz:

3.2. Satz. Ist G eine Gruppe und ist $N \trianglelefteq G$, so ist G/N mit der Komplexmultiplikation als Verknüpfung eine Gruppe. Sind $Na,Nb \in G/N$, so ist $NaNb = Nab$. Überdies ist N das Einselement von G/N.

Beweis. Es ist $N \in G/N$, so daß G/N nicht leer ist. Sind $X,Y,Z \in G/N$, so gibt es Elemente $a,b,c \in G$ mit $X = Na$, $Y = Nb$ und $Z = Nc$. Daher ist

$(XY)Z = (NaNb)Nc = NabNc = N(ab)c = Na(bc) = NaNbc = Na(NbNc) = X(YZ)$.

Ferner ist $NX = NNa = Na = X$ und $Na^{-1}X = Na^{-1}Na = Na^{-1}a = N$. Damit ist gezeigt, daß G/N eine Gruppe ist. Der Rest wurde früher schon bewiesen.

Bemerkung. Ist G endlich und $N \trianglelefteq G$, so ist $|G/N| = |G:N| = \frac{|G|}{|N|}$.

Beispiel: Es sei $G = \mathbb{Z}\ (+)$ und n sei eine nicht-negative ganze Zahl. Ferner sei

$N = \{nz \mid z \in \mathbb{Z}\}$. Die Untergruppe N von G ist sogar ein Normalteiler, da G eine abelsche Gruppe ist. (Untergruppen abelscher Gruppen sind stets Normalteiler, da wegen $ab^{-1} = b^{-1}a$ die Links- und die Rechtskongruenz nach einer Untergruppe gleich sind. Es gibt aber auch nicht-abelsche Gruppen, deren sämtliche Untergruppen sogar Normalteiler sind. Eine solche Gruppe ist die Quaternionengruppe der Ordnung 8, die wir in Aufgabe 4 des Abschnitts 3 von Kapitel V untersuchen werden.) Ist $n = 0$, so ist $N = \{0\}$ und daher $z + N = z + \{0\} = \{z\}$ für alle $z \in G$. Folglich ist $G/N = \{\{z\} \mid z \in G\}$ und $\{z\} + \{z'\} = \{z + z'\}$. Die Gruppen G und G/N unterscheiden sich in diesem Falle nur unwesentlich. Es sei nun $n > 0$. Ist $a \in G$, so gibt es $q,r \in G$ mit $a = qn + r$ und $0 \leqslant r < n$. Hieraus folgen die Gleichungen $a + N = r + qn + N = r + N$. Dies besagt, daß es höchstens soviele Restklassen mod N gibt, wie es Zahlen r mit $0 \leqslant r < n$ gibt, so daß also $|G/N| \leqslant n$ ist. Ist andererseits $r + N = s + N$ und $0 \leqslant r \leqslant s < n$, so ist $s - r \equiv 0 \bmod n$ und $n > s - r \geqslant 0$. Also ist $s - r = 0$. Dies besagt wiederum, daß die Restklassen $r + N$ mit $0 \leqslant r < n$ paarweise verschieden sind. Also ist $|G/N| \geqslant n$ und folglich $|G/N| = n$.

Mit diesen Beispielen gewinnen wir eine neue Klasse von Gruppen. Überdies haben wir gezeigt, daß es zu einer gegebenen natürlichen Zahl n eine Gruppe der Ordnung n gibt.

Bevor wir mit unseren allgemeinen Entwicklungen weiterfahren, wollen wir noch die Ordnung des Elementes $1 + N$ bestimmen. Es ist $n(1 + N) = n1 + N = N$, da ja N aus allen Vielfachen von n besteht. Also ist $n \in O(1 + N)$. Hieraus folgt weiter, daß $N \subseteq O(1 + N)$ ist. Ist andererseits $k \in O(1 + N)$, so ist $N = k(1 + N) = k1 + N = k + N$, so daß $k \in N$ ist. Also ist $N = O(1 + N)$, woraus $n = o(1 + N)$ folgt. Man beachte, daß diese Schlüsse auch im Falle $n = 0$ gültig sind.

G und H seien zwei Gruppen. Die Verknüpfung werde in beiden multiplikativ geschrieben. Ferner sei ϕ eine Abbildung von G in H. Wir nennen ϕ einen Homomorphismus von G in H, falls für alle $a,b \in G$ die Gleichung $\phi(ab) = \phi(a)\phi(b)$ gilt.

Man lasse sich nicht dadurch verwirren, daß wir für beide Gruppen dieselbe Bezeichnung für die Verknüpfung benutzen. Dem ungeübten Leser sei geraten, sich immer klar zu machen, welche Verknüpfung gemeint ist, die in G oder die in H. Die Definition des Homomorphismus ist also so zu verstehen, daß man zuerst das Produkt ab von a und b in G bildet und darauf dann ϕ anwendet. Dann wendet man ϕ sowohl auf a als auch auf b an und bildet das Produkt von $\phi(a)$ und $\phi(b)$ in H. Nun ist $\phi(ab) \in H$ und $\phi(a)\phi(b) \in H$. Gilt dann in H für alle $a,b \in G$ die Gleichung $\phi(ab) = \phi(a)\phi(b)$, so ist ϕ ein Homomorphismus von G in H. - Wenn man's recht bedenkt, eine recht einfache Sache.

Beispiele: 1) G sei eine Gruppe und e sei das Einselement von G. Setze $\phi(a) = e$

für alle a $\in$ G. Dann ist ϕ ein Homomorphismus von G in sich, denn es ist ja $\phi(ab) = e = ee = \phi(a)\phi(b)$.

2) Es sei $G = \mathbb{Z}(+)$ und $m \in \mathbb{Z}$. Definiere ϕ vermöge $\phi(g) = mg$ für alle $g \in G$. Dann ist $\phi(g + h) = m(g + h) = mg + mh = \phi(g) + \phi(h)$. Also ist ϕ ein Homomorphismus von G in sich.

3) G sei eine Gruppe und es sei $N \trianglelefteq G$. Setzt man $\phi(a) = Na$ für alle $a \in G$, so folgt aus 3.2, daß ϕ ein Homomorphismus von G auf G/N ist.

Es sei ϕ ein Homomorphismus von G in H und $\bar{e}$ sei das Einselement von H. Wir setzen

$$\text{Kern}(\phi) = \{x \mid x \in G,\ \phi(x) = \bar{e}\}.$$

Die Menge Kern(ϕ) heißt der <u>Kern</u> des Homomorphismus ϕ.

<u>3.3. Hilfssatz.</u> G und H seien Gruppen. Ist ϕ ein Homomorphismus von G in H, so ist $\text{Kern}(\phi) \trianglelefteq G$.

Beweis. Es ist $\phi(e)\phi(e) = \phi(ee) = \phi(e) = \bar{e}\phi(e)$ und daher $\phi(e) = \bar{e}$. Also ist $e \in \text{Kern}(\phi)$, so daß Kern(ϕ) nicht leer ist. Sind $a,b \in \text{Kern}(\phi)$, so ist $\phi(a) = \phi(b) = \bar{e}$ und daher $\phi(ab) = \phi(a)\phi(b) = \bar{e}\,\bar{e} = \bar{e}$. Also ist $ab \in \text{Kern}(\phi)$. Ist $a \in \text{Kern}(\phi)$, so ist wegen

$$\bar{e} = \phi(e) = \phi(aa^{-1}) = \phi(a)\phi(a^{-1}) = \bar{e}\phi(a^{-1}) = \phi(a^{-1})$$

auch $a^{-1} \in \text{Kern}(\phi)$. Somit ist Kern($\phi$) eine Untergruppe von G.

Ist $b \in \text{Kern}(\phi)$ und $a \in G$, so ist

$$\phi(a^{-1}ba) = \phi(a^{-1})\phi(b)\phi(a) = \phi(a^{-1})\phi(a) = \phi(a^{-1}a) = \phi(e) = \bar{e}.$$

Also ist auch $a^{-1}ba \in \text{Kern}(\phi)$, so daß $a^{-1}\,\text{Kern}(\phi)\,a \subseteq \text{Kern}(\phi)$ gilt für alle $a \in G$. Also ist auch $a\text{Kern}(\phi)a^{-1} \subseteq \text{Kern}(\phi)$, da ja $(a^{-1})^{-1} = a$ ist. Dies impliziert wiederum die Inklusion $\text{Kern}(\phi) \subseteq a^{-1}\text{Kern}(\phi)a$, so daß $\text{Kern}(\phi) = a^{-1}\text{Kern}(\phi)a$ ist für alle $a \in G$. Nach III.1 ist also $\text{Kern}(\phi) \trianglelefteq G$, q. e. d.

<u>3.4. Hilfssatz.</u> G und H seien Gruppen und ϕ sei ein Homomorphismus von G in H. Ist $h \in H$ und $g \in \phi^{-}(h)$, so ist $\phi^{-}(h) = g\text{Kern}(\phi)$.

Beweis. Es sei $k \in \text{Kern}(\phi)$. Dann ist $\phi(gk) = \phi(g)\phi(k) = \phi(g) = h$. Also ist $g\text{Kern}(\phi) \subseteq \phi^{-}(h)$. Es sei umgekehrt $x \in \phi^{-}(h)$. Dann ist

$$\phi(g^{-1}x) = \phi(g^{-1})\phi(x) = \phi(g^{-1})h = \phi(g^{-1})\phi(g) = \phi(g^{-1}g) = \phi(e) = \bar{e}.$$

Also ist $g^{-1}x \in \mathrm{Kern}(\phi)$ und damit $x \in g\mathrm{Kern}(\phi)$. Folglich ist $\phi^{-}(h) \subseteq g\mathrm{Kern}(\phi)$, q. e. d.

Ein Homomorphismus ϕ von G in H heißt Isomorphismus von G in H, falls ϕ injektiv ist. Ist der Isomorphismus von G in H auch surjektiv, so heißen G und H isomorph, in Zeichen $G \cong H$.

3.5. Hilfssatz. Ist ϕ ein Homomorphismus der Gruppe G in die Gruppe H, so ist ϕ genau dann ein Isomorphismus, wenn $\mathrm{Kern}(\phi) = \{e\}$ ist.

Beweis. Ist ϕ injektiv, so enthält $\phi^{-}(\bar{e})$ höchstens ein Element. Wegen $\phi^{-}(\bar{e}) = \mathrm{Kern}(\phi)$ enthält also $\mathrm{Kern}(\phi)$ höchstens ein Element. Aus $e \in \mathrm{Kern}(\phi)$ folgt daher $\mathrm{Kern}(\phi) = \{e\}$. Die Injektivität von ϕ impliziert also, daß der Kern von ϕ nur das Einselement von G enthält.

Es sei umgekehrt $\mathrm{Kern}(\phi) = \{e\}$. Ferner sei $h \in H$ und $\phi^{-}(h) \neq \emptyset$. Es gibt dann ein $g \in \phi^{-}(h)$. Aus 3.4 und der Annahme $\mathrm{Kern}(\phi) = \{e\}$ folgt somit $\phi^{-}(h) = g\mathrm{Kern}(\phi) = g\{e\} = \{g\}$. Folglich ist $|\phi^{-}(h)| \leqslant 1$ für alle $h \in H$, womit die Injektivität von ϕ gezeigt ist, q. e. d.

Die folgenden drei Sätze, unter dem Schlagwort Homomorphiesätze bzw. Isomorphiesätze der Gruppentheorie bekannt, sind wichtige Hilfsmittel bei der Untersuchung von Gruppen. Wir werden nur wenig Gelegenheit haben, sie anzuwenden, weil wir die Gruppentheorie nicht sehr weit treiben werden. Der Grund, weshalb wir sie hier aufnehmen, ist der, daß diese Gruppe von Sätzen in entsprechend modifizierter Form zu Beginn jeder algebraischen Theorie steht, bei der von Homomorphismen die Rede ist. Wir werden ihnen in der Ringtheorie und bei den Vektorräumen wieder begegnen, so daß der Leser Gelegenheit hat, sich an sie zu gewöhnen. Gewöhnung scheint mir hier, wie auch an vielen anderen Stellen, der beste Weg zum Verständnis zu sein. Der Leser, der hier in Schwierigkeiten gerät, wird gebeten, eine Weile sein Bestes zu versuchen und auch zu versuchen zu verstehen, wie die Sätze im nächsten Abschnitt angewendet werden. Nach einer Weile lese er dann den letzten Abschnitt dieses Kapitels, der von ganz anderer Art ist, und beginne mit dem Kapitel über Ringtheorie und lese bis einschließlich Abschnitt 4. Anschließend blättere er zurück zu Abschnitt 3 und 4 dieses Kapitels und versuche noch einmal sein Glück.

3.6. Satz. Es sei ϕ ein Homomorphismus der Gruppe G auf die Gruppe H. Ist N der Kern von ϕ, so gibt es genau einen Isomorphismus σ von G/N auf H mit $\sigma(Na) = \phi(a)$ für alle $a \in G$.

Beweis. Auf $(G/N) \times H$ definieren wir wie folgt eine Relation σ: Ist $X \in G/N$ und $h \in H$, so gelte genau dann $(X,h) \in \sigma$, wenn es ein $a \in X$ gibt mit $\phi(a) = h$. Wir zeigen, daß σ eine Abbildung ist. Dazu ist einmal zu zeigen, daß aus $(X,h),(X,h') \in \sigma$ die Gleichheit von h und h' folgt, und zum andern, daß es zu jedem $X \in G/N$ ein $h \in H$ mit $(X,h) \in \sigma$ gibt. Es sei also $(X,h),(X,h') \in \sigma$. Es gibt dann Elemente $a,b \in X$ mit $\phi(a) = h$ und $\phi(b) = h'$. Wegen $a,b \in X$ ist $X = Na = Nb$. Hieraus folgt $a = nb$ mit $n \in N = \mathrm{Kern}(\phi)$. Daher ist

$$h = \phi(a) = \phi(nb) = \phi(n)\phi(b) = \phi(b) = h'.$$

Ist andererseits $X \in G/N$, so ist $X \neq \emptyset$. Es gibt daher ein $a \in X$. Setzt man $h = \phi(a)$, so ist $h \in H$ und $(X,h) \in \sigma$. Damit ist gezeigt, daß σ eine Abbildung ist. Gehen wir wieder zu unserer gewohnten Schreibweise über, so ist also σ eine Abbildung von G/N in H mit der Eigenschaft, daß für jedes $a \in X$ die Gleichung $\sigma(X) = \phi(a)$ gilt. Wegen $X = Na$ gilt insbesondere $\sigma(Na) = \phi(a)$ für alle $a \in G$.

Sind $X,Y \in G/N$, so gibt es Elemente $a,b \in G$ mit $X = Na$ und $Y = Nb$. Hiermit erhalten wir die Gleichungen

$$\sigma(XY) = \sigma(NaNb) = \sigma(Nab) = \phi(ab) = \phi(a)\phi(b) = \sigma(Na)\sigma(Nb) = \sigma(X)\sigma(Y).$$

Damit ist gezeigt, daß σ ein Homomorphismus ist. Ist $h \in H$, so gibt es ein $a \in G$ mit $\phi(a) = h$, da ϕ ja surjektiv ist. Daher ist $\sigma(Na) = \phi(a) = h$, so daß σ auch surjektiv ist. Es sei schließlich $X \in \mathrm{Kern}(\sigma)$. Ist $a \in X$, so ist dann $\bar{e} = \sigma(X) = \phi(a)$, woraus $a \in N$ folgt. Folglich ist $X = Na = N$. Dies besagt wiederum, daß $\mathrm{Kern}(\sigma) = \{N\}$ ist. Nach 3.5 folgt hieraus, daß σ ein Isomorphismus von G auf H ist. Ist τ ein zweiter Isomorphismus von G/N auf H, für den $\tau(Na) = \phi(a)$ für alle $a \in G$ gilt und ist $X \in G/N$, so folgt mit Hilfe eines $a \in X$, daß $\tau(X) = \tau(Na) = \phi(a) = \sigma(Na) = \sigma(X)$ ist, so daß $\sigma = \tau$ ist. Damit ist auch die Eindeutigkeitsaussage des Satzes bewiesen.

Wir unterbrechen unsere Entwicklungen für eine kleine Weile, um den Satz 3.6 ein erstes Mal anzuwenden. Dazu sei M eine Menge und $E(M)$ sei die Menge der endlichen Teilmengen von M. Wegen $\emptyset \in E(M)$ ist $E(M)$ nicht leer. Sind $X,Y \in E(M)$, so ist $X + Y = (X \cup Y) \setminus (X \cap Y)$ und daher $X + Y \subseteq X \cup Y$, so daß auch $X + Y$ nach I.4.3 und Aufgabe 5 von Abschnitt 4 des Kapitels I endlich ist. Also ist $X + Y \in E(M)$. Schließlich ist $-X = X$ für alle $X \in P(M)$, so daß $E(M)$ eine Untergruppe von $P(M)(+)$ ist. Sind $X,Y \in E(M)$, so ist $|X \cup Y| = |X| + |Y| - |X \cap Y|$, wie man sich leicht überlegt. Daher ist

$$|X + Y| = |X \cup Y| - |X \cap Y| = |X| + |Y| - 2|X \cap Y|,$$

so daß $|X + Y| \equiv |X| + |Y| \bmod 2$ ist. Wir definieren nun eine Abbildung ϕ von $E(M)$

in die Gruppe $\{1,-1\}(\cdot)$ vermöge $\phi(X) = (-1)^{|X|}$. Wegen $|X + Y| \equiv |X| + |Y| \bmod 2$ ist dann

$$\phi(X + Y) = (-1)^{|X+Y|} = (-1)^{|X|+|Y|} = (-1)^{|X|}(-1)^{|Y|} = \phi(X)\phi(Y),$$

so daß ϕ ein Homomorphismus von $E(M)(+)$ in $\{1,-1\}(\cdot)$ ist. Ist $M \neq \emptyset$, so gibt es ein $x \in M$. Dann ist $\phi(\{x\}) = (-1)^{|\{x\}|} = -1$, so daß ϕ surjektiv ist. Ist $E_0(M)$ der Kern von ϕ, so sind nach 3.6 die Gruppen $E(M)/E_0(M)$ und $\{1,-1\}$ isomorph, falls nur $M \neq \emptyset$ ist. Folglich ist $|E(M)/E_0(M)| = |\{1,-1\}| = 2$. Nun besteht $E_0(M)$ gerade aus den endlichen Teilmengen X von M mit $|X| \equiv 0 \bmod 2$. Ist M endlich, so ist also $|E_0(M)| = \frac{1}{2}|P(M)|$, da ja in diesem Falle $E(M) = P(M)$ ist. Ist M endlich und nicht leer, so enthält also M ebensoviele Teilmengen gerader Elementeanzahl wie Teilmengen ungerader Elementeanzahl. (Vgl. mit Aufgabe 4 von Abschnitt 2.)

3.7. Satz. Es sei ϕ ein Homomorphismus von G auf H mit dem Kern K. Ist U eine Untergruppe von G mit $K \subseteq U \subseteq G$, so sei $U^{\phi^*} = \{\phi(u) | u \in U\}$. Unter diesen Voraussetzungen ist ϕ^* eine Bijektion der Menge der Untergruppen U von G, für die $K \subseteq U$ gilt, auf die Menge der Untergruppen von H. Ferner gilt für zwei Untergruppen U und V von G genau dann $K \subseteq U \subseteq V$, falls $U^{\phi^*} \subseteq V^{\phi^*}$ ist. Genau dann ist $K \subseteq N \trianglelefteq G$, falls $N^{\phi^*} \trianglelefteq H$ ist.

Beweis. 1) Wir zeigen zunächst, daß U^{ϕ^*} eine Untergruppe von H ist. Wegen $e \in U$ ist $\bar{e} = \phi(e) \in U^{\phi^*}$, so daß $U^{\phi^*} \neq \emptyset$ ist. Sind $x,y \in U^{\phi^*}$, so gibt es auf Grund der Definition von U^{ϕ^*} Elemente $u,v \in U$ mit $\phi(u) = x$ und $\phi(v) = y$. Wegen $uv \in U$ ist daher $xy = \phi(u)\phi(v) = \phi(uv) \in U^{\phi^*}$. Ferner ist $\bar{e} = \phi(e) = \phi(uu^{-1}) = \phi(u)\phi(u^{-1}) = x\phi(u^{-1})$, so daß $x^{-1} = \phi(u^{-1})$ ist. Wegen $u^{-1} \in U$ ist daher $x^{-1} \in U^{\phi^*}$. Damit ist gezeigt, daß U^{ϕ^*} eine Untergruppe von H ist.

2) Es sei U^* eine Untergruppe von H. Wir definieren ψ vermöge $U^{*\psi} = \{u | u \in G, \phi(u) \in U^*\}$. Wir zeigen, daß $U^{*\psi}$ eine Untergruppe von G ist, die K enthält. Weil K der Kern von ϕ ist, ist $\phi(k) = \bar{e} \in U^*$ für alle $k \in K$, so daß in der Tat $K \subseteq U^{*\psi}$ gilt. Es seien $u,v \in U^{*\psi}$. Dann ist $\phi(uv) = \phi(u)\phi(v) \in U^*$, da ja U^* eine Untergruppe von H ist. Also ist $uv \in U^{*\psi}$. Ist schließlich $u \in U^{*\psi}$, so ist

$$\phi(u^{-1}) = \phi(u^{-1})\phi(u)\phi(u)^{-1} = \phi(u^{-1}u)\phi(u)^{-1} = \phi(e)\phi(u)^{-1} = \phi(u)^{-1}$$

und daher $\phi(u^{-1}) = \phi(u)^{-1} \in U^*$, da ja $\phi(u) \in U^*$ und U^* eine Gruppe ist. Damit ist gezeigt, daß $U^{*\psi}$ eine Untergruppe von G ist, die K enthält.

3) Ist U eine Untergruppe von G, die K enthält, so ist $U^{\phi^*\psi} = U$, wie wir jetzt zeigen werden. Ist $u \in U$, so ist $\phi(u) \in U^{\phi^*}$, so daß $u \in U^{\phi^*\psi}$ ist. Also ist $U \subseteq U^{\phi^*\psi}$. Es sei umgekehrt $x \in U^{\phi^*\psi}$. Dann ist $\phi(x) \in U^{\phi^*}$. Folglich gibt es ein

$u \in U$ mit $\phi(x) = \phi(u)$. Daher ist $\phi(u^{-1}x) = \phi(u^{-1})\phi(x) = \phi(u^{-1})\phi(u) = \phi(u^{-1}u) = \bar{e}$, so daß $u^{-1}x \in K$ ist. Wegen $K \subseteq U$ ist daher $u^{-1}x \in U$, woraus $x \in U$ folgt. Somit ist $U^{\phi^*\psi} \subseteq U$, womit die Gleichheit von U mit $U^{\phi^*\psi}$ bewiesen ist.

4) Als nächstes beweisen wir, daß $U^{*\psi\phi^*} = U^*$ für alle Untergruppen U^* von H gilt. Es sei $x \in U^*$. Weil ϕ surjektiv ist, gibt es ein $u \in G$ mit $\phi(u) = x$. Auf Grund der Definition von $U^{*\psi}$ ist $u \in U^{*\psi}$. Daher ist $x = \phi(u) \in U^{*\psi\phi*}$. Also gilt die Inklusion $U^* \subseteq U^{*\psi\phi*}$. Ist andererseits $y \in U^{*\psi\phi*}$, so gibt es ein $v \in U^{*\psi}$ mit $\phi(v) = y$. Wegen $\phi(u) \in U^*$ für alle $u \in U^{*\psi}$ gilt insbesondere $y = \phi(v) \in U^*$, so daß $U^{*\psi\phi*} \subseteq U^*$ ist, womit die Gleichheit der beiden Untergruppen bewiesen ist.

Aus 1), 2), 3) und 4) folgt mit Hilfe von I.3.3, daß ϕ^* eine Bijektion der Menge der Untergruppen von G, die K umfassen, auf die Menge der Untergruppen von H ist.

5) Es seien U und V Untergruppen von G mit $K \subseteq U \subseteq V$. Dann ist

$$U^{\phi^*} = \{\phi(u) \mid u \in U\} \subseteq \{\phi(v) \mid v \in V\} = V^{\phi^*}.$$

Es seien umgekehrt U und V Untergruppen von G, die K umfassen. Ferner sei $U^{\phi^*} \subseteq V^{\phi^*}$. Dann ist

$$U = U^{\phi^*\psi} = \{u \mid u \in G, \phi(u) \in U^{\phi^*}\} \subseteq \{v \mid v \in G, \phi(v) \in V^{\phi^*}\} = V^{\phi^*\psi} = V.$$

Damit ist gezeigt, daß $K \subseteq U \subseteq V$ genau dann gilt, wenn $U^{\phi^*} \subseteq V^{\phi^*}$ gültig ist.

6) Es sei $K \subseteq N \trianglelefteq G$. Ferner sei $x \in H$. Weil ϕ surjektiv ist, gibt es ein $g \in G$ mit $\phi(g) = x$. Dann ist

$$x^{-1}N^{\phi^*}x = \phi(g)^{-1}\{\phi(n) \mid n \in N\}\phi(g) = \phi(g^{-1})\{\phi(n) \mid n \in N\}\phi(g) = \{\phi(g^{-1})\phi(n)\phi(g) \mid n \in N\} = \{\phi(g^{-1}ng) \mid n \in N\} = \{\phi(n) \mid n \in N\} = N^{\phi^*}.$$

Also ist N^{ϕ^*} ein Normalteiler von H.

Es sei umgekehrt $N^{\phi^*} \trianglelefteq H$ und $n \in N$ sowie $g \in G$. Dann ist $\phi(g^{-1}ng) = \phi(g)^{-1}\phi(n)\phi(g) \in N^{\phi^*}$. Daher ist $g^{-1}ng \in N^{\phi^*\psi} = N$. Also ist $g^{-1}Ng \subseteq N$ für alle g. Wegen $g = (g^{-1})^{-1}$ ist daher auch $gNg^{-1} \subseteq N$, woraus $N \subseteq g^{-1}Ng$ folgt. Also ist $N = g^{-1}Ng$ für alle $g \in G$, so daß N nach 3.1 ein Normalteiler von G ist. Damit ist 3.7 vollständig bewiesen.

Ist G eine Gruppe und N ein Normalteiler und ist ϕ die durch $\phi(g) = Ng$ definierte Abbildung, so ist ϕ ein Homomorphismus von G auf G/N. Der Kern von ϕ ist N. Ist U eine Untergruppe von G Mit $N \subseteq U$, so ist $U^{\phi^*} = \{\phi(u) \mid u \in U\} = \{uN \mid u \in U\}$, d.h.

es ist $U^{\phi^*} = U/N$. Satz 3.7 besagt in diesem Falle, daß alle Untergruppen von G/N von der Form U/N sind, wobei U eine Untergruppe von G ist, die N enthält. Ferner folgt, daß $U/N \trianglelefteq G/N$ genau dann gilt, wenn $U \trianglelefteq G$ ist.

3.8. Satz. N und M seien Normalteiler der Gruppe G. Ist $N \subseteq M$, so ist $G/M \cong (G/N)/(M/N)$.

Beweis. Wenn man sich erst einmal aufschreibt, was die einzelnen Dinge bedeuten, ist es nicht mehr schwer, einen Beweis für 3.8 zu finden. Fangen wir also damit an. Es ist $G/M = \{gM | g \in G\}$ und $(G/N)/(M/N) = \{(gN)(M/N) | g \in G\}$ sowie $M/N = \{mN | m \in M\}$. Was wir suchen, ist ein Isomorphismus von G/M auf $(G/N)/(M/N)$. Was liegt näher, als es mit der Abbildung ϕ zu versuchen, die gM auf $(gN)(M/N)$ abbildet. Zunächst ist jedoch garnicht klar, ob ϕ wirklich eine Abbildung ist, da das Bild von gM unter ϕ von der Auswahl des Elementes g der Restklasse gM abhängt. Wir definieren daher zunächst nur eine Relation ϕ zwischen G/M und $(G/N)/(M/N)$ wie folgt. Ist $X \in G/M$ und $Y \in (G/N)/(M/N)$, so sei genau dann $(X,Y) \in \phi$, wenn es ein $g \in X$ gibt mit $Y = (gN)(M/N)$. Es seien (X,Y) und (X,Y') Elemente von ϕ. Es gibt dann Elemente $g,h \in X$ mit $Y = (gN)(M/N)$ und $Y' = (hN)(M/N)$. Wegen $X = gM = hM$ ist $h^{-1}g \in M$. Hieraus folgt weiter $h^{-1}gN \in M/N$, was wiederum mit $h^{-1}NgN \in M/N$ gleichbedeutend ist. Hieraus folgt $(gN)(M/N) = (hN)(M/N)$, so daß $Y = Y'$ ist. Ist $X \in G/M$ und $g \in X$, so ist $(X,(gN)(M/N)) \in \phi$. Folglich gibt es zu jedem $X \in G/M$ genau ein $Y \in (G/N)/(M/N)$ mit $(X,Y) \in \phi$. Damit ist ϕ als Abbildung von G/M in $(G/N)/(M/N)$ erkannt. Die Konstruktion von ϕ ergibt ferner, daß $\phi(X) = (gN)(M/N)$ für alle $g \in X$ gilt. Dabei sind wir wieder zu einer für Abbildungen gebräuchlicheren Schreibweise übergegangen.

Der Rest ist nun nicht mehr schwierig. Sind $X,Y \in G/M$, so gibt es Elemente g und h mit $X = gM$ und $Y = hM$. Dann ist

$$\phi(XY) = \phi(gMhM) = \phi(ghM) = (ghN)(M/N) = (gNhN)(M/N) = (gN)(M/N)(hN)(M/N) = \phi(X)\phi(Y).$$

Dies besagt, daß ϕ ein Homomorphismus ist. Ist $Z \in (G/N)/(M/N)$, so gibt es ein $g \in G$ mit $Z = (gN)(M/N)$. Setzt man $X = gM$, so ist also $\phi(X) = Z$, so daß ϕ auch surjektiv ist. Es bleibt nur noch die Injektivität von ϕ zu beweisen. Dazu sei $X \in \text{Kern}(\phi)$ und $g \in X$. Dann ist $M/N = \phi(X) = (gN)(M/N)$, so daß $gN \in M/N$ ist. Hieraus folgt $g \in M$, so daß $X = gM = M$ ist. Also ist $\text{Kern}(\phi) = \{M\}$, so daß ϕ nach 3.5 ein Isomorphismus von G/M auf $(G/N)/(M/N)$ ist, q. e. d.

Aufgaben

1) Ist ϕ ein Homomorphismus der Gruppe G in die Gruppe H, so ist $\phi(x^{-1}) = \phi(x)^{-1}$ für alle $x \in G$.

2) Ist G eine Gruppe, ist N ein Normalteiler von G und U eine Untergruppe, so ist $UN = \{un | u \in U, n \in N\}$ eine Untergruppe von G und $U \cap N$ ist ein Normalteiler von U. (Vgl. mit Aufgabe 10) von Abschnitt 2.)

3) Ist G eine Gruppe und sind M und N Normalteiler von G, so ist MN und auch $M \cap N$ ein Normalteiler von G.

4) M und N seien Normalteiler der Gruppe G. Ist $M \cap N = \{e\}$, so gilt $mn = nm$ für alle $m \in M$ und alle $n \in N$. (Hinweis: Betrachte $n^{-1}m^{-1}nm$.)

5) Zwei Untergruppen U und V von G heißen <u>konjugiert</u>, falls es ein $x \in G$ gibt mit $x^{-1}Ux = V$. Zeige, daß die Relation des Konjugiertseins eine Äquivalenzrelation auf der Menge der Untergruppen von G ist.

6) Ist G eine endliche Gruppe und ist U eine Untergruppe von G, so ist $|G:N_G(U)|$ die Anzahl der zu U konjugierten Untergruppen. Dabei ist $N_G(U)$ der Normalisator von U in G (s. Aufgabe 3) von Abschnitt 2.)

7) G sei eine endliche Gruppe und N sei eine Untergruppe vom Index 2 in G. Zeige, daß N ein Normalteiler von G ist.

8) G und H seien Gruppen. Man interpretiere die Definition eines Homomorphismus von G in H in den Fällen, wo

j) die Verknüpfung in G additiv und die in H multiplikativ,
ij) die Verknüpfung in G multiplikativ und die in H additiv,
iij) die Verknüpfung in beiden Gruppen additiv

geschrieben ist.

9) Es sei M eine Menge mit $|M| \geqslant 3$. Ferner sei $S = S(M)$ die symmetrische Gruppe auf M. Ist $x \in M$, so sei $S_x = \{\gamma | \gamma \in S, x^\gamma = x\}$. Zeige:

a) S_x ist eine Untergruppe von S. Sie heißt der <u>Stabilisator</u> von x in S.
b) Es ist $S_x \neq S_y$, falls $x \neq y$ ist.
c) S_x und S_y sind konjugiert für alle $x,y \in M$. (Hinweis: Man bestimme ein $\gamma \in S$, mit $x^\gamma = y$ und zeige, daß $\gamma^{-1}S_x\gamma = S_y$ ist.)
d) S_x ist kein Normalteiler von S.

4. Zyklische Gruppen

Wir beginnen mit zwei Hilfssätzen.

4.1. Hilfssatz. Ist G eine Gruppe und ist $(U_a | a \in A)$ eine Familie von Untergruppen von G, so ist $\bigcap_{a \in A} U_a$ ebenfalls eine Untergruppe von G.

Beweis. Es sei $D = \bigcap_{a \in A} U_a$. Weil U_a für alle $a \in A$ eine Untergruppe von G ist, ist $e \in U_a$ für alle $a \in A$ und damit $e \in D$, so daß D nicht leer ist. Sind $u,v \in D$, so sind $u,v \in U_a$ für alle $a \in A$. Daher ist $uv^{-1} \in U_a$ für alle $a \in A$, so daß $uv^{-1} \in D$ gilt. Nach 2.1 ist D also eine Untergruppe von G, q. e. d.

Es sei G eine Gruppe und M sei eine Teilmenge von G. Mit $\langle M \rangle$ bezeichnen wir den Durchschnitt über alle Untergruppen U von G, für die $M \subseteq U$ gilt. Nach 4.1 ist $\langle M \rangle$ eine Untergruppe von G. Sie heißt die von M erzeugte Untergruppe von G oder auch das Erzeugnis von M. Ist $M = \emptyset$, so ist $\langle M \rangle = \{e\}$. Ist $M = \{m_1,\ldots,m_r\}$, so setzen wir $\langle \{m_1,\ldots,m_r\} \rangle = \langle m_1,\ldots,m_r \rangle$. Ist $M \neq \emptyset$, so sei $M^{-1} = \{m^{-1} | m \in M\}$.

4.2. Hilfssatz. Ist G eine Gruppe und M eine nicht-leere Teilmenge von G, so ist $\langle M \rangle = \{x | x \in G,\ x = m_1 m_2 \ldots m_r,\ m_i \in M \cup M^{-1}\}$.

Beweis. Es sei $U = \{x | x \in G,\ x = m_1 m_2 \ldots m_r,\ m_i \in M \cup M^{-1}\}$. Dann ist $M \subseteq U$. Sind $x,y \in U$, so gibt es $m_i \in M \cup M^{-1}$ $(i = 1,2,\ldots,s)$ und $n_j \in M \cup M^{-1}$ $(j = 1,2,\ldots,t)$ mit $x = m_1 m_2 \ldots m_s$ und $y = n_1 n_2 \ldots n_t$. Nun ist $n_j^{-1} \in M \cup M^{-1}$ und folglich $xy^{-1} = m_1 \ldots m_s n_t^{-1} \ldots n_1^{-1} \in U$. Nach 2.1 ist also U eine Untergruppe von G. Wegen $M \subseteq U$ ist daher $\langle M \rangle \subseteq U$. Es sei nun V eine Untergruppe von G mit $M \subseteq V$. Weil V eine Untergruppe ist, ist dann auch $M^{-1} \subseteq V$. Ist $x \in U$, so ist x ein Produkt von endlich vielen Elementen aus $M \cup M^{-1}$. Daher ist $x \in V$, da V als Untergruppe multiplikativ abgeschlossen ist. Folglich ist $U \subseteq V$. Mit $V = \langle M \rangle$ erhalten wir insbesondere, daß $U \subseteq \langle M \rangle$ ist. Also ist $U = \langle M \rangle$, q. e. d.

Die Gruppe G heißt zyklisch, falls es ein $g \in G$ gibt mit $G = \langle g \rangle$. Das Element g heißt eine Erzeugende von G. Ist G zyklisch und ist g eine Erzeugende von G, so ist G nach dem gerade bewiesenen Hilfssatz gleich der Menge $\{x | x = g^i,\ i \in \mathbb{Z}\}$.

Ist n eine natürliche Zahl, so bezeichnen wir mit $n\mathbb{Z}$ die Menge aller Vielfachen von n. Offenbar ist $\mathbb{Z}(+) = \langle 1 \rangle$, so daß $\mathbb{Z}(+)$ zyklisch ist. Ist n eine natürliche Zahl, so ist $1 + n\mathbb{Z}$ ein Element der Ordnung n in der Gruppe $\mathbb{Z} / n\mathbb{Z} = G$, die wiederum die Ordnung n hat. Also ist $G = \langle 1 + n\mathbb{Z} \rangle$, so daß auch G zyklisch ist. Wir wollen nun zeigen, daß jede zyklische Gruppe zu einer der gerade genannten Gruppen isomorph ist.

<u>4.3. Satz.</u> Ist G zyklisch, so gibt es einen Homomorphismus von $\mathbb{Z}$ (+) auf G.

Beweis. Es sei $G = \langle g \rangle$. Ist $z \in \mathbb{Z}$, so sei $\phi(z) = g^z$. Dann ist ϕ eine Abbildung von $\mathbb{Z}$ in G. Wegen $G = \langle g \rangle$ ist ϕ sogar surjektiv. Schließlich folgt aus $\phi(z + z') = g^{z+z'} = g^z g^{z'} = \phi(z)\phi(z')$, daß ϕ ein Homomorphismus von $\mathbb{Z}$ (+) auf G ist, q. e. d.

<u>4.4. Korollar</u>. G sei eine zyklische Gruppe.

a) Ist G unendlich, so ist $G \cong \mathbb{Z}(+)$.

b) Ist G endlich und $|G| = n$, so ist $G \cong \mathbb{Z}(+)/n\mathbb{Z}$.

Beweis. Nach 4.3 gibt es einen Homomorphismus ϕ von $\mathbb{Z}$ (+) auf G. Der Kern von ϕ sei K. Nach 2.2 gibt es eine nicht-negative ganze Zahl m mit $K = m\mathbb{Z}$. Nach 3.6 sind die Gruppen $\mathbb{Z}(+) / m\mathbb{Z}$ und G isomorph. Ist $m > 0$, so ist $\mathbb{Z}(+) / m\mathbb{Z}$ endlich, so daß also $m = 0$ ist, falls G unendlich ist. In diesem Falle ist also $K = \{0\}$, so daß ϕ nach 3.5 ein Isomorphismus von $\mathbb{Z}$ (+) auf G ist. Es sei nun G eine endliche Gruppe der Ordnung n. Dann ist m eine natürliche Zahl. Wegen $m = |\mathbb{Z}(+)/m\mathbb{Z}| = |G| = n$ folgt daher, daß G zu $\mathbb{Z}(+)/ n\mathbb{Z}$ isomorph ist, q. e. d.

Damit haben wir einen vollständigen Überblick über alle zyklischen Gruppen gewonnen. Wir wollen nun noch die sämtlichen Untergruppen einer endlichen zyklischen Gruppe gegebener Ordnung bestimmen. Dabei werden uns die Sätze 3.7 und 3.8 nützlich sein.

<u>4.5. Satz.</u> n und m seien natürliche Zahlen und G sei eine zyklische Gruppe der Ordnung n. Genau dann besitzt G eine und dann auch nur eine Untergruppe der Ordnung m, wenn m ein Teiler von n ist.

Beweis. Besitzt G eine Untergruppe der Ordnung m, so ist m nach dem Satz von Lagrange ein Teiler von n. Es sei also umgekehrt m ein Teiler von n, d.h., es sei $n = mk$ mit $k \in \mathbb{N}$. Nach 4.3 gibt es einen Homomorphismus ϕ von $\mathbb{Z}$ (+) auf G mit $\mathrm{Kern}(\phi) = n\mathbb{Z}$. Wegen $n = mk$ ist $n\mathbb{Z} \subseteq k\mathbb{Z}$. Nach 3.7 ist $(k\mathbb{Z})^{\phi^*}$ eine Untergruppe von G, die nach 3.6 zu $k\mathbb{Z}/n\mathbb{Z}$ isomorph ist. Wir haben $|k\mathbb{Z}/n\mathbb{Z}|$ zu bestimmen. Nach 3.8 ist $\mathbb{Z}/k\mathbb{Z} \simeq (\mathbb{Z}/n\mathbb{Z})/(k\mathbb{Z}/n\mathbb{Z})$. Also ist

$$k = |\mathbb{Z}/k\mathbb{Z}| = |(\mathbb{Z}/n\mathbb{Z})/(k\mathbb{Z}/n\mathbb{Z})| = |\mathbb{Z}/n\mathbb{Z}| \cdot |k\mathbb{Z}/n\mathbb{Z}|^{-1} =$$
$$n|k\mathbb{Z}/n\mathbb{Z}|^{-1} = mk|k\mathbb{Z}/n\mathbb{Z}|^{-1}.$$

Hieraus folgt $|(k\mathbb{Z})^{\phi^*}| = |k\mathbb{Z}/n\mathbb{Z}| = m$, so daß $(k\mathbb{Z})^{\phi^*}$ eine Untergruppe der Ordnung m von G ist.

Es bleibt zu zeigen, daß $(k\mathbb{Z})^{\phi^*}$ die einzige Untergruppe der Ordnung m von G ist. Dazu sei $U \subseteq G$ und $|U| = m$. Nach 3.7 gibt es eine Gruppe $V \leq \mathbb{Z}$ mit $n\mathbb{Z} \subseteq V$ und $V^{\phi^*} = U$. Nach 2.2 gibt es eine natürliche Zahl a mit $V = a\mathbb{Z}$. Wegen $n \in n\mathbb{Z} \subseteq a\mathbb{Z}$ ist a ein Teiler von n. Wie der Beweis der Existenz einer Untergruppe der Ordnung m zeigt, ist $|a\mathbb{Z}/n\mathbb{Z}| = na^{-1}$. Hieraus folgt, daß $m = |U| = |a\mathbb{Z}/n\mathbb{Z}| = na^{-1}$ ist. Dies impliziert wiederum $a = k$, so daß $U = (k\mathbb{Z})^{\phi^*}$ ist, womit die Eindeutigkeit bewiesen ist.

Bemerkung. Wie der Beweis zeigt, sind alle Untergruppen einer endlichen zyklischen Gruppe zyklisch. Daß dies auch bei unendlichen zyklischen Gruppen der Fall ist, folgt aus 2.2 und 4.4.

4.6. Satz. G sei eine endliche zyklische Gruppe und g sei eine Erzeugende von G. Ist $h \in G$ und $h = g^i$, so ist genau dann $G = \langle h \rangle$, wenn $(i,|G|) = 1$ ist.

Beweis. Es sei $(i,|G|) = 1$. Es gibt dann $x,y \in \mathbb{Z}$ mit $ix + |G|y = 1$. Daher ist

$$g = g^{ix + |G|y} = h^x e = h^x .$$

Also ist $g \in \langle h \rangle$ und daher $G = \langle g \rangle \subseteq \langle h \rangle \subseteq G$. Folglich ist $G = \langle h \rangle$.

Es sei umgekehrt $G = \langle h \rangle$. Dann ist $g = h^x$. Also ist $h = h^{xi}$. Hieraus folgt $e = h^{ix-1}$, so daß $ix - 1 \in O(h) = |G|\mathbb{Z}$ ist. Es gibt daher ein $y \in \mathbb{Z}$ mit $ix - 1 = |G|y$, so daß tatsächlich $(i,|G|) = 1$ ist, q. e. d.

Es sei G eine zyklische Gruppe der Ordnung n. Mit $\phi(n)$ bezeichnen wir die Anzahl der $g \in G$ mit $G = \langle g \rangle$. Nach 4.6 ist $\phi(n)$ gleich der Anzahl der i mit $1 \leq i \leq n$ und $(i,n) = 1$. Die Abbildung ϕ heißt die Euler-Funktion. Sie wird im Volksmund auch das Eulersche Klein-Phi genannt.

4.7. Satz. Sind m und n teilerfremde natürliche Zahlen, so ist $\phi(mn) = \phi(m)\phi(n)$.

Beweis. Es sei G eine zyklische Gruppe der Ordnung mn. Nach 4.5 besitzt G Untergruppen U und V mit $|U| = m$ und $|V| = n$. Es sei $x \in U \cap V$. Dann ist $o(x)$ nach 2.8 ein Teiler von $|U| = m$ und von $|V| = n$. Hieraus folgt, daß $o(x)$ ein Teiler von $(m,n) = 1$ ist. Daher ist $x = e$ und folglich $U \cap V = \{e\}$. Es seien $u,u' \in U$ und $v,v' \in V$. Ferner sei $uv = u'v'$. Dann ist $u'^{-1}u = v'v^{-1} \in U \cap V = \{e\}$, so daß $u = u'$ und $v = v'$ ist. Die Abbildung $(u,v) \to uv$ ist also eine Bijektion von $U \times V$ auf UV. Nach I.4.7 ist $|U \times V| = |U||V| = mn$. Also ist $|UV| = mn = |G|$, so daß $UV = G$ ist.

Es sei $u \in U$ und $v \in V$. Dann ist

$$(uv)^{o(u)o(v)} = u^{o(u)o(v)}v^{o(u)o(v)} = ee = e.$$

Also ist $o(uv) \leqslant o(u)o(v)$. Andererseits ist

$$ee = e = (uv)^{o(uv)} = u^{o(uv)}v^{o(uv)}.$$

Nach dem gerade Bewiesenen ist also $e = u^{o(uv)} = v^{o(uv)}$. Daher ist $o(u) \,/\, o(uv)$ und $o(v) \,/\, o(uv)$. Ferner ist $o(u) \,/\, m$ und $o(v) \,/\, n$. Wegen $(m,n) = 1$ ist daher auch $(o(u),o(v)) = 1$. Also ist $o(u)o(v) \,/\, o(uv)$, so daß $o(u)o(v) \leqslant o(uv)$ ist. Zusammen mit der bereits bewiesenen Ungleichung $o(uv) \leqslant o(u)o(v)$ ergibt das $o(u)o(v) = o(uv)$. Hieraus folgt weiter: Genau dann ist $o(uv) = mn$, wenn $o(u) = m$ und $o(v) = n$ ist. Dabei wurde wieder benutzt, daß $o(u)$ ein Teiler von m und $o(v)$ ein Teiler von n ist. Also ist genau dann $G = \langle uv \rangle$, falls $U = \langle u \rangle$ und $V = \langle v \rangle$ ist. Weil $(u,v) \to uv$ eine Bijektion von $U \times V$ auf $UV = G$ ist, besagt dies, daß $\phi(mn) = \phi(m)\phi(n)$ ist, q. e. d.

4.8. Korollar. Ist n eine natürliche Zahl und $n > 1$, so ist $\phi(n) = n \prod (1 - \frac{1}{p})$, wobei das Produkt über alle Primzahlen p, die n teilen, zu erstrecken ist.

Beweis. Es sei $n = p^s \geqslant 2$. Genau dann ist $(i,n) \neq 1$, wenn $p \,/\, i$ gilt. Daher ist

$$\{i \mid i = px,\ 1 \leqslant x \leqslant p^{s-1}\} = \{i \mid 1 \leqslant i \leqslant p^s, (i,p^s) \neq 1\}.$$

Somit ist

$$\phi(p^s) = p^s - |\{i \mid i = px,\ 1 \leqslant x \leqslant p^{s-1}\}| = p^s - p^{s-1} = p^s(1 - \frac{1}{p}).$$

Hieraus, aus dem Satz von der eindeutigen Primfaktorzerlegung und 4.7 folgt schließlich die Behauptung.

Aufgaben

1) Es sei $G = \langle g_1, g_2, \dots, g_n \rangle$. Ist ϕ ein Homomorphismus von G auf H, so ist $H = \langle \phi(g_1), \phi(g_2), \dots, \phi(g_n) \rangle$.

2) Jedes homomorphe Bild einer zyklischen Gruppe ist zyklisch.

3) Für alle natürlichen Zahlen m und n gilt $\phi((m,n))\phi(mn) = (m,n)\phi(m)\phi(n)$.

4) Für alle natürlichen Zahlen n gilt $n = \sum_{x \,/\, n} \phi(x)$.

5) Es sei G eine Gruppe. Genau dann sind G und $\{e\}$ die einzigen Untergruppen von G, wenn G zyklisch ist und Primzahlordnung hat.

6) G sei eine zyklische Gruppe der Ordnung n. Ferner sei $D = \{(g,e) \mid g \in G,\ e \in \{1,-1\}$

Definiere auf D eine Multiplikation vermöge $(g,e)(h,f) = (gh^e,ef)$. Zeige, daß D eine Gruppe der Ordnung 2n ist, die im Falle $n > 2$ nicht-abelsch ist. Zeige ferner, daß D einen zu G isomorphen Normalteiler enthält. (D heißt die Diedergruppe der Ordnung 2n.)

5. Die symmetrischen und alternierenden Gruppen

Ist $M = \{1,2,\ldots,n\}$, so setzen wir $S(M) = S_n$. Wir nennen S_n die symmetrische Gruppe vom Grade n.

5.1. Satz. Es ist $|S_n| = n!$

Dieser Satz ist Inhalt der Aufgabe 2) von Abschnitt 4 des Kapitels I, bzw. der Aufgabe 8) von Abschnitt 2.

Ist $\sigma \in S_n$, so bezeichnen wir mit $i(\sigma)$ die Anzahl der Paare $(x,y) \in \{1,2,\ldots,n\} \times \{1,2,\ldots,n\}$ mit $x < y$ und $y^\sigma < x^\sigma$.

5.2. Satz. Sind $\sigma, \tau \in S_n$, so ist $i(\sigma\tau) \equiv i(\sigma) + i(\tau) \bmod 2$.

Beweis. Es sei

$$\begin{aligned} M_0 &= \{(x,y) \mid x < y,\ x^\sigma < y^\sigma,\ x^{\sigma\tau} < y^{\sigma\tau}\}, \\ M_1 &= \{(x,y) \mid x < y,\ x^\sigma < y^\sigma,\ y^{\sigma\tau} < x^{\sigma\tau}\}, \\ M_2 &= \{(x,y) \mid x < y,\ y^\sigma < x^\sigma,\ y^{\sigma\tau} < x^{\sigma\tau}\}, \\ M_3 &= \{(x,y) \mid x < y,\ y^\sigma < x^\sigma,\ x^{\sigma\tau} < y^{\sigma\tau}\}. \end{aligned}$$

Dann ist $M_0 \cup M_1 \cup M_2 \cup M_3 = \{(x,y) \mid x < y\}$ und $M_i \cap M_j = \emptyset$, falls $i \neq j$ ist. Ferner ist

$$M_1 \cup M_2 = \{(x,y) \mid x < y,\ y^{\sigma\tau} < x^{\sigma\tau}\}$$

und

$$M_2 \cup M_3 = \{(x,y) \mid x < y,\ y^\sigma < x^\sigma\}.$$

Daher ist $i(\sigma\tau) = |M_1 \cup M_2| = |M_1| + |M_2|$ und $i(\sigma) = |M_2 \cup M_3| = |M_2| + |M_3|$.

Es sei $U = \{(u,v) \mid u < v,\ v^\tau < u^\tau\}$. Ist $(u,v) \in U$, so gibt es genau ein Paar (x,y) mit $x < y$ und $\{x^\sigma, y^\sigma\} = \{u,v\}$. Wir setzen $(x,y) = f(u,v)$ und zeigen, daß f eine Bijektion von U auf $M_1 \cup M_3$ ist. Zunächst zeigen wir, daß f eine Abbildung von U in $M_1 \cup M_3$ ist.

1. Fall: Es ist $x^\sigma = u$ und $y^\sigma = v$. Dann ist $x < y$, $x^\sigma = u < v = y^\sigma$ und $y^{\sigma\tau} = v^\tau < u^\tau = x^{\sigma\tau}$. Folglich ist $f(u,v) = (x,y) \in M_1$.

2. Fall: Es ist $x^\sigma = v$ und $y^\sigma = u$. Dann ist $x < y$, $y^\sigma = u < v = x^\sigma$ und $x^{\sigma\tau} = v^\tau < u^\tau = y^{\sigma\tau}$, so daß $f(u,v) = (x,y) \in M_3$ ist. Damit ist gezeigt, daß f eine Abbildung von U in $M_1 \cup M_3$ ist.

Als nächstes zeigen wir, daß f injektiv ist. Dazu sei $f(u,v) = f(u',v') = (x,y)$. Ist $x^\sigma = u$, so ist $y^\sigma = v$ und daher, wie wir gesehen haben, $(x,y) \in M_1$. Dann ist aber auch $x^\sigma = u'$ und $y^\sigma = v'$, da andernfalls $(x,y) \in M_3$ wäre, was wegen $M_1 \cap M_3 = \emptyset$ einen Widerspruch ergäbe. Also ist $u = u'$ und $v = v'$. Ist $x^\sigma = v$ und $y^\sigma = u$, so folgt entsprechend $x^\sigma = v'$ und $y^\sigma = u'$ und damit $u = u'$ und $v = v'$, womit die Injektivität von f bewiesen ist.

Es bleibt die Surjektivität von f zu zeigen. Dazu sei $(x,y) \in M_1 \cup M_3$. Es gibt dann genau ein Paar (u,v) mit $u < v$ und $\{u^{\sigma^{-1}}, v^{\sigma^{-1}}\} = \{x,y\}$.

1. Fall: $x^\sigma = u$ und $y^\sigma = v$. Wegen $u < v$ ist dann $x^\sigma < y^\sigma$. Hieraus folgt mit $(x,y) \in M_1 \cup M_3$ die Ungleichung $y^{\sigma\tau} < x^{\sigma\tau}$. Also ist $v^\tau < u^\tau$ und damit $(u,v) \in U$.

2. Fall: $x^\sigma = v$ und $y^\sigma = u$. Dann ist $(x,y) \in M_3$ und folglich $v^\tau = x^{\sigma\tau} < y^{\sigma\tau} = u^\tau$, so daß auch in diesem Falle $(u,v) \in U$ ist. Damit ist auch die Surjektivität von f bewiesen.

Weil f also eine Bijektion von U auf $M_1 \cup M_3$ ist, folgt $i(\tau) = |U| = |M_1 \cup M_3| = |M_1| + |M_3|$. Insgesamt erhalten wir, daß

$$i(\sigma\tau) + 2|M_3| = |M_1| + |M_2| + 2|M_3| = i(\sigma) + i(\tau)$$

ist, woraus die Behauptung des Satzes folgt.

Ist $i(\sigma)$ gerade, so heißt σ eine <u>gerade</u> Permutation. Ist $i(\sigma)$ ungerade, so heißt σ eine <u>ungerade</u> Permutation.

Es sei $n \geqslant 2$. Es gibt dann ein $\sigma \in S_n$ mit $1^\sigma = 2$ und $2^\sigma = 1$ sowie $i^\sigma = i$ für $3 \leqslant i \leqslant n$. Es sei $x < y$ und $y^\sigma < x^\sigma$. Wäre $3 \leqslant y$, so wäre $y^\sigma = y$. Daher wäre $x < y = y^\sigma < x^\sigma$. Wegen $x < x^\sigma$ folgte $x \in \{1,2\}$ und daher $x^\sigma \leqslant 2 < y = y^\sigma$: ein Widerspruch. Also ist $x < y \leqslant 2$ und daher $x = 1$ und $y = 2$. Hieraus folgt $i(\sigma) \leqslant 1$ und wegen $2^\sigma = 1 < 2 = 1^\sigma$ ist daher $i(\sigma) = 1$. Ist $n \geqslant 2$, so enthält S_n also ungerade Permutationen.

5.3. Satz. Es sei $n \geq 2$. Definiert man die Abbildung sgn: $S_n \to \{1,-1\}$ vermöge $\mathrm{sgn}(\sigma) = (-1)^{i(\sigma)}$ für alle $\sigma \in S_n$, so ist sgn ein Homomorphismus von S_n auf die Gruppe $\{1,-1\}$, Der Kern A_n von sgn heißt die alternierende Gruppe vom Grade n. Es ist $|A_n| = \frac{1}{2}n!$

Beweis. Sicherlich ist sgn eine Abbildung von S_n in $\{1,-1\}$. Sind $\sigma, \tau \in S_n$, so gilt nach 5.2 die Gleichung $i(\sigma\tau) = i(\sigma) + i(\tau) + 2z$ mit $z \in \mathbb{Z}$. Daher ist

$$\mathrm{sgn}(\sigma\tau) = (-1)^{i(\sigma\tau)} = (-1)^{i(\sigma) + i(\tau) + 2z} = (-1)^{i(\sigma)}(-1)^{i(\tau)} = \mathrm{sgn}(\sigma)\ \mathrm{sgn}(\tau).$$

Folglich ist sgn ein Homomorphismus von S_n in $\{1,-1\}$. Insbesondere ist also $\mathrm{sgn}(\mathrm{id}) = 1$. Weil $n \geq 2$ ist, gibt es, wie wir gerade gesehen haben, ein $\sigma \in S_n$ mit $i(\sigma) = 1$. Für dieses σ ist dann $\mathrm{sgn}(\sigma) = (-1)^1 = -1$, so daß sgn surjektiv ist.

Nach 3.6 sind S_n/A_n und $\{1,-1\}$ isomorph. Also ist

$$2 = |\{1,-1\}| = |S_n/A_n| = |S_n||A_n|^{-1} = n!|A_n|^{-1}.$$

Daher ist $|A_n| = \frac{1}{2}n!$, q. e. d.

$\mathrm{sgn}(\sigma)$ heißt das Signum von σ. Ist σ eine gerade Permutation, so ist $\mathrm{sgn}(\sigma) = 1$, andernfalls ist $\mathrm{sgn}(\sigma) = -1$.

Die Permutation $\tau \in S_n (n \geq 2)$ heißt eine Transposition, falls τ genau $n - 2$ Fixelemente hat. Dabei heißt eine Ziffer i mit $1 \leq i \leq n$ ein Fixelement von τ, falls $i^\tau = i$ ist.

5.4. Satz. S_n wird von seinen Transpositionen erzeugt.

Beweis. Ist $n = 1$, so ist $|S_n| = 1$ und die Menge der Transpositionen ist leer. Wegen $\langle\emptyset\rangle = \{\mathrm{id}\} = S_1$ gilt 5.4 daher in diesem Falle. Es sei also $n \geq 2$. Ferner sei $\sigma \in S_n$ und r sei die Anzahl der $x \in \{1,2,\dots,n\} = M$ mit $x^\sigma \neq x$. Ist $r = 0$, so ist $\sigma = \mathrm{id}_M$. Es sei τ die durch $1^\tau = 2$, $2^\tau = 1$ und $i^\tau = i$ für $i \geq 3$ definierte Transposition. Dann ist $\tau^2 = \mathrm{id}_M$, so daß id_M ein Produkt von Transpositionen ist. Es sei nun $r > 0$ und es sei bereits bewiesen, daß jede Permutation aus S_n, die $n - s$ Fixelemente mit $0 \leq s < r$ hat, ein Produkt von Transpositionen ist. Es sei $x \in M$ und $x^\sigma \neq x$. Setze $x^\sigma = y$. Es sei τ_1 die durch $x^{\tau_1} = y$ und $y^{\tau_1} = x$ sowie $i^{\tau_1} = i$ für $i \in M \setminus \{x,y\}$ erklärte Transposition. Wir betrachten die Permutation $\sigma\tau_1$. Die Anzahl ihrer Fixelemente sei $n - s$. Ist $i^\sigma = i$, so ist $i \neq x$, da ja $x^\sigma = y \neq x$ ist. Wäre $y^\sigma = y$, so wäre $x^{\sigma^2} = x^\sigma$ und daher $x^\sigma = x^{\sigma^2\sigma^{-1}} = x^{\sigma\sigma^{-1}} = x$: ein Widerspruch. Also ist auch $y^\sigma \neq y$

und folglich $i \neq y$. Somit ist $i^{\tau_1} = i$. Hieraus folgt $i^{\sigma\tau_1} = i^{\tau_1} = i$. Ferner ist $x^{\sigma\tau_1} = y^{\tau_1} = x$. Folglich hat $\sigma\tau_1$ wenigstens ein Fixelement mehr als σ, d.h., es ist $n - s > n - r$, woraus wiederum $s < r$ folgt. Nach Induktionsannahme gibt es also Transpositionen $\tau_2, \tau_3, \dots, \tau_k$ mit $\sigma\tau_1 = \tau_k\tau_{k-1} \dots \tau_2$. Folglich ist $\sigma = \sigma\tau_1^2 = \tau_k\tau_{k-1} \dots \tau_2\tau_1$ q. e. d.

5.5. Hilfssatz. Ist $\tau \in S_n$ eine Transposition, so ist $\operatorname{sgn}(\tau) = -1$.

Beweis. Es sei τ_1 die durch $1^{\tau_1} = 2$, $2^{\tau_1} = 1$ und $i^{\tau_1} = i$ für $i \geq 3$ definierte Transposition. Dann ist, wie wir bereits gezeigt haben, $\operatorname{sgn}(\tau_1) = -1$. Es seien nun $x, y \in \{1,2,\dots,n\}$ die beiden Elemente, die von τ vertauscht werden. Ferner sei $\{1,2,\dots,n\} \setminus \{x,y\} = \{a_3, a_4, \dots, a_n\}$. Wir definieren σ vermöge $1^\sigma = x$, $2^\sigma = y$ und $i^\sigma = a_i$ für $3 \leq i \leq n$. Dann ist $\sigma \in S_n$. Wir betrachten die Abbildung $\sigma^{-1}\tau_1\sigma$. Dann ist

$$
\begin{aligned}
x^{\sigma^{-1}\tau_1\sigma} &= 1^{\tau_1\sigma} = 2^\sigma = y,\\
y^{\sigma^{-1}\tau_1\sigma} &= 2^{\tau_1\sigma} = 1^\sigma = x,\\
a_i^{\sigma^{-1}\tau_1\sigma} &= i^{\tau_1\sigma} = i^\sigma = a_i \qquad \text{für } 3 \leq i \leq n.
\end{aligned}
$$

Also ist $\sigma^{-1}\tau_1\sigma = \tau$. Hieraus folgt

$$
\begin{aligned}
&\operatorname{sgn}(\tau) = \operatorname{sgn}(\sigma^{-1}\tau_1\sigma) = \operatorname{sgn}(\sigma^{-1})\operatorname{sgn}(\tau_1)\operatorname{sgn}(\sigma) = \operatorname{sgn}(\tau_1)\operatorname{sgn}(\sigma^{-1})\operatorname{sgn}(\sigma) =\\
&\operatorname{sgn}(\tau_1)\operatorname{sgn}(\sigma^{-1}\sigma) = \operatorname{sgn}(\tau_1) = -1, \quad \text{q. e. d.}
\end{aligned}
$$

5.6. Satz. Ist $\sigma \in S_n$, so sind die folgenden Aussagen äquivalent:

a) σ ist eine gerade Permutation, d.h. $\sigma \in A_n$.
b) Sind $\tau_1, \dots, \tau_k$ Transpositionen mit $\sigma = \tau_1, \dots, \tau_k$, so ist k gerade.
c) Es gibt Transpositionen $\tau_1, \dots, \tau_{2r}$ mit $\sigma = \tau_1, \dots, \tau_{2r}$.

Beweis. Gilt a) so folgt aus

$$1 = \operatorname{sgn}(\sigma) = \operatorname{sgn}(\tau_1 \dots \tau_k) = \prod_{i=1}^{k} \operatorname{sgn}(\tau_i) = \prod_{i=1}^{k} (-1) = (-1)^k,$$

daß k gerade ist, d.h., aus a) folgt b). Hierbei haben wir benutzt, daß alle Transpositionen ungerade Permutationen sind.

Es gelte b). Weil S_n von seinen Transpositionen erzeugt wird, gibt es Transpositionen $\tau_1, \dots, \tau_k$ mit $\sigma = \tau_1 \dots \tau_k$. Weil b) gilt, ist $k = 2r$. Also folgt c) aus b).

Ist schließlich $\sigma = \tau_1 \ldots \tau_{2r}$ mit Transpositionen τ_i, so ist

$$\operatorname{sgn}(\sigma) = \prod_{i=1}^{2r} \operatorname{sgn}(\tau_i) = (-1)^{2r} = 1,$$

womit gezeigt ist, daß a) aus c) folgt, q. e. d.

Aufgaben

1) Ohne zurückzublättern versuche der Leser die fünf Serien von Gruppen samt ihren Definitionen aufzuschreiben, denen wir bisher begegnet sind.

2) Es sei $S = S(\mathbb{N})$ die symmetrische Gruppe auf $\mathbb{N}$. Ferner sei $S_{res} = \{\sigma | \sigma \in S, \{x | x^\sigma \neq x\}$ ist endlich$\}$ die eingeschränkte symmetrische Gruppe auf $\mathbb{N}$. Zeige, daß S_{res} ein Normalteiler von S ist und daß S_{res} eine Untergruppe A_{res} vom Index 2 enthält, die sinngemäß die eingeschränkte alternierende Gruppe auf $\mathbb{N}$ genannt wird. Zeige ferner, daß A_{res} sogar ein Normalteiler von S ist.

3) Verallgemeinere Aufgabe 2) auf beliebige M und deren symmetrische Gruppen S(M).

4) Es sei $M = \{1,2,\ldots,n\}$ und $\sigma \in S_n$. Zeige: Ist $a \in M$ und ist i die kleinste natürliche Zahl mit der Eigenschaft $a^{\sigma^i} \in \{x | x = a^{\sigma^j}, j \in \mathbb{N} \cup \{0\}\}$, so ist $a^{\sigma^i} = a$.

5) Es sei $M = \{1,2,\ldots,n\}$ und $\sigma \in S_n$. Sind $a,b \in M$, so setzen wir $a \sim b$, falls es Elemente $x_1, x_2, \ldots, x_r \in M$ gibt mit $a^\sigma = x_1, x_i^\sigma = x_{i+1}$ für $1 \leqslant i < r$ und $x_r^\sigma = b$.
Zeige:
j) Genau dann ist $a \sim b$, falls eine natürliche Zahl j existiert mit $a^{\sigma^j} = b$.
ij) $\sim$ ist eine Äquivalenzrelation. (Benutze Aufgabe 4.) Die Äquivalenzklassen dieser Äquivalenzrelation heißen die Zyklen von σ.

6) $a_1, a_2, \ldots, a_r$ seien von Null verschiedene ganze Zahlen. Eine natürliche Zahl v heißt kleinstes gemeinsames Vielfaches von $a_1, \ldots, a_r$, in Zeichen $v = \operatorname{kgV}(a_1, \ldots, a_r)$, falls $a_i \,/\, v$ für alle i gilt und falls aus $a_i \,/\, z$ für alle i stets $v \,/\, z$ folgt. Zeige, daß ein r-tupel $a_1, a_2, \ldots, a_r$ von Null verschiedener ganzer Zahlen stets genau ein kleinstes gemeinsames Vielfaches besitzt. (Betrachte $\bigcap_{i=1}^{r} a_i \mathbb{Z}$.)

7) Ist $\sigma \in S_n$ und sind $Z_1, Z_2, \ldots, Z_r$ die sämtlichen Zyklen von σ, so ist $o(\sigma) = \operatorname{kgV}(|Z_1|, |Z_2|, \ldots, |Z_r|)$.

8) Ist $\sigma \in S_n$, so heißt σ ein k-Zyklus, falls σ einen Zyklus der Länge k hat, während alle übrigen Zyklen die Länge 1 haben. Zeige, daß jeder k-Zyklus ein Produkt

von k - 1 Transpositionen ist, falls $k \geqslant 2$ ist. (Mache Induktion nach k.)

9) Ist $\sigma \in S_n$ und sind $Z_1, Z_2, \ldots, Z_r$ die sämtlichen Zyklen von σ, so ist

$$\operatorname{sgn}(\sigma) = (-1)^{-r+\sum_{i=1}^{r}|Z_i|}.$$

(Wie diese Formel zeigt, ist auch $\operatorname{sgn}(\sigma) = (-1)^{-s+\sum_{i=1}^{s}|Z_i|}$, wobei $Z_1, \ldots, Z_s$ gerade die sämtlichen Zyklen von σ sind, die mehr als ein Element enthalten.)

Kapitel III. Aus der Ringtheorie

In diesem Kapitel bringen wir einige grundlegende Begriffe, Sätze und Konstruktionen der Ringtheorie. Dabei greifen wir in den ersten vier Abschnitten Ideen wieder auf, die uns im zweiten Kapitel schon einmal führten, insbesondere die Homomorphiesätze, die wir auf Ringe übertragen. Im fünften Abschnitt kommt dann etwas Neues, nämlich die Konstruktion des Quotientenkörpers eines Integritätsbereiches. Die Bemerkung, daß der Faktorring eines kommutativen Ringes mit Eins nach einem maximalen Ideal ein Körper ist, werden wir im siebten Abschnitt zur Konstruktion des Körpers der reellen Zahlen benutzen. Die ganzen p-adischen Zahlen erhalten wir als Endomorphismenring der Prüfergruppe $\mathbb{Z}(p^{\infty})$, die wir mit den im fünften Abschnitt bereitgestellten Hilfsmitteln konstruieren. Sätze über euklidische Ringe und die Konstruktion der Polynomringe schließen sich an. Als Nebenresultate dieser Untersuchungen erhalten wir einige klassische Resultate der Zahlentheorie wie den Wilson'schen Satz, den kleinen Fermat'schen Satz und den Fermat'schen zwei-Quadrate-Satz.

1. Definitionen, Beispiele und Rechenregeln

Eine nicht-leere Menge R zusammen mit zwei binären Verknüpfungen + und $\cdot$ heißt ein Ring, falls die folgenden Bedingungen erfüllt sind:

(1) Es ist $a + b = b + a$ für alle $a,b \in R$.
(2) Es ist $a + (b + c) = (a + b) + c$ für alle $a,b,c \in R$.
(3) Es gibt ein Element $0 \in R$ mit $0 + a = a$ für alle $a \in R$.
(4) Zu jedem Element $a \in R$ gibt es ein Element $-a \in R$ mit $-a + a = 0$.
(5) Es ist $a(bc) = (ab)c$ für alle $a,b,c \in R$.
(6) Es ist $a(b + c) = ab + ac$ für alle $a,b,c \in R$.
(7) Es ist $(a + b)c = ac + bc$ für alle $a,b,c \in R$.

(1) bis (4) besagen gerade, daß R(+) eine abelsche Gruppe ist. Die Regeln (6) und (7) heißen Distributivgesetze. Sie verknüpfen die Addition mit der Multiplikation. (5) besagt die Assoziativität der Multiplikation. Nach II.1.3 sind Produkte in R($\cdot$) folglich von der Beklammerung unabhängig.

Der Ring R heißt kommutativ, falls für alle $a,b \in R$ die Gleichung $ab = ba$ gilt.

Beispiele: 1) $\mathbb{Z}(+,\cdot)$ ist ein Ring. Er heißt der Ring der ganzen Zahlen.

2) M sei eine nicht-leere Menge und A(+) sei eine additiv geschriebene Gruppe. Ferner sei A^M die Menge aller Abbildungen von M in A. Sind $f,g \in A^M$, so definieren wir $f + g$ vermöge

$$(f + g)(m) = f(m) + g(m) \qquad \text{für alle } m \in M.$$

Wir zeigen, daß $A^M(+)$ eine Gruppe ist. Es ist klar, daß $f + g$ wieder eine Abbildung von M in A ist, so daß + eine binäre Verknüpfung auf A^M ist.

a) Sind $f,g,h \in A^M$, so folgt unter Benutzung der Assoziativität in A(+) für alle $m \in M$ die Gültigkeit der Gleichungen

$$(f + (g + h))(m) = f(m) + (g + h)(m) = f(m) + (g(m) + h(m)) =$$
$$(f(m) + g(m)) + h(m) = (f + g)(m) + h(m) = ((f + g) + h)(m),$$

so daß $f + (g + h) = (f + g) + h$ ist. Folglich ist + assoziativ.

b) Definiere $o \in A^M$ vermöge $o(m) = 0$ für alle $m \in M$. Die Abbildung o bildet also alle Elemente von M auf das Nullelement 0 von A ab. Es gilt nun

$$(o + f)(m) = o(m) + f(m) = 0 + f(m) = f(m) \qquad \text{für alle } m \in M,$$

so daß $o + f = f$ für alle $f \in A^M$ gilt.

c) Ist $f \in A^M$, so definieren wir $-f \in A^M$ vermöge $(-f)(m) = -(f(m))$ für alle $m \in M$. Dann ist

$$(-f + f)(m) = (-f)(m) + f(m) = -(f(m)) + f(m) = 0 = o(m)$$

für alle $m \in M$. Also ist $-f + f = o$.

Damit ist gezeigt, daß $A^M(+)$ eine Gruppe ist.

d) Genau dann ist $A^M(+)$ abelsch, wenn A abelsch ist: Es sei zunächst A abelsch. Sind dann $f,g \in A^M$, so gilt für alle $m \in M$

$$(f + g)(m) = f(m) + g(m) = g(m) + f(m) = (g + f)(m),$$

so daß $f + g = g + f$ ist.

Umgekehrt sei nun $A^M(+)$ abelsch. Ferner seien $a,b \in A$ und $m \in M$. Es gibt dann $f,g \in A^M$ mit $f(m) = a$, $g(m) = b$ und $f(x) = 0$ für alle $x \in M \setminus \{m\}$. Dann ist

$$a + b = f(m) + g(m) = (f + g)(m) = (g + f)(m) = g(m) + f(m) = b + a,$$

q. e. d.

Es sei nun R ein Ring. Dann ist also $R^M(+)$ eine abelsche Gruppe. Sind $f,g \in R^M$, so definieren wir fg vermöge $(fg)(m) = f(m)g(m)$ für alle $m \in R$. Wie unter a) beweist man, daß diese Verknüpfung assoziativ ist. Es gilt sogar, daß $R^M(+,\cdot)$ ein Ring ist. Dazu sind nur noch die beiden Distributivgesetze nachzuweisen. Es seien also $f,g,h \in R^M$. Für alle $m \in M$ gilt dann

$$(f(g + h))(m) = f(m)(g + h)(m) = f(m)(g(m) + h(m)) = f(m)g(m) + f(m)h(m) =$$
$$(fg)(m) + (fh)(m) = (fg + fh)(m),$$

so daß $f(g + h) = fg + fh$ ist. Das andere Distributivgesetz beweist man ganz entsprechend. Wie unter d) beweist man, daß $R^M(+,\cdot)$ genau dann kommutativ ist, wenn $R(+,\cdot)$ kommutativ ist.

3) Es sei R ein Ring und M sei die Menge aller (2×2)-Matrizen $\begin{pmatrix} a & b \\ c & d \end{pmatrix}$ mit $a,b,c,d \in R$. Auf M definieren wir eine Addition und eine Multiplikation vermöge

$$\begin{pmatrix} a & b \\ c & d \end{pmatrix} + \begin{pmatrix} a' & b' \\ c' & d' \end{pmatrix} = \begin{pmatrix} a + a', & b + b' \\ c + c', & d + d' \end{pmatrix}$$

bzw.

$$\begin{pmatrix} a & b \\ c & d \end{pmatrix} \begin{pmatrix} a' & b' \\ c' & d' \end{pmatrix} = \begin{pmatrix} aa' + bc', & ab' + bd' \\ ca' + dc', & cb' + dd' \end{pmatrix} .$$

Es bleibe dem Leser überlassen zu verifizieren, daß M mit diesen beiden Verknüpfungen ein Ring ist. Gibt es Elemente $a,b \in R$ mit $ab \neq 0$, so ist M nicht kommutativ. Es ist nämlich

$$\begin{pmatrix} a & 0 \\ 0 & 0 \end{pmatrix} \begin{pmatrix} 0 & b \\ 0 & 0 \end{pmatrix} = \begin{pmatrix} 0 & ab \\ 0 & 0 \end{pmatrix} \text{ bzw. } \begin{pmatrix} 0 & b \\ 0 & 0 \end{pmatrix} \begin{pmatrix} a & 0 \\ 0 & 0 \end{pmatrix} = \begin{pmatrix} 0 & 0 \\ 0 & 0 \end{pmatrix}.$$

4) $A(+)$ sei eine abelsche Gruppe. Setze $ab = 0$ für alle $a,b \in A$. Dann ist $A(+,\cdot)$ ein Ring. Ein Ring, für den $ab = 0$ für alle $a,b \in A$ gilt, heißt ein <u>Zero-Ring</u>.

5) Es sei $R = \mathbb{Z} \times \mathbb{Z}$. Sind $(a,b),(a',b') \in R$, so sei $(a,b) + (a',b') = (a + a',b + b')$ und $(a,b)(a',b') = (aa' + 2bb', ab' + ba')$. Mit diesen beiden Verknüpfungen ist R ein Ring, wie man leicht nachprüft.

6) Es sei A eine abelsche Gruppe. Ferner sei End (A) die Menge der Homomorphismen von A in sich. Solche Homomorphismen nennt man Endomorphismen, was die Bezeichnung End (A) erklärt. Sind $\rho, \sigma \in$ End (A), so definieren wir $\rho + \sigma$ und $\rho\sigma$ vermöge $(\rho + \sigma)(x) = \rho(x) + \sigma(x)$ bzw. $(\rho\sigma)(x) = \rho(\sigma(x))$ für alle $x \in A$. Die Summe zweier Elemente aus End (A) ist also ihre Summe in A^A, während die Multiplikation die Hintereinanderausführung von Abbildungen ist. End (A) ist bez. dieser beiden Operationen, wie wir jetzt zeigen werden, ein Ring, der Endomorphismenring von A.

Es seien $\rho, \sigma \in$ End (A). Dann ist

$$(\rho - \sigma)(x + y) = \rho(x + y) + (-\sigma)(x + y) = \rho(x + y) - (\sigma(x + y)) =$$
$$\rho(x) + \rho(y) - (\sigma(x)) - (\sigma(y)) = \rho(x) + (-\sigma)(x) + \rho(y) + (-\sigma)(y) =$$
$$(\rho - \sigma)(x) + (\rho - \sigma)(y).$$

Also ist $\rho - \sigma \in$ End (A), so daß (End (A))(+) nach II.2.1 eine Untergruppe von $A^A(+)$ und damit, wie Beispiel 2) zeigt, eine abelsche Gruppe ist. Ferner ist

$$(\rho\sigma)(x + y) = \rho(\sigma(x + y)) = \rho(\sigma(x) + \sigma(y)) = \rho(\sigma(x)) + \rho(\sigma(y)) = (\rho\sigma)(x) + (\rho\sigma)(y).$$

Also ist $\rho\sigma \in$ End (A). Die Eigenschaft (5) folgt nun nach I.3.5. Es bleiben die beiden Distributivgesetze zu beweisen. Dazu seien $\rho, \sigma, \tau \in$ End (A). Es gilt dann

$$(\rho(\sigma + \tau))(x) = \rho((\sigma + \tau)(x)) = \rho(\sigma(x) + \tau(x)) = \rho(\sigma(x)) + \rho(\tau(x)) =$$
$$(\rho\sigma)(x) + (\rho\tau)(x) = (\rho\sigma + \rho\tau)(x),$$

so daß $\rho(\sigma + \tau) = \rho\sigma + \rho\tau$ ist. Schließlich gilt

$$((\rho + \sigma)\tau)(x) = (\rho + \sigma)(\tau(x)) = \rho(\tau(x)) + \sigma(\tau(x)) = (\rho\tau)(x) + (\sigma\tau)(x) =$$
$$(\rho\tau + \sigma\tau)(x),$$

woraus $(\rho + \sigma)\tau = \rho\tau + \sigma\tau$ folgt. Damit sind auch die beiden Distributivgesetze nachgewiesen, so daß End (A) mit den beiden oben definierten Verknüpfungen ein Ring ist.

Endomorphismenringe von abelschen Gruppen liefern in Hülle und Fülle interessante Beispiele von Ringen. Wir werden in diesem Kapitel noch die Endomorphismenringe der Prüfergruppen eingehend untersuchen, welches gerade die Ringe der ganzen Hensel'schen p-adischen Zahlen sind.

R heißt ein Ring mit Eins, falls es ein Element $1 \in R$ gibt mit $1a = a1 = a$ für alle $a \in R$. Hat R eine Eins, so auch R^M, nämlich die Abbildung e, die durch die Vorschrift $e(m) = 1$ für alle $m \in M$ erklärt wird. Ferner ist auch End (A) stets ein Ring mit Eins, da ja id_A offenbar die Eigenschaften einer Eins hat.

Es sei R ein Ring und $\emptyset \neq S \subseteq R$. Die Menge S heißt ein Teilring bzw. Unterring von R, falls mit s und t auch s - t und st Elemente von S. sind. Nach II.2.1 ist also S genau dann ein Unterring, falls S eine Untergruppe von R(+) ist und falls S darüberhinaus multiplikativ abgeschlossen ist. S ist dann bez. der in R definierten Verknüpfungen selbst ein Ring.

Als Beispiel für diesen Sachverhalt betrachten wir die Menge $\mathbb{R}$ der aus der Analysisvorlesung bekannten reellen Zahlen. Diese bildet das, was man einen Körper nennt, also erst recht einen Ring. Es sei M das abgeschlossene Einheitsintervall, d.h. es sei $M = \{x | x \in \mathbb{R}, 0 \leqslant x \leqslant 1\}$. Ferner sei $C(\mathbb{R}^M)$ die Menge der stetigen Abbildungen von M in $\mathbb{R}$. Dann ist, wie man in der Analysisvorlesung lernt, $C(\mathbb{R}^M)$ ein Teilring von $\mathbb{R}^M$, denn dort wird ja gezeigt, daß Summe, Differenz und Produkt zweier stetiger Funktionen wieder stetig sind, wobei Summe, Differenz und Produkt so wie hier "punktweise" definiert sind.

Wir beginnen unsere allgemeinen Untersuchungen mit der Herleitung einer Reihe von Rechenregeln, wie wir das auch bei den Gruppen getan haben.

1.1. Hilfssatz. Ist R ein Ring, so gilt:

(a) Es ist $a0 = 0a = 0$ für alle $a \in R$.
(b) Es ist $a(-b) = (-a)b = -(ab)$ für alle $a,b \in R$.
(c) Es ist $(-a)(-b) = ab$ für alle $a,b \in R$.

Hat R ein Einselement 1, so gilt auch noch

(d) $(-1)a = a(-1) = -a$ für alle $a \in R$.
(e) $(-1)(-1) = 1$.

Beweis. (a) Es ist $0 = 0 + 0$ und daher $a0 = a(0 + 0) = a0 + a0$. Wegen $a0 = a0 + 0$ ist also $a0 + 0 = a0 + a0$. Auf Grund der Kürzungsregel, die ja für Gruppen gilt, folgt $a0 = 0$.

Entsprechend ist $0a + 0 = 0a = (0 + 0)a = 0a + 0a$, woraus $0 = 0a$ folgt.

(b) Nach (a) ist $0 = a0 = a(b - b) = ab + a(-b)$, so daß $a(-b) = -(ab)$ ist. Ebenfalls nach (a) ist $0 = 0b = (a - a)b = ab + (-a)b$, so daß $(-a)b = -(ab)$ ist.

Da die Zweideutigkeit von $-ab$ nach (b) nur eine scheinbare ist, schreiben wir im folgenden meist $-ab$ statt $-(ab)$.

(c) Nach (b) ist $(-a)(-b) = -(a(-b)) = -(-ab) = ab$, wobei die letzte Gleichung aus II.1.2 a) folgt.

(d) Nach (b) ist $(-1)a = -(1a) = -a = -(a1) = a(-1)$.

(e) Nach (c) ist $(-1)(-1) = 1 \cdot 1 = 1$, q. e. d.

Ist R ein Ring mit 1, so sei G(R) die Menge aller $x \in R$, für die es Elemente $x,y \in R$ gibt mit $xy = zx = 1$. Ist $x \in G(R)$, so heißt x eine Einheit von R.

Beispiel: $G(\mathbb{Z}) = \{1,-1\}$.

1.2. Hilfssatz. Ist R ein Ring mit 1, so ist G(R) eine Gruppe, die sog. Einheitengruppe von R.

Beweis. Es ist $1 \in G(R)$, da $1 = 1 \cdot 1$ ist. Also ist $G(R) \neq \emptyset$. Sind $a,b \in G(R)$, so gibt es $u,v,x,y \in R$ mit $xa = ay = 1$ und $ub = bv = 1$. Dann ist $(ux)(ab) = u(xa)b = u1b = ub = 1$ und $(ab)(vy) = a(bv)y = a1y = ay = 1$. Also ist $ab \in G(R)$. Sicherlich gilt in G(R) das Assoziativgesetz, da es in R gilt. Ferner ist $1 \in G(R)$ sogar ein Einselement und nicht nur eine Linkseins. Ist $a \in G(R)$ und ist $xa = ay = 1$, so ist $x = x1 = x(ay) = (xa)y = 1y = y$. Also ist $xa = ax = 1$, so daß auch $x \in G(R)$ ist. Damit ist G(R) als Gruppe erkannt, q. e. d.

Ist A(+) eine abelsche Gruppe, ist $a \in A$ und $n \in \mathbb{Z}$, so wurde na wie folgt definiert: $0a = 0$ und $(n + 1)a = na + a$ für $n \geq 0$ sowie $na = -((-n)a)$ für $n < 0$. Nach Aufgabe 6) und 7) von Abschnitt 1 des Kapitels II gilt dann $(n + m)a = na + ma$ und $n(a + b) = na + nb$. Ist R ein Ring, so ist R(+) insbesondere eine abelsche Gruppe, so daß für $n \in \mathbb{N}$ und $r \in R$ das Produkt nr definiert ist.

Sind n und k nicht-negative ganze Zahlen und ist $k \leq n$, so setzen wir $\frac{n!}{k!(n-k)!} = \binom{n}{k}$ (s. Aufgabe 2), Kap.I, Abschn.1). Für diese Zahlen, die sog. Binominalkoeffizienten, gilt dann, wie man leicht nachrechnet, $\binom{n}{0} = \binom{n}{n} = 1$ sowie $\binom{n}{k} = \binom{n}{n-k}$. Außerdem gilt für $1 \leq k \leq n$ die Gleichung

$$\binom{n+1}{k} = \binom{n}{k} + \binom{n}{k-1}.$$

Ist R ein Ring und sind $a,b \in R$, so setzen wir $a^0 b = b = ba^0$. Hat R eine 1, so setzen wir $a^0 = 1$, was mit der ersten Festsetzung offenbar verträglich ist.

Mit diesen Bemerkungen sind wir nun in der Lage, den folgenden Satz zu beweisen.

1.3. Satz. Ist R ein kommutativer Ring und sind $x,y \in R$, ist ferner $n \in \mathbb{N}$, so ist $(x + y)^n = \sum_{i=0}^{n} \binom{n}{i} x^{n-i} y^i$.

Beweis. Wir beweisen 1.3 mit Induktion nach n. Ist n = 1, so ist

$$\sum_{i=0}^{1} \binom{1}{i} x^{1-i} y^i = \binom{1}{0} x y^0 + \binom{1}{1} x^0 y = x + y.$$

In diesem Fall ist der Satz also richtig. Nun ist

$$(x + y)^{n+1} = (x + y)^n (x + y) = \sum_{i=0}^{n} \binom{n}{i} x^{n-i} y^i (x + y) =$$

$$\sum_{i=0}^{n} \binom{n}{i} x^{n-i} y^i x + \sum_{i=0}^{n} \binom{n}{i} x^{n-i} y^{i+1} =$$

$$\sum_{i=0}^{n} \binom{n}{i} x^{n+1-i} y^i + \sum_{i=0}^{n} \binom{n}{i} x^{n-i} y^{i+1} =$$

$$\binom{n}{0} x^{n+1} + \sum_{i=1}^{n} \binom{n}{i} x^{n+1-i} y^i + \sum_{i=0}^{n-1} \binom{n}{i} x^{n-i} y^{i+1} + \binom{n}{n} y^{n+1} =$$

$$\binom{n+1}{0} x^{n+1} + \sum_{i=1}^{n} \binom{n}{i} x^{n+1-i} y^i + \sum_{j=1}^{n} \binom{n}{j-1} x^{n+1-j} y^j + \binom{n+1}{n+1} y^{n+1} =$$

$$\binom{n+1}{0} x^{n+1} + \sum_{i=1}^{n} \left(\binom{n}{i} + \binom{n}{i-1}\right) x^{n+1-i} y^i + \binom{n+1}{n+1} y^{n+1} =$$

$$\binom{n+1}{0} x^{n+1} + \sum_{i=1}^{n} \binom{n+1}{i} x^{n+1-i} y^i + \binom{n+1}{n+1} y^{n+1} =$$

$$\sum_{i=0}^{n+1} \binom{n+1}{i} x^{n+1-i} y^i,$$

q. e. d.

Aufgaben

1) Beweise, daß die Menge aller (2 × 2)-Matrizen über dem Ring R mit den im Text erklärten Verknüpfungen ein Ring ist.

2) Es sei M der Ring aller (2 × 2)-Matrizen über $\mathbb{Z}$. Zeige, daß $\begin{pmatrix} a & b \\ c & d \end{pmatrix} \in M$ genau dann eine Einheit ist, wenn $ad - bc \in \{1,-1\}$ ist.

3) R sei ein Ring und N sei die Menge der nicht-negativen ganzen Zahlen. Ferner sei $S = R^N$ die Menge aller Abbildungen von N in R. Sind $f,g \in S$, so definieren wir $f + g$ und fg wie folgt:

$$(f + g)(i) = f(i) + g(i) \text{ für alle } i \in N$$

und

$$(fg)(i) = \sum_{j=0}^{i} f(j)g(i - j) \text{ für alle } i \in N.$$

Zeige, daß S mit diesen beiden Verknüpfungen ein Ring ist. (S heißt Ring der formalen Potenzreihen über R.)

4) Ist R ein Ring und gilt $x^2 = x$ für alle $x \in R$, so ist R kommutativ, d.h. es gilt $ab = ba$ für alle $a,b \in R$.

5) Es sei M eine Menge und P(M) sei die Potenzmenge von M. Wie schon früher definieren wir auf P(M) eine Addition durch die Vorschrift $X + Y = (X \cup Y) \setminus (X \cap Y)$. Wie wir wissen, ist P(M)(+) eine abelsche Gruppe. Wir definieren ferner eine Multiplikation auf P(M) durch $XY = X \cap Y$. Zeige, daß P(M) mit diesen beiden Verknüpfungen ein Ring mit Eins ist. (P(M)(+,·) ist ein Ring, der die Bedingungen von Aufgabe 4) erfüllt.)

6) Es sei M eine Menge und E(M) sei die Menge aller endlichen Teilmengen von M. Zeige, daß E(M) ein Teilring von P(M)(+,·) ist (s. Aufgabe 5). Wann ist E(M) ein Ring mit Eins?

7) R sei ein Ring und M sei eine nicht-leere Menge. Mit R^M_{res} bezeichnen wir die Menge aller $f \in R^M$, für die $\{m | m \in M, f(m) \neq 0\}$ endlich ist. Zeige, daß R^M_{res} ein Unterring von R^M ist (s.Beispiel 2). Gebe notwendige und hinreichende Bedingungen dafür an, daß R^m_{res} eine Eins besitzt.

8) Zeige, daß ein Ring höchstens ein Einselement hat.

2. Homorphismen. R und R' seien Ringe. Die Abbildung ϕ von R in R' heißt ein Homomorphismus (gelegentlich der Deutlichkeit halber auch Ringhomomorphismus), falls für alle $a,b \in R$

(1) $\phi(a + b) = \phi(a) + \phi(b)$
(2) $\phi(ab) = \phi(a)\phi(b)$

gilt. Dabei stehen auf den linken Seiten der beiden Gleichungen jeweils die Verknüpfungen in R und auf den rechten Seiten die Verknüpfungen in R'.

Es ist $\phi(0) + 0' = \phi(0) = \phi(0 + 0) = \phi(0) + \phi(0)$ und daher $\phi(0) = 0'$. Ferner ist $0' = \phi(0) = \phi(a - a) = \phi(a) + \phi(-a)$, so daß $\phi(-a) = -\phi(a)$ für alle $a \in R$ ist. Dies ist nicht weiter verwunderlich, da ϕ ja auch ein Homomorphismus von $R(+)$ in $R'(+)$ ist. Im allgemeinen gilt jedoch nicht, daß $\phi(1) = 1'$ ist, wie das folgende Beispiel zeigt: Es sei M eine Menge mit mindestens zwei Elementen und R sei ein Ring mit 1. Dann ist R^M, wie früher gezeigt, ebenfalls ein Ring mit 1. Es sei $m \in M$. Ist $r \in R$, so definieren wir $f_r \in R^M$ vermöge

$$f_r(x) = \begin{cases} r, & \text{falls } x = m, \\ 0, & \text{falls } x \neq m. \end{cases}$$

Dann ist die durch $\phi : r \to f_r$ definierte Abbildung ϕ ein Homomorphismus von R in R^M. Weil M mehr als ein Element enthält, ist $f_1 \neq 1$, so daß $\phi(1) \neq 1$ ist.

Ist ϕ ein Homomorphismus des Ringes R in den Ring R', so heißt

$$\text{Kern}(\phi) = \{a \mid a \in R, \phi(a) = 0'\}$$

der Kern von ϕ.

2.1. Hilfssatz. Ist ϕ ein Homomorphismus des Ringes R in den Ring R', so gilt:

a) Kern(ϕ) ist eine Untergruppe von $R(+)$.

b) Ist $a \in R$ und $k \in$ Kern(ϕ), so sind $ka, ak \in$ Kern(ϕ).

Beweis. a) Es seien $k, l \in$ Kern(ϕ). Dann ist $\phi(k) = 0' = \phi(l)$. Also ist $\phi(k - l) = \phi(k) + \phi(-l) = \phi(k) - \phi(l) = 0' - 0' = 0'$, so daß $k - l$ in Kern(ϕ) liegt. Nach II.2.1 ist Kern(ϕ) daher eine Untergruppe von $R(+)$.

b) Es ist $\phi(ka) = \phi(k)\phi(a) = 0'\phi(a) = 0'$ und $\phi(ak) = \phi(a)\phi(k) = \phi(a)0' = 0'$. Also sind $ka, ak \in$ Kern(ϕ), was zu beweisen war.

Ist ϕ ein injektiver Homomorphismus von R in R', so heißt ϕ ein Isomorphismus (Ringisomorphismus) von R in R'. Ist ϕ ein Isomorphismus von R auf R', so heißen R und R' isomorph. (An dieser Stelle sei der Leser noch einmal daran erinnert, daß nur sorgfältiges Lesen zum Verständnis führt. Insbesondere sei an dieser Stelle auf die beiden Wörtchen in und auf aufmerksam gemacht.)

2.2. Hilfssatz. ϕ sei ein Homomorphismus des Ringes R in den Ring R'. Genau dann ist ϕ ein Isomorphismus, wenn Kern(ϕ) = {0} ist.

Beweis. (Siehe II.3.4 und II.3.5.) ϕ sei ein Isomorphismus. Wegen $0 \in \mathrm{Kern}(\phi)$ und $\phi^{-}(0') = \mathrm{Kern}(\phi)$ sowie $|\phi^{-}(0')| \leqslant 1$ ist dann $\mathrm{Kern}(\phi) = \{0\}$. Es sei umgekehrt $\mathrm{Kern}(\phi) = \{0\}$. Ferner seien $a,b \in R$ und $\phi(a) = \phi(b)$. Dann ist $0' = \phi(a) - \phi(b) = \phi(a) + \phi(-b) = \phi(a - b)$, so daß $a - b \in \mathrm{Kern}(\phi) = \{0\}$ ist. Somit ist $a = b$, q. e. d.

Beispiele: 1) R und R' seien irgendwelche Ringe. Setzt man $\phi(x) = 0'$ für alle $x \in R$, so ist ϕ ein Homomorphismus von R in R'. Ferner ist $\mathrm{Kern}(\phi) = R$. Dieser Homomorphismus wird häufig der <u>Nullhomomorphismus</u> genannt.

2) $R = R'$ und $\phi = \mathrm{id}_R$.

3) Es sei $R = \mathbb{Z} \times \mathbb{Z}$ mit den Verknüpfungen $(a,b) + (c,d) = (a + c, b + d)$ und $(a,b)(c,d) = (ac + 2bd, ad + bc)$. Definiere σ vermöge $\sigma(a,b) = (a,-b)$. Dann ist

$$\sigma((a,b) + (c,d)) = \sigma(a + c, b + d) = (a + c, -b - d) = (a,-b) + (c,-d) = \sigma(a,b) + \sigma(c,d),$$

sowie

$$\sigma((a,b)(c,d)) = \sigma(ac + 2bd, ad + bc) = (ac + 2bd, -ad - bc) = (a,-b)(c,-d) = \sigma(a,b)\sigma(c,d).$$

Ferner ist $(0,0) = \sigma(a,b) = (a,-b)$ genau dann, wenn $a = b = 0$ ist. Also ist σ injektiv. Da σ offenbar auch surjektiv ist, ist σ ein Isomorphismus von R auf sich.

<u>Aufgaben</u>

1) R sei ein Ring mit 1 und ϕ sei ein Homomorphismus von R auf den Ring R'. Zeige, daß R' ein Ring mit Eins ist und daß die Eins von R von ϕ auf die Eins von R' abgebildet wird.

2) R sei ein Ring. Ist $r \in R$ und $z \in \mathbb{Z}$, so definieren wir zr wie schon früher wie folgt: Ist $z = 0$, so sei $zr = 0$ (= Null in R). Ist $z > 0$, so sei $zr = (z - 1)r + r$, und ist $z < 0$, so sei $zr = -((-z)r)$. Da $R(+)$ eine abelsche Gruppe ist, gelten die Rechenregeln $z(r + r') = zr + zr'$ und $(z + z')r = zr + z'r$ für alle $z,z' \in \mathbb{Z}$ und alle $r,r' \in R$ (s. Kapitel II, Abschnitt 1, Aufgaben 6, 7 und 8). Zeige: Sind $z,z' \in \mathbb{Z}$ und $r,r' \in R$, so ist $(zz')(rr') = (zr)(z'r')$. Ist R ein Ring mit 1, so ist $z \to z1$ ein Homomorphismus von $\mathbb{Z}$ in R.

3) Es sei M eine Menge und $P(M)(+,\cdot)$ der in Aufgabe 5) von Abschnitt 1 definierte Ring. Ferner sei ϕ eine Abbildung von M in sich. Definiere die Abbildung ϕ^* von $P(M)$

in sich vermöge $\phi^*(X) = \{\phi(x) | x \in X\}$. Zeige, daß ϕ^* genau dann ein Homomorphismus ist, falls ϕ injektiv ist.

3. Ideale und Quotientenringe. Es sei R ein Ring. Eine nicht-leere Teilmenge I von R heißt ein (zweiseitiges) Ideal von R, falls I die beiden folgenden Bedingungen erfüllt:

(1) Sind $a,b \in I$, so ist $a - b \in I$, d.h. I ist eine Untergruppe von R(+).
(2) Ist $a \in I$ und $r \in R$, so sind $ar, ra \in I$.

Ist ϕ ein Homomorphismus des Ringes R in den Ring R', so ist also Kern(ϕ) nach 2.1 ein Ideal von R.

Es sei R ein Ring und I sei ein Ideal von R. Ferner sei $R/I = \{X | X = r + I, r \in R\}$, d.h. R/I sei die Menge der Restklassen von R(+) modulo der Untergruppe I. Sind $X,Y \in R/I$, so ist, wie wir wissen, $X + Y \in R/I$ und R/I ist bez. dieser Addition eine abelsche Gruppe. (Dabei ist $X + Y = \{z | z = x + y, x \in X, y \in Y\}$.) Ist $X = r + I$ und $Y = s + I$, so ist überdies $X + Y = r + s + I$. Wir definieren nun eine Relation σ zwischen $(R/I) \times (R/I)$ und R/I wie folgt: Genau dann ist $((X,Y),Z) \in \sigma$, wenn es ein $r \in X$ und ein $s \in Y$ mit $rs + I = Z$ gibt. Wir zeigen, daß σ eine Abbildung von $(R/I) \times (R/I)$ in R/I ist. Dazu seien zunächst $((X,Y),Z)$ und $((X,Y),Z')$ Elemente von σ. Es gibt dann Elemente $r,r' \in X$ und $s,s' \in Y$ mit $rs + I = Z$ und $r's' + I = Z'$. Nun ist $r + I = X = r' + I$ und $s + I = Y = s' + I$, so daß es Elemente $i,j \in I$ gibt mit $r' = r + i$ und $s' = s + j$. Dann ist $r's' = (r + i)(s + j) = rs + is + rj + ij$. Weil I ein Ideal ist, sind is, rj, $ij \in I$ und damit auch $is + rj + ij \in I$. Folglich ist $Z' = r's' + I = rs + I = Z$, so daß es zu (X,Y) mit $X,Y \in R/I$ höchstens ein $Z \in R/I$ mit $((X,Y),Z) \in \sigma$ gibt. Sind andererseits $X,Y \in R/I$ und ist $r \in X$ und $s \in Y$, so ist $((X,Y),rs + I) \in \sigma$, so daß σ eine Abbildung ist. Wir bezeichnen das Bild von (X,Y) unter σ mit XY. Sind $r \in X$ und $s \in Y$, so ist also $XY = rs + I$.

Man beachte, daß für $X,Y \in R/I$ die Restklassen $X + Y$ und XY wesentlich verschieden definiert sind. Es ist nämlich $X + Y = \{x + y | x \in X, y \in Y\}$, während im allgemeinen XY von $\{xy | x \in X, y \in Y\}$ verschieden ist, wie folgendes Beispiel zeigt. Es sei n eine von 1 verschiedene natürliche Zahl. Dann ist $I = n\mathbb{Z}$ ein Ideal von $\mathbb{Z}$. In $\mathbb{Z}/I$ gilt daher $II = I$. Andererseits ist $\{xy | x,y \in I\} = \{n^2 z | z \in \mathbb{Z}\}$ echt in I enthalten, da n nicht in dieser Menge liegt.

3.1. Satz. R/I ist bez. der soeben definierten Addition und Multiplikation ein Ring. Die Abbildung $r \to r + I$ ist ein Homomorphismus von R auf R/I mit dem Kern I.

Beweis. Wie wir bereits bemerkten, ist R/I bez. der Addition eine abelsche Gruppe. Es seien $X,Y,Z \in R/I$. Es gibt dann $r,s,t \in R$ mit $X = r + I$, $Y = s + I$ und $Z = t + I$. Dann ist

$$X(YZ) = (r + I)((s + I)(t + I)) = (r + I)(st + I) = r(st) + I = (rs)t + I = (rs + I)(t + I) = ((r + I)(s + I))(t + I) = (XY)Z,$$

so daß die Multiplikation in R/I assoziativ ist. Ferner ist

$$X(Y + Z) = (r + I)(s + I + t + I) = (r + I)(s + t + I) = r(s + t) + I = rs + rt + I = rs + I + rt + I = XY + XZ.$$

Damit ist nachgewiesen, daß R/I ein Ring ist.

Definiere $\phi : R \to R/I$ vermöge $\phi(r) = r + I$. Offenbar ist ϕ eine Abbildung von R auf R/I. Ferner ist

$$\phi(r + s) = r + s + I = r + I + s + I = \phi(r) + \phi(s)$$

und

$$\phi(rs) = rs + I = (r + I)(s + I) = \phi(r)\phi(s).$$

Folglich ist ϕ ein Homomorphismus von R auf R/I. Man nennt ihn häufig den kanonischen Homomorphismus von R auf R/I.

Ist $r \in \mathrm{Kern}(\phi)$, so ist $I = \phi(r) = r + I$ und daher $r \in I$, so daß $\mathrm{Kern}(\phi) \subseteq I$ ist. Ist andererseits $r \in I$, so ist $I = r + I = \phi(r)$, so daß $I \subseteq \mathrm{Kern}(\phi)$ ist. Folglich ist $I = \mathrm{Kern}(\phi)$, q. e. d.

3.2. Satz. Ist ϕ ein Homomorphismus des Ringes R auf den Ring R' mit dem Kern I, so gibt es genau einen Isomorphismus σ von R/I auf R' mit $\sigma(r + I) = \phi(r)$ für alle $r \in R$.

Beweis. (Vgl. mit II.3.6.) Wir definieren wieder eine Relation σ zwischen R/I und R', indem wir festsetzen, daß (X,s) genau dann zu σ gehört, wenn es ein $r \in X$ gibt mit $\phi(r) = s$. Wir zeigen zuerst, daß σ sogar eine Abbildung ist. Sind (X,s) und (X,s') Elemente von σ, so gibt es $r,r' \in X$ mit $\phi(r) = s$ und $\phi(r') = s'$. Nun ist $r + I = X = r' + I$, so daß $r - r' \in I$ ist. Dies hat zur Folge, daß $s = \phi(r) = \phi(r') = s'$ ist. Ist andererseits $X \in R/I$ und $r \in X$, so ist $(X,\phi(r)) \in \sigma$, so daß es, da eine Restklasse niemals leer ist, zu jedem $X \in R/I$ genau ein $s \in R'$ gibt mit $(X,s) \in \sigma$. Folglich ist σ eine Abbildung. Schreiben wir $\sigma(X)$ für das Bild von X unter σ, so ist also $\sigma(X) = \phi(r)$ für alle $r \in X$.

Es seien $X,Y \in R/I$. Es gibt dann ein $r \in X$ und ein $s \in Y$. Folglich ist

$$\sigma(X + Y) = \sigma(r + s + I) = \phi(r + s) = \phi(r) + \phi(s) = \sigma(X) + \sigma(Y)$$

sowie

$$\sigma(XY) = \sigma(rs + I) = \phi(rs) = \phi(r)\phi(s) = \sigma(X)\sigma(Y) .$$

Damit ist gezeigt, daß σ ein Homomorphismus von R/I in R' ist.

Ist $s \in R'$, so gibt es ein $r \in R$ mit $\phi(r) = s$, da ϕ als surjektiv vorausgesetzt war. Ist $X = r + I$, so ist $\sigma(X) = s$, so daß auch σ surjektiv ist.

Ist schließlich $X = r + I \in \text{Kern}(\sigma)$, so ist $0' = \sigma(X) = \phi(r)$, so daß $r \in \text{Kern}(\phi) = I$ ist. Hieraus folgt $X = I$, womit $\text{Kern}(\sigma) = \{I\}$ gezeigt ist. Insgesamt haben wir erhalten, daß σ ein Isomorphismus von R/I auf R' ist, für den darüberhinaus $\sigma(r + I) = \phi(r)$ für alle $r \in R$ gilt. Daß es nur einen solchen Isomorphismus geben kann, ist trivial. Damit ist alles bewiesen.

Der nächste Satz entspricht Satz II.3.7. Hier wird jedoch nur von Idealen geredet, während die Unterringe, die den Untergruppen entsprechen, in diesem Zusammenhang nicht von Interesse sind.

3.3. Satz. ϕ sei ein Homomorphismus des Ringes R auf den Ring R' mit dem Kern I. Ist J ein Ideal von R mit $I \subseteq J$, so sei $J^{\phi*} = \{\phi(j) \mid j \in J\}$. Dann ist ϕ^* eine Bijektion der Menge der Ideale von R, die I enthalten, auf die Menge der Ideale von R'. Sind J und K zwei I umfassende Ideale von R, so gilt genau dann $J \subseteq K$, wenn $J^{\phi*} \subseteq K^{\phi*}$ ist.

Beweis. 1) $J^{\phi*}$ ist ein Ideal von R': Wegen $0 \in J$ ist $0' = \phi(0) \in J^{\phi*}$, so daß $J^{\phi*} \neq \emptyset$ ist. Sind $x,y \in J^{\phi*}$, so gibt es $u,v \in J$ mit $\phi(u) = x$ und $\phi(v) = y$. Wegen $u - v \in J$ ist daher $x - y = \phi(u) - \phi(v) = \phi(u - v) \in J^{\phi*}$. Ist $x \in J^{\phi*}$ und $z \in R'$, so gibt es ein $u \in J$ mit $\phi(u) = x$. Ferner gibt es ein $w \in R$ mit $\phi(w) = z$, da ϕ ja surjektiv ist. Weil J ein Ideal ist, sind wu und uw Elemente von J. Daher ist $zx = \phi(w)\phi(u) = \phi(wu) \in J^{\phi*}$ und $xz = \phi(u)\phi(w) = \phi(uw) \in J^{\phi*}$. Damit ist gezeigt, daß $J^{\phi*}$ ein Ideal in R' ist.

2) Es sei J^* ein Ideal von R'. Wir definieren ψ vermöge $J^{*\psi} = \{j \mid j \in R, \phi(j) \in J^*\}$. Dann ist, wie wir jetzt zeigen werden, $J^{*\psi}$ ein Ideal von R mit $I \subseteq J^{*\psi}$. Wegen $\phi(i) = 0' \in J^*$ für alle $i \in I$ ist in der Tat $I \subseteq J^{*\psi}$. Es seien $u,v \in J^{*\psi}$. Dann ist $\phi(u) \in J^*$ und $\phi(v) \in J^*$. Also ist $\phi(u - v) = \phi(u) - \phi(v) \in J^*$ und folglich $u - v \in J^{*\psi}$. Ist $u \in J^{*\psi}$ und $r \in R$, so ist $\phi(u) \in J^*$ und daher $\phi(u)\phi(r)$, $\phi(r)\phi(u) \in J^*$, da J^* ein Ideal ist. Also ist $\phi(ru) = \phi(r)\phi(u) \in J^*$ und folglich

$ru \in J^{*\psi}$ sowie $\phi(ur) = \phi(u)\phi(r) \in J^*$, so daß auch $ur \in J^{*\psi}$ ist. Damit haben wir $J^{*\psi}$ als Ideal erkannt.

3) Ist J ein Ideal von R mit $I \subseteq J$, so ist $J^{\phi*\psi} = J$: Es ist $J^{\phi*} = \{\phi(j) | j \in J\}$ und $J^{\phi*\psi} = \{x | x \in R, \phi(x) \in J^{\phi*}\}$. Somit ist $J \subseteq J^{\phi*\psi}$. Ist umgekehrt $x \in R$ und $\phi(x) \in J^{\phi*} = \{\phi(j) | j \in J\}$, so gibt es ein $j \in J$ mit $\phi(x) = \phi(j)$. Dann ist aber $x - j \in I$, woraus wegen $I \subseteq J$ folgt, daß $x \in J$ ist. Also ist $J^{\phi*\psi} \subseteq J$ und daher $J^{\phi*\psi} = J$.

4) Ist J^* ein Ideal von R', so ist $J^{*\psi\phi*} = J^*$: Es sei $x \in J^*$. Weil ϕ surjektiv ist, gibt es ein $u \in R$ mit $\phi(u) = x$. Nun ist $J^{*\psi} = \{v | v \in R, \phi(v) \in J^*\}$, so daß $u \in J^{*\psi}$ ist. Schließlich ist $J^{*\psi\phi*} = \{\phi(v) | v \in J^{*\psi}\}$, woraus wegen $u \in J^{*\psi}$ folgt, daß $x = \phi(u) \in J^{*\psi\phi*}$ ist. Somit ist $J^* \subseteq J^{*\psi\phi*}$. Ist andererseits $y \in J^{*\psi\phi*}$, so gibt es ein $v \in J^{*\psi}$ mit $y = \phi(v)$. Wegen $v \in J^{*\psi}$ ist dann aber $\phi(v) \in J^*$, so daß $y \in J^*$ ist. Also ist $J^{*\psi\phi*} \subseteq J^*$ und damit $J^{*\psi\phi*} = J^*$.

Aus 1), 2), 3) und 4) folgt nach I.3.3, daß ϕ^* eine Bijektion der Menge der I umfassenden Ideale von R auf die Menge der Ideale von R' ist.

5) Sind J und K Ideale von R mit $I \subseteq J \subseteq K$, so ist

$$J^{\phi*} = \{\phi(j) | j \in J\} \subseteq \{\phi(j) | j \in K\} = K^{\phi*}.$$

Sind umgekehrt J und K Ideale von R mit $I \subseteq J$ und $I \subseteq K$ und gilt $J^{\phi*} \subseteq K^{\phi*}$, so ist nach dem, was wir bereits wissen,

$$J = J^{\phi*\psi} = \{u | u \in R, \phi(u) \in J^{\phi*}\} \subseteq \{v | v \in R, \phi(v) \in K^{\phi*}\} = K^{\phi*\psi} = K,$$

q. e. d.

<u>3.4. Satz</u>. Sind I und J Ideale des Ringes R und ist $I \subseteq J$, so sind R/J und (R/I)/(J/I) isomorph.

Beweis. (Der Beweis von 3.4 ist ein klein wenig anders als der Beweis von II.3.8. Man vergleiche und übertrage die Beweise auf den jeweils anderen Fall.)

R/I ist ein Ring und nach dem, was wir gerade bewiesen haben, ist J/I ein Ideal in R/I, da ja $r \to r + I$ ein Homomorphismus von R auf R/I mit dem Kern I ist. Folglich ist (R/I)/(J/I) ein Ring, so daß die Formulierung von 3.4 sinnvoll ist.

Es ist $(R/I)/(J/I) = \{r + I + J/I | r \in R\}$. Wir definieren eine Abbildung ϕ von R auf $(R/I)/(J/I)$ vermöge $\phi(r) = r + I + J/I$. Dann ist

$$\phi(r + s) = r + s + I + J/I = r + I + s + I + J/I = r + I + J/I + s + I + J/I = \phi(r) + \phi(s).$$

Ferner ist

$$\phi(rs) = rs + I + J/I = (r + I)(s + I) + J/I = (r + I + J/I)(s + I + J/I) = \phi(r)\phi(s).$$

Daher ist ϕ ein Homomorphismus von R auf $(R/I)/(J/I)$.

Ist $j \in J$, so ist $j + I \in J/I$ und daher $j + I + J/I = J/I$. Folglich ist $\phi(j) = j + I + J/I = J/I$, so daß $J \subseteq \text{Kern}(\phi)$ ist. Ist andererseits $x \in \text{Kern}(\phi)$, so ist $x + I + J/I = \phi(x) = J/I$, woraus $x + I \in J/I$ und damit $x \in J$ folgt, was wiederum $\text{Kern}(\phi) \subseteq J$ nach sich zieht. Also ist $\text{Kern}(\phi) = J$. Nach 3.2 sind daher R/J und $(R/I)/(J/I)$ isomorph, q. e. d.

Ist R ein Ring mit 1, so heißt R ein <u>Körper</u>, falls $G(R) = R \setminus \{0\}$ ist. Wegen $1 \in G(R)$ ist $1 \neq 0$, falls R ein Körper ist. Somit enthält jeder Körper wenigstens zwei Elemente. Viele Autoren nennen das, was wir Körper nennen, <u>Schiefkörper</u> und nennen nur solche Schiefkörper Körper, in denen die Multiplikation kommutativ ist, d.h. in denen durchweg $ab = ba$ gilt. Wir sprechen in einem solchen Fall von einem kommutativen Körper.

Es sei R ein Ring und M ein von R verschiedenes Ideal von R. Das Ideal M heißt <u>maximales Ideal</u> von R, falls $M \subseteq I \subseteq R$ und I ist Ideal, die Gleichung $M = I$ oder die Gleichung $I = R$ nach sich zieht. M ist also ein maximales Ideal von R, falls R/M mehr als ein Element enthält und falls R/M nur die trivialen Ideale R/M und $\{M\}$ besitzt.

<u>3.5. Satz.</u> Es sei R ein kommutativer Ring mit 1 und M sei ein Ideal von R. Genau dann ist M maximal, wenn R/M ein Körper ist.

Beweis. Nach 3.3 gibt es eine Bijektion der Menge der M umfassenden Ideale von R auf die Menge der Ideale von R/M. Somit ist M, wie wir schon bemerkten, genau dann maximal, wenn $\{M\}$ und R/M die einzigen Ideale von R/M sind. Nun ist R/M ein kommutativer Ring mit Eins, wobei $1 + M$ das Einselement von R/M ist. Um 3.5 zu beweisen, genügt es also zu zeigen, daß ein kommutativer Ring K mit 1, der wenigstens zwei Elemente enthält, genau dann ein Körper ist, wenn $\{0\}$ und K die einzigen Ideale von K sind.

Es sei also K ein Körper und $I \neq \{0\}$ sei ein Ideal von K. Es gibt dann ein $k \in I$ mit $k \neq 0$. Wegen $k \neq 0$ ist $k \in G(K)$, so daß es ein $l \in K$ mit $1 = lk$ gibt. Weil I ein Ideal ist, ist $1 = lk \in I$. Dann ist aber $x = x1 \in I$ für alle $x \in K$, so daß $K \subseteq I$ und damit $K = I$ ist. Somit sind $\{0\}$ und K die einzigen Ideale von K.

Es seien nun umgekehrt $\{0\}$ und K die einzigen Ideale von K. Ist $0 \neq k \in K$, so ist kK, wie man leicht nachprüft, ein Ideal von K. Wegen $0 \neq k = k1 \in kK$ ist $\{0\} \neq kK$ und daher $kK = K$. Es gibt also ein $l \in K$ mit $1 = kl = lk$. Daher ist $k \in G(K)$, so daß $K \setminus \{0\} \subseteq G(K)$ ist. Weil K mindestens zwei Elemente enthält, gibt es ein $k \in K$ mit $k \neq 0$. Daher ist $k1 = k \neq 0 = k0$, woraus $1 \neq 0$ folgt. Hieraus folgt weiter $0 \notin G(K)$, was seinerseits $K \setminus \{0\} = G(K)$ impliziert, so daß K ein Körper ist, q. e. d.

Aufgaben

1) R sei ein kommutativer Ring und ϕ sei ein Homomorphismus von R auf den Ring R'. Zeige, daß R' kommutativ ist.

2) R sei ein kommutativer Ring. Ist $x \in R$, so ist $xR = \{xr | r \in R\}$ ein Ideal von R.

3) R sei ein Ring mit Eins und I sei ein Ideal von R. Zeige, daß R/I ein Ring mit Eins ist.

4) Es sei R ein kommutativer Ring. Zeige: Sind $\{0\}$ und R die einzigen Ideale von R, so ist R entweder ein Zeroring, dessen Elementeanzahl eine Primzahl ist, oder ein Körper. (Siehe Kapitel II, Abschnitt 4, Aufgabe 6.)

5) K sei ein Körper (nicht notwendig kommutativ) und R sei ein Ring. Zeige: Ist σ ein Homomorphismus von K in R, so ist σ entweder ein Isomorphismus oder der Nullhomomorphismus.

6) I und J seien Ideale des Ringes R. Ferner sei $I + J = \{x | x = i + j,\ i \in I,\ j \in J\}$ und $IJ = \{x | x = \sum_{a=1}^{n} i_a j_a,\ i_a \in I,\ j_a \in J\}$. Zeige, daß $I + J$, $I \cap J$ und IJ Ideale von R sind und daß $IJ \subseteq I \cap J \subseteq I + J$ gilt.

7) Ist R ein endlicher Ring und gelten in $R \setminus \{0\}$ bez. der Multiplikation beide Kürzungsregeln, so ist R ein Körper.

8) K sei ein Körper. Setze $Z(K) = \{z | z \in K,\ zk = kz$ für alle $k \in K\}$. Zeige, daß

$Z(K)$ ein Teilkörper von K ist. $Z(K)$ heißt das Zentrum von K. (Ein Teilring R eines Körpers heißt Teilkörper, falls $r^{-1} \in R$ aus $0 \neq r \in R$ folgt.)

4. Der Ring der ganzen Zahlen. In diesem Abschnitt wollen wir den Ring der ganzen Zahlen und seine homomorphen Bilder etwas genauer untersuchen. Wir beginnen mit der Bestimmung aller Ideale von $\mathbb{Z}$.

4.1. Satz. Ist $I \subseteq \mathbb{Z}$, so ist I genau dann ein Ideal von $\mathbb{Z}$, falls I eine Untergruppe von $\mathbb{Z}(+)$ ist.

Beweis. Ist I ein Ideal von $\mathbb{Z}$, so ist I natürlich eine Untergruppe von $\mathbb{Z}(+)$, so daß in diesem Falle nichts zu beweisen ist. Es sei also umgekehrt I eine Untergruppe von $\mathbb{Z}(+)$. Nach II.2.2 gibt es ein $i \in \mathbb{Z}$ mit $I = i\mathbb{Z}$. Ist $z \in \mathbb{Z}$ und $x \in I$, so gibt es ein $y \in \mathbb{Z}$ mit $x = iy$. Daher ist $zx = xz = iyz \in i\mathbb{Z} = I$. Somit ist I ein Ideal von $\mathbb{Z}$, q. e. d.

Ist n eine natürliche Zahl, so setzen wir $\mathbb{Z}_n = \mathbb{Z}/n\mathbb{Z}$.

4.2. Satz. $\mathbb{Z}_n$ ist ein Ring mit n Elementen. Ist $x + n\mathbb{Z} \in \mathbb{Z}_n$, so ist genau dann $x + n\mathbb{Z} \in G(\mathbb{Z}_n)$, falls $(x,n) = 1$ ist.

Beweis. $\mathbb{Z}_n$ hat als additive Gruppe, wie wir bereits wissen, genau n Elemente. Daher ist $\mathbb{Z}_n$ ein Ring mit n Elementen.

Es sei $x + n\mathbb{Z} \in G(\mathbb{Z}_n)$. Dann gibt es ein $y \in \mathbb{Z}$ mit

$$xy + n\mathbb{Z} = (x + n\mathbb{Z})(y + n\mathbb{Z}) = 1 + n\mathbb{Z}.$$

Hieraus folgt wiederum die Existenz eines $z \in \mathbb{Z}$ mit $xy + nz = 1$, was seinerseits $(x,n) = 1$ zur Folge hat.

Es sei umgekehrt $(x,n) = 1$. Es gibt dann $y,z \in \mathbb{Z}$ mit $xy + nz = 1$. Daher ist $xy - 1 \in n\mathbb{Z}$ und somit $xy + n\mathbb{Z} = 1 + n\mathbb{Z}$. Hieraus folgt schließlich

$$(y + n\mathbb{Z})(x + n\mathbb{Z}) = (x + n\mathbb{Z})(y + n\mathbb{Z}) = 1 + n\mathbb{Z},$$

so daß $x + n\mathbb{Z} \in G(\mathbb{Z}_n)$ ist, q. e. d.

4.3. Korollar. Es ist $|G(\mathbb{Z}_n)| = \phi(n)$, wobei ϕ die Eulerfunktion ist. Ist $x \in \mathbb{Z}$ und $(x,n) = 1$, so ist $x^{\phi(n)} \equiv 1 \mod n$.

Beweis. $\phi(n)$ ist die Anzahl der $a \in \mathbb{Z}$ mit $1 \leqslant a \leqslant n$ und $(a,n) = 1$. Daher ist nach 4.2 und früherem $|G(\mathbb{Z}_n)| = \phi(n)$.

Ist $x \in \mathbb{Z}$ und $(x,n) = 1$, so ist $x + n\mathbb{Z} \in G(\mathbb{Z}_n)$. Daher ist nach II.2.9

$$x^{\phi(n)} + n\mathbb{Z} = (x + n\mathbb{Z})^{\phi(n)} = 1 + n\mathbb{Z} ,$$

so daß in der Tat $x^{\phi(n)} \equiv 1 \bmod n$ ist, q. e. d.

Ist p eine Primzahl, so ist $\phi(p) = p - 1$. Hieraus und aus 4.3 folgt, daß $x^p \equiv x \bmod p$ für alle $x \in \mathbb{Z}$ ist. Dieses von Fermat gefundene Resultat wird <u>kleiner Fermat'scher Satz</u> genannt.

<u>4.4. Korollar</u>. Genau dann ist $\mathbb{Z}_n$ ein Körper, wenn n eine Primzahl ist.

Beweis. Ist $n = p$ eine Primzahl, so ist nach II.4.9, wie wir schon bemerkten, $\phi(p) = p - 1$. Also ist $|G(\mathbb{Z}_p)| = p - 1 = |\mathbb{Z}_p \setminus \{p\mathbb{Z}\}|$. Wegen $G(\mathbb{Z}_p) \subseteq \mathbb{Z}_p \setminus \{p\mathbb{Z}\}$ ist daher $G(\mathbb{Z}_p) = \mathbb{Z}_p \setminus \{p\mathbb{Z}\}$, so daß $\mathbb{Z}_p$ ein Körper ist. Ist umgekehrt $\mathbb{Z}_n$ ein Körper, so ist n eine Primzahl. Ist nämlich p eine n teilende Primzahl, so ist $p + n\mathbb{Z} \notin G(\mathbb{Z}_n) = \mathbb{Z}_n \setminus \{n\mathbb{Z}\}$. Also ist $p + n\mathbb{Z} = n\mathbb{Z}$, so daß n auch Teiler von p ist. Folglich ist $p = n$, q. e. d.

Aus 3.5 und 4.4 folgt noch

<u>4.5. Korollar</u>. Genau dann ist $n\mathbb{Z}$ ein maximales Ideal von $\mathbb{Z}$, wenn n eine Primzahl ist.

Statt $\mathbb{Z}_p$ schreiben wir meist GF(p) und nennen GF(p) nach dem Entdecker Evariste Galois (1811-1832) das <u>Galoisfeld</u> der Ordnung p.

Bemerkung. Es sei K ein Körper. Ist $x \in K$ und $x^2 = 1$, so ist $x = 1$ oder $x = -1$. Denn es ist $0 = x^2 - 1 = (x - 1)(x + 1)$, woraus die Behauptung folgt.

<u>4.6. Satz von Wilson</u>. Ist n eine natürliche Zahl mit $n \geqslant 2$, so ist

$$(n-1)! \equiv \begin{cases} 2 \bmod n, & \text{falls } n = 4, \\ -1 \bmod n, & \text{falls } n \text{ eine Primzahl}, \\ 0 \bmod n & \text{für alle übrigen } n. \end{cases}$$

Insbesondere ist n genau dann eine Primzahl, wenn $(n - 1)! \equiv -1 \bmod n$ ist.

Beweis. Es ist $(4 - 1)! = 6 \equiv 2 \mod 4$, so daß wir im folgenden stets $n \neq 4$ annehmen können. Ist n zusammengesetzt, so gibt es natürliche Zahlen a und b mit $1 < a \leqslant b < n$ und $n = ab$. Ist $a < b$, so ist $a < b \leqslant n - 1$ und folglich $n = ab$ ein Teiler von $(n - 1)!$. Wir können daher annehmen, daß $a = b$ ist. Ist a keine Primzahl, so gibt es natürliche Zahlen a' und b' mit $1 < a' \leqslant b' < a$ und $a = a'b'$. Dann ist aber $n = a'b'b$ und $1 < a' < b'b < n$, so daß auch in diesem Falle n ein Teiler von $(n - 1)!$ ist. Wir können daher weiterhin annehmen, daß $n = p^2$ mit einer Primzahl p ist. Wäre n kein Teiler von $(n - 1)!$, so wäre $2p > n - 1$, da andernfalls $p < 2p \leqslant n - 1$ und folglich $2n = 2p^2$ ein Teiler von $(n - 1)!$ wäre. Dann wäre aber $2p \geqslant n = p^2$, so daß $2 \geqslant p$ und damit $p = 2$ wäre, was den Widerspruch $4 = n \neq 4$ zur Folge hätte. Also ist doch $(n - 1)! \equiv 0 \mod n$ für alle natürlichen Zahlen n, die keine Primzahlen sind und die von 4 verschieden sind.

Es sei schließlich n eine Primzahl. Ist $n = 2$, so ist $1 \equiv -1 \mod 2$ und daher $(n - 1)! \equiv -1 \mod n$. Es sei also $n > 2$. Ferner sei $K = GF(n)$ das Galoisfeld mit n Elementen. Wir betrachten das Produkt $\prod_{\substack{x \in K \\ x \neq 0}} x = d$. Dann ist $-d = \prod_{\substack{x \in K \\ x \neq 0,1,-1}} x$.

Ist $x \neq 0,1,-1$, so ist auch $x^{-1} \neq 0,1,-1$. Ferner ist $x \neq x^{-1}$, da andernfalls, wie wir bemerkten, $x^2 = 1$ und damit $x = 1$ oder $x = -1$ wäre. Hieraus folgt, daß $\prod_{x \neq 0,1,-1} x = 1$ ist, da die Faktoren in diesem Produkt in Paaren x,x^{-1} auftreten, deren Produkt ja 1 ist. Also ist $-d = 1$, was $d = -1$ zur Folge hat. Somit ist, da die von Null verschiedenen Elemente von GF(n) ja gerade die Restklassen $i + n\mathbb{Z}$ mit $i = 1,2,\ldots,n - 1$ sind,

$$(n - 1)! + n\mathbb{Z} = \prod_{i=1}^{n-1} (i + n\mathbb{Z}) = -1 + n\mathbb{Z},$$

woraus schließlich $(n - 1)! \equiv -1 \mod n$ folgt, q. e. d.

Aufgaben

1) Zeige, daß $G(\mathbb{Z}_n)$ gerade aus den Erzeugenden von $\mathbb{Z}_n(+)$ besteht.

2) Es sei p eine Primzahl und K sei ein Körper mit $|K| = p$. Zeige, daß K zu GF(p) isomorph ist. (Benutze Aufgabe 2) von Abschnitt 2.)

3) p sei eine Primzahl und es sei $n = p^r$. Zeige:

a) Für je zwei Ideale I und J von $\mathbb{Z}_n$ gilt eine der beiden Inklusionen $I \subseteq J$ oder $J \subseteq I$.

b) $\mathbb{Z}_n$ besitzt genau ein maximales Ideal M.

c) Es ist $G(\mathbb{Z}_n) = \mathbb{Z}_n \setminus M$.

d) Es ist $\mathbb{Z}_n/M \cong GF(p)$.

4) Zeige, daß End ($\mathbb{Z}$ (+)) zum Ring der ganzen Zahlen isomorph ist.

5. Quotientenkörper. Nachdem in den ersten vier Abschnitten dieses Kapitels die Ergebnisse, die wir bei den Gruppen erhielten, auf Ringe übertragen wurden, kommt nun wieder Neues ins Spiel. Ausgangspunkt ist die Bemerkung, daß im Ring der ganzen Zahlen nicht alle Gleichungen der Form $ax = b$ eine Lösung x haben. Schon auf der Schule wird dies als Mangel empfunden, was dazu führt, daß man die rationalen Zahlen einführt, die einen Körper bilden, so daß die Gleichung $ax = b$ zumindest für $a \neq 0$ eine Lösung x hat, und die die ganzen Zahlen $\mathbb{Z}$ als Unterring umfassen. Diese Konstruktion der Menge $\mathbb{Q}$ der rationalen Zahlen wollen wir hier nun noch einmal durchführen und gleichzeitig noch etwas verallgemeinern. Diese Verallgemeinerung liegt darin, daß wir außer $\mathbb{Z}$ auch noch andere Ringe bei der Konstruktion zulassen, und daß wir nicht notwendig alle "Quotienten" konstruieren. Die Klasse von Ringen, die wir hier betrachten, besteht aus den sog. Integritätsbereichen. Dabei heißt ein Ring R ein Integritätsbereich, falls er kommutativ ist, mindestens zwei Elemente enthält und falls aus $a,b \in R$ und $ab = 0$ folgt, daß $a = 0$ oder $b = 0$ ist. Die einzigen Beispiele für Integritätsbereiche, die wir bislang haben, sind der Ring der ganzen Zahlen und die Galoisfelder $GF(p)$. Im übrigen ist insbesondere jeder kommutative Körper ein Integitätsbereich.

Die nicht-leere Teilmenge H des Ringes R heißt ein multiplikatives System von R, falls $0 \notin H$ ist und falls aus $g,h \in H$ auch $gh \in H$ folgt. Beispiele für multiplikative Systeme eines Integritätsbereiches R sind $R \setminus \{0\}$ und $\{a^i \mid i = 1,2,\dots\}$ für $0 \neq a \in R$ und $\{1\}$, falls R ein Ring mit Eins ist.

Ist R ein Integritätsbereich und H ein multiplikatives System von R, so definieren wir auf $R \times H$ eine Relation $\sim$ vermöge $(r,h) \sim (r',h')$ genau dann, wenn $rh' = hr'$ ist. Wir zeigen, daß $\sim$ eine Äquivalenzrelation ist. Weil R kommutativ ist, ist $rh = hr$. Folglich ist $(r,h) \sim (r,h)$ für alle $(r,h) \in R \times H$. Ist $(r,h) \sim (r',h')$, so ist $rh' = hr'$. Dies impliziert $r'h = h'r$, so daß auch $(r',h') \sim (r,h)$ gilt. Ist schließlich $(r,h) \sim (r',h')$ und $(r',h') \sim (r'',h'')$, so ist $rh' = hr'$ und $r'h'' = h'r''$. Hieraus folgt $rh'h'' = hr'h'' = hh'r''$. Also ist $h'(rh'' - hr'') = 0$. Nun ist $h' \in H$ und daher gilt wegen $0 \notin H$ die Ungleichung $h' \neq 0$. Weil R ein Integritätsbereich ist, folgt hieraus $rh'' - hr'' = 0$, so daß auch $(r,h) \sim (r'',h'')$ gilt. Damit ist gezeigt, daß $\sim$ eine

Äquivalenzrelation ist. Wir setzen $R \times H/\sim = R_H$, so daß also R_H die Menge der Äquivalenzklassen von $\sim$ ist. Ist $(r,h) \in R \times H$, so bezeichnen wir mit r/h die Äquivalenzklasse aus R_H, die (r,h) enthält.

Als nächstes definieren wir zwischen $R_H \times R_H$ und R_H eine Relation + vermöge $((x,y),z) \in +$, falls es ein $(r,g) \in x$ und ein $(s,h) \in y$ gibt mit $z = (rh + gs)/hg$. Dabei bezeichnet das Zeichen + im "Zähler" die Addition in R. Wir zeigen, daß die so definierte Relation + eine Abbildung und damit eine binäre Verknüpfung auf R_H ist. Dazu seien $((x,y),z),((x,y),z') \in +$. Es gibt dann $(r,g),(r',g') \in x$ und $(s,h) \in y$ mit $z = (rh + gs)/hg$ und $z' = (r'h' + g's')/h'g'$. Nun gelten die Gleichungen $rg' = gr'$ und $sh' = hs'$. Hieraus folgt die Gleichung $(rh + gs)h'g' = hg(r'h' + g's')$, so daß $z = z'$ ist. Daher ist + eine Abbildung und folglich eine binäre Verknüpfung auf R_H.

Des weiteren definieren wir zwischen $R_H \times R_H$ und R_H eine Relation $\cdot$ vermöge $((x,y),z) \in \cdot$, falls es ein $(r,g) \in x$ und ein $(s,h) \in y$ gibt mit $z = rs/gh$. Wir zeigen wiederum, daß $\cdot$ eine Abbildung ist. Es sei also $((x,y),z) \in \cdot$ und $((x,y),z') \in \cdot$. Es gibt dann Elemente $(r,g),(r',g') \in x$ und (s,h), $(s',h') \in y$ mit $z = rs/gh$ und $z' = r's'/g'h'$. Wegen $rg' = gr'$ und $sh' = hs'$ ist $rsg'h' = ghr's'$, so daß $z = z'$ ist. Dies zeigt, daß auch $\cdot$ eine Abbildung von $R_H \times R_H$ in R_H ist. Somit sind + und $\cdot$ binäre Verknüpfungen in R_H. Für das Bild von (x,y) unter + schreiben wir $x + y$ und für das Bild von (x,y) unter $\cdot$ schreiben wir xy.

5.1. Satz. R_H ist mit den soeben definierten Verknüpfungen + und $\cdot$ ein kommutativer Ring mit Eins. Die für $r \in R$ durch $r^\sigma = rh/h$ mit $h \in H$ definierte Abbildung σ ist ein Isomorphismus von R in R_H. Ist R ein Ring mit 1, so ist 1^σ das Einselement von R_H.

Beweis. Wegen $0h = g0$ und $hg = gh$ gilt $0/g = 0/h$ und $h/h = g/g$ für alle $g,h \in H$. Ferner ist $ahb = bha$, so daß $ah/bh = a/b$ ist, d.h. es ist $x(h/h) = x$ für alle $x \in R_H$ und alle $h \in H$. Von diesen drei Bemerkungen werden wir im folgenden Gebrauch machen.

Es seien $x,y,z \in R_H$ und $x = a/b$, $y = c/d$ und $z = e/f$ mit $a,c,e \in R$ und $b,d,f \in H$. Dann ist

$$x + y = (ad + bc)/bd = (cb + da)/db = y + x.$$

Ferner ist

$$(x + y) + z = (ad + bc)/bd + e/f = (adf + bcf + bde)/bdf$$

und

$$x + (y + z) = a/b + (cf + de)/df = (adf + bcf + bde)/bdf.$$

Also ist $(x + y) + z = x + (y + z)$. Weiterhin ist

$$x + 0/h = a/b + 0/h = ah/bh = x(h/h) = x,$$

so daß $0/h$ ein Nullelement ist. Schließlich ist

$$x + (-a)/b = (ab + b(-a))/bb = 0/bb = 0/h,$$

so daß jedes Element aus R_H bez. + ein Inverses besitzt. Damit ist gezeigt, daß $R_H(+)$ eine abelsche Gruppe ist.

Es ist

$$xy = (a/b)(c/d) = ac/bd = ca/db = (c/d)(a/b) = yx.$$

Die Multiplikation in R_H ist also kommutativ. Mit $\varepsilon = h/h$ erhält man insbesondere $\varepsilon x = x\varepsilon = x$ für alle $x \in R_H$, so daß ε sogar eine Eins von R_H ist. Weiterhin ist

$$(xy)z = (ac/bd)(e/f) = (ac)e/(bd)f = a(ce)/b(df) = (a/b)(ce/df) = x(yz)$$

und

$$x(y + z) = (a/b)((cf + de)/df) = (acf + ade)/bdf = ((acf + ade)/bdf)(b/b) =$$
$$(acfb + adeb)/bdfb = ac/bd + ae/bf = xy + xz,$$

so daß R_H ein kommutativer Ring mit Eins ist.

Wegen $rhg = hrg$ ist $rh/h = rg/g$ für alle $g,h \in H$. Somit wird durch $r^\sigma = rh/h$ wirklich eine Abbildung σ von R in R_H definiert. Nun ist

$$(r + s)^\sigma = (r + s)h/h = (rh + sh)/h = ((rh + sh)/h)(h/h) = (rhh + shh)/hh =$$
$$rh/h + sh/h = r^\sigma + s^\sigma.$$

Ebenso folgt $(rs)^\sigma = r^\sigma s^\sigma$, so daß σ ein Homomorphismus von R in R_H ist. Ist schließlich $r^\sigma = 0/h$, so ist $rh^2 = 0$ und wegen $h \neq 0$ sogar $r = 0$. Also ist σ ein Isomorphismus von R in R_H. Hat schließlich R eine 1, so ist $1^\sigma = 1h/h = h/h = \varepsilon$, q. e. d.

Es ist häufig gefordert, daß man von einer algebraischen Struktur - in unserer Situation also einem Ring - ausgehend eine zweite algebraische Struktur konstruiert, die die erste als Unterstruktur enthält. Die üblichen Konstruktionen liefern aber meist nur eine Struktur, die eine zur Ausgangsstruktur isomorphe Teilstruktur enthält.

Man kann dann aber eine weitere Struktur angeben, die zur konstruierten isomorph ist und die die gegebene Struktur als Unterstruktur enthält. Die Schwierigkeiten, die sich bei diesem zweiten Teil der Konstruktion ergeben, sind rein mengentheoretischer Natur. Ihrer Behebung dienen die folgenden vier Sätze.

5.2. Hilfssatz. Es sei R ein Ring und $\bar{R}$ eine Menge. Ferner sei σ eine Bijektion von R auf $\bar{R}$. Definiert man für zwei Elemente $x,y \in \bar{R}$ Summe und Produkt durch $x +' y = (x^{\sigma^{-1}} + y^{\sigma^{-1}})^{\sigma}$ und $x * y = (x^{\sigma^{-1}} y^{\sigma^{-1}})^{\sigma}$, so ist $\bar{R}$ bez. dieser beiden Verknüpfungen ein Ring und σ ist ein Isomorphismus von R auf $\bar{R}$.

Wir haben nun schon verschiedentlich in extenso vorgeführt, wie man verifiziert, daß eine gegebene Menge mit zwei gegebenen Verknüpfungen ein Ring ist. Im einzelnen war das von Fall zu Fall verschieden, da die Verknüpfungen in jedem Falle anders definiert waren. Letztlich mußte man sich jedoch immer nur klar werden, was zu beweisen war. Die Beweise selber bestanden dann nur noch aus formalen Umformungen. Genau so ist es im vorliegenden Falle, so daß wir den Beweis von 5.2 hier übergehen und stattdessen den Leser einladen, Hilfssatz 5.2 selbständig zu beweisen.

5.3. Satz. Ist M eine Menge und ist ϕ eine Abbildung von M in P(M), so ist ϕ nicht surjektiv.

Beweis. Es sei $W = \{x \mid x \in M, x \notin \phi(x)\}$. Ist dann $w \in M$ und $\phi(w) = W$, so ist genau dann $w \in W$, wenn $w \notin \phi(w) = W$ ist. Dieser Widerspruch zeigt, daß W nicht Bild eines Elementes aus M ist. Dies hinwiederum besagt, daß ϕ nicht surjektiv ist, q. e. d.

Bemerkung: Wir haben mehr bewiesen, als in 5.3 formuliert wurde. Was haben wir wirklich bewiesen?

5.4. Korollar. Ist M eine Menge, so ist $P(M) \setminus M \neq \emptyset$.

Beweis. Wäre $P(M) \setminus M = \emptyset$, so wäre $P(M) \subseteq M$. Definierte man ϕ vermöge

$$\phi = \{(x,x) \mid x \in P(M)\} \cup \{(x,\emptyset) \mid x \in M \setminus P(M)\},$$

so wäre ϕ eine surjektive Abbildung von M auf P(M) im Widerspruch zu 5.3.

5.5. Satz. Sind X und Y zwei Mengen, so gibt es eine Menge $\bar{Y}$ mit $X \cap \bar{Y} = \emptyset$, die sich bijektiv auf Y abbilden läßt.

Beweis. Es sei $M = \{z \mid \text{es gibt ein } y \in Y \text{ mit } (y,z) \in X\}$. Nach 5.4 gibt es ein u mit $u \in P(M)$ und $u \notin M$. Für dieses u gilt nach der Definition von M, daß $(Y \times \{u\}) \cap X = \emptyset$ ist. Weil $y \to (y,u)$ eine Bijektion von Y auf $Y \times \{u\}$ ist, erfüllt also $\overline{Y} = Y \times \{u\}$ die Bedingungen des Satzes.

5.6. Satz. Ist R ein Integritätsbereich mit 1 und ist H ein multiplikatives System von R, so gibt es bis auf Isomorphie genau einen Ring $\tilde{R}$ mit den Eigenschaften:

j) R ist ein Unterring von $\tilde{R}$.

ij) Es ist $1x = x1 = x$ für alle $x \in \tilde{R}$, d.h., die Eins von R ist auch die Eins von $\tilde{R}$.

iij) Es ist $H \subseteq G(\tilde{R})$.

iv) Ist U ein Unterring von $\tilde{R}$ mit $R \subseteq U$ und $h^{-1} \in U$ für alle $h \in H$, so ist $U = \tilde{R}$.

v) Ist ϕ ein Homomorphismus von R in den kommutativen Ring S, ist $\phi(1)$ die Eins von S und ist $\phi(h) \in G(S)$ für alle $h \in H$, so gibt es einen Homomorphismus ϕ^* von $\tilde{R}$ in S mit $\phi^*(r) = \phi(r)$ für alle $r \in R$.

Ist $\tilde{R}$ ein Ring mit den Eigenschaften j),...,v), so ist $\tilde{R}$ kommutativ.

Beweis. Wir beweisen zunächst die Eindeutigkeitsaussage. Dazu seien $\tilde{R}$ und $\tilde{R}_0$ zwei Ringe mit den Eigenschaften j) bis v). Wegen j) ist die durch $\phi(r) = r$ definierte Abbildung ϕ ein Homomorphismus von R in $\tilde{R}_0$. Wegen ij) ist $1 = \phi(1)$ die Eins von $\tilde{R}_0$ und wegen iij) ist $\phi(h) = h \in G(\tilde{R}_0)$. Also gibt es nach v) einen Homomorphismus ϕ^* von $\tilde{R}$ in $\tilde{R}_0$ mit $\phi^*(r) = \phi(r) = r$ für alle $r \in R$. Ebenso zeigt man die Existenz eines Homomorphismus ψ^* von $\tilde{R}_0$ in $\tilde{R}$ mit $\psi^*(r) = r$ für alle $r \in R$. Es ist $\phi^*(1) = 1$ und daher $1 = \phi^*(hh^{-1}) = \phi^*(h)\phi^*(h^{-1}) = h\phi^*(h^{-1})$. Folglich ist $\phi^*(h^{-1}) = h^{-1}$. (Man vergegenwärtige sich, daß h^{-1} hier und im folgenden in zwei verschiedenen Bedeutungen vorkommt, nämlich einmal als Inverses von h in $G(\tilde{R})$ und einmal als Inverses von h in $G(\tilde{R}_0)$. Diese beiden Inversen können durchaus verschieden voneinander sein.) Ebenso folgt $\psi^*(h^{-1}) = h^{-1}$. Es sei nun $U = \{x \mid x \in \tilde{R}, \psi^*\phi^*(x) = x\}$. Dann ist U ein Unterring von $\tilde{R}$. Ferner ist $R \subseteq U$ und wegen $\psi^*\phi^*(h^{-1}) = \psi^*(h^{-1}) = h^{-1}$ auch $h^{-1} \in U$ für alle $h \in H$. (In dieser Gleichungskette bedeutet h^{-1} ganz links und ganz rechts das Inverse von h in $G(\tilde{R})$, während h^{-1} im mittleren Teil das Inverse von h in $G(\tilde{R}_0)$ ist.) Nach iv) folgt daher die Gleichung $U = \tilde{R}$. Also ist $\psi^*\phi^* = \mathrm{id}_{\tilde{R}}$. Ebenso folgt $\phi^*\psi^* = \mathrm{id}_{\tilde{R}_0}$, so daß ϕ^* und ψ^* nach I.3.3 Bijektionen und damit Isomorphismen sind. Somit sind $\tilde{R}$ und $\tilde{R}_0$ isomorph.

Und nun zur Existenz. Wir betrachten zunächst den Ring R_H und den Unterring

$$\overline{R} = \{x \mid x = rh/h,\ r \in R,\ h \in H\}$$

von R_H. Wie wir wissen, ist die Abbildung $\sigma : r \to rh/h$ ein Isomorphismus von R auf $\overline{R}$

mit $\sigma(1) = \varepsilon$, wobei ε das Einselement von R_H ist. Die Ringe $\bar{R}$ und R_H erfüllen also die Bedingungen j) und ij). Wir setzen ferner $\bar{H} = \{\sigma(h) | h \in H\}$. Ist $x \in \bar{H}$, so ist also $x = k/h$ mit $k,h \in H$. Ist $y = h/k$, so ist $xy = yx = hk/kh = \varepsilon$, so daß $\bar{H} \subseteq G(R_H)$ gilt. Also ist auch iij) erfüllt. Es sei U ein Teilring von R_H mit $\bar{R} \subseteq U$ und $x^{-1} \in U$ für alle $x \in \bar{H}$. Ist nun $y = r/h \in R_H$, so ist $h^2/h \in \bar{H}$ und daher $(h^2/h)^{-1} = h/h^2 \in U$. Somit ist $y = (r/h)(h^2/h^2) = (rh/h)(h/h^2) \in U$. Folglich gilt auch iv).

Es sei schließlich ϕ ein Homomorphismus von R in den kommutativen Ring S. Ferner sei $\phi(1)$ die Eins von S und es gelte $\phi(h) \in G(S)$ für alle $h \in H$. Wir definieren nun eine Relation ψ zwischen R_H und S vermöge $(x,s) \in \psi$ genau dann, wenn es ein $(r,h) \in x$ gibt mit $s = \phi(r)\phi(h)^{-1}$. Wir zeigen, daß ψ eine Abbildung ist. Dazu seien $(x,s),(x,s') \in \psi$. Es gibt dann Elemente $(r,h),(r',h') \in x$ mit $s = \phi(r)\phi(h)^{-1}$ und $s' = \phi(r')\phi(h')^{-1}$. Wegen $(r,h),(r',h') \in x$ ist $rh' = hr'$. Hieraus folgt $\phi(r)\phi(h') = \phi(rh') = \phi(hr') = \phi(h)\phi(r')$, was seinerseits $s = \phi(r)\phi(h)^{-1} = \phi(r')\phi(h')^{-1} = s'$ zur Folge hat, so daß ψ in der Tat eine Abbildung von R_H in S ist. Triviale Rechnungen zeigen, daß ψ sogar ein Homomorphismus von R_H in S ist.

Es sei Y eine nach 5.5 existierende Menge mit $Y \cap R = \emptyset$, die sich bijektiv auf $R_H \setminus \bar{R}$ abbilden läßt. Ferner sei ρ eine Bijektion von $R_H \setminus \bar{R}$ auf Y. Wir setzen $Y \cup R = Q_H(R)$ und definieren die Abbildung τ von R_H auf $Q_H(R)$ vermöge

$$\tau(x) = \begin{cases} \rho(x), \text{ falls } x \in R_H \setminus \bar{R}, \\ \sigma^{-1}(x), \text{ falls } x \in \bar{R}. \end{cases}$$

Dann ist τ eine Bijektion von R_H auf $Q_H(R)$. Definiert man auf $Q_H(R)$ zwei Verknüpfungen $+'$ und $*$ durch die Vorschriften

$$x +' y = \tau(\tau^{-1}(x) + \tau^{-1}(y))$$

und

$$x * y = \tau(\tau^{-1}(x)\tau^{-1}(y)),$$

so ist $Q_H(R)$ bez. dieser beiden Vorschriften nach 5.2 ein Ring und τ ist ein Isomorphismus von R_H auf $Q_H(R)$. Hieraus folgt sehr rasch, daß R, H und $Q_H(R)$ die Bedingungen j) bis iv) erfüllen. Die Bedingung v) ist aber ebenfalls erfüllt. Ist nämlich ϕ ein Homomorphismus von R in S und erfüllt ϕ die Bedingungen von v), so setzen wir $\phi^* = \psi\tau^{-1}$. Dann ist ϕ^* ein Homomorphismus von $Q_H(R)$ in S und es gilt

$$\phi^*(r) = \psi\tau^{-1}(r) = \psi\sigma(r) = \psi(rh/h) = \phi(rh)\phi(h)^{-1} = \phi(r)\phi(h)\phi(h)^{-1} = \phi(r).$$

Weil R_H und damit $Q_H(R)$ kommutativ ist, folgt auch noch die letzte Aussage des Satzes, q. e. d.

In $Q_H(R)$ schreiben wir im folgenden wieder + und · anstatt +' und * . Ist nun $U = \{x \mid x = rh^{-1},\ r \in R,\ h \in H\}$, so verifiziert man mühelos, daß U ein Unterring von $Q_H(R)$ ist. Wegen $r = rhh^{-1}$ und $h^{-1} = hh^{-2} = h(h^2)^{-1}$ ist $R \subseteq U$ und $\{h^{-1} \mid h \in H\} \subseteq U$. Daher ist $Q_H(R) = U = \{x \mid x = rh^{-1},\ r \in R,\ h \in H\}$. Diese Bemerkung benutzen wir beim Beweise von

5.7. Korollar. Es sei R ein Integritätsbereich mit 1 und H sei ein multiplikatives System von R. Ist ϕ ein Homomorphismus von R in den kommutativen Ring S, ist $\phi(1)$ das Einselement von S und gilt $\phi(h) \in G(S)$ für alle $h \in H$, so gibt es genau einen Homomorphismus ϕ^* von $Q_H(R)$ in S mit $\phi^*(r) = \phi(r)$ für alle $r \in R$. Genau dann ist ϕ^* ein Isomorphismus, wenn ϕ ein Isomorphismus ist.

Beweis. Nach 5.3 gibt es wenigstens einen solchen Homomorphismus ϕ^*. Es sei ψ ein weiterer Homomorphismus von $Q_H(R)$ in S mit $\psi(r) = \phi(r)$ für alle $r \in R$. Ist $h \in H$, so ist $1 = hh^{-1}$ und daher

$$\psi(1) = \psi(hh^{-1}) = \psi(h)\psi(h^{-1}) = \phi(h)\psi(h^{-1}).$$

Wegen $\psi(1) = \phi(1) =$ Einselement von S ist daher $\psi(h^{-1}) = \phi(h)^{-1}$. Hieraus folgt

$$\psi(rh^{-1}) = \psi(r)\psi(h^{-1}) = \phi(r)\phi(h)^{-1} = \phi^*(rh^{-1}).$$

Also ist $\psi = \phi^*$, da ja $Q_H(R) = \{rh^{-1} \mid r \in R,\ h \in H\}$ ist.

Ist ϕ^* ein Isomorphismus, so folgt aus $r \in R$ und $\phi(r) = 0$, daß $\phi^*(r) = 0$ ist. Dies impliziert $r = 0$, so daß auch ϕ ein Isomorphismus ist. Es sei umgekehrt ϕ ein Isomorphismus. Dann folgt aus $0 = \phi^*(rh^{-1}) = \phi(r)\phi(h)^{-1}$, daß $\phi(r) = 0$ ist. Weil ϕ ein Isomorphismus ist, folgt hieraus $r = 0$ und damit $rh^{-1} = 0$, so daß auch ϕ^* ein Isomorphismus ist, q. e. d.

Ist R ein Integritätsbereich, so setzen wir $R^* = R \setminus \{0\}$. Dann ist R^* ein multiplikatives System von R. Wir setzen ferner $Q_{R^*}(R) = Q(R)$.

5.8. Korollar. Ist R ein Integritätsbereich mit 1, so ist Q(R) ein Körper. Q(R) heißt der Quotientenkörper von R. Ist K ein kommutativer Körper und ist R ein Unterring von K, so gibt es einen Isomorphismus σ von Q(R) in K mit $\sigma(r) = r$ für alle $r \in R$.

Beweis. Ist $0 \neq rh^{-1} \in Q(R)$, so ist $r \in R^*$ und folglich $hr^{-1} \in Q(R)$. Daher ist $(rh^{-1})(hr^{-1}) = 1$. Also ist Q(R) ein Körper.

Definiert man ϕ vermöge $\phi(r) = r$ für alle $r \in R$, so ist ϕ ein Isomorphismus von R in K. Ist 1 die Eins in R und e die Eins in K, so ist $1 \cdot 1 = 1 = 1e$ und daher $e = 1$, da in K^* ja die Kürzungsregel gilt. Weil alle von Null verschiedenen Elemente eines Körpers stets Einheiten sind, sind auch die restlichen Bedingungen von 5.4 erfüllt. Es gibt daher einen Homomorphismus σ von $Q(R)$ in K mit $\sigma(r) = \phi(r) = r$ für alle $r \in R$. Weil ϕ ein Isomorphismus ist, ist nach 5.4 auch σ ein Isomorphismus, q. e. d.

Beispiele. 1) Wir setzen $Q(\mathbb{Z}) = \mathbb{Q}$. Der Körper $\mathbb{Q}$ heißt der <u>Körper der rationalen Zahlen</u>.

2) Es sei π eine Menge von Primzahlen von $\mathbb{Z}$. Ferner sei $H(\pi)$ die Menge derjenigen natürlichen Zahlen, deren Primteiler alle in π liegen. Dann ist $H(\pi)$ ein multiplikatives System von $\mathbb{Z}$. Offenbar ist genau dann $H(\pi) = H(\pi')$, wenn $\pi = \pi'$ ist. Wir zeigen, daß dann und nur dann $\mathbb{Z}_{H(\pi)} \cong \mathbb{Z}_{H(\pi')}$ gilt, wenn $\pi = \pi'$ ist. Ist $\pi = \pi'$, so ist $\mathbb{Z}_{H(\pi)} = \mathbb{Z}_{H(\pi')}$, so daß in diesem Falle nichts zu beweisen ist. Es sei umgekehrt $\mathbb{Z}_{H(\pi)} \cong \mathbb{Z}_{H(\pi')}$. Ferner sei $p \in \pi'$. Dann ist $p \in H(\pi')$, woraus folgt, daß p eine Einheit von $\mathbb{Z}_{H(\pi')}$ ist. Ist nun σ ein Isomorphismus von $\mathbb{Z}_{H(\pi')}$ auf $\mathbb{Z}_{H(\pi)}$, so ist $1^\sigma = 1$ (Beweis!) und folglich $n^\sigma = n$ für alle natürlichen Zahlen n. Insbesondere ist $p^\sigma = p$, so daß p eine Einheit in $\mathbb{Z}_{H(\pi)}$ ist. Es gibt folglich x,y mit $x \in \mathbb{Z}$ und $y \in H(\pi)$ sowie $1 = p(x/y)$. Hieraus folgt $y = px$, woraus wegen der eindeutigen Primfaktorzerlegung der ganzen Zahlen $p \in \pi$ folgt. Also ist $\pi' \subseteq \pi$. Ebenso folgt $\pi \subseteq \pi'$, so daß $\pi = \pi'$ ist.

<u>5.9. Satz.</u> Es sei K ein (nicht notwendig kommutativer) Körper. Ferner sei F der Durchschnitt über alle Teilkörper von K. Dann ist F ein Teilkörper von K und es gilt: Ist F unendlich, so ist $F \cong \mathbb{Q}$. Ist F endlich, so ist $|F| = p$ eine Primzahl und es gilt $F \cong GF(p)$.

Beweis. Zunächst erinnern wir an die Definition des Zentrums $Z(K)$ von K. Es ist $Z(K) = \{z | z \in K, zk = kz$ für alle $k \in K\}$. Eine frühere Aufgabe verlangte zu zeigen, daß $Z(K)$ ein Teilkörper von K ist. Auf Grund seiner Definition ist das Zentrum von K ein kommutativer Teilkörper von K. Nun ist F der Durchschnitt über alle Teilkörper von K, so daß $F \subseteq Z(K)$ ist. Somit ist F ein kommutativer Teilkörper von K. Nach Aufgabe 2) von Abschnitt 2 ist die durch $z^\phi = z1$ definierte Abbildung ϕ ein Homomorphismus von $\mathbb{Z}$ in F. Ist ϕ ein Isomorphismus, so gibt es nach 5.4 einen Isomorphismus σ von $\mathbb{Q}$ in F. Weil nun $\mathbb{Q}^\sigma$ ein Teilkörper von K ist, ist $F \subseteq \mathbb{Q}^\sigma$. Andererseits ist σ eine Abbildung von $\mathbb{Q}$ in F, so daß $\mathbb{Q}^\sigma \subseteq F$ gilt. Somit ist $F = \mathbb{Q}^\sigma$, so daß F zu $\mathbb{Q}$ isomorph ist. Ist ϕ kein Isomorphismus, so gibt es eine natürliche Zahl p, so daß $\mathbb{Z}/p\mathbb{Z}$ nach 3.2 zu einem Unterring U von F isomorph ist.

Weil in F^* die Kürzungsregel gilt, gilt sie auch in $U \setminus \{0\}$ und damit auch in $(\mathbb{Z}/p\mathbb{Z}) \setminus \{p\mathbb{Z}\}$, so daß $\mathbb{Z}/p\mathbb{Z}$ nach Aufgabe 7) von Abschnitt 3 ein Körper ist. Nach 4.4 ist p folglich eine Primzahl und daher $U \cong GF(p)$. Wie oben folgt ferner, daß $U = F$ ist, da F ja keinen echten Teilkörper enthalten kann, q. e. d.

F heißt der in K enthaltene Primkörper. Ist $F \cong \mathbb{Q}$, so setzen wir $\chi(K) = 0$. Ist $F \cong GF(p)$, so setzen wir $\chi(K) = p$. Wir nennen $\chi(K)$ die Charakteristik von K. Ist $\chi(K) = p$, so ist $p1 = 0$. Daher ist $pa = p(1a) = (p1)a = 0a = 0$ für alle $a \in K$.

Aufgaben

1) Zeige, daß der Durchschnitt irgendwelcher Teilkörper eines Körpers K ein Teilkörper von K ist.

2) Ist R ein Integritätsbereich und H ein multiplikatives System von R, so ist $Q_H(R)$ ebenfalls ein Integritätsbereich.

3) Zeige, daß $Q(Q_H(R))$ zu $Q(R)$ isomorph ist, falls R ein Integritätsbereich und H ein multiplikatives System von R ist.

4) Eine Gruppe G heißt lokal zyklisch, falls jede Untergruppe von G, die von endlich vielen Elementen erzeugt wird, zyklisch ist. Zeige, daß jede lokal zyklische Gruppe abelsch ist.

5) Beweise, daß $\mathbb{Q}(+)$ lokal zyklisch jedoch nicht zyklisch ist.

6) Zeige, daß jedes Element von $\mathbb{Q}(+)/\mathbb{Z}(+)$, welches von Null verschieden ist, endliche Ordnung hat.

7) Es sei p eine Primzahl und H sei die Menge der zu p teilerfremden ganzen Zahlen. Dann ist H ein multiplikatives System von $\mathbb{Z}$. Zeige, daß das Ideal $M = \{px \mid x \in Q_H(\mathbb{Z})\}$ gerade aus den Nichteinheiten von $Q_H(\mathbb{Z})$ besteht und daß $Q_H(\mathbb{Z})/M \cong GF(p)$ ist.

8) Es sei K ein Körper. Ein Isomorphismus von K auf sich heißt ein Automorphismus von K. Die Menge der Automorphismen von K bezeichnen wir mit Aut (K). Zeige, daß Aut (K) eine Untergruppe von S(K) ist.

9) Ist $K \cong \mathbb{Q}$ oder $K \cong GF(p)$, wobei p eine Primzahl ist, so ist $\mathrm{Aut}(K) = \{id_K\}$.

6. Angeordnete Gruppen, Ringe und Körper. Die Ordnungsrelationen, mit denen wir uns jetzt etwas beschäftigen wollen, spielen in der Mathematik eine ebenso große Rolle wie die Äquivalenzrelationen.

Es sei M eine Menge und $\leqslant$ sei eine binäre Relation auf M. Wir nennen $\leqslant$ eine Teilordnung oder auch eine Anordnung von M, wenn $M(\leqslant)$ die folgenden Bedingungen erfüllt:

(1) Es ist $a \leqslant a$ für alle $a \in M$.

(2) Sind $a,b \in M$ und gilt $a \leqslant b$ sowie $b \leqslant a$, so ist $a = b$.

(3) Aus $a,b,c \in M$ und $a \leqslant b$ sowie $b \leqslant c$ folgt $a \leqslant c$.

Wegen (1) sagt man, daß $\leqslant$ reflexiv, wegen (2), daß $\leqslant$ antisymmetrisch und wegen (3), daß $\leqslant$ transitiv ist. Ist $\leqslant$ eine Teilordnung von M, so nennt man $M(\leqslant)$ eine teilweise geordnete Menge. Wenn es klar ist, welche Teilordnung gemeint ist, sprechen wir auch nur von M als von einer teilweise geordneten Menge.

Ist $\leqslant$ eine Anordnung der Menge M und genügt $\leqslant$ der Bedingung

(4) (Trichotomie) Sind $a,b \in M$, so ist $a \leqslant b$ oder $b \leqslant a$,

so nennen wir $\leqslant$ linear.

Beispiele. 1) Der Ring $\mathbb{Z}$ der ganzen Zahlen ist bez. der üblichen $\leqslant$-Relation linear geordnet.

2) $\mathbb{N}(/)$, wobei / wie schon früher die Teilbarkeit bedeutet, ist eine teilweise geordnete Menge. / ist nicht linear. Warum ist / keine Teilordnung von $\mathbb{Z} \setminus \{0\}$?

3) Ist M eine Menge, so ist $P(M)(\subseteq)$ eine teilweise geordnete Menge. $\subseteq$ ist genau dann linear, wenn M höchstens ein Element enthält.

4) Ist G eine Gruppe und $\mathfrak{U}(G)$ die Menge der Untergruppen von G, so ist $\mathfrak{U}(G)$ bez. $\subseteq$ teilweise geordnet.

$M(\leqslant)$ und $N(\leqslant')$ seien teilweise geordnete Mengen. Die Bijektion σ von M auf N heißt Ordnungsisomorphismus oder auch nur kurz ein Isomorphismus von $M(\leqslant)$ auf $N(\leqslant')$, falls $x \leqslant y$ genau dann gilt, wenn $x^\sigma \leqslant' y^\sigma$ ist. Bei dieser Definition ist das "genau dann" wichtig. Ist nämlich $M = \{a,b\}$ und $\leqslant\, = \{(a,a),(b,b)\} = D(M)$ und $N = \{1,2\}$ sowie $\leqslant' = \{(1,1),(2,2),(1,2)\}$, ist ferner $\sigma = \{(a,1),(b,2)\}$, so ist σ eine Bijektion von M auf N mit der Eigenschaft, daß aus $x \leqslant y$ stets $x^\sigma \leqslant' y^\sigma$ folgt. Aus $x^\sigma \leqslant' y^\sigma$ folgt jedoch nicht notwendig $x \leqslant y$, denn es ist ja $a^\sigma = 1 \leqslant' 2 = b^\sigma$ aber es gilt nicht $a \leqslant b$.

Beispiele. a) Es sei $\leqslant$ wieder die natürliche Anordnung der ganzen Zahlen. Ist $a \in \mathbb{Z}$, so definieren wir $\tau(a)$ vermöge $x^{\tau(a)} = x + a$ für alle $x \in \mathbb{Z}$. Offenbar folgt aus $x \leqslant y$ die Ungleichung $x + a \leqslant y + a$ und aus $x + a \leqslant y + a$ die Ungleichung $x + a + (-a) \leqslant y + a + (-a)$, d.h. $x \leqslant y$, so daß $\tau(a)$ ein Ordnungsisomorphismus von $\mathbb{Z}(\leqslant)$ auf sich ist.

b) Es sei R ein Ring und ϕ sei ein Homomorphismus von R auf den Ring S. Ferner sei $I(S)$ die Menge der Ideale von S und $I(R,\mathrm{Kern}(\phi))$ die Menge der $\mathrm{Kern}(\phi)$ umfassenden Ideale von R. Ist $X \in I(R,\mathrm{Kern}(\phi))$ und $X^{\phi^*} = \{x^\phi | x \in X\}$, so ist ϕ^* nach 3.3 ein Ordnungsisomorphismus von $I(R,\mathrm{Kern}(\phi))(\subseteq)$ auf $I(S)(\subseteq)$. Ein entsprechender Sachverhalt gilt nach II.3.7 auch für Gruppen.

Ist $M(\leqslant)$ eine teilweise geordnete Menge, so betrachten wir neben der Relation $\leqslant$ auch die Relation $< = \leqslant \setminus D(M)$. Es ist also genau dann $x < y$, wenn $x \leqslant y$ und $x \neq y$ gilt. Die Relation $<$ ist transitiv und hat die weitere Eigenschaft, daß niemals $x < x$ gilt. Ist umgekehrt $<$ eine transitive, binäre Relation auf M und ist $< \cap D(M) = \emptyset$, so ist $\leqslant = < \cup D(M)$ eine Anordnung von M mit $\leqslant \setminus D(M) = <$. Die beiden Relationen $\leqslant$ und $<$ bestimmen sich gegenseitig also völlig.

Es sei G eine additiv geschriebene Gruppe. Ferner sei $\leqslant$ eine lineare Anordnung der Menge G. Wir nennen $G(\leqslant)$ eine <u>angeordnete Gruppe</u>, falls für jedes $a \in G$ die Abbildungen $x \to x + a$ und $x \to a + x$ Ordnungsisomorphismen von $G(\leqslant)$ auf sich sind. Ist also $G(\leqslant)$ eine angeordnete Gruppe und sind $x,y,a \in G$, so gilt $x \leqslant y$ genau dann, wenn $x + a \leqslant y + a$, bzw. genau dann, wenn $a + x \leqslant a + y$ gilt. Um nachzuweisen, daß $G(\leqslant)$ eine angeordnete Gruppe ist, genügt es nachzuweisen, daß aus $x,y,a \in G$ und $x \leqslant y$ stets $x + a \leqslant y + a$ und $a + x \leqslant a + y$ folgt. Ist nämlich $x + a \leqslant y + a$, so ist $x = x + a + (-a) \leqslant y + a + (-a) = y$. Also ist genau dann $x \leqslant y$, wenn $x + a \leqslant y + a$ ist. Ebenso zeigt man, daß $x \leqslant y$ genau dann gilt, wenn $a + x \leqslant a + y$ ist.

Es sei $G(+)$ eine Gruppe. Ferner sei $\emptyset \neq P \subseteq G$. Wir setzen $P^- = \{-x | x \in P\}$. Gilt dann

a) $0 \notin P$.
b) $P + P \subseteq P$,
c) $P \cap P^- = \emptyset$,
d) $G = P \cup \{0\} \cup P^-$,
e) $x + P - x \subseteq P$ für alle $x \in G$,

so heißt P ein <u>Positivbereich</u> von G.

Ist $G(+) = \mathbb{Z}(+)$, so ist $\mathbb{N}$ ein Positivbereich von $\mathbb{Z}$.

Es sei G eine Gruppe. Mit $\mathfrak{A}(G)$ bezeichnen wir die Menge der linearen Anordnungen $\leqslant$ von G, für die $G(\leqslant)$ eine angeordnete Gruppe ist. Ferner bezeichnen wir mit $\mathfrak{P}(G)$ die Menge der Positivbereiche von G.

6.1. Satz. Es sei G eine Gruppe. Ist $\leqslant \in \mathfrak{A}(G)$ und $P_{\leqslant} = \{x \mid x \in G, 0 < x\}$, so ist $P_{\leqslant} \in \mathfrak{P}(G)$ und $\leqslant \to P_{\leqslant}$ ist eine Bijektion von $\mathfrak{A}(G)$ auf $\mathfrak{P}(G)$. Sind $a,b \in G$, so ist genau dann $a \leqslant b$, wenn $b - a \in P_{\leqslant} \cup \{0\}$ ist. Ferner gilt, daß $\mathfrak{A}(G)$ genau dann leer ist, wenn $\mathfrak{P}(G)$ leer ist.

Beweis. Es sei $\leqslant \in \mathfrak{A}(G)$. Wir setzen $P = P_{\leqslant}$. Weil $0 < 0$ nicht gilt, ist $0 \notin P$. Also erfüllt P die Bedingung a). Es seien $a,b \in P$. Wegen $a > 0$ ist dann $a + b > 0 + b = b$. Ferner ist $b > 0$ und daher $a + b > 0$, da $>$ ja transitiv ist. Somit gilt auch b). Es sei $a \in P$. Dann ist $a \neq 0$ und folglich $-a \neq 0$. Wäre $-a \in P$, so wäre $0 = a + (-a) \in P$ im Widerspruch zu a). Dieser Widerspruch zeigt, daß aus $0 < a$ die Ungleichung $-a < 0$ folgt. Hieraus folgt weiter, daß $P \cap P^- = \emptyset$ ist, da nicht gleichzeitig $a < 0$ und $0 < a$ gelten kann. Ist schließlich $x \in G$ und $x \notin P \cup \{0\}$, so ist $x < 0$, da $\leqslant$ ja linear ist. Aus $0 = x + (-x)$ folgt $0 < -x$, so daß wegen $x = -(-x)$ die Relation $x \in P^-$ gilt. Ist schließlich $p \in P$ und $x \in G$, so ist $x + p > x + 0 = x$ und daher $x + p - x > x - x = 0$, so daß auch e) erfüllt ist. Damit ist nachgewiesen, daß P ein Positivbereich von G ist.

Ist $x \leqslant y$, so ist $0 \leqslant y - x$ und daher $y - x \in P \cup \{0\}$. Ist andererseits $y - x$ ein Element von $P \cup \{0\}$, so ist $0 \leqslant y - x$ und daher $x \leqslant y - x + x = y$, so daß genau dann $x \leqslant y$ gilt, wenn $y - x \in P \cup \{0\}$ ist. Also ist

$$\leqslant = \{(x,y) \mid x,y \in G,\ y - x \in P_{\leqslant} \cup \{0\}\}.$$

Es sei nun $P \in \mathfrak{P}(G)$. Wir definieren eine Relation $\leqslant_P$ durch

$$\leqslant_P = \{(x,y) \mid x,y \in G,\ y - x \in P \cup \{0\}\}.$$

Setzt man für den Augenblick $\leqslant_P = \leqslant$, so folgt wegen $x - x = 0 \in P \cup \{0\}$, daß $x \leqslant x$ für alle $x \in G$ gilt. Ist $x \leqslant y$ und $y \leqslant x$, so ist $y - x \in P \cup \{0\}$ und $x - y \in P \cup \{0\}$. Aus $y - x \in P \cup \{0\}$ folgt $x - y = -(y - x) \in P^- \cup \{0\}$. Also ist

$$x - y \in (P \cup \{0\}) \cap (P^- \cup \{0\}) = \{0\},$$

da ja $P \cap P^- = \emptyset$ und $0 \notin P \cup P^-$ ist. Aus $x \leqslant y$ und $y \leqslant x$ folgt also $x = y$. Ist $x \leqslant y$ und $y \leqslant z$, so sind $y - x, z - y \in P \cup \{0\}$. Hieraus folgt $z - x = z - y + y - x \in P \cup \{0\}$, so daß $\leqslant$ auch transitiv ist. Somit ist gezeigt, daß $\leqslant$ eine Anordnung von G ist. Wegen $G = P \cup \{0\} \cup P^-$ ist $x - y \in P \cup \{0\}$ oder $x - y \in P^- \cup \{0\}$. Also ist $y \leqslant x$ oder $x \leqslant y$, so daß $\leqslant$ linear ist. Schließlich ist

$x - y \in P \cup \{0\}$ genau dann, wenn $x + a - (y + a) \in P \cup \{0\}$ ist. Dies besagt, daß die Abbildung $x \to x + a$ ein Ordnungsisomorphismus von $G(\leq)$ ist. Ferner folgt aus $x - y \in P \cup \{0\}$ wegen e), daß $a + x - (a + y) \in P \cup \{0\}$ und aus $a + x - (a + y) \in P \cup \{0\}$, daß $x - y = -a + a + x - (-a + a + y) \in P \cup \{0\}$ ist. Also ist auch die Abbildung $x \to a + x$ ein Ordnungsisomorphismus von $G(\leq)$. Somit ist $G(\leq)$ eine angeordnete Gruppe.

Nun ist

$$\leq_{P_\leq} = \{(x,y) \mid x,y \in G,\ y - x \in P_\leq \cup \{0\}\} = \leq$$

und

$$P_{\leq_P} = \{x \mid 0 \neq x \in G,\ 0 \leq_P x\} = \{x \mid x \in G,\ x \in P\} = P,$$

so daß nach I.3.3 die Abbildung $\leq \to P_\leq$ eine Bijektion von $\mathfrak{A}(G)$ auf $\mathfrak{P}(G)$ ist, q. e. d.

6.2. Korollar. Ist $G(+,\leq)$ eine angeordnete Gruppe, so haben alle von Null verschiedenen Elemente von G unendliche Ordnung.

Beweis. Es sei $0 \neq x \in G$. Wegen $o(x) = o(-x)$ können wir o. B. d. A. annehmen, daß $x \in P_\leq$ ist. Aus b) folgt dann mit vollständiger Induktion $nx \in P_\leq$ für alle $n \in \mathbb{N}$. Wegen $0 \notin P_\leq$ ist daher $nx \neq 0$ für alle $n \in \mathbb{N}$, q. e. d.

Ist $G(+)$ eine abelsche Gruppe, so ist die Bedingung e) von selbst erfüllt. Diese Bemerkung benutzen wir bei dem folgenden

Beispiel. Es sei $G(+)$ das n-fache cartesische Produkt von $\mathbb{Z}$ mit sich selbst, versehen mit der punktweisen Addition, d.h. für $(x_1,\dots,x_n) \in G$ und $(y_1,\dots,y_n) \in G$ ist $(x_1,\dots,x_n) + (y_1,\dots,y_n) = (x_1 + y_1,\dots,x_n + y_n)$. Dann ist $G(+)$ eine abelsche Gruppe.

Es sei

$$\begin{aligned} P_1 &= \mathbb{N} \times \mathbb{Z} \times \mathbb{Z} \times \mathbb{Z} \times \dots \times \mathbb{Z}, \\ P_2 &= \{0\} \times \mathbb{N} \times \mathbb{Z} \times \mathbb{Z} \times \dots \times \mathbb{Z}, \\ P_3 &= \{0\} \times \{0\} \times \mathbb{N} \times \mathbb{Z} \times \dots \times \mathbb{Z}, \\ &\ \vdots \\ P_n &= \{0\} \times \{0\} \times \dots \times \{0\} \times \mathbb{N}, \end{aligned}$$

und $P = \bigcup_{i=1}^{n} P_i$. Dann ist P ein Positivbereich, wie wir jetzt nachweisen werden. Ist $x = (x_1,\ldots,x_n) \in P$, so gibt es ein i mit $x \in P_i$. Dann ist $x_i \in \mathbb{N}$ und daher $x_i \neq 0$. Also ist $0 \notin P$. Ist außerdem $y = (y_1,\ldots,y_n) \in P$, so gibt es ein $j \in \mathbb{N}$ mit $y \in P_j$. Wir können o. B. d. A. annehmen, daß $i \leqslant j$ ist. Dann ist $x_i \in \mathbb{N}$ und $y_i \in \mathbb{N} \cup \{0\}$. Also ist $x_i + y_i \in \mathbb{N}$. Ferner ist $x_k + y_k = 0$ für alle $k < i$. Also ist $x + y \in P_i \subseteq P$. Es sei $x \in P \cap P^-$. Dann ist $x \in P_i$ für ein geeignetes P_i. Hieraus folgt $x_1 = \ldots = x_{i-1} = 0 < x_i$. Andererseits folgt aus $x \in P^-$, daß $-x \in P$ ist. Nun ist $-x = (0,\ldots,0,-x_i,\ldots,-x_n)$, so daß $-x \notin P$ ist. Dieser Widerspruch zeigt die Gültigkeit der Gleichung $P \cap P^- = \emptyset$. Es sei schließlich $x \in G$ und $x \notin P \cup \{0\}$. Es gibt dann ein i mit $x_1 = \ldots = x_{i-1} = 0$ und $x_i < 0$. Hieraus folgt wegen $-(-x_i) = x_i$ und $-x_i > 0$, daß $x \in P^-$ ist. Also ist $G = P \cup \{0\} \cup P^-$. Damit ist gezeigt, daß P ein Positivbereich von G ist. Ist $\lambda = \leqslant_P$, so heißt λ die <u>lexikographische Anordnung</u> von G. Ist $x\,\lambda\,y$, so lesen wir: "x ist <u>lexikographisch früher</u> als y". Dieses Beispiel hat großes kombinatorisches Interesse. Es wird uns später bei den symmetrischen Funktionen noch gute Dienste tun.

Es sei $R(+,\cdot)$ ein Ring und $R(+,\leqslant)$ eine angeordnete Gruppe. Wir nennen $R(+,\cdot,\leqslant)$ einen <u>angeordneten Ring</u>, wenn aus $a,b,c \in R$ und $a < b$ sowie $c > 0$ stets $ac < bc$ und $ca < cb$ folgt. In diesem Sinne ist $\mathbb{Z}(+,\cdot,\leqslant)$, wobei $P_\leqslant = \mathbb{N}$ ist, ein angeordneter Ring.

<u>6.3. Satz.</u> Es sei $R(+,\cdot)$ ein Ring und $R(+,\leqslant)$ eine angeordnete Gruppe. Genau dann ist $R(+,\cdot,\leqslant)$ ein angeordneter Ring, wenn $P = P_\leqslant$ die Bedingung

f) Sind $a,b \in P$, so ist $ab \in P$,

erfüllt.

Beweis. Es sei $R(+,\cdot,\leqslant)$ ein angeordneter Ring. Sind $a,b \in P$, so ist $0 < a$ und $0 < b$. Dann ist $ab > 0b = 0$, so daß $ab \in P$ gilt.

Um die Umkehrung zu beweisen, erfülle P die Bedingung f). Ist dann $a < b$, so ist $b - a \in P$ und daher $c(b - a), (b - a)c \in P$, woraus $ca < cb$ und $ac < bc$ folgt, w. z. b. w.

Ist P ein Positivbereich von $R(+)$ und erfüllt P die Bedingung f), so nennen wir P einen Positivbereich des Ringes R.

<u>6.4. Satz.</u> Ist $R(+,\cdot,\leqslant)$ ein angeordneter Ring, sind $a,b \in R$ und ist $ab = 0$, so ist $a = 0$ oder $b = 0$, d.h. R ist nullteilerfrei. Insbesondere ist also ein angeordneter kommutativer Ring ein Integritätsbereich.

Beweis. Ist $ab = 0$, so ist auch $(-a)b = a(-b) = (-a)(-b) = 0$. Wir können daher o. B. d. A. annehmen, daß $a \geqslant 0$ und $b \geqslant 0$ ist. Wäre nun $a \neq 0 \neq b$, so wäre $a > 0$ und $b > 0$ und daher $0 = ab > 0b = 0$, q. e. a.

Aus 6.2 folgt noch

6.5. Korollar. Ist K ein angeordneter Körper, so ist $\chi(K) = 0$.

Ferner gilt

6.6. Hilfssatz. Ist $R(+,\cdot,\leqslant)$ ein angeordneter Ring, so ist $0 \leqslant x^2$ für alle $x \in R$.

Beweis. Wir können $x \neq 0$ annehmen. Ist $0 < x$, so ist auch $0 < x^2$. Es sei also $x < 0$. Dann ist $0 < -x$ und folglich $0 < (-x)^2 = x^2$, q. e. d.

Der nächste Satz sagt, daß man die Anordnung eines Integritätsbereiches stets auf seinen Quotientenkörper fortsetzen kann.

6.7. Satz. Ist R ein Integritätsbereich und ist P ein Positivbereich von R, so gibt es genau einen Positivbereich P^* von Q(R) mit $P^* \cap R = P$. Es ist $P^* = \{x | x = rs^{-1},\ r,s \in R \setminus \{0\},\ rs \in P\}$.

Beweis. P' sei ein Positivbereich von Q(R) mit $P' \cap R = P$. Ist $x \in P'$, so ist $x = rs^{-1}$ mit $r,s \in R \setminus \{0\}$. Wegen $rs^{-1} = (-r)(-s)^{-1}$ können wir $s > 0$ annehmen. Nun ist

$$sx = r \in PP' \cap R \subseteq P'P' \cap R \subseteq P' \cap R = P,$$

so daß auch $r > 0$ ist. Daher ist $rs > 0$. Hieraus folgt weiter $P' \subseteq P^*$. Ist umgekehrt $rs \in P$, so können wir wegen $rs = (-r)(-s)$ annehmen, daß $r > 0$ und $s > 0$ ist. Wäre $rs^{-1} \notin P'$, so wäre $-(rs^{-1}) \in P'$. Wegen $-(rs^{-1}) = (-r)s^{-1}$ folgte, wie schon gezeigt, $-rs > 0$. Dies implizierte $rs < 0$, d.h. $rs \notin P$. Also ist doch $rs^{-1} \in P'$ und damit $P^* \subseteq P'$, woraus mit der bereits bewiesenen Inklusion $P' \subseteq P^*$ die Gleichheit von P' und P^* folgt. Damit ist die Eindeutigkeitsaussage bewiesen.

Um die Existenz zu beweisen, zeigen wir, daß P^* ein Positivbereich von Q(R) mit $P^* \cap R = P$ ist. Ist $x \in P^*$, so ist $x = rs^{-1}$ mit $rs \in P$. Insbesondere ist $r \neq 0$, so daß $x \neq 0$ ist. Also ist $0 \notin P^*$. Ist $x \in P^* \cap P^{*-}$, so ist $x = rs^{-1}$ mit $rs \in P$. Ferner ist $-x = -rs^{-1} \in P^*$, so daß $-rs^{-1} = uv^{-1}$ mit $uv \in P$ ist. Nun folgt aus $-rs^{-1} = uv^{-1}$ die Gleichung $-rv = us$, was wiederum $-rsv^2 = uvs^2$ zur Folge hat. Nach 6.6 gilt $v^2, s^2 \in P$, da ja $v \neq 0 \neq s$ ist. Hieraus folgt $uvs^2 \in P$ und damit $-rsv^2 \in P$.

Nun ist $-rs \in P^-$, da $rs \in P$ gilt. Somit ist $-rs < 0$ und daher $-rsv^2 < 0v^2 = 0$, so daß $-rsv^2 \notin P$ ist. Dieser Widerspruch zeigt, daß $P^* \cap P^{*-} = \emptyset$ ist. Ist $x \in Q(R)$, so ist $x = rs^{-1}$ mit $r,s \in R$. Ist $rs \notin P \cup \{0\}$, so ist $-rs \in P$ und daher $-x = -rs^{-1} \in P^*$, so daß $x \in P^{*-}$ gilt. Dies zeigt $Q(R) = P^* \cup \{0\} \cup P^{*-}$. Es sei schließlich $x,y \in P^*$. Dann ist $x = rs^{-1}$ und $y = uv^{-1}$ mit rs, $uv \in P$. Wegen $rs = (-r)(-s)$ und $uv = (-u)(-v)$ können wir annehmen, daß $r,s,u,v \in P$ ist. Dann ist $rv + su$, $sv \in P$ und folglich $x + y = (rv + us)(sv)^{-1} \in P^*$ sowie $xy = (ru)(sv)^{-1} \in P^*$. Also ist P^* ein Positivbereich von $Q(R)$. Ist $r \in P$, so ist $r1 = r \in P$ und daher $r = r1^{-1} \in P^*$, so daß $P \subseteq P^* \cap R$ ist. Ist nun $x \in P^* \cap R$, so ist $x = rs^{-1}$ mit $rs \in P$. Wir können wieder $r,s \in P$ annehmen. Dann ist aber $sx = r \in P$, woraus $x \in P$ folgt. Also ist $P^* \cap R \subseteq P$ und damit $P^* \cap R = P$, q. e. d.

<u>6.8. Satz.</u> Der Ring $\mathbb{Z}$ der ganzen Zahlen besitzt genau einen Positivbereich, nämlich $\mathbb{N}$.

Beweis. Es sei P ein Positivbereich von $\mathbb{Z}$. Nach 6.6 ist $1 \in P$. Mit vollständiger Induktion folgt daher $\mathbb{N} \subseteq P$, was wiederum $\mathbb{N} = P$ zur Folge hat, q. e. d.

<u>6.9. Korollar</u>. Der Körper $\mathbb{Q}$ der rationalen Zahlen besitzt genau einen Positivbereich, nämlich die Menge $\mathbb{N}^* = \{x \mid x = rs^{-1}, r,s \in \mathbb{Z}, rs \in \mathbb{N}\}$.

Beweis. Nach 6.7 ist $\mathbb{N}^*$ ein Positivbereich von $\mathbb{Q}$. Es sei P ein weiterer Positivbereich von $\mathbb{Q}$. Dann ist $P \cap \mathbb{Z}$ ein Positivbereich von $\mathbb{Z}$. Nach 6.8 ist daher $P \cap \mathbb{Z} = \mathbb{N}$, so daß nach 6.7 die Gleichung $P = \mathbb{N}^*$ gilt, q. e. d.

Ein angeordneter Körper K heißt <u>archimedisch</u> angeordnet, wenn es zu $a,b \in K$ mit $0 < a$ eine natürliche Zahl n gibt mit $b < na$.

<u>6.10. Satz.</u> $\mathbb{Q}$ ist archimedisch angeordnet.

Beweis. Es sei $rs^{-1}, uv^{-1} \in \mathbb{Q}$ und $0 < rs^{-1}$. Ist $uv^{-1} < rs^{-1}$, so ist nichts zu beweisen. Es sei also $rs^{-1} \leqslant uv^{-1}$. Dann ist insbesondere $0 < uv^{-1}$. Wir können wieder annehmen, daß $0 < s$ und $0 < v$ ist. Dann ist $sv > 0$. Ferner ist $0 < rv \leqslant us$. Wegen $r,v \in \mathbb{Z}$ ist $1 \leqslant rv$. Ferner ist $0 \leqslant us < us + 1 = n$. Daher ist $us \leqslant rvus < rv(us + 1) = nrv$. Weil $0 < sv = 1 \cdot sv$ ist, ist $0 < (sv)^{-1}$. Folglich ist $uv^{-1} = (us)(sv)^{-1} < n(rv)(sv)^{-1} = n(rs^{-1})$, q. e. d.

6.11. Hilfssatz. Es sei K ein angeordneter Körper. Ist $k \in K$ und $k \geqslant 0$, so setzen wir $|k| = k$. Ist $k < 0$, so setzen wir $|k| = -k$. Es gilt dann:

j) Es ist $|k| \geqslant 0$ für alle $k \in K$ und $|k| = 0$ genau dann, wenn $k = 0$ ist.
ij) Es ist $|k| = |-k|$ für alle $k \in K$.
iij) Es ist $|kl| = |k||l|$ für alle $k,l \in K$.
iv) Es ist $|k + l| \leqslant |k| + |l|$ für alle $k,l \in K$.
v) Es ist $||k| - |l|| \leqslant |k + l|$ für alle $k,l \in K$.

Der Beweis sei dem Leser als Übungsaufgabe überlassen.

$|k|$ heißt der Absolutbetrag von k.

Aufgaben

1) Beweise Hilfssatz 6.11 (s.Satz I.1.12).

2) Es sei R ein Integritätsbereich und P sei ein Positivbereich von R. Sind $u,v \in R$ und gilt $uv,v \in P$, so ist $u \in P$.

3) Es sei G eine Gruppe und P und P' seien Positivbereiche von G. Ist $P \subseteq P'$, so ist $P = P'$.

4) Wieviele Positivbereiche hat $\mathbb{Z}$ (+)?

5) R sei ein Integritätsbereich und P sei ein Positivbereich von R. Ist $x = rs^{-1} \in Q(R)$, so ist genau dann $x \in P^*$, wenn $rs \in P$ ist.

6) G sei eine angeordnete Gruppe. Sind $a,b,c,d \in G$ und ist $a \leqslant b$ und $c \leqslant d$, so ist $a + c \leqslant b + d$. Ist $a < b$ und $c \leqslant d$, so ist $a + c < b + d$.

7) K sei ein angeordneter Körper. Ist $u \in K$ und $u > 0$, so ist auch $u^{-1} > 0$. Ferner folgt aus $0 < u < v$ bzw. $u < v < 0$ die Ungleichung $v^{-1} < u^{-1}$. Was folgt im Falle $u < 0 < v$?

8) $\leqslant$ sei eine lineare Anordnung der Menge M. Zeige: Sind $a_1,\dots,a_n \in M$, so gibt es ein i und ein j mit $a_j \leqslant a_r \leqslant a_i$ für alle $r \in \{1,2,\dots,n\}$. Man nennt a_i das Maximum und a_j das Minimum der $a_1,\dots,a_n$, in Zeichen:
$a_i = \max \{a_1,\dots,a_n\}$ bzw. $a_j = \min \{a_1,\dots,a_n\}$.

7. Die reellen Zahlen. Der Körper der rationalen Zahlen ist noch sehr unvollkommen. Diese Unvollkommenheit drückt sich dadurch aus, daß viele algebraische Gleichungen in $\mathbb{Q}$ keine Lösung haben und daß die Anordnung von $\mathbb{Q}$, grob gesagt, sehr löcherig ist. Diese letzte Bemerkung, die wir nicht durch Beispiele belegen wollen, wollen wir zum Ausgangspunkt für die Konstruktion des Körpers der reellen Zahlen machen. Was wir vorhaben, ist dies: Wir wollen $\mathbb{Q}$ in einen geordneten Körper einbetten, der die Eigenschaft hat, daß jede nach oben beschränkte, nicht-leere Teilmenge eine obere Grenze besitzt. Wir werden zeigen, daß dies im wesentlichen nur auf eine Weise möglich ist.

Es sei $\tilde{\mathcal{R}} = \mathbb{Q}^{\mathbb{N}}$ die Menge aller Abbildungen von $\mathbb{N}$ in $\mathbb{Q}$. Ist $f \in \tilde{\mathcal{R}}$ und $i \in \mathbb{N}$, so bezeichnen wir mit f_i das Bild von i unter der Abbildung f. Wir nennen f eine Folge rationaler Zahlen. Die Menge $\tilde{\mathcal{R}}$ der Folgen rationaler Zahlen bildet bez. der punktweisen Addition und punktweisen Multiplikation als Verknüpfungen einen Ring. Sind $f,g \in \tilde{\mathcal{R}}$, so ist also $f + g$ bzw. fg die durch $(f + g)_i = f_i + g_i$ bzw. $(fg)_i = f_i g_i$ definierte Folge rationaler Zahlen.

Ist $r \in \mathbb{Q}$, so definieren wir die Abbildung $\text{const}[r] \in \tilde{\mathcal{R}}$ durch $\text{const}[r]_i = r$ für alle $i \in \mathbb{N}$. Dann ist const[0] das Nullelement und const[1] das Einselement von $\tilde{\mathcal{R}}$. Die Abbildung const ist, wie man sich leicht überlegt, ein Isomorphismus von $\mathbb{Q}$ in $\tilde{\mathcal{R}}$.

Ist $f \in \tilde{\mathcal{R}}$, so nennen wir f eine Cauchyfolge, falls es zu jedem $\varepsilon \in \mathbb{Q}$ mit $\varepsilon > 0$ eine natürliche Zahl $n(\varepsilon)$ gibt mit $|f_i - f_j| < \varepsilon$ für alle $i,j \geq n(\varepsilon)$. Die Menge der Cauchyfolgen bezeichnen wir mit $\mathcal{R}$. Wegen $|\text{const}[r]_i - \text{const}[r]_j| = |r - r| = 0$ ist $\text{const}[r] \in \mathcal{R}$ für alle $r \in \mathbb{Q}$.

7.1. Hilfssatz. Ist $f \in \mathcal{R}$, so gibt es ein $M \in \mathbb{Q}$ mit $|f_i| \leq M$ für alle natürlichen Zahlen i, d.h. jede Cauchyfolge ist nach oben und unten beschränkt.

Beweis. Es sei $0 < \varepsilon \in \mathbb{Q}$. Es gibt dann eine natürliche Zahl $n = n(\varepsilon)$ mit $|f_j - f_n| < \varepsilon$ für alle $j \geq n$. Nun gilt nach 6.11 v) die Ungleichung $|f_j| - |f_n| \leq |f_j - f_n|$, so daß $|f_j| < \varepsilon + |f_n|$ ist für alle $j \geq n$. Setzt man

$$M = \max\{|f_1|,|f_2|,\ldots,|f_{n-1}|,\varepsilon + |f_n|\},$$

wobei $\max\{x_1,x_2,\ldots,x_n\}$ die größte unter den Zahlen $x_1,\ldots,x_n$ bedeutet (s.Aufgabe 3) von Abschnitt 6), so ist $|f_i| \leq M$ für alle natürlichen Zahlen i, q. e. d.

7.2. Satz. $\mathcal{R}$ ist ein Teilring von $\tilde{\mathcal{R}}$ mit $\mathrm{const}[0], \mathrm{const}[1] \in \mathcal{R}$.

Beweis. Wie wir schon bemerkten, ist $\mathrm{const}[r] \in \mathcal{R}$ für alle $r \in \mathbb{Q}$, so daß insbesondere $\mathrm{const}[0]$, $\mathrm{const}[1] \in \mathcal{R}$ gilt. Es seien $f, g \in \mathcal{R}$. Dann ist zu zeigen, daß $f - g$ und fg ebenfalls Cauchyfolgen sind. Es sei $\varepsilon > 0$. Dann ist $\frac{1}{2}\varepsilon > 0$. Es gibt folglich ein $n_1(\varepsilon)$ und ein $n_2(\varepsilon)$ mit

$$|f_i - f_j| < \frac{1}{2}\,\varepsilon \text{ für alle } i,j \geq n_1(\varepsilon)$$

und

$$|g_i - g_j| < \frac{1}{2}\,\varepsilon \text{ für alle } i,j \geq n_2(\varepsilon).$$

Ist $n(\varepsilon) = \max\{n_1(\varepsilon), n_2(\varepsilon)\}$, so ist

$$|f_i - g_i - (f_j - g_j)| \leq |f_i - f_j| + |g_i - g_j| < \frac{1}{2}\,\varepsilon + \frac{1}{2}\,\varepsilon = \varepsilon$$

für alle $i,j \geq n(\varepsilon)$. Somit ist $f - g \in \mathcal{R}$.

Nach 7.1 gibt es ein M_f mit $|f_i| \leq M_f$ für alle i und ein M_g mit $|g_i| \leq M_g$ für alle i. Es sei $M = \max\{1, M_f, M_g\}$. Dann ist insbesondere $M > 0$, so daß $\varepsilon(2M)^{-1} > 0$ ist. Es gibt folglich ein n_1 und ein n_2 mit

$$|f_i - f_j| < \varepsilon(2M)^{-1} \text{ für alle } i,j \geq n_1$$

und

$$|g_i - g_j| < \varepsilon(2M)^{-1} \text{ für alle } i,j \geq n_2.$$

Ist nun n die größere der beiden Zahlen n_1 und n_2, so ist

$$|f_i g_i - f_j g_j| = |f_i g_i - f_j g_i + f_j g_i - f_j g_j| \leq |f_i - f_j||g_i| + |g_i - g_j||f_j| <$$
$$\varepsilon(2M)^{-1}M + \varepsilon(2M)^{-1}M = \varepsilon$$

für alle $i,j \geq n$. Also ist auch $fg \in \mathcal{R}$, womit gezeigt ist, daß $\mathcal{R}$ ein Teilring von $\tilde{\mathcal{R}}$ ist, q. e. d.

Ist $f \in \mathcal{R}$ und gibt es zu jedem $\varepsilon > 0$ ein $n(\varepsilon)$ mit $|f_i| < \varepsilon$ für alle $i \geq n(\varepsilon)$, so heißt f eine Nullfolge. Die Menge der Nullfolgen bezeichnen wir mit $\mathcal{N}$.

7.3. Hilfssatz. Ist $f \in \mathcal{R} \setminus \mathcal{N}$, so gibt es ein $\varepsilon > 0$ und eine natürliche Zahl n mit $|f_i| \geq \varepsilon$ für alle $i \geq n$.

Beweis. Wäre dieser Hilfssatz nicht richtig, so gäbe es zu jedem $\varepsilon > 0$ und zu jeder natürlichen Zahl n ein $i \geq n$ mit $|f_i| < \varepsilon$. Weil f eine Cauchyfolge ist, gibt es zu jedem $\varepsilon > 0$ ein $n(\varepsilon)$ mit $|f_k - f_j| \leq \frac{1}{2}\varepsilon$ für alle $j,k \geq n(\varepsilon)$. Ferner gäbe es ein $i \geq n(\varepsilon)$ mit $|f_i| < \frac{1}{2}\varepsilon$. Daher wäre

$$|f_k| - |f_i| \leq |f_k - f_i| \leq \frac{1}{2}\varepsilon$$

für alle $k \geq n$. Hieraus folgte

$$|f_k| \leq \frac{1}{2}\varepsilon + |f_i| < \frac{1}{2}\varepsilon + \frac{1}{2}\varepsilon = \varepsilon$$

für alle $k \geq n$, so daß f doch eine Nullfolge wäre. Unsere Annahme ist also zu verwerfen, womit 7.2 bewiesen ist.

7.4. Satz. $\mathcal{N}$ ist ein maximales Ideal von $\mathcal{R}$.

Beweis. Wegen $\mathrm{const}[0] \in \mathcal{N}$ ist $\mathcal{N}$ nicht leer. Es seien f und g Nullfolgen. Ist $\varepsilon > 0$, so gibt es also ein n_1 und ein n_2 mit $|f_i| < \frac{1}{2}\varepsilon$ für alle $i \geq n_1$ und $|g_i| < \frac{1}{2}\varepsilon$ für alle $i \geq n_2$. Daher ist

$$|f_i - g_i| \leq |f_i| + |g_i| < \frac{1}{2}\varepsilon + \frac{1}{2}\varepsilon = \varepsilon \quad \text{für alle } i \geq \max\{n_1, n_2\}.$$

Also ist $f - g \in \mathcal{N}$, so daß $\mathcal{N}$ eine Untergruppe von $\mathcal{R}$ (+) ist. Es sei ferner $f \in \mathcal{N}$ und $g \in \mathcal{R}$. Es gibt dann ein $M > 0$ mit $|g_i| \leq M$ für alle i. Ist $\varepsilon > 0$, so ist auch $\varepsilon M^{-1} > 0$. Es gibt folglich ein $n(\varepsilon)$ mit $|f_i| < \varepsilon M^{-1}$ für alle $i \geq n(\varepsilon)$. Daher ist $|f_i g_i| < \varepsilon M^{-1} M = \varepsilon$ für alle $i \geq n(\varepsilon)$, womit $fg \in \mathcal{N}$ gezeigt ist. Weil $\mathcal{R}$ kommutativ ist, ist daher $\mathcal{N}$ ein Ideal in $\mathcal{R}$.

Wegen $\mathrm{const}[1] \notin \mathcal{N}$ ist $\mathcal{N}$ echt in $\mathcal{R}$ enthalten. Es sei nun $\mathcal{J}$ ein Ideal mit $\mathcal{N} \subseteq \mathcal{J} \subseteq \mathcal{R}$ und $\mathcal{N} \neq \mathcal{J}$. Ferner sei $f \in \mathcal{J}$ aber $f \notin \mathcal{N}$. Nach 7.3 gibt es dann ein $\varepsilon > 0$ und eine natürliche Zahl n mit $|f_i| \geq \varepsilon$ für alle $i \geq n$. Hieraus folgt, daß es höchstens endlich viele natürliche Zahlen k mit $f_k = 0$ gibt. Wir definieren nun $g \in \tilde{\mathcal{R}}$ wie folgt: Es ist $g_i = f_i$, falls $f_i \neq 0$, und $g_i = 1$, falls $f_i = 0$ ist. Weil höchstens endlich viele der f_i gleich Null sind, ist auch g eine Cauchyfolge und $g - f$ ist eine Nullfolge. Daher ist $g \in \mathcal{J}$, da ja $\mathcal{N} \subseteq \mathcal{J}$ und $f \in \mathcal{J}$ ist. Wir definieren eine weitere Folge h vermöge $h_i = g_i^{-1}$. Dies ist möglich, da $g_i \neq 0$ ist für alle i. Ferner ist $g \notin \mathcal{N}$, weil sonst wegen $g - f \in \mathcal{N}$ auch $f \in \mathcal{N}$ wäre. Also gibt es nach 7.3 ein $\varepsilon > 0$ und ein $n \in \mathbb{N}$ mit $|g_i| \geq \varepsilon$ für alle $i \geq n$. Weil $g_k \neq 0$ ist für alle k, können wir ε sogar so wählen, daß $|g_i| \geq \varepsilon$ ist für alle i.

Dann ist aber $|g_i|^{-1} \leqslant \varepsilon^{-1}$ für alle i. Weil g eine Cauchyfolge ist, gibt es zu $\eta > 0$ ein $n(\eta)$ mit $|g_i - g_j| < \varepsilon^2\eta$ für alle $i,j \geqslant n(\eta)$. Daher ist

$$|h_i - h_j| = |g_i^{-1}g_j^{-1}(g_j - g_i)| = |g_i|^{-1}|g_j|^{-1}|g_i - g_j| < \varepsilon^{-2}\varepsilon^2\eta = \eta$$

für alle $i,j \geqslant n(\eta)$. Also ist $j \in \mathcal{R}$. Weil $\mathcal{J}$ ein Ideal ist, ist daher $\text{const}[1] = hg \in \mathcal{J}$. Hieraus folgt wiederum $f = f\text{const}[1] \in \mathcal{J}$ für alle $f \in \mathcal{R}$, so daß $\mathcal{R} = \mathcal{J}$ ist, q. e. d.

Weil $\mathcal{N}$ ein maximales Ideal von $\mathcal{R}$ ist, ist $\mathbb{R} = \mathcal{R}/\mathcal{N}$ nach 3.5 ein Körper. $\mathbb{R}$ heißt der Körper der reellen Zahlen.

Wir definieren die Abbildung σ von $\mathbb{Q}$ in $\mathbb{R}$ vermöge $r^\sigma = \text{const}[r] + \mathcal{N}$. Man verifiziert mühelos, daß σ ein Homorphismus ist. Wegen $1^\sigma = \text{const}[1] + \mathcal{N}$ und $\text{const}[1] \notin \mathcal{N}$ ist σ nicht der Nullhomomorphismus, woraus folgt, daß σ ein Isomorphismus von $\mathbb{Q}$ in $\mathbb{R}$ ist, da ein Homomorphismus eines Körpers in einen Ring entweder der Nullhomomorphismus oder aber ein Isomorphismus ist.

7.5. Hilfssatz. Sind $f,g \in \mathcal{R}$ und ist $f - g \in \mathcal{N}$, so gibt es zu jedem $\varepsilon > 0$ ein $n(\varepsilon)$ mit $|f_i - g_j| < \varepsilon$ für alle $i,j \geqslant n(\varepsilon)$.

Beweis. Wegen $f - g \in \mathcal{N}$ gibt es eine natürliche Zahl u mit $|f_i - g_i| < \frac{1}{2}\varepsilon$ für $i \geqslant u$. Wegen $g \in \mathcal{R}$ gibt es eine natürliche Zahl v mit $|g_i - g_j| < \frac{1}{2}\varepsilon$ für alle $i,j \geqslant v$. Ist $n(\varepsilon) = \max\{u,v\}$, so ist

$$|f_i - g_j| = |f_i - g_i + g_i - g_j| \leqslant |f_i - g_i| + |g_i - g_j| < \frac{1}{2}\varepsilon + \frac{1}{2}\varepsilon = \varepsilon$$

für alle $i,j \geqslant n(\varepsilon)$, q. e. d.

7.6. Hilfssatz. Es seien f und g Cauchyfolgen und f - g sei eine Nullfolge. Gibt es ein $\varepsilon > 0$ und eine natürliche Zahl n mit $f_i \geqslant \varepsilon$ für alle $i \geqslant n$, so gibt es ein $\eta > 0$ und eine natürliche Zahl m mit $g_i \geqslant \eta$ für alle $i \geqslant m$.

Beweis. Nach 7.5 gibt es ein $n(\varepsilon)$ mit $|f_i - g_j| \leqslant \frac{1}{2}\varepsilon$ für alle $i,j \geqslant n(\varepsilon)$. Also ist $f_i - g_j \leqslant |f_i - g_j| \leqslant \frac{1}{2}\varepsilon$ für alle $i,j \geqslant n(\varepsilon)$. Ist $m = \max\{n,n(\varepsilon)\}$, so ist also $\varepsilon \leqslant f_m \leqslant \frac{1}{2}\varepsilon + g_j$ für alle $j \geqslant m$. Daher ist $g_j \geqslant \frac{1}{2}\varepsilon = \eta$ für alle $j \geqslant m$, q. e. d.

Ist $f + \mathcal{N} \in \mathbb{R}$ und gibt es ein $\varepsilon > 0$ und eine natürliche Zahl n mit $f_i \geqslant \varepsilon$ für alle $i \geqslant n$, so nennen wir $f + \mathcal{N}$ positiv. Der soeben bewiesene Hilfssatz besagt dann gerade, daß die Definition des Positivseins nicht von der Auswahl von f aus der Restklasse $f + \mathfrak{N}$ abhängt.

7.7. Satz. Ist P die Menge der positiven reellen Zahlen, so ist P ein Positivbereich von $\mathbb{R}$. Ist $r \in \mathbb{Q}$, so ist $\mathrm{const}[r] + \mathfrak{N}$ genau dann positiv, wenn r positiv ist.

Beweis. Aus der Definition des Positivseins folgt unmittelbar, daß $P + P \subseteq P$ und $PP \subseteq P$ ist. Ferner ist $\mathfrak{N} \notin P$ sowie $P \cap P^- = \emptyset$. Es bleibt zu zeigen, daß ein $f + \mathfrak{N} \in \mathbb{R}$ entweder in P oder in P^- liegt oder aber gleich $\mathfrak{N}$ ist. Es sei also $f + \mathfrak{N} \notin P$ und $f + \mathfrak{N} \neq \mathfrak{N}$. Nach Hilfssatz 7.3 gibt es dann ein $\varepsilon > 0$ und ein n mit $|f_i| \geqslant \varepsilon$ für alle $i \geqslant n$. Hieraus folgt, daß es ein m gibt mit $-f_i \geqslant \varepsilon$ für alle $i \geqslant m$. Wäre das nicht der Fall, dann gäbe es zu jeder natürlichen Zahl a ein $k \geqslant a$ mit $f_k \geqslant \varepsilon$, da ja $|f_i| \geqslant \varepsilon$ ist für alle hinreichend großen i. Nun gibt es ein $n(\varepsilon)$ mit $|f_i - f_j| < \frac{1}{2}\varepsilon$ für alle $i,j \geqslant n(\varepsilon)$. Ferner gäbe es ein $k \geqslant n(\varepsilon)$ mit $f_k \geqslant \varepsilon$. Daher wäre $\varepsilon - f_j \leqslant f_k - f_j \leqslant |f_k - f_j| < \frac{1}{2}\varepsilon$ für alle $j \geqslant n(\varepsilon)$. Hieraus folgte $f_j \geqslant \frac{1}{2}\varepsilon$ für alle $j \geqslant n(\varepsilon)$. Dies besagte nun gerade, daß $f + \mathfrak{N}$ positiv wäre im Widerspruch zu unserer Annahme. Dieser Widerspruch zeigt, daß $-f + \mathfrak{N}$ positiv ist, was wiederum $f + \mathfrak{N} \in P^-$ impliziert.

Wegen $\mathrm{const}[r]_i = r$ für alle i ist $\mathrm{const}[r] + \mathfrak{N}$ genau dann positiv, wenn $r > 0$ ist, q. e. d.

Sind $a,b \in \mathbb{R}$ und setzt man $a < b$ genau dann, wenn $b - a$ positiv ist, so sagen die Entwicklungen von Abschnitt 6 gerade, daß $\leqslant\ = \ < \cup D(\mathbb{R})$ eine Anordnung von $\mathbb{R}$ ist. Wenn wir im folgenden von einer Anordnung von $\mathbb{R}$ reden, so ist die Anordnung gemeint, die wir gerade definiert haben. Es gibt im übrigen auch nur diese eine, was wir jedoch nicht beweisen werden.

Ist M eine Teilmenge von $\mathbb{R}$ und ist $s \in \mathbb{R}$, so heißt s eine obere Schranke von M, falls für alle $x \in M$ die Ungleichung $x \leqslant s$ erfüllt ist. Ist a eine obere Schranke von M und gilt für jede obere Schranke t von M, daß $s \leqslant t$ ist, so heißt s obere Grenze oder auch Supremum von M. Ersetzt man in dieser Definition die $\leqslant$-Zeichen überall durch das $\geqslant$-Zeichen, so erhält man die Definition der unteren Schranke und der unteren Grenze bzw. des Infimums von M.

7.8. Satz. Ist M eine nicht-leere, nach oben beschränkte Menge von $\mathbb{R}$, so besitzt M eine obere Grenze.

Beweis. Wir führen folgende Hilfsmenge ein:

$$H = \{y + \mathcal{N} \mid \text{es gibt ein } x + \mathcal{N} \in M \text{ mit } y + \mathcal{N} \leq x + \mathcal{N}\}.$$

Wegen $x + \mathcal{N} \leq x + \mathcal{N}$ für alle $x + \mathcal{N} \in M$, ist $M \subseteq H$. Ist $g + \mathcal{N}$ obere Grenze von H, so ist also $g + \mathcal{N}$ eine obere Schranke für M. Wäre $g + \mathcal{N}$ keine obere Grenze für M, so gäbe es eine kleinere obere Schranke für M, d.h. ein $w + \mathcal{N} \in \mathbb{R}$ mit $x + \mathcal{N} \leq w + \mathcal{N} < g + \mathcal{N}$ für alle $x + \mathcal{N} \in M$. Weil $g + \mathcal{N}$ eine obere Grenze von H ist, gäbe es ein $h + \mathcal{N} \in H$ mit $w + \mathcal{N} < h + \mathcal{N}$. Aus der Definition von H folgte dann aber die Existenz eines $x + \mathcal{N} \in M$ mit $w + \mathcal{N} < h + \mathcal{N} \leq x + \mathcal{N}$, so daß $w + \mathcal{N}$ doch keine obere Schranke von M wäre. Damit ist gezeigt, daß $g + \mathcal{N}$ auch obere Grenze von M ist. Um also die Existenz einer oberen Grenze von M zu zeigen, genügt es, die Existenz einer oberen Grenze von H zu zeigen.

Die Menge H hat offenbar die Eigenschaft

(1) Ist $b \leq a$ und $a \in H$, so ist $b \in H$, bzw. ist $b \geq a$ und $a \notin H$, so ist $b \notin H$.

Weil M nicht leer ist, ist H wegen $M \subseteq H$ auch nicht leer. Ist $f + \mathcal{N}$ eine obere Schranke für M, so ist $f + \text{const}[1] + \mathcal{N} \notin H$. Daher ist $\mathbb{R} \setminus H$ ebenfalls nicht leer, da wir M als nach oben beschränkt vorausgesetzt haben.

(2) Ist k eine natürliche Zahl, so gibt es genau eine ganze Zahl n mit $\text{const}[nk^{-1}] + \mathcal{N} \in H$ und $\text{const}[(n+1)k^{-1}] + \mathcal{N} \notin H$.

Zunächst zur Eindeutigkeit. n_1 und n_2 seien zwei solcher Zahlen. Ist $n_1 \neq n_2$, so können wir o. B. d. A. annehmen, daß $n_1 < n_2$ ist. Dann ist $n_1 + 1 \leq n_2$. Weil k positiv ist, folgt hieraus $(n_1 + 1)k^{-1} \leq n_2k^{-1}$. Nach 7.7 impliziert dies wiederum $\text{const}[(n_1 + 1)k^{-1}] + \mathcal{N} \leq \text{const}[n_2k^{-1}] + \mathcal{N}$, was nach (1) zur Folge hat, daß $\text{const}[n_2k^{-1}] + \mathcal{N} \notin H$ ist. Dieser Widerspruch zeigt, daß $n_1 = n_2$ ist.

Und nun zur Existenz. Es sei $f + \mathcal{N} \in H$. Weil f eine Cauchyfolge ist, gibt es ein $A \in \mathbb{Q}$ mit $|f_i| \leq A$ für alle i. Weil $\mathbb{Q}$ archimedisch angeordnet ist, gibt es eine natürliche Zahl u mit $u > kA$. Dann ist $-uk^{-1} < -A \leq f_i$ für alle natürlichen Zahlen i. Somit ist mit $a = -u$ die Ungleichung $\text{const}[ak^{-1}] + \mathcal{N} \leq f + \mathcal{N}$ erfüllt, so daß $\text{const}[ak^{-1}] + \mathcal{N}$ nach (1) ein Element von H ist. Weil $\mathbb{R} \setminus H \neq \emptyset$ ist, gibt es ein $g + \mathcal{N} \in \mathbb{R}$ mit $g + \mathcal{N} \notin H$. Wiederum gibt es ein $B \in \mathbb{Q}$ mit $|g_i| \leq B$ für alle natürlichen Zahlen i. Ferner gibt es, da $\mathbb{Q}$ archimedisch angeordnet ist, eine natürliche Zahl b mit $Bk < 1b = b$. Daher ist $g_i \leq B < bk^{-1}$ für alle natürlichen Zahlen i, so daß $g + \mathcal{N} \leq \text{const}[bk^{-1}] + \mathcal{N}$ ist. Nach (1) ist also

$\mathrm{const}[bk^{-1}] + \mathfrak{N} \notin H$. Es sei nun X die Menge der ganzen Zahlen x mit $\mathrm{const}[(a + x)k^{-1}] + \mathfrak{N} \notin H$. Dann ist X wegen $b - a \in X$ nicht leer. Ist $y \in \mathbb{Z}$ und $y \leq 0$, so ist $a + y \leq a + 0 = a$ und folglich $\mathrm{const}[(a + y)k^{-1}] + \mathfrak{N} \leq \mathrm{const}[ak^{-1}] + \mathfrak{N}$, woraus wegen (1) folgt, daß $y \notin X$ ist. Folglich ist X durch 1 nach unten beschränkt. Somit enthält X eine kleinste Zahl. Diese sei m. Wir setzen nun $n = a + m - 1$. Wegen $m - 1 \notin X$ ist dann $\mathrm{const}[nk^{-1}] + \mathfrak{N} = \mathrm{const}[(a + m - 1)k^{-1}] + \mathfrak{N} \in H$ und aus $m \in X$ folgt $\mathrm{const}[(n + 1)k^{-1}] + \mathfrak{N} = \mathrm{const}[(a + m)k^{-1}] + \mathfrak{N} \notin H$, so daß n die gesuchte ganze Zahl ist.

(3) Ist ν die durch $\nu_i = 2^{-i}$ definierte Folge, so ist $\nu \in \mathfrak{N}$.

Beweis. Es sei $\varepsilon > 0$. Weil $\mathfrak{Q}$ archimedisch angeordnet ist, gibt es ein n mit $\varepsilon^{-1} < n$. Dann ist aber $\varepsilon^{-1} < i < 2^i$ für alle $i \geq n$. Hieraus folgt weiter, daß $2^{-i} < \varepsilon$ ist für alle $i \geq n$. Wegen $0 \leq 2^{-i} < \varepsilon$ ist $|\nu_i| < \varepsilon$ für alle $i \geq n$, so daß ν eine Nullfolge ist, q. e. d.

Es sei a_i die nach (2) eindeutig bestimmt ganze Zahl mit $\mathrm{const}[a_i 2^{-i}] + \mathfrak{N} \in H$ und $\mathrm{const}[(a_i + 1)2^{-i}] + \mathfrak{N} \notin H$. Wir definieren die Folgen r und b durch $r_{i+1} = a_i 2^{-i}$ für $i = 0,1,2,\ldots$ und $b_1 = a_0 = r_1$ sowie $b_{i+2} = a_{i+1} - 2a_i$ für $i = 0,1,2,\ldots$. Dann ist

$$r_{i+1} = a_i 2^{-i} = (b_{i+1} + 2a_{i-1})2^{-i} = b_{i+1}2^{-i+1} + a_{i-1}2^{-i+1} = b_{i+1}2^{-i} + r_i .$$

Hieraus folgt mit vollständiger Induktion

(4) $$r_i = \sum_{j=1}^{i} b_j 2^{1-j} \quad \text{für } i = 1,2,3,\ldots .$$

Es ist $\mathrm{const}[2a_i 2^{-i-1}] + \mathfrak{N} = \mathrm{const}[a_i 2^{-i}] + \mathfrak{N} \in H$. Also ist $2a_i \leq a_{i+1}$. Ferner ist $\mathrm{const}[(2a_i + 2)2^{-i-1}] + \mathfrak{N} = \mathrm{const}[(a_i + 1)2^{-i}] + \mathfrak{N} \notin H$, so daß $2a_i + 2 \geq a_{i+1} + 1 > a_{i+1}$ ist. Daher ist $0 \leq a_{i+1} - 2a_i < 2$, d.h. es gilt

(5) Es ist $b_1 \in \mathbb{Z}$ und $b_{i+2} \in \{0,1\}$ für $i = 0,1,2,\ldots$,

da ja $a_{i+1} - 2a_i = b_{i+2}$ ist.

Bemerkung: Aus dem Mathematikunterricht der Schule weiß man, daß sich die reellen Zahlen nicht nur durch Dezimalbrüche darstellen lassen, sondern daß sie auch eine entsprechende Darstellung im Zweiersystem besitzen. Die Folge b, die wir hier konstruieren, ist nun nichts anderes als die Darstellung von $r + \mathfrak{N}$ in diesem System.

Wegen $b_{i+1} \in \{0,1\}$ ist $0 \leqslant b_{i+1}2^{-i} \leqslant 2^{-i}$ für alle $i \in \mathbb{N}$. Aus $r_{i+1} - r_i = b_{i+1}2^{-i}$ folgt daher

(6) Es ist $0 \leqslant r_{i+1} - r_i \leqslant 2^{-i}$. Insbesondere folgt aus $i \leqslant j$, daß $r_i \leqslant r_j$ ist.

Es sei nun $\varepsilon > 0$ und $n > \varepsilon^{-1}$. Dann ist, wie wir wissen, $2^{-i} < \varepsilon$ für alle $i \geqslant n$. Es sei nun $i,j \geqslant n + 1$. Dann ist, falls o. B. d. A. die Ungleichung $i < j$ gilt,

$$|r_i - r_j| = |\sum_{u=0}^{j-i-1} (r_{i+u} - r_{i+u+1})| \leqslant \sum_{u=0}^{j-i-1} |r_{i+u+1} - r_{i+u}| \leqslant \sum_{u=0}^{j-i-1} 2^{-i-u} =$$

$$2^{-j+1} \sum_{u=0}^{j-i-1} 2^{j-i-1-u} = 2^{-j+1} \sum_{u=0}^{j-i-1} 2^u = 2^{-j+1}(2^{j-i} - 1) < 2^{-i+1} < \varepsilon,$$

da ja $i - 1 \geqslant n$ ist. Also gilt

(7) r ist eine Cauchyfolge.

Ferner gilt

(8) Ist $s_{i+1} = (a_i + 1)2^{-i}$, so ist $\text{const}[r_i] + \mathcal{N} \leqslant r + \mathcal{N} \leqslant \text{const}[s_i] + \mathcal{N}$. Ferner ist $\text{const}[s_{i+1}] - \text{const}[r_{i+1}] + \mathcal{N} = \text{const}[2^{-i}] + \mathcal{N}$.

Beweis. Ist $k \geqslant 0$, so ist nach (6) $r_{i+k} \geqslant r_i$. Hieraus folgt, daß $\text{const}[r_i] + \mathcal{N} \leqslant r + \mathcal{N}$ ist. Damit ist die erste der Ungleichungen bewiesen. Nun ist $s_{i+1} - r_{i+1} = 2^{-i}$ so daß nach (3) $s - r \in \mathcal{N} \subseteq \mathcal{R}$ ist. Daher ist s eine Cauchyfolge. Ferner ist $r_{i+1} = r_i + b_{i+1}2^{-1}$ und $s_{i+1} = r_{i+1} + 2^{-i}$ sowie $s_i = r_i + 2^{-i+1}$. Also ist

$$s_{i+1} = r_i + b_{i+1}2^{-i} + 2^{-i} = s_i - 2^{-i+1} + 2^{-i} + b_{i+1}2^{-i} \leqslant s_i,$$

da nach (5) ja $b_{i+1} \leqslant 1$ ist. Insbesondere ist $s_i - s_{i+k} \geqslant 0$ für alle k, so daß $s + \mathcal{N} \leqslant \text{const}[s_i] + \mathcal{N}$ für alle i gilt. Aus $r - s \in \mathcal{N}$ folgt schließlich $r + \mathcal{N} = s + \mathcal{N} \leqslant \text{const}[s_i] + \mathcal{N}$ für alle i. Also gilt auch die zweite Ungleichung.

Wie wir bereits bemerkten, ist $s_{i+1} - r_{i+1} = 2^{-i}$. Daher ist

$$\text{const}[s_{i+1}] - \text{const}[r_{i+1}] + \mathcal{N} = \text{const}[2^{-i}] + \mathcal{N},$$

q. e. d.

Nun sind wir in der Lage, den Beweis von 7.8 zum Abschluß zu bringen, indem wir beweisen, daß $r + \mathfrak{N}$ eine obere Grenze von H ist. Dazu nehmen wir zunächst an, daß es ein $x + \mathfrak{N} \in H$ gibt mit $r + \mathfrak{N} < x + \mathfrak{N}$. Aus dieser Ungleichung folgt insbesondere, daß $x - r \notin \mathfrak{N}$ ist. Nach 7.3 gibt es daher ein $\varepsilon > 0$ und ein $n \in \mathbb{N}$ mit $|x_i - r_i| \geqslant \varepsilon$ für alle $i \geqslant n$. Aus $r + \mathfrak{N} < x + \mathfrak{N}$ folgt die Existenz eines $m \in \mathbb{N}$ mit $x_i - r_i \geqslant 0$ für alle $i \geqslant m$. Daher ist $x_i - r_i \geqslant \varepsilon$ für alle $i \geqslant \max\{m,n\}$. Weil ν nach (3) eine Nullfolge ist, gibt es ein $k \in \mathbb{N}$ mit $\varepsilon \geqslant 2^{-k}$. Also ist $x_i \geqslant \varepsilon + r_i \geqslant 2^{-k} + r_i$ für alle $i \geqslant \max\{m,n\}$. Hieraus folgt
$r + \mathrm{const}[2^{-k}] + \mathfrak{N} \leqslant x + \mathfrak{N}$.

Mit (8) folgt nun

$$\mathrm{const}[s_{k+1}] + \mathfrak{N} = \mathrm{const}[r_{k+1}] + \mathrm{const}[2^{-k}] + \mathfrak{N} \leqslant r + \mathrm{const}[2^{-k}] + \mathfrak{N} \leqslant x + \mathfrak{N} .$$

Hieraus folgt mit (1) der Widerspruch $\mathrm{const}[s_{k+1}] + \mathfrak{N} \in H$. Also ist $r + \mathfrak{N}$ eine obere Schranke von H. Ist $r + \mathfrak{N}$ keine obere Grenze von H, so gibt es ein $w + \mathfrak{N}$ mit $x + \mathfrak{N} \leqslant w + \mathfrak{N} < r + \mathfrak{N}$ für alle $x + \mathfrak{N} \in H$. Weil ν eine Nullfolge ist, folgt wieder mit Hilfe von 7.3 die Existenz einer natürlichen Zahl i mit
$w + \mathfrak{N} < r - \mathrm{const}[2^{-i}] + \mathfrak{N}$. Nach (8) ist dann

$$w + \mathfrak{N} < r - \mathrm{const}[2^{-i}] + \mathfrak{N} \leqslant \mathrm{const}[s_{i+1}] - \mathrm{const}[2^{-i}] + \mathfrak{N} = \mathrm{const}[r_{i+1}] + \mathfrak{N} ,$$

was wegen $\mathrm{const}[r_{i+1}] + \mathfrak{N} \in H$ ein Widerspruch ist. Also ist $r + \mathfrak{N}$ eine obere Grenze von H und damit von M, q. e. d.

Unser nächstes Ziel ist zu zeigen, daß $\mathbb{R}$ bis auf Isomorphie der einzige archimedisch angeordnete Körper ist, in dem jede nicht-leere, nach oben beschränkte Teilmenge eine obere Grenze besitzt.

Es sei K ein angeordneter Körper und Q sei der Primkörper von K. Nach 6.5 ist $\chi(K) = 0$, so daß nach 5.9 also $Q \cong \mathbb{Q}$ ist. Nach 5.5 gibt es eine Menge Y mit $Y \cap \mathbb{Q} = \emptyset$ und eine Bijektion ρ von $K \setminus Q$ auf Y. Ist σ ein Isomorphismus von $\mathbb{Q}$ auf Q, so definieren wir mit Hilfe von ρ und σ eine Abbildung τ von K auf $\widetilde{K} = Y \cup \mathbb{Q}$ vermöge

$$k^{\tau} = \begin{cases} k^{\rho}, & \text{falls } k \in K \setminus Q, \\ k^{\sigma^{-1}}, & \text{falls } k \in Q. \end{cases}$$

Dann ist τ eine Bijektion von K auf $\widetilde{K}$. Für $k,l \in \widetilde{K}$ definieren wir $k +' l$ und $k * l$

vermöge $k +' l = (k^{\tau^{-1}} + l^{\tau^{-1}})^{\tau}$ bzw. $k * l = (k^{\tau^{-1}} l^{\tau^{-1}})^{\tau}$. Nach 5.2 ist $\tilde{K}$ dann ein zu K isomorpher Körper und τ ist ein Isomorphismus von K auf $\tilde{K}$. Sind $k,l \in \mathbb{Q}$, so ist $k^{\sigma} + l^{\sigma}$, $k^{\sigma} l^{\sigma} \in Q$ und daher

$$k +' l = (k^{\tau^{-1}} + l^{\tau^{-1}})^{\tau} = (k^{\sigma} + l^{\sigma})^{\tau} = (k^{\sigma} + l^{\sigma})^{\sigma^{-1}} = (k + l)^{\sigma\sigma^{-1}} = k + l$$

und

$$k * l = (k^{\tau^{-1}} l^{\tau^{-1}})^{\tau} = (k^{\sigma} l^{\sigma})^{\tau} = (k^{\sigma} l^{\sigma})^{\sigma^{-1}} = (kl)^{\sigma\sigma^{-1}} = kl.$$

Die Verknüpfungen $+'$ und $*$ stimmen also auf $\mathbb{Q}$ mit den bereits vorhandenen Verknüpfungen $+$ und $\cdot$ überein. Wir bezeichnen daher im folgenden die Verknüpfungen auf $\tilde{K}$ wieder mit $+$ und $\cdot$. Ist P der zu der Anordnung von K gehörende Positivbereich von K, so ist P^{τ} ein Positivbereich von $\tilde{K}$. Daher definiert P^{τ} auf $\tilde{K}$ eine Anordnung, die wir ebenfalls mit $\leqslant$ bezeichnen und die die Eigenschaft hat, daß $k \leqslant l$ genau dann gilt, wenn $k^{\tau} \leqslant l^{\tau}$ gilt. Somit sind K und $\tilde{K}$ nicht nur als Körper, sondern sogar als angeordnete Körper isomorph.

$P^{\tau} \cap \mathbb{Q}$ ist ein Positivbereich von $\mathbb{Q}$ und da $\mathbb{Q}$ nach 6.9 genau einen Positivbereich besitzt, ist die Einschränkung der Anordnung von $\tilde{K}$ auf $\mathbb{Q}$ gerade die "natürliche" Anordnung von $\mathbb{Q}$, so daß also $\mathbb{Q}$ mit dieser Anordnung ein angeordneter Teilkörper von $\tilde{K}$ ist.

Nach diesen Entwicklungen können wir im folgenden stets annehmen, daß $\mathbb{Q}$ selbst und nicht nur eine isomorphe Kopie von $\mathbb{Q}$ der Primkörper eines gegebenen angeordneten Körpers K ist, da wir ja ggf. K durch einen Körper $\tilde{K}$ ersetzen können, der $\mathbb{Q}$ enthält und der sogar als angeordneter Körper in dem oben beschriebenen Sinne zu K isomorph ist.

7.9. Hilfssatz. Ist K ein archimedisch angeordneter Körper, so gibt es zu jedem $k \in K$ und zu jedem $\varepsilon \in K$ mit $\varepsilon > 0$ ein $r \in \mathbb{Q}$ mit $|k - r| < \varepsilon$.

Beweis. Weil K archimedisch angeordnet ist, gibt es eine natürliche Zahl n mit $\varepsilon^{-1} < n$. Dann ist $\eta = n^{-1} < \varepsilon$ und η ist eine rationale Zahl. Es sei nun $Y = \{x | x \in \mathbb{Q}, x \leqslant k\}$. Wäre $x + \eta \leqslant k$ für alle $x \in Y$, so wäre $x + \eta \in Y$ für alle $x \in Y$, da $x + \eta$ wegen $\eta \in \mathbb{Q}$ rational ist. Mit vollständiger Induktion folgte $x + m\eta \in Y$ für alle $x \in Y$ und alle natürlichen Zahlen m. Weil K archimedisch angeordnet ist, folgte $\eta \leqslant 0$. Als Inverses einer natürlichen Zahl ist η jedoch größer als Null. Dieser Widerspruch zeigt, daß es ein $r \in Y$ gibt mit $k < r + \eta < r + \varepsilon$. Hieraus folgt $0 \leqslant k - r < \varepsilon$, so daß a fortiori $|k - r| < \varepsilon$ gilt, q. e. d.

7.10. Satz. Ist K ein archimedisch angeordneter Körper, ist $k \in K$ und ist k^σ die Menge der Folgen $f \in \tilde{\mathfrak{R}}$ mit der Eigenschaft, daß es zu jedem $\varepsilon > 0$ ein $n(\varepsilon)$ gibt mit $|k - f_i| < \varepsilon$ für alle $i \geq n(\varepsilon)$, so ist σ ein Isomorphismus von K in $\mathbb{R}$. Darüberhinaus gilt für $k,l \in K$ genau dann $k \leq l$, wenn $k^\sigma \leq l^\sigma$ ist.

Beweis. Es sei $f \in k^\sigma$. Ist dann $\varepsilon > 0$, so gibt es ein $n(\varepsilon)$ mit $|k - f_i| < \frac{1}{2}\varepsilon$ für alle $i \geq n(\varepsilon)$. Sind nun $i,j \geq n(\varepsilon)$, so ist

$$|f_i - f_j| = |f_i - k + k - f_j| \leq |f_i - k| + |f_j - k| < \frac{1}{2}\varepsilon + \frac{1}{2}\varepsilon = \varepsilon.$$

Folglich ist f eine Cauchyfolge.

Weil K archimedisch angeordnet ist, ist die durch $\nu_i = i^{-1}$ definierte Folge eine Nullfolge. Nach 7.9 gibt es nun zu jedem i ein r_i mit $|k - r_i| < i^{-1}$.
Weil ν eine Nullfolge ist, gibt es zu jedem $\varepsilon > 0$ ein $n(\varepsilon)$ mit $i^{-1} < \varepsilon$ für alle $i \geq n(\varepsilon)$. Daher ist $|k - r_i| < \varepsilon$ für alle $i \geq n(\varepsilon)$, so daß $r \in k^\sigma$ ist. Somit ist k^σ nicht leer.

Als nächstes zeigen wir, daß $k^\sigma = r + \mathfrak{N}$ ist. Es sei $f \in k^\sigma$. Ist $\varepsilon > 0$, so gibt es ein $n_f(\varepsilon)$ und ein $n_r(\varepsilon)$ mit $|k - f_i| < \frac{1}{2}\varepsilon$ für alle $i \geq n_f(\varepsilon)$ und $|k - r_i| < \frac{1}{2}\varepsilon$ für alle $i \geq n_r(\varepsilon)$. Ist $n(\varepsilon)$ die größere der beiden Zahlen $n_f(\varepsilon)$ und $n_r(\varepsilon)$, so ist also

$$|r_i - f_i| = |r_i - k + k - f_i| \leq |r_i - k| + |k - f_i| < \frac{1}{2}\varepsilon + \frac{1}{2}\varepsilon = \varepsilon$$

für alle $i \geq n(\varepsilon)$. Daher ist $r - f \in \mathfrak{N}$, so daß $k^\sigma \subseteq r + \mathfrak{N}$ ist. Ist schließlich $g \in \mathfrak{N}$, so gibt es ein $n_r(\varepsilon)$ und ein $n_g(\varepsilon)$ mit $|k - r_i| < \frac{1}{2}\varepsilon$ für alle $i \geq n_r(\varepsilon)$ und $|g_i| < \frac{1}{2}\varepsilon$ für alle $i \geq n_g(\varepsilon)$. Dann ist aber $|k - r_i - g_i| \leq |k - r_i| + |g_i| < \varepsilon$ für alle $i \geq \max\{n_r(\varepsilon), n_g(\varepsilon)\}$, so daß $r + g \in k^\sigma$ ist. Damit ist gezeigt, daß $k^\sigma = r + \mathfrak{N}$ ist.

Es seien $k,l \in K$. Ferner sei $k^\sigma = r + \mathfrak{N}$ und $l^\sigma = s + \mathfrak{N}$. Dann folgt mit der nun schon gut eingeübten Maschinerie aus

$$|k + l - r_i - s_i| \leq |k - r_i| + |l - s_i|$$

und aus

$$|kl - r_i s_i| = |kl - lr_i + lr_i - r_i s_i| \leq |l||k - r_i| + |r_i||l - s_i|,$$

daß $(k + l)^\sigma = r + s + \mathfrak{N} = k^\sigma + l^\sigma$ bzw. $(kl)^\sigma = rs + \mathfrak{N} = k^\sigma l^\sigma$ ist. (Beachte, daß Cauchyfolgen beschränkt sind.) Wegen $1^\sigma = \mathrm{const}[1] + \mathfrak{N}$ ist σ ein nicht trivialer

Homomorphismus von K in $\mathbb{R}$ und damit ein Isomorphismus.

Es bleibt zu zeigen, daß σ ordnungstreu ist. Weil σ schon als injektiv erkannt ist, genügt es dazu zu zeigen, daß $k < l$ genau dann gilt, wenn $k^\sigma < l^\sigma$ ist. Es sei also zunächst $k < l$. Ferner sei $f \in k^\sigma$ und $g \in l^\sigma$ und schließlich sei $l - k = M$. Weil K angeordnet ist, ist $\chi(K) = 0$, so daß $3 \neq 0$ ist. Es gibt daher ein $\eta \in K$ mit $M = 3\eta$. Nun ist $k < l$ und daher $0 < M$, so daß auch $0 < \eta$ gilt. Nach 7.9 gibt es ein $\varepsilon \in \mathfrak{Q}$ mit $|\varepsilon - \frac{1}{2}\eta| < \frac{1}{2}\eta$. Daher ist $-\frac{1}{2}\eta < \varepsilon - \frac{1}{2}\eta < \frac{1}{2}\eta$ und folglich $0 < \varepsilon < \eta$. Weil $\eta > 0$ ist, gibt es $n_1, n_2 \in \mathbb{N}$ mit $|k - f_i| < \eta$ für alle $i \geq n_1$ und $|l - g_i| < \eta$ für alle $i \geq n_2$. Ist $i \geq n = \max\{n_1, n_2\}$, so ist also

$$3\eta = l - k = l - g_i + g_i - f_i + f_i - k \leq |l - g_i| + g_i - f_i + |k - f_i| \leq 2\eta + g_i - f_i .$$

Daher ist $0 < \varepsilon < \eta \leq g_i - f_i$ für alle $i \geq n$, so daß $k^\sigma = f + \mathfrak{N} < g + \mathfrak{N} = l^\sigma$ ist. (Der Leser fragt sich vielleicht verwundert, was eigentlich das ε soll. Um eine Antwort auf diese Frage zu finden, lese er nochmals, wie die hier betrachtete Anordnung von $\mathbb{R}$ definiert wurde.)

Es sei umgekehrt $k^\sigma < l^\sigma$. Ist $f \in k^\sigma$ und $g \in l^\sigma$, so gibt es ein $\varepsilon \in \mathfrak{Q}$ mit $\varepsilon > 0$ und ein $n \in \mathbb{N}$, so daß für alle $i \geq n$ die Ungleichung $\varepsilon \leq g_i - f_i$ erfüllt ist. Es gibt ferner $n_1, n_2 \in \mathbb{N}$ mit $|k - f_i| < \frac{1}{3}\varepsilon$ für alle $i \geq n_1$ und $|l - g_i| < \frac{1}{3}\varepsilon$ für alle $i \geq n_2$. Ist $i \geq \max\{n, n_1, n_2\}$, so ist also

$$l - k = l - g_i + g_i - f_i + f_i - k \geq g_i - f_i - |l - g_i| - |k - f_i| > \frac{1}{3}\varepsilon > 0,$$

so daß $k < l$ ist, q. e. d.

Bemerkung. Bei der Konstruktion der Folge r im zweiten Absatz des Beweises von 7.1o haben wir stillschweigend das Auswahlaxiom benutzt, welches wir erst in Kapitel IV, Abschnitt 4, diskutieren werden.

<u>7.11. Satz.</u> Ist K ein archimedisch angeordneter Körper und hat jede nicht-leere, nach oben beschränkte Menge von K eine obere Grenze, so ist K zu $\mathbb{R}$ isomorph.

Beweis. Es genügt zu zeigen, daß der in 7.10 definierte Isomorphismus von K in $\mathbb{R}$ surjektiv ist. Dazu sei $f + \mathfrak{N} \in \mathbb{R}$. Ferner sei

$$X = \{x \mid x \in K, \text{ es gibt nur endlich viele } i \text{ mit } x \geq f_i\}.$$

Als Cauchyfolge ist f beschränkt. Es gibt also ein $M \in \mathbb{Q}$ mit $-M < f_i < M$ für alle i. Daher ist $-M \in X$ und $x < M$ für alle $x \in X$. Folglich ist X nicht leer und nach oben beschränkt, besitzt also nach unserer Annahme eine obere Grenze k. Es sei $\varepsilon > 0$. Dann ist $k - \frac{1}{2}\varepsilon < k$. Weil k die obere Grenze von X ist, gibt es daher ein $x \in X$ mit $k - \frac{1}{2}\varepsilon < x$. Hieraus folgt, daß es nicht unendlich viele i mit $f_i \leqslant k - \frac{1}{2}\varepsilon$ geben kann. Also ist $k - \frac{1}{2}\varepsilon \in X$. Hieraus folgt die Existenz eines $n_1 \in \mathbb{N}$ mit $k - \frac{1}{2}\varepsilon < f_i$ für alle $i \geqslant n_1$. Wegen $k < k + \frac{1}{2}\varepsilon$ ist $k + \frac{1}{2}\varepsilon \notin X$. Es gibt daher unendlich viele i mit $f_i \leqslant k + \frac{1}{2}\varepsilon$. Angenommen es gäbe auch unendlich viele j mit $f_j \geqslant k + \varepsilon$. Weil f eine Cauchyfolge ist, gibt es ein $n(\varepsilon)$ mit $|f_a - f_b| < \frac{1}{2}\varepsilon$ für alle $a,b \geqslant n(\varepsilon)$. Weil es unendlich viele i mit $f_i \leqslant k + \frac{1}{2}\varepsilon$ gibt und weil wir angenommen haben, daß es unendlich viele j mit $f_j \geqslant k + \varepsilon$ gäbe, gäbe es ein i und ein j mit $i \geqslant n(\varepsilon)$ und $j \geqslant n(\varepsilon)$ und $f_i \leqslant k + \frac{1}{2}\varepsilon$ und $f_j \geqslant k + \varepsilon$. Daher wäre

$$\frac{1}{2}\varepsilon = k + \varepsilon - k - \frac{1}{2}\varepsilon \leqslant f_j - f_i \leqslant |f_j - f_i| < \frac{1}{2}\varepsilon.$$

Dieser Widerspruch zeigt, daß es eine natürliche Zahl n_2 gibt mit $f_i < k + \varepsilon$ für alle $i \geqslant n_2$. Ist nun $i \geqslant \max\{n_1, n_2\}$, so ist

$$k - \varepsilon < k - \frac{1}{2}\varepsilon \leqslant f_i < k + \varepsilon$$

und daher $|k - f_i| < \varepsilon$. Hieraus folgt $f \in k^\sigma$, d.h. $k^\sigma = f + \mathfrak{N}$, q. e. d.

Aufgaben

1) Zeige, daß $\mathrm{Aut}(\mathbb{R}) = \{\mathrm{id}_{\mathbb{R}}\}$ ist.

2) Ist $f + \mathfrak{N} \in \mathbb{R}$, so gibt es genau eine Folge $b_1, b_2, b_3, \ldots$ von ganzen Zahlen mit den folgenden Eigenschaften:

   (a) Es ist $b_1 \in \mathbb{Z}$ und $b_i \in \{0,1\}$ für $i = 2,3,4,\ldots$.

   (b) Zu jeder natürlichen Zahl n gibt es ein $j \geqslant n$ mit $b_j = 0$.

   (c) Ist $r_i = \sum_{j=1}^{i} b_j 2^{1-j}$ für $i = 1,2,3,\ldots$, so ist $f + \mathfrak{N} = r + \mathfrak{N}$.

   (Betrachte $H = \{x + \mathfrak{N} \mid x + \mathfrak{N} \in \mathbb{R}, x + \mathfrak{N} \leqslant f + \mathfrak{N}\}$ und benutze den Beweis von 7.8. Die Folge $b_1 b_2 b_3 \ldots$ heißt die <u>dyadische Entwicklung</u> von $f + \mathfrak{N}$.)

3) Definiere $\tau : \mathbb{R} \to \mathbb{R}$ vermöge

$$k^\tau = \begin{cases} 2^{-1}(1 + k(1 + k)^{-1}) & \text{für } k \geqslant 0, \\ 2^{-1}(1 + k(1 - k)^{-1}) & \text{für } k \leqslant 0. \end{cases}$$

Zeige, daß τ eine Bijektion von $\mathbb{R}$ auf $I = \{x | x \in \mathbb{R}, 0 < x < 1\}$ ist.

4) Es sei $x \in I$ und $b_1b_2b_3\ldots$ sei die dyadische Entwicklung von x. Setze $x^\sigma = \{n | b_{n+1} = 1\}$. Zeige, daß σ eine Bijektion von I auf die Menge der nichtleeren Teilmengen von $\mathbb{N} \cup \{0\}$ ist, deren Komplemente nicht endlich sind.

5) Benutze 3) und 4) sowie Aufgabe 1) von Kapitel I, Abschnitt 4, um eine Bijektion von $\mathbb{R}$ auf $P(\mathbb{N} \cup \{0\})$ anzugeben.

6) Zeige, daß jede positive reelle Zahl ein Quadrat ist.

7) Zeige, daß $\mathbb{R}$ nur eine Anordnung besitzt.

8) Zeige, daß $\mathbb{Q}$ und $\mathbb{R}$ nicht isomorph sind.

8. Die Hensel'schen p-adischen Zahlen. G und H seien Gruppen und ϕ sei ein Homomorphismus von G in H. Ist dann $g \in G$ und $z \in \mathbb{Z}$, so ist $\phi(g^z) = \phi(g)^z$. Ist nämlich $z = 0$, so ist $\phi(g^0) = \phi(e) = e = \phi(g)^0$. Es sei $z > 0$ und es sei bereits gezeigt, daß $\phi(g^{z-1}) = \phi(g)^{z-1}$ ist. Dann ist $\phi(g^z) = \phi(g^{z-1}g) = \phi(g^{z-1})\phi(g) = \phi(g)^{z-1}\phi(g) = \phi(g)^z$. Daher gilt $\phi(g^z) = \phi(g)^z$ für alle nicht-negativen ganzen Zahlen. Ist $z < 0$, so ist $-z > 0$ und daher $\phi(g^z) = \phi((g^{-z})^{-1}) = \phi(g^{-z})^{-1} = (\phi(g)^{-z})^{-1} = \phi(g)^z$.

Sind G und H additiv geschriebene abelsche Gruppen, so bezeichnen wir mit Hom (G,H) die Menge der Homomorphismen von G in H. Ist insbesondere G = H, so ist Hom (G,G) = End (G). Weil durch $\phi(g) = 0$ $(\in H)$ für alle $g \in G$ ein Homomorphismus von G in H definiert wird, ist Hom $(G,H) \neq \emptyset$. Sind $\phi, \psi \in$ Hom (G,H), so definieren wir $\phi + \psi$ vermöge $(\phi + \psi)(g) = \phi(g) + \psi(g)$. Es ist

$$(\phi + \psi)(g + g') = \phi(g + g') + \psi(g + g') = \phi(g) + \phi(g') + \psi(g) + \psi(g') = (\phi + \psi)(g) + (\phi + \psi)(g'),$$

so daß $\phi + \psi \in$ Hom (G,H) ist. Einfache Rechnungen zeigen, daß Hom (G,H) auf diese Weise zu einer abelschen Gruppe wird.

8.1. Satz. Sind G und H zyklische Gruppen der Ordnung m bzw. n, so ist Hom $(G,H) \cong \mathbb{Z}_{(m,n)}(+)$.

Beweis. Es sei $G = \langle g \rangle$. Ferner seien $\phi, \psi \in$ Hom (G,H). Genau dann ist $\phi = \psi$, wenn $\phi(g) = \psi(g)$ ist. Ist nämlich $\phi(g) = \psi(g)$ und ist $g' \in G$, so gibt es eine natürliche Zahl k mit $g' = kg$. Daher ist $\phi(g') = \phi(kg) = k\phi(g) = k\psi(g) = \psi(kg) = \psi(g')$ und folglich $\phi = \psi$. Die Umkehrung ist trivial. Der Homomorphismus $\phi \in \mathrm{Hom}\,(G,H)$ ist also durch $\phi(g)$ vollständig bestimmt. Nun ist $m\phi(g) = \phi(mg) = \phi(0) = 0$, so daß $o(\phi(g))$ ein Teiler von m ist. Wegen $\phi(g) \in H$ ist $o(\phi(g))$ nach II.2.8 auch ein Teiler von n. Daher ist $o(\phi(g))$ ein Teiler von (m,n). Nun enthält H nach II.4.5 genau eine Untergruppe der Ordnung (m,n), die überdies ebenfalls zyklisch ist. Weil $\phi(g) \in U$ ist, ist daher $|\mathrm{Hom}\,(G,H)| \leq |U| = (m,n)$.

Es sei $U = \langle u \rangle$. Wir definieren eine Relation ε zwischen G und U wie folgt: Genau dann ist $(g',u') \in \varepsilon$, wenn es eine natürliche Zahl k gibt mit $g' = kg$ und $u' = ku$. Sind (g',u') und (g',u'') Elemente von ε, so gibt es also natürliche Zahlen a und b mit $g' = ag$ und $u' = au$ sowie $g' = bg$ und $u'' = bu$. Wegen $ag = bg$ ist dann $a \equiv b \bmod m$ und folglich $a \equiv b \bmod (m,n)$. Dies hat wiederum $u' = u''$ zur Folge. Somit ist ε eine Abbildung von G in U. Ferner ist $\varepsilon(ag + bg) = \varepsilon((a + b)g) = (a + b)u = au + bu = \varepsilon(ag) + \varepsilon(bg)$, so daß ε sogar ein Homomorphismus von G in U ist. Weil U eine Untergruppe von H ist, ist $\varepsilon \in \mathrm{Hom}\,(G,H)$. Nun ist $(k\varepsilon)(g) = k\varepsilon(g)$ für alle natürlichen Zahlen k, wie man durch vollständige Induktion leicht nachprüft. Es sei $k\varepsilon = 0$ = Nullhomomorphismus von G in H. Dann ist $0 = (k\varepsilon)(g) = k\varepsilon(g) = ku$. Folglich ist k durch (m,n) teilbar. Hieraus folgt wiederum $(m,n) / o(\varepsilon)$. Andererseits ist $((m,n)\varepsilon)(g) = (m,n)\varepsilon(g) = (m,n)u = 0$, so daß $o(\varepsilon) / (m,n)$ gilt. Also ist $o(\varepsilon) = (m,n)$. Dies besagt wiederum, daß die von ε erzeugte Untergruppe von Hom (G,H) die Ordnung (m,n) hat. Also ist $(m,n) = |\langle \varepsilon \rangle| \leq |\mathrm{Hom}\,(G,H)| \leq (m,n)$, woraus $\langle \varepsilon \rangle = \mathrm{Hom}\,(G,H)$ folgt. Aus II.4.4 folgt nun die Behauptung, q. e. d.

<u>8.2. Satz.</u> Ist G eine zyklische Gruppe der Ordnung n, so ist $\mathrm{End}\,(G) \cong \mathbb{Z}_n$.

Beweis. Ist z eine ganze Zahl, so definieren wir $\phi_z \in \mathrm{End}\,(G)$ vermöge $\phi_z(x) = zx$ für alle $x \in G$. Es ist $\phi_z(x + y) = z(x + y) = zx + zy = \phi_z(x) + \phi_z(y)$, so daß ϕ_z tatsächlich ein Endomorphismus von G ist. Ferner ist $\phi_{z+z'}(x) = (z + z')x = zx + z'x = \phi_z(x) + \phi_{z'}(x) = (\phi_z + \phi_{z'})(x)$ und daher $\phi_{z+z'} = \phi_z + \phi_{z'}$. Weiterhin ist $\phi_{zz'}(x) = (zz')x = z(z'x) = \phi_z(\phi_{z'}(x)) = (\phi_z\phi_{z'})(x)$, so daß auch $\phi_{zz'} = \phi_z\phi_{z'}$ gilt. Also ist ϕ ein Homomorphismus von $\mathbb{Z}$ in End (G). Ist $z \in \mathrm{Kern}(\phi)$, so ist $zx = 0$ für alle $x \in G$. Weil $G = \langle g \rangle$ ist, ist daher $n = o(g)$ ein Teiler von z. Ist umgekehrt n ein Teiler der ganzen Zahl z, so ist $z \in \mathrm{Kern}(\phi)$, d.h. es ist $\mathrm{Kern}(\phi) = n\,\mathbb{Z}$. Nach Satz 3.2 ist folglich $\mathbb{Z}_n = \mathbb{Z}/n\,\mathbb{Z}$ zu einem Unterring U von End (G) isomorph. Nun ist End (G) = Hom (G,G), so daß nach 8.1 die Gleichung $|\mathrm{End}\,(G)| = n$ gilt. Wegen $n = |\mathbb{Z}_n| = |U|$ ist somit U = End (G), so daß $\mathbb{Z}_n \cong \mathrm{End}\,(G)$ ist, q. e. d.

Es sei p eine Primzahl und $H = \{1,p,p^2,p^3,\dots\}$. Dann ist H ein multiplikatives System von $\mathbb{Z}$. Wir betrachten die additive Gruppe des Ringes $Q_H(\mathbb{Z})$. Darin ist $\mathbb{Z}(+)$ eine Untergruppe. Weil $Q_H(\mathbb{Z})(+)$ abelsch ist, ist $\mathbb{Z}(+)$ ein Normalteiler, so daß wir die Faktorgruppe $\mathbb{Z}(p^\infty) = Q_H(\mathbb{Z})(+)/\mathbb{Z}(+)$ bilden können. Die Gruppen $\mathbb{Z}(p^\infty)$ heißen nach H. Prüfer, der diese Gruppen zuerst untersuchte, <u>Prüfergruppen.</u> (Beachte: $\mathbb{Z}(p^\infty)$ ist kein Ring, da $\mathbb{Z}$ kein Ideal von $Q_H(\mathbb{Z})$ ist.) Die Elemente von $\mathbb{Z}(p^\infty)$ haben die Form $z/p^i + \mathbb{Z}$ mit $z \in \mathbb{Z}$. Auf Grund des euklidischen Algorithmus gibt es ganze Zahlen u und r mit $z = up^i + r$ und $0 \leq r < p^i$. Daher ist $z/p^i + \mathbb{Z} = r/p^i + u + \mathbb{Z} = r/p^i + \mathbb{Z}$. Zu jedem $a \in \mathbb{Z}(p^\infty)$ gibt es also eine nicht-negative ganze Zahl i und eine ganze Zahl r mit $0 \leq r < p^i$ und $a = r/p^i + \mathbb{Z}$. Diese Darstellung ist überdies eindeutig.

Ist i eine nicht-negative ganze Zahl, so setzen wir $a_i = 1/p^i + \mathbb{Z}$ und $U_i = \langle a_i \rangle$. Das Nullelement von $\mathbb{Z}(p^\infty)$, welches ja $\mathbb{Z}$ ist, bezeichnen wir mit 0. Es gilt nun:

<u>8.3. Satz.</u> a) Es ist $U_0 \subseteq U_1 \subseteq U_2 \subseteq \dots \subseteq U_i \subseteq U_{i+1} \subseteq \dots$ und $\bigcup_{i=0}^{\infty} U_i = \mathbb{Z}(p^\infty)$ gilt.

b) Ist U eine echte Untergruppe von $\mathbb{Z}(p^\infty)$, so gibt es eine nicht-negative ganze Zahl i mit $U = U_i$.

Beweis. a) Wegen $pa_{i+1} = a_i$ gilt für alle nicht-negativen ganzen Zahlen i die Inklusion $U_i \subseteq U_{i+1}$. Es sei $a \in \mathbb{Z}(p^\infty)$. Dann ist $a = r/p^i + \mathbb{Z} = ra_i \in U_i$, so daß auch $\bigcup_{i=0}^{\infty} U_i = \mathbb{Z}(p^\infty)$ gilt.

b) Wegen $U \neq \mathbb{Z}(p^\infty)$ gibt es ein j mit $a_j \notin U$, da sonst $\mathbb{Z}(p^\infty) = \bigcup_{i=0}^{\infty} U_i \subseteq U$ wäre. Es sei nun $x \in U$. Nach a) ist dann $x = sa_k$. Ist $x = 0$, so ist $x \in U_j$. Es sei also $x \neq 0$. Dann können wir wegen $p^m a_{m+n} = a_n$ annehmen, daß p kein Teiler von s ist. Es gibt dann nach 4.2 eine ganze Zahl s' mit $s's \equiv 1 \bmod p^k$. Hieraus folgt $a_k = s'x \in U$. Wäre nun $k \geq j$, so wäre $p^{k-j}a_k = a_j$ und folglich $a_j \in U$. Also ist $k < j$. Dann ist aber $sp^{j-k}a_j = sa_k = ss'x = x$, so daß $x \in U_j$ gilt. Damit ist $U \subseteq U_j$ gezeigt.

Nun ist $|U_j| = p^j$. Ferner ist U_j zyklisch. Nach II.4.5 sind daher $U_0, U_1, \dots, U_{j-1}, U_j$ die sämtlichen Untergruppen von U_j. Folglich gibt es eine nicht-negative ganze Zahl i mit $U = U_i$, q. e. d.

Setze $\mathbb{H}_p = \text{End}\,(\mathbb{Z}(p^\infty))$. Der Ring $\mathbb{H}_p$ heißt der Ring der ganzen Hensel'schen p-adischen Zahlen oder auch kürzer Ring der ganzen p-adischen Zahlen. Diesen Ring wollen wir nun etwas genauer untersuchen.

8.4. Hilfssatz. Ist $\alpha \in \mathbb{H}_p$, so ist $\alpha(U_i) \subseteq U_i$ für alle i.

Beweis. Es ist $p^i\alpha(x) = \alpha(p^i x) = \alpha(0) = 0$ für alle $x \in U_i$. Hieraus folgt nach 8.3 b), daß $\alpha(x) \in U_i$ ist für alle $x \in U_i$, q. e. d.

8.5. Hilfssatz. Es sei $\alpha \in \mathbb{H}_p$. Genau dann ist $\alpha \in G(\mathbb{H}_p)$, wenn $\alpha(a_1) \neq 0$ ist.

Beweis. Nennt man einen Isomorphismus einer Gruppe auf sich einen Automorphismus dieser Gruppe, so ist α sicher dann ein Automorphismus von $\mathbb{Z}(p^\infty)$, wenn α eine Einheit von $\mathbb{H}_p$ ist. Ist also α eine Einheit, so ist $\text{Kern}(\alpha) = \{0\}$ und folglich $\alpha(a_1) \neq 0$.

Es sei umgekehrt $\alpha(a_1) \neq 0$. Dann ist $\alpha \neq 0$ und daher $\text{Kern}(\alpha) \neq \mathbb{Z}(p^\infty)$. Nach 8.3 b) gibt es also eine nicht-negative ganze Zahl i mit $\text{Kern}(\alpha) = U_i$. Wäre $i \geqslant 1$, so wäre $a_1 \in U_1 \subseteq U_i = \text{Kern}(\alpha)$. Dieser Widerspruch zeigt, daß $i = 0$, d.h., daß $\text{Kern}(\alpha) = \{0\}$ ist. Dies besagt wiederum, daß α injektiv ist. Nach 8.4 ist $\alpha(U_i) \subseteq U_i$. Weil U_i endlich und α injektiv ist, ist $\alpha(U_i) = U_i$. Es sei nun $x \in \mathbb{Z}(p^\infty)$. Nach 8.3 a) gibt es dann ein i mit $x \in U_i$. Wegen $\alpha(U_i) = U_i$ gibt es ein $y \in U_i$ mit $\alpha(y) = x$. Somit ist α bijektiv, d.h. α ist ein Automorphismus von $\mathbb{Z}(p^\infty)$. Weil α bijektiv ist, ist

$$\alpha^{-1}(x) + \alpha^{-1}(y) = \alpha^{-1}\alpha(\alpha^{-1}(x) + \alpha^{-1}(y)) = \alpha^{-1}(\alpha\alpha^{-1}(x) + \alpha\alpha^{-1}(y)) = \alpha^{-1}(x + y).$$

Also ist $\alpha^{-1} \in \mathbb{H}_p$, was wiederum $\alpha \in G(\mathbb{H}_p)$ nach sich zieht, q. e. d.

8.6. Satz. Es sei $\mathfrak{p}_i = \{\alpha | \alpha \in \mathbb{H}_p, U_i \subseteq \text{Kern}(\alpha)\}$ für $i = 0,1,\ldots$. Dann ist $\mathfrak{p}_0 = \mathbb{H}_p$ und $\mathfrak{p}_i$ ist ein Ideal von $\mathbb{H}_p$. Ferner ist $\mathfrak{p}_0 \supseteq \mathfrak{p}_1 \supseteq \mathfrak{p}_2 \supseteq \ldots$ und $\bigcap_{i=0}^{\infty} \mathfrak{p}_i = \{0\}$.

Beweis. $\mathfrak{p}_0 = \mathbb{H}_p$ ist klar. Es seien $\alpha,\beta \in \mathfrak{p}_i$ und $x \in U_i$. Dann ist $(\alpha - \beta)(x) = \alpha(x) - \beta(x) = 0$. Also ist $\alpha - \beta \in \mathfrak{p}_i$. Es sei ferner $\alpha \in \mathfrak{p}_i$ und $\eta \in \mathbb{H}_p$. Dann ist $\eta(x) \in U_i$ für alle $x \in U_i$ (nach 8.4). Also ist $(\alpha\eta)(x) = \alpha(\eta(x)) = 0$. Ferner ist $(\eta\alpha)(x) = \eta(\alpha(x)) = \eta(0) = 0$. Folglich sind $\alpha\eta, \eta\alpha \in \mathfrak{p}_i$. Damit ist gezeigt, daß $\mathfrak{p}_i$ ein Ideal von $\mathbb{H}_p$ ist. Ist $\alpha \in \mathfrak{p}_{i+1}$, so ist $U_i \subseteq U_{i+1} \subseteq \text{Kern}(\alpha)$.

Also ist $\alpha \in \mathfrak{p}_i$ und folglich $\mathfrak{p}_{i+1} \subseteq \mathfrak{p}_i$. Ist schließlich $\alpha \in \bigcap_{i=0}^{\infty} \mathfrak{p}_i$, so ist $U_i \subseteq \mathrm{Kern}(\alpha)$ für alle i. Nach 8.3 a) ist somit $\mathbb{Z}(p^\infty) \subseteq \mathrm{Kern}(\alpha)$, so daß $\alpha = 0$ ist, q. e. d.

8.7. Hilfssatz. Ist $\alpha \in \mathbb{H}_p$, so gibt es eine Folge ganzer Zahlen z_i mit $\alpha(a_i) = z_i a_i$. Ferner gilt $z_{i+1} \equiv z_i \bmod p^i$ für alle natürlichen Zahlen i. Ist umgekehrt eine Folge ganzer Zahlen z_i gegeben und gilt $z_{i+1} \equiv z_i \bmod p^i$ für alle i, so gibt es genau ein $\alpha \in \mathbb{H}_p$ mit $\alpha(a_i) = z_i a_i$.

Beweis. Wegen $\alpha(U_i) \subseteq U_i = \langle a_i \rangle$ gibt es eine ganze Zahl z_i mit $\alpha(a_i) = z_i a_i$. Nun ist

$$\alpha(xa_i + ya_{i+1}) = \alpha(xpa_{i+1} + ya_{i+1}) = (xp + y)z_{i+1}a_{i+1}.$$

Andererseits ist

$$\alpha(xa_i + ya_{i+1}) = x\alpha(a_i) + y\alpha(a_{i+1}) = xz_ia_i + yz_{i+1}a_{i+1} = (xpz_i + yz_{i+1})a_{i+1}.$$

Also ist

$$(xp + y)z_{i+1} \equiv xpz_i + yz_{i+1} \bmod p^{i+1}$$

für alle ganzen Zahlen x und y. Mit $x = 1$ und $y = 0$ erhält man daraus die Kongruenz $pz_{i+1} \equiv pz_i \bmod p^{i+1}$, die wiederum die Kongruenz $z_{i+1} \equiv z_i \bmod p^i$ nach sich zieht.

Es seien umgekehrt z_i ganze Zahlen mit $z_{i+1} \equiv z_i \bmod p^i$ für alle i. Hieraus und aus $z_{i+j} \equiv z_{i+j-1} \bmod p^{i+j-1}$ folgt mit vollständiger Induktion, daß $z_{i+j} \equiv z_i \bmod p^i$ für alle i und j gilt. Wir definieren nun eine binäre Relation α auf $\mathbb{Z}(p^\infty)$. Sind $a,b \in \mathbb{Z}(p^\infty)$, so ist genau dann $(a,b) \in \alpha$, wenn es eine ganze Zahl x und eine natürliche Zahl i gibt mit $a = xa_i$ und $b = xz_ia_i$. Wir zeigen, daß α eine Abbildung von $\mathbb{Z}(p^\infty)$ in sich ist. Dazu seien (a,b) und (a,b') Elemente von α. Es gibt dann ganze Zahlen x und y sowie zwei natürliche Zahlen i und k mit $a = xa_i = ya_k$ und $b = xz_ia_i$ sowie $b' = yz_ka_k$. Wir können o. B. d. A, annehmen, daß $i \leq k$, d.h., daß $k = i + j$ mit $j \geq 0$ ist. Dann ist $a = xp^ja_{i+j} = ya_{i+j}$ und somit $y \equiv xp^j \bmod p^{i+j}$. Ferner ist $z_{i+j} \equiv z_i \bmod p^i$ und daher $z_{i+j}p^j \equiv z_ip^j \bmod p^{i+j}$. Folglich ist
$yz_{i+j} \equiv xp^jz_{i+j} \equiv xz_ip^j \bmod p^{i+j}$.
Also ist $b' = yz_{i+j}a_{i+j} = xz_ip^ja_{i+j} = xz_ia_i = b$. Damit ist gezeigt, daß es zu jedem $a \in \mathbb{Z}(p^\infty)$ höchstens ein $b \in \mathbb{Z}(p^\infty)$ gibt mit $(a,b) \in \alpha$. Andererseits gibt es zu jedem $a \in \mathbb{Z}(p^\infty)$ nach 8.3 a) ein $i > 0$ mit $a \in U_i$. Daher gibt es eine natürliche

Zahl i und eine ganze Zahl x mit $a = xa_i$, so daß $(a, xz_i a_i) \in \alpha$ ist. Damit ist α als Abbildung von $\mathbb{Z}(p^\infty)$ in sich erkannt.

Es seien nun $a, b \in \mathbb{Z}(p^\infty)$ und es sei $a = xa_i$ und $b = ya_k$. Wir können wieder o. B. d. A. annehmen, daß $k = i + j$ mit $j \geq 0$ ist. Dann ist

$$\alpha(a + b) = \alpha(xp^j a_{i+j} + ya_{i+j}) = xp^j z_{i+j} a_{i+j} + yz_{i+j} a_{i+j} = xz_{i+j} a_i + yz_k a_k.$$

Nun ist $z_{i+j} \equiv z_i \bmod p^i$, so daß $z_{i+j} a_i = z_i a_i$ ist. Also ist $\alpha(a + b) = xz_i a_i + yz_k a_k = \alpha(a) + \alpha(b)$. Somit ist $\alpha \in \mathbb{H}_p$.

Die Eindeutigkeit von α folgt schließlich aus der Bemerkung, daß die a_i auf Grund von 8.3 a) ein Erzeugendensystem von $\mathbb{Z}(p^\infty)$ bilden, q. e. d.

Bemerkung. Zum Beweise von 7.8 machten wir die Bemerkung, daß wir bei diesem Beweise das Auswahlaxiom benutzten. Bei dem soeben durchgeführten Beweis erhebt sich ebenfalls die Frage, ob man beim Nachweis der Existenz der Folge der z_i das Auswahlaxiom benutzen muß. Dies ist nicht der Fall, da es unter allen möglichen Folgen eine gibt, die man induktiv konstruieren kann. Es gibt nämlich zu jedem i genau ein $z_i \in \mathbb{Z}$ mit $0 \leq z_i < p^i$ und $\alpha(a_i) = z_i a_i$.

<u>8.8. Hilfssatz</u>. Es sei π der durch $\pi(x) = px$ definierte Endomorphismus von $\mathbb{Z}(p^\infty)$ in sich. Ist $\eta \in \mathcal{P}_i$ jedoch $\eta \notin \mathcal{P}_{i+1}$, so gibt es ein $\rho \in G(\mathbb{H}_p)$ mit $\eta = \rho\pi^i$.

Beweis. Nach 8.7 und der Bemerkung nach 8.7 gibt es eine Folge ganzer Zahlen z_j mit $0 \leq z_j \leq p^j$ und $\eta(a_j) = z_j a_j$. Wegen $\eta \in \mathcal{P}_i$ und $\eta \notin \mathcal{P}_{i+1}$ ist $U_i = \mathrm{Kern}(\eta)$. (Hierbei benutzen wir, daß zwischen U_i und U_{i+1} keine weiteren Untergruppen von $\mathbb{Z}(p^\infty)$ liegen.) Hieraus folgt, daß $z_1 = z_2 = \ldots = z_i = 0$ ist. Nach II.3.6 ist $\eta(U_j)$ für $j > i$ zu U_j/U_i isomorph. Also ist $|\eta(U_j)| = p^{j-i}$, so daß $o(\eta(a_j)) = p^{j-i}$ ist, da ja $\langle\eta(a_j)\rangle = \eta(U_j)$ ist. Hieraus folgt $p^{j-i}z_j \equiv 0 \bmod p^j$ und $p^{j-i-1}z_j \not\equiv 0 \bmod p^j$. Also ist $z_j \equiv 0 \bmod p^i$ für alle $j \geq i$ jedoch $z_j \not\equiv 0 \bmod p^{i+1}$. Wir setzen $z_{i+j} = u_j p^i$ für alle $j \geq 1$. Dann ist $u_j \not\equiv 0 \bmod p$. Ferner gilt $u_{j+k}p^i = z_{i+k+j} \equiv z_{i+k} = u_k p^i \bmod p^{i+k}$, so daß $u_{j+k} \equiv u_k \bmod p^k$ ist. Nach 8.7 gibt es folglich ein $\rho \in \mathbb{H}_p$ mit $\rho(a_j) = u_j a_j$. Nun ist u_1 nicht durch p teilbar. Daher ist $\rho(a_1) \neq 0$, so daß ρ nach 8.5 eine Einheit ist. Schließlich ist $\rho\pi^i(a_j) = \rho(p^i a_j) = \rho(0) = 0 = z_j a_j$ für $j \leq i$ und $\rho\pi^i(a_j) = \rho(p^i a_j) = \rho(a_{j-i}) = u_{j-i}a_{j-i} = u_{j-i}p^i a_j = z_j a_j$ für $j > i$. Nach 8.7 ist daher $\eta = \rho\pi^i$, q. e. d.

<u>8.9. Satz.</u> $\mathbb{H}_p$ ist ein Integritätsbereich.

Beweis. Es seien $\alpha,\beta \in \mathbb{H}_p$. Es gibt dann nach 8.7 Folgen ganzer Zahlen $u_1,u_2,\ldots$ und $z_1,z_2,\ldots$ mit $\alpha(a_i) = u_i a_i$ und $\beta(a_i) = z_i a_i$. Daher ist $\alpha\beta(a_i) = z_i u_i a_i = u_i z_i a_i = \beta\alpha(a_i)$. Hieraus folgt $\alpha\beta = \beta\alpha$, so daß $\mathbb{H}_p$ kommutativ ist.

Es sei ferner $\alpha \neq 0 \neq \beta$. Wegen $\bigcap_{i=0}^{\infty} \mathfrak{p}_i = \{0\}$ gibt es dann natürliche Zahlen i und j mit $\alpha \in \mathfrak{p}_i$, $\alpha \notin \mathfrak{p}_{i+1}$ und $\beta \in \mathfrak{p}_j$, $\beta \notin \mathfrak{p}_{j+1}$. Nach 8.8 gibt es daher Einheiten σ und τ von $\mathbb{H}_p$ mit $\alpha = \sigma\pi^i$ und $\beta = \tau\pi^j$. Hieraus folgt $\alpha\beta = \sigma\tau\pi^{i+j}$, was wiederum $\alpha\beta \in \mathfrak{p}_{i+j}$ und $\alpha\beta \notin \mathfrak{p}_{i+j+1}$ impliziert. Daher ist $\alpha\beta \neq 0$, so daß $\mathbb{H}_p$ in der Tat ein Integritätsbereich ist, q. e. d.

<u>8.10. Satz.</u> Ist $\mathfrak{p}$ ein Ideal von $\mathbb{H}_p$, so ist entweder $\mathfrak{p} = \{0\}$ oder es gibt eine ganze Zahl $i \geq 0$ mit $\mathfrak{p} = \mathfrak{p}_i$. Überdies ist $\mathfrak{p}_i = \pi^i\,\mathbb{H}_p$.

Beweis. Es sei $\xi \in \mathfrak{p}_i$. Ist $\xi = 0$, so ist $\xi \in \pi^i\,\mathbb{H}_p$. Es sei also $\xi \neq 0$. Dann ist $\xi \in \mathfrak{p}_j$ und $\xi \notin \mathfrak{p}_{j+1}$ für ein gewisses j. Wegen $\xi \in \mathfrak{p}_i$ ist $j \geq i$. Nach 8.8 gibt es eine Einheit ρ mit $\xi = \rho\pi^j$. Wegen $j \geq i$ ist $\xi = \pi^i(\rho\pi^{j-i}) \in \pi^i\,\mathbb{H}_p$. Also ist $\mathfrak{p}_i \subseteq \pi^i\,\mathbb{H}_p$. Andererseits ist $\pi^i \in \mathfrak{p}_i$, so daß auch $\pi^i\,\mathbb{H}_p \subseteq \mathfrak{p}_i$ gilt. Folglich ist $\mathfrak{p}_i = \pi^i\,\mathbb{H}_p$.

Es sei nun $\mathfrak{p}$ ein von $\{0\}$ verschiedenes Ideal von $\mathbb{H}_p$. Wegen $\bigcap_{i=0}^{\infty} \mathfrak{p}_i = \{0\}$ gibt es dann ein i mit $\mathfrak{p} \subseteq \mathfrak{p}_i$ und $\mathfrak{p} \not\subseteq \mathfrak{p}_{i+1}$. Hieraus folgt wiederum die Existenz eines Elementes $\eta \in \mathfrak{p}$ mit $\eta \notin \mathfrak{p}_{i+1}$. Nach 8.8 ist dann $\eta = \delta\pi^i$ mit $\delta \in G(\mathbb{H}_p)$. Somit ist $\pi^i = \delta^{-1}\eta \in \mathfrak{p}$, woraus $\mathfrak{p}_i = \pi^i\,\mathbb{H}_p \subseteq \mathfrak{p}$ folgt. Also ist $\mathfrak{p}_i = \mathfrak{p}$, q. e. d.

<u>8.11. Satz.</u> Es ist $\mathbb{H}_p/\mathfrak{p}_1 \cong GF(p)$ und $|\mathfrak{p}_i/\mathfrak{p}_{i+1}| = p$.

Beweis. Wir definieren die Abbildung δ von $\mathbb{H}_p$ in $End(U_1)$ vermöge $\alpha^\delta(x) = \alpha(x)$ für alle $x \in U_1$ und alle $\alpha \in \mathbb{H}_p$. Offenbar ist δ ein Homomorphismus von $\mathbb{H}_p$ in End (U_1) mit dem Kern $\mathfrak{p}_1$. Daher ist $\mathbb{H}_p/\mathfrak{p}_1$ zu einem Unterring R von End (U_1) isomorph (Satz 3.2). Nach 8.2 ist End (U_1) zu $\mathbb{Z}_p = GF(p)$ isomorph. Wegen $\mathbb{H}_p \neq \mathfrak{p}_1$ ist $R \neq \{0\}$ und somit $R = End\ (U_1)$. Folglich ist $\mathbb{H}_p/\mathfrak{p}_1$ zu $GF(p)$ isomorph.

Als nächstes definieren wir einen Homomorphismus η von $\mathfrak{p}_i$ in Hom (U_{i+1},U_1) vermöge $\alpha^\eta(x) = \alpha(x)$ für alle $\alpha \in \mathfrak{p}_i$ und alle $x \in U_{i+1}$. Ist $\alpha \in \mathfrak{p}_{i+1}$, so ist $\alpha(x) = 0$. Ist $\alpha \notin \mathfrak{p}_{i+1}$, so ist Kern $(\alpha) = U_i$, so daß $\alpha(U_{i+1})$ zu U_{i+1}/U_i isomorph ist. Wegen $|U_{i+1}/U_i| = p$ ist daher $|\alpha(U_{i+1})| = p$ und folglich $\alpha(U_{i+1}) = U_1$, da U_1 nach 8.3 die einzige Untergruppe der Ordnung p von $\mathbb{Z}(p^\infty)$ ist. Somit ist η in der Tat eine Abbildung von $\mathfrak{p}_i$ in Hom (U_{i+1},U_1). Eine leichte Rechnung zeigt, daß η ein Homomorphismus mit dem Kern $\mathfrak{p}_{i+1}$ ist. Daher ist $\mathfrak{p}_i/\mathfrak{p}_{i+1}$ zu einer Untergruppe von Hom (U_{i+1},U_1) isomorph, die wegen $\pi^i \notin \mathfrak{p}_{i+1}$ von $\{0\}$ verschieden ist. Nach 8.1 ist schließlich $|\text{Hom}\,(U_{i+1},U_1)| = (p^{i+1},p) = p$, so daß $\mathfrak{p}_i/\mathfrak{p}_{i+1}$ zu Hom (U_{i+1},U_1) isomorph ist, da eine Gruppe der Ordnung p nur die beiden trivialen Untergruppen besitzt, q. e. d.

8.12. Korollar. Sind p und q Primzahlen, so ist genau dann $\mathbb{H}_p \cong \mathbb{H}_q$, wenn $p = q$ ist.

Beweis. Ist $p = q$, so ist $\mathbb{H}_p = \mathbb{H}_q$, so daß in diesem Falle nichts zu beweisen ist. Es sei also $\mathbb{H}_p \cong \mathbb{H}_q$ und σ sei ein Isomorphismus von $\mathbb{H}_p$ auf $\mathbb{H}_q$. Ferner sei $\mathfrak{p}$ das maximale Ideal von $\mathbb{H}_p$ und $\mathfrak{q}$ das maximale Ideal von $\mathbb{H}_q$. Nach 3.3 ist dann $\mathfrak{p}^\sigma = \mathfrak{q}$. Wir definieren nun eine Abbildung ϕ von $\mathbb{H}_p$ in $\mathbb{H}_q/\mathfrak{q}$ vermöge $x^\phi = x^\sigma + \mathfrak{q}$. Wegen $1^\phi = 1^\sigma + \mathfrak{q} = 1 + \mathfrak{q} \neq \mathfrak{q}$ (Wir bezeichnen hier die Eins in $\mathbb{H}_p$ und die Eins in $\mathbb{H}_q$ mit dem gleichen Symbol!) ist ϕ nicht der Nullhomomorphismus, so daß ϕ wegen $|\mathbb{H}_q/\mathfrak{q}| = q$ surjektiv ist, denn q ist ja eine Primzahl. Aus $\mathfrak{p}^\sigma = \mathfrak{q}$ folgt weiter, daß $\mathfrak{p} \subseteq \text{Kern}(\phi)$ ist. Weil $\mathfrak{p}$ maximal und $\text{Kern}(\phi) \neq \mathbb{H}_p$ ist, ist daher $\mathfrak{p} = \text{Kern}(\phi)$. Hieraus folgt mit 3.2 schließlich, daß $\mathbb{H}_p/\mathfrak{p}$ zu $\mathbb{H}_q/\mathfrak{q}$ isomorph ist. Dies hat dann endlich $p = |\mathbb{H}_p/\mathfrak{p}| = |\mathbb{H}_q/\mathfrak{q}| = q$ zur Folge, q. e. d.

Da $\mathbb{H}_p$ ein Integritätsbereich ist, besitzt $\mathbb{H}_p$ einen Quotientenkörper, den wir mit $\mathbb{Q}_p$ bezeichnen. $\mathbb{Q}_p$ heißt der Körper der Hensel'schen p-adischen Zahlen. Unser letztes Ziel dieses Abschnittes ist zu zeigen, daß die Körper der p-adischen Zahlen paarweise nicht isomorph sind.

8.13. Hilfssatz. Ist $\xi \in \mathbb{Q}_p$ und gibt es eine natürliche Zahl m mit $\xi^m = 1$, so ist $\xi \in \mathbb{H}_p$.

Beweis. Es ist $\xi = \eta/\delta$ mit $\eta, \delta \in \mathbb{H}_p$ und $\delta \neq 0$. Dann ist $\delta = \varepsilon\pi^i$, wobei ε eine Einheit und i eine nicht negative ganze Zahl ist. Also ist $\xi = \eta/\delta = (\eta\varepsilon^{-1})/(\delta\varepsilon^{-1}) = (\eta\varepsilon^{-1})/\pi^i$. Wir können daher o. B. d. A. annehmen, daß $\varepsilon = 1$ ist. Dann ist $\eta = \xi\pi^i$ und somit $\eta^m = \pi^{im}$. Weil $\eta \in \mathbb{H}_p$ ist, gibt es eine Einheit ζ und eine nicht-negative ganze Zahl j mit $\eta = \zeta\pi^j$. Hieraus folgt $\zeta^m\pi^{jm} = \pi^{im}$. Wäre $jm < im$, so wäre $\zeta^m = \pi^{im-jm} \in G(\mathbb{H}_p) \cap \mathfrak{p}_1 = \emptyset$, und wäre $jm > im$, so wäre $1 = \zeta^m\pi^{jm-im} \in G(\mathbb{H}_p) \cap \mathfrak{p}_1 = \emptyset$. Also ist $jm = im$ und somit $i = j$. Daher ist $\xi = \eta/\pi^i = (\zeta\pi^i)/\pi^i = \zeta \in \mathbb{H}_p$, q. e. d.

8.14. Hilfssatz. Es gibt genau p - 1 Elemente $\xi \in \mathcal{Q}_p$ mit $\xi^{p-1} = 1$

Beweis. Zunächst zeigen wir, daß es höchstens p - 1 solcher Elemente gibt. Da wir an dieser Stelle noch nichts über Polynome und ihre Nullstellen wissen, wird der Beweis etwas umständlich, was uns jedoch nicht hindern soll, ihn dennoch aufzuschreiben. Es seien $\xi, \eta \in \mathcal{Q}_p$ und es gelte $\xi^{p-1} = \eta^{p-1} = 1$. Dann liegen nach 8.13 die Elemente ξ und η in $\mathbb{H}_p$. Es sei $\xi(a_i) = u_i a_i$ und $0 \leqslant u_i < p^i$ und $\eta(a_i) = z_i a_i$ mit $0 \leqslant z_i < p^i$. Ist $\xi = \eta$, so ist $u_1 = z_1$. Es sei umgekehrt $u_1 = z_1$. Es sei ferner $i \geqslant 1$ und es sei bereits gezeigt, daß $u_i = z_i$ ist. Nach 8.7 gibt es nicht-negative ganze Zahlen x und y mit $u_{i+1} = u_i + xp^i$ und $z_{i+1} = z_i + yp^i$. Hiermit erhält man

$$u_{i+1}^{p-1} = u_i^{p-1} + \sum_{j=1}^{p-1} \binom{p-1}{j} u_i^{p-1-j} x^j p^{ij}$$

und

$$z_{i+1}^{p-1} = z_i^{p-1} + \sum_{j=1}^{p-1} \binom{p-1}{j} z_i^{p-1-j} y^j p^{ij}.$$

Wegen $\xi^{p-1} = 1 = \eta^{p-1}$ ist $u_{i+1}^{p-1} \equiv 1 \equiv z_{i+1}^{p-1} \bmod p^{i+1}$. Daher ist, falls man noch $z_i = u_i$ benutzt

$$0 \equiv \sum_{j=1}^{p-1} \binom{p-1}{j} u_i^{p-1-j} p^{ij} (x^j - y^j) \equiv (p - 1) u_i^{p-2} p^i (x - y) \bmod p^{i+1} .$$

Wegen $u_i^{p-1} \equiv 1 \bmod p^i$ ist $(u_i, p) = 1$. Folglich ist $x - y \equiv 0 \bmod p$. Nun impliziert $0 \leqslant u_{i+1} < p^{i+1}$ bzw. $0 \leqslant z_{i+1} < p^{i+1}$ die Ungleichung $0 \leqslant x < p$ bzw. $0 \leqslant y < p$, so daß wegen $x \equiv y \bmod p$ die Gleichung $x = y$ folgt. Hieraus folgt weiter $u_{i+1} = z_{i+1}$. Somit folgt aus $u_1 = z_1$ für alle natürlichen Zahlen i die Gleichung $u_i = z_i$. Insgesamt erhalten wir: Genau dann ist $\xi = \eta$, falls $\xi(a_1) = \eta(a_1)$ ist. Dies impliziert wiederum, daß es höchstens p solcher Elemente gibt, da die Bilder von a_1 ja alle in U_1 liegen. Nun ist jedoch stets $\xi(a_1) \neq 0$, da andernfalls $a_1 = \xi^{p-1}(a_1) = \xi^{p-2}\xi(a_1) = \xi^{p-2}(0) = 0$ wäre. Daher gibt es höchstens p - 1 Elemente $\xi \in \mathcal{Q}_p$ mit $\xi^{p-1} = 1$.

Es sei nun $1 \leqslant z_1 < p$. Nach 4.3 ist dann $z_1^{p-1} \equiv 1 \bmod p$. Es sei $i \geqslant 1$ und es seien bereits ganze Zahlen $z_1, z_2, \ldots, z_i$ gefunden mit $z_j^{p-1} \equiv 1 \bmod p^j$ für $j = 1,2\ldots,i$ und $z_{j+1} \equiv z_j \bmod p^j$ für $j = 1,2,\ldots,i - 1$. Es sei $z_i^{p-1} = 1 + kp^i$. Wegen $(p, z_i) = 1$ gibt es eine ganze Zahl u mit $(p - 1)z_i^{p-2}u \equiv -k \bmod p$, so daß also $(p - 1)z_i^{p-2}up^i + kp^i \equiv 0 \bmod p^{i+1}$ ist. Setze $z_{i+1} = z_i + up^i$. Dann ist $z_{i+1} \equiv z_i \bmod p^i$ und

$$z_{i+1}^{p-1} = z_i^{p-1} + \sum_{j=1}^{p-1} \binom{p-1}{j} z_i^{p-1-j} u^j p^{ij} \equiv 1 + kp^i + (p - 1)z_i^{p-2}up^i \equiv 1 \bmod p^{i+1}.$$

Es gibt also eine Folge $z_1, z_2, z_3, \dots$ ganzer Zahlen mit $z_{i+1} \equiv z_i \bmod p^i$ und $z_i^{p-1} \equiv 1 \bmod p^i$ für alle natürlichen Zahlen i. Nach 8.7 gibt es ein $\xi \in \mathbb{H}_p$ mit $\xi(a_i) = z_i a_i$ für alle i. Hieraus folgt $\xi^{p-1}(a_i) = z_i^{p-1} a_i = a_i$, so daß $\xi^{p-1} = 1$ ist. Hieraus und aus $\xi(a_1) = z_1 a_1$ folgt, daß es wenigstens $p - 1$ solcher ξ gibt, q. e. d.

8.15. Hilfssatz. Ist $E = \{\xi | \xi \in \mathbb{Q}_p, m \in \mathbb{N}, \xi^m = 1\}$, so ist $|E| = p - 1$, falls $p > 2$ ist, und $|E| = 2$, falls $p = 2$ ist.

Beweis. Es sei $\xi \neq 1 = \xi^m$. Wir können annehmen, daß m die Ordnung von ξ in der multiplikativen Gruppe von $\mathbb{Q}_p$ ist. Nach 8.14 genügt es zu zeigen, daß entweder $m = 2 = p$ oder m ein Teiler von $p - 1$ ist. Es sei q eine m teilende Primzahl, die nicht in $p - 1$ aufgeht. Ferner sei $\zeta = \xi^{mq^{-1}}$. Dann ist $\zeta^q = 1 \neq \zeta$. Es sei $\zeta(a_i) = z_i a_i$ und o. B. d. A. gelte $0 \leqslant z_i < p^i$. Dann ist $a_i = \zeta^q(a_i) = z_i^q a_i$. Weil $\zeta \neq 1$ ist, gibt es ein z_i mit $z_i \not\equiv 1 \bmod p^i$. Hieraus und aus $z_i^q \equiv 1 \bmod p^i$ folgt, daß $o(z_i + p^i \mathbb{Z}) = q$ ist, so daß q nach 4.3 und II.2.8 ein Teiler von $\phi(p^i) = p^{i-1}(p - 1)$ ist. Weil q kein Teiler von $p - 1$ ist, ist q ein Teiler von p^{i-1}, so daß $q = p$ ist, da q ja eine Primzahl ist.

Nach dem Fermat'schen Satz ist $z_1^p \equiv z_1 \bmod p$, so daß $z_1 = 1$ ist. Es sei i die kleinste natürliche Zahl, für die $z_{i+1} \neq 1$ ist. Dann ist

$$z_{i+2}^p = (z_{i+1} + vp^{i+1})^p = z_{i+1}^p + \sum_{j=1}^{p} \binom{p}{j} z_{i+1}^{p-j} v^j p^{(i+1)j} \equiv z_{i+1}^p \bmod p^{i+2}.$$

Also ist $z_{i+1}^p \equiv 1 \bmod p^{i+2}$. Wegen $z_i = 1$ ist daher

$$1 \equiv z_{i+1}^p = (z_i + up^i)^p = (1 + up^i)^p = 1 + \sum_{j=1}^{p} \binom{p}{j} u^j p^{ij} \bmod p^{i+2}.$$

Wäre $i \geqslant 2$, so folgte hieraus $0 \equiv pup^i \bmod p^{i+2}$, da ja dann $p^{ji} \equiv 0 \bmod p^{i+2}$ für $j \geqslant 2$ wäre. Hieraus folgte $u \equiv 0 \bmod p$, so daß $z_{i+1} = 1 + up^i \equiv 1 \bmod p^{i+1}$ wäre, was wegen $1 \leqslant z_{i+1} < p^{i+1}$ die Gleichung $z_{i+1} = 1$ nach sich zöge. Dieser Widerspruch zeigt, daß $i = 1$ ist. Dies impliziert wiederum die Kongruenz $0 \equiv \binom{p}{1}up + \binom{p}{2}u^2p^2 \bmod p^3$, d.h. es ist $0 \equiv up^2 + \frac{1}{2}(p - 1)u^2p^3 \bmod p^3$. Wäre $p > 2$, so wäre p ungerade und daher $0 \equiv up^2 \bmod p^3$, woraus wieder der Widerspruch $u \equiv 0 \bmod p$ folgte. Also ist $p = 2$.

Es sei weiterhin $p > 2$. Ist dann $1 \neq \xi \in E$, so ist also jeder Primteiler von $o(\xi)$ ein Teiler von $p - 1$. Es sei wieder $\xi(a_i) = z_i a_i$. Ferner sei $m = o(\xi)$. Dann ist $a_i = \xi^m(a_i) = z_i^m a_i$. Folglich ist $z_i^m \equiv 1 \bmod p^i$. Hieraus folgt, daß $n_i = o(z_i + p^i \mathbb{Z})$ ein Teiler von m ist. Dies wiederum hat zur Folge, daß $(n_i, p) = 1$ ist. Nun ist n_i ein Teiler von $\phi(p^i) = p^{i-1}(p - 1)$ und damit von $p - 1$. Also ist $z_i^{p-1} \equiv 1 \bmod p^i$

und dies impliziert $\xi^{p-1} = 1$. Damit ist im Falle $p > 2$ gezeigt, daß $E = \{\xi | \xi \in \mathbb{Q}_p, \xi^{p-1} = 1\}$ ist, so daß in diesem Falle in der Tat $|E| = p - 1$ ist.

Es sei nun $p = 2$. Wegen $1 \neq -1 \in \mathbb{Q}_2$ und $(-1)^2 = 1$ ist $|E| \geq 2$. Es sei $\xi \in E$ und $\xi \neq 1,-1$. Dann ist $o(\xi) = 2^r$ mit $r \geq 2$, da aus $\xi^2 = 1$ ja $\xi = 1$ oder -1 folgt. Setze $\eta = \xi^{2^{r-2}}$. Dann ist $o(\eta) = 4$. Wegen $1 \neq \eta^2$ und $(\eta^2)^2 = 1$ ist $\eta^2 = -1$. Es sei $\eta(a_i) = z_i a_i$. Wegen $\eta^2 = -1$ folgt $z_i^2 \equiv -1 \bmod 2^i$. Nun ist $0 \leq z_2 \leq 3$ und somit $z_2^2 \not\equiv -1 \bmod 4$, so daß es ein solches η nicht geben kann. Also ist $|E| = 2$, q. e. d.

<u>8.16. Satz.</u> p und q seien Primzahlen. Genau dann ist $\mathbb{Q}_p$ zu $\mathbb{Q}_q$ isomorph, wenn $p = q$ ist.

Beweis. Dies folgt unmittelbar aus 8.15 außer im Falle $\{p,q\} = \{2,3\}$, da ja $3 - 1 = 2$ ist. Es sei also $p = 2$ und $q = 3$. Es sei $z_1 = 1$. Dann ist $z_1^3 + z_1 + 1 \equiv 0 \bmod 3$. Es seien bereits ganze Zahlen $z_1,\ldots,z_i$ gefunden, für die $z_j^3 + z_j + 1 \equiv 0 \bmod 3^j$ sowie $z_j \equiv z_{j-1} \bmod 3^{j-1}$ gilt. Es sei $z_i^3 + z_i + 1 = k3^i$. Setze $z_{i+1} = z_i - k3^i$. Dann ist erstens $z_{i+1} \equiv z_i \bmod 3^i$ und zweitens

$$z_{i+1}^3 = z_i^3 - 3z_i^2 k3^i + 3z_i k^2 3^{2i} - k^3 3^{3i} \equiv z_i^3 \bmod 3^{i+1}.$$

Daher ist

$$z_{i+1}^3 + z_{i+1} + 1 \equiv z_i^3 + z_i - k3^i + 1 = 0 \bmod 3^{i+1}.$$

Nach 8.7 gibt es nun ein $\eta \in \mathbb{H}_3$ mit $\eta(a_i) = z_i a_i$. Dann ist aber $(\eta^3 + \eta + 1)(a_i) = (z_i^3 + z_i + 1)a_i = 0$, so daß $\eta^3 + \eta + 1 = 0$ ist.

Es sei nun $\zeta \in \mathbb{Q}_2$ und $\zeta^3 + \zeta + 1 = 0$. Es sei ferner $\zeta = \delta/\pi^i$ mit $\delta \in \mathbb{H}_2$ und $i \geq 0$. Dann ist $\delta^3 + \delta\pi^{2i} + \pi^{3i} = 0$. Schließlich sei $\delta = \lambda\pi^j$ mit $\lambda \in G(\mathbb{H}_2)$ und $j \geq 0$. Dann ist $\lambda^3\pi^{3j} + \lambda\pi^{2i+j} + \pi^{3i} = 0$. Hieraus folgt $i = j$ (Beweis!), so daß $\lambda^3 + \lambda + 1 = 0$ ist. Wegen $\lambda \in \mathbb{H}_2$ ist $\bar{\lambda} = \lambda + \mathfrak{p}_1 \in \mathbb{H}_2/\mathfrak{p}_1$. Weil die Abbildung $^-$ ein Homomorphismus von $\mathbb{H}_2$ auf $\mathbb{H}_2/\mathfrak{p}_1$ ist, folgt $\bar{\lambda}^3 + \bar{\lambda} + \bar{1} = \bar{0}$. Nun hat $\mathbb{H}_2/\mathfrak{p}_1$ genau zwei Elemente, nämlich $\bar{0}$ und $\bar{1}$. Wegen $\bar{1} + \bar{1}^3 = \bar{0} = \bar{0} + \bar{0}^3$ ist daher $\bar{0} = \bar{\lambda}^3 + \bar{\lambda} + \bar{1} = \bar{1}$. Dieser Widerspruch zeigt, daß es in $\mathbb{Q}_2$ kein Element ζ mit $\zeta^3 + \zeta + 1 = 0$ gibt. Folglich sind auch $\mathbb{Q}_2$ und $\mathbb{Q}_3$ nicht isomorph, q. e. d.

Aufgaben

1) Jedes homomorphe Bild von $\mathbb{Z}(p^\infty)$, welches mindestens zwei Elemente enthält, ist zu $\mathbb{Z}(p^\infty)$ isomorph.

2) Jeder von Null verschiedene Endomorphismus von $\mathbb{Z}(p^\infty)$ ist surjektiv.

3) Zeige, daß es zu jeder natürlichen Zahl n und zu jedem $a \in \mathbb{Z}(p^\infty)$ ein $x \in \mathbb{Z}(p^\infty)$ gibt mit $nx = a$. (Hinweis: Betrachte den Endomorphismus $y \to ny$.)

4) $\mathbb{Z}(p^\infty)$ ist lokal zyklisch.

5) Ist $0 \neq x \in \mathbb{H}_p$, so setzen wir $d(x) = i$, falls $x \in \mathfrak{p}_i$ aber $x \notin \mathfrak{p}_{i+1}$ ist. d ist eine Abbildung von $\mathbb{H}_p^*$ in $\mathbb{Z}$ mit den Eigenschaften:

(a) $d(x) \geq 0$ für alle $x \in \mathbb{H}_p^*$.

(b) $d(x) \leq d(xy)$ für alle $x,y \in \mathbb{H}_p^*$.

(c) Sind $r,s \in \mathbb{H}_p^*$, so gibt es $u,v \in \mathbb{H}_p$ mit $r = us + v$ und $v = 0$ oder $d(v) < d(s)$.

6) Es sei p eine Primzahl und $K = GF(p)$. Ferner sei $U = \{x^2 | x \in K^*\}$. Zeige, daß U eine Untergruppe von K^* ist und daß für $p > 2$ der Index von U in K^* gleich 2 ist.

7) Es sei $p > 2$ und a sei ein nach Aufgabe 6) und 8.11 existierendes Element von $\mathbb{H}_p$ mit der Eigenschaft, daß $a + \mathfrak{p}_1$ kein Quadrat in $\mathbb{H}_p / \mathfrak{p}_1$ ist. Sind dann $x_0,x_1,x_2,x_3 \in \mathbb{Q}_p$ und ist $x_0^2 - ax_1^2 - \pi(x_2^2 - ax_3^2) = 0$, so ist $x_0 = x_1 = x_2 = x_3 = 0$. (Hinweis: Man nehme an, daß dies nicht der Fall ist. Ist $x_i = 0$, so sei $d(x_i) = \infty$, ist $x_i \neq 0$, so ist $x_i = \zeta_i \pi^{d(x_i)}$ mit $d(x_i) \in \mathbb{Z}$ und $\zeta_i \in G(\mathbb{H}_p)$. Man multipliziere die Gleichung $x_0^2 - ax_1^2 - \pi(x_2^2 - ax_3^2) = 0$ mit π^{2n}, wobei $-n = \min\{d(x_0),d(x_1),d(x_2),d(x_3)\}$ ist. Dann gehe man zu $\mathbb{H}_p / \mathfrak{p}_1$ über.)

8) (Für fleissige Rechner) Es sei $p > 2$ und es sei $a \in \mathbb{H}_p$ so gewählt, daß $a + \mathfrak{p}_1$ kein Quadrat in $\mathbb{H}_p / \mathfrak{p}_1$ ist. Schließlich sei $D_p = \mathbb{Q}_p \times \mathbb{Q}_p \times \mathbb{Q}_p \times \mathbb{Q}_p$. Auf D_p definieren wir eine Addition vermöge

$$(x_0,x_1,x_2,x_3) + (y_0,y_1,y_2,y_3) = (x_0 + y_0, x_1 + y_1, x_2 + y_2, x_3 + y_3)$$

und eine Multiplikation durch

$$(x_0,x_1,x_2,x_3)(y_0,y_1,y_2,y_3) = (z_0,z_1,z_2,z_3),$$

wobei

$$\begin{aligned} z_0 &= x_0y_0 + ax_1y_1 + \pi x_2y_2 - a\pi x_3y_3, \\ z_1 &= x_0y_1 + x_1y_0 + \pi x_2y_3 - \pi x_3y_2, \\ z_2 &= x_0y_2 + x_2y_0 - ax_1y_3 + ax_3y_1, \\ z_3 &= x_0y_3 + x_3y_0 - x_1y_2 + x_2y_1 \end{aligned}$$

ist.

Zeige, daß D_p mit diesen beiden Verknüpfungen ein nicht-kommutativer Körper ist, dessen Zentrum zu $\mathbb{Q}_p$ isomorph ist. Zeige ferner, daß D_p und D_q genau dann isomorph sind, wenn $p = q$ ist. (Hinweis: Zeige zunächst, daß D_p ein Ring ist, und berechne anschließend $(x_0,x_1,x_2,x_3)(x_0,-x_1,-x_2,-x_3)$.)

9) Definiere eine Abbildung α von D_p in sich vermöge $(x_0,x_1,x_2,x_3)^\alpha = (x_0,-x_1,-x_2,-x_3)$. Zeige, daß α bijektiv ist und daß für alle $x,y \in D_p$ die Gleichungen $(x + y)^\alpha = x^\alpha + y^\alpha$ sowie $(xy)^\alpha = y^\alpha x^\alpha$ gelten. (α ist ein <u>Antiautomorphismus</u> von D_p.)

<u>9. Euklidische Ringe</u>. Es sei R ein Integritätsbereich. Ferner sei $R^* = R \setminus \{0\}$. Wir nennen R einen <u>euklidischen Ring</u>, falls es eine Abbildung $d : R^* \to \mathbb{Z}$ mit den folgenden Eigenschaften gibt:

(1) $d(r) \geqslant 0$ für alle $r \in R^*$.

(2) $d(r) \leqslant d(sr)$ für alle $r,s \in R^*$.

(3) Sind $r,s \in R^*$, so gibt es $u,v \in R$ mit $r = us + v$ und $v = 0$ oder $d(v) < d(s)$.

Beispiele. 1) $R = \mathbb{Z}$ und $d(r) = |r|$ für alle $r \in \mathbb{Z}^*$.

2) $R = \mathbb{H}_p$ und $d(r) = i$, falls $r \in \mathfrak{p}_i$ jedoch $r \notin \mathfrak{p}_{i+1}$ ist.

Ist R ein Ring und I ein Ideal von R, gibt es ferner ein $a \in R$ mit $I = aR = \{ar | r \in R\}$, so heißt I ein <u>Hauptideal</u>. Sind alle Ideale von R Hauptideale, so heißt R ein <u>Hauptidealring</u>. $\mathbb{Z}$ und $\mathbb{H}_p$ sind Hauptidealringe.

<u>9.1. Satz.</u> R sei ein euklidischer Ring und I sei ein Ideal von R. Ist $0 \neq a \in I$, so ist genau dann $I = aR$, falls $d(a) \leqslant d(b)$ ist für alle $b \in I \setminus \{0\}$. Insbesondere folgt, daß R ein Hauptidealring ist.

Beweis. Es sei $0 \neq a \in I$ und $d(a) \leqslant d(b)$ für alle $b \in I \setminus \{0\}$. Ist $b \in I \setminus \{0\}$, so gibt es $r,s \in R$ mit $b = ra + s$ und $s = 0$ oder $d(s) < d(a)$. Nun ist $s = b - ra \in I$. Wäre $s \neq 0$, so wäre also $d(s) < d(a) \leqslant d(s)$. Dieser Widerspruch zeigt, daß $s = 0$ ist. Folglich ist $I \subseteq aR$. Wegen $a \in I$ ist andererseits $aR \subseteq I$, so daß $I = aR$ ist. Ist umgekehrt $0 \neq a \in I$ und $I = aR$, ist ferner $0 \neq x \in I$, so ist $x = ar$ mit $r \neq 0$ und daher $d(a) \leqslant d(ar) = d(x)$.

Es sei nun I ein Ideal von R. Ist $I = \{0\}$, so ist $I = 0R$. Es sei also $I \neq \{0\}$. Dann ist die Menge $M = \{d(b) | b \in I \setminus \{0\}\}$ nicht leer und nach unten durch 0 beschränkt. Es gibt also ein $m \in M$ mit $m \leqslant x$ für alle $x \in M$. Aus der Definition von M folgt die

Existenz eines $a \in I \setminus \{0\}$ mit $d(a) = m \leqslant d(b)$ für alle $b \in I \setminus \{0\}$. Folglich ist $I = aR$, d.h. I ist in jedem Fall ein Hauptideal, q. e. d.

Bemerkung: Es gibt Hauptidealringe, die keine euklidischen Ringe sind (s.T.Motzkin, The euclidean algorithm. Bull. Am. Math. Soc. 55 (1949), 1142-1146).

9.2. Satz. Ist R ein euklidischer Ring, so besitzt R eine Eins.

Beweis. R ist ein Ideal. Weil R nach 9.1 ein Hauptideal ist, gibt es ein $a \in R$ mit $aR = R$. Hieraus folgt die Existenz eines Elementes $1 \in R$ mit $a1 = a$. Ist $x \in R$, so ist $x = ay$ mit $y \in R$. Daher ist $1x = x1 = (ay)1 = a1y = ay = x$, d.h. 1 ist ein neutrales Element bez. der Multiplikation, q. e. d.

Sind $a,b \in R$, so heißt a ein Teiler von b, falls $b = ar$ mit $r \in R$ ist. Ist a ein Teiler von b und b ein Teiler von c, so ist a auch ein Teiler von c. Ist a ein Teiler von b und c, so teilt a auch $b + c$ und $b - c$. Ist a ein Teiler von b, so auch von bx für alle $x \in R$.

Sind $a,b,d \in R$, so heißt d ein größter gemeinsamer Teiler von a und b, falls

(1) d sowohl a als auch b teilt

und falls

(2) jeder gemeinsame Teiler von a und b auch d teilt.

9.3. Satz. Ist R ein euklidischer Ring und sind $a,b \in R$, so haben a und b einen größten gemeinsamen Teiler. Genau dann ist d ein größter gemeinsamer Teiler von a und b, wenn $aR + bR = dR$ ist.

Beweis. $aR + bR$ ist ein Ideal von R. Daher ist $aR + bR = dR$ für ein geeignetes $d \in R$, da R nach 9.1 ja ein Hauptidealring ist. Wegen $a = a1 \in aR \subseteq aR + bR = dR$ ist $a = dr$. Ebenso folgt $b = ds$, so daß (1) erfüllt ist. Ferner ist $d = d1 \in dR = aR + bR$ und folglich $d = aa' + bb'$. Ist nun c ein gemeinsamer Teiler von a und b, so ist c auch ein Teiler von $aa' + bb' = d$. Also ist d ein größter gemeinsamer Teiler von a und b. Damit ist die Existenz eines größten gemeinsamen Teilers von a und b bewiesen. Ferner ist gezeigt, daß jedes Element d, für welches $aR + bR = dR$ gilt, ein größter gemeinsamer Teiler von a und b ist.

Es sei weiterhin $aR + bR = dR$. Ferner sei e ein größter gemeinsamer Teiler von a und b. Dann ist e insbesondere ein gemeinsamer Teiler von a und b, so daß e ein Teiler von d ist. Daher ist $d = er \in eR$ und folglich $dR \subseteq eR$. Weil e ein größter gemeinsamer

Teiler ist, folgt ebenso, daß d ein Teiler von e ist, woraus wiederum $eR \subseteq dR$ folgt. Also ist $aR + bR = dR = eR$, q. e. d.

Aus 9.3 folgt unmittelbar

9.4. Korollar. Ist R ein euklidischer Ring, sind $a,b \in R$ und ist d ein größter gemeinsamer Teiler von a und b, so gibt es $a',b' \in R$ mit $d = aa' + bb'$.

9.5. Hilfssatz. Ist R ein Integritätsbereich mit 1, sind $a,b \in R^*$ und ist a ein Teiler von b und b ein Teiler von a, so folgt aus $a = ub$, daß $u \in G(R)$ ist.

Beweis. Es ist $b = va$ und daher $(1 - uv)a = a - uva = a - ub = a - a = 0$. Wegen $a \neq 0$ folgt hieraus $1 - uv = 0$, so daß $uv = vu = 1$ ist, q. e. d.

9.6. Hilfssatz. R sei ein euklidischer Ring. Ferner seien $a,b \in R^*$. Genau dann ist $b \in G(R)$, wenn $d(a) = d(ab)$ ist. Insbesondere ist genau dann $b \in G(R)$, wenn $d(b) = d(1)$ ist.

Beweis. Ist $b \in G(R)$, so ist $d(ab) \leqslant d(abb^{-1}) = d(a) \leqslant d(ab)$ und folglich $d(ab) = d(a)$. Es sei umgekehrt $d(a) = d(ab)$. Dann ist $ab \in aR = I$ und folglich $d(ab) = d(a) \leqslant d(c)$ für alle $c \in I$ mit $c \neq 0$. Nach 9.1 ist daher $abR = aR$. Also ist $a = abb'$, woraus $bb' = 1$ und damit $b \in G(R)$ folgt. Setzt man insbesondere $a = 1$, so folgt, daß b genau dann in G(R) liegt, wenn $d(1) = d(1b) = d(b)$ ist, q. e. d.

R sei ein euklidischer Ring. Die beiden Elemente $a,b \in R^*$ heißen teilerfremd, falls $aR + bR = R$ ist. Nach 9.3 sind a und b also genau dann teilerfremd, wenn 1 ein größter gemeinsamer Teiler von a und b ist.

9.7. Hilfssatz. Ist R ein euklidischer Ring und sind a und c zwei teilerfremde Elemente von R und ist c ein Teiler von ab, so ist c ein Teiler von b.

Beweis. Nach 9.4 gibt es $a',c' \in R$ mit $1 = aa' + cc'$. Daher ist $b = aba' + cbc'$. Weil c sowohl cb als auch ab teilt, ist c ein Teiler von $aba' + cbc' = b$, q. e. d.

R sei ein euklidischer Ring. Das Element $p \in R^* \setminus G(R)$ heißt Primelement von R, falls aus $a,b \in R$ und $ab = p$ entweder $a \in G(R)$ oder $b \in G(R)$ folgt.

9.8. Korollar. Ist R ein euklidischer Ring, sind $a_1,\dots,a_n \in R$ und ist p ein Primelement von R, welches $\prod_{i=1}^{n} a_i$ teilt, so gibt es ein $i \in \{1,2,\dots,n\}$ mit $p \,/\, a_i$.

Beweis. Wir machen Induktion nach n. Ist n = 1, so ist nichts zu beweisen. Es sei also n > 1. Ist p ein Teiler von a_n, so ist wiederum nichts zu beweisen. Es sei also p kein Teiler von a_n. Ferner sei d ein größter gemeinsamer Teiler von a_n und p, sowie p = de und $a_n = dc$. Wäre $d \notin G(R)$, so wäre $e \in G(R)$, da p ja ein Primelement ist. Folglich wäre $a_n = dc = dee^{-1}c = pe^{-1}c$, so daß p doch ein Teiler von a_n wäre. Also ist $d \in G(R)$. Hieraus folgt dR = R, so daß a_n und p nach 9.3 teilerfremd sind. Aus 9.7 folgt nun, daß p ein Teiler von $\prod_{i=1}^{n-1} a_i$ ist. Nach Induktionsannahme gibt es daher ein $i \in \{1,2,\dots,n-1\}$ mit $p \,/\, a_i$, q. e. d.

9.9. Satz von der eindeutigen Primfaktorzerlegung. Es sei R ein euklidischer Ring. Ist $0 \neq r \in R \setminus G(R)$, so gibt es endlich viele Primelemente $p_1,\dots,p_n$ von R mit $r = \prod_{i=1}^{n} p_i$. Sind $q_1,\dots,q_m$ ebenfalls Primelemente von R mit $r = \prod_{i=1}^{m} q_i$, so ist n = m und es gibt Einheiten $e_1,\dots,e_n$ in R sowie ein $\sigma \in S_n$ mit $p_i = e_i q_{i\sigma}$.

Beweis. Wir zeigen zunächst, daß sich jedes von Null verschiedene Element aus $R \setminus G(R)$ als Produkt von endlich vielen Primelementen schreiben läßt. Dazu nehmen wir an, daß das nicht der Fall ist. Dann gibt es unter den von Null verschiedenen Nichteinheiten, die nicht Produkt von endlich vielen Primelementen sind, ein r, für welches d(r) minimal ist. Sicherlich ist r kein Primelement. Es gibt daher Elemente $a,b \in R^* \setminus G(R)$ mit r = ab. Nach 9.6 ist d(a) < d(ab) = d(r) und d(b) < d(ba) = d(r). Weil a und b keine Einheiten sind, gibt es folglich Primelemente $p_1,\dots,p_i$ und $p_{i+1},\dots,p_n$ mit $a = \prod_{j=1}^{i} p_j$ und $b = \prod_{j=i+1}^{n} p_j$. Daher ist $r = ab = \prod_{j=1}^{n} p_j$. Dieser Widerspruch zeigt, daß jedes Element aus $R^* \setminus G(R)$ Produkt von endlich vielen Primelementen ist.

Sind $x_1,\dots,x_n$ irgendwelche Primelemente von R, so gilt nach 9.6 die Ungleichung $d(1) < d(x_1)$. Daher ist $d(1) < d(\prod_{i=1}^{n} x_i)$. Nach 9.6 ist daher $d(e) < d(\prod_{i=1}^{n} x_i)$ für alle Einheiten e von R. Somit ist das Produkt von endlich vielen Primelementen von R niemals eine Einheit.

Um die Eindeutigkeitsaussage von 9.9 zu beweisen, sei nun $\prod_{i=1}^{n} p_i = \prod_{i=1}^{m} q_i$. Ist n = 1, so ist $p_1 = q_1 \prod_{i=2}^{m} q_i$. Wäre m > 1, so wäre $\prod_{i=2}^{m} q_i$ eine Einheit, da q_1 ja keine Einheit ist. Dies steht jedoch im Widerspruch zu unserer Bemerkung, daß das Produkt von endlich vielen Primelementen niemals eine Einheit ist. Also ist $m = 1 = n$ und $p_1 = q_1$, so daß die Eindeutigkeit in diesem Fall bewiesen ist. Es sei nun $n > 1$. Nach 9.8 gibt es dann ein $i \in \{1,2,\ldots,m\}$ mit p_1 / q_i. Weil q_i ein Primelement ist, ist dann $q_i = fp_1$ mit $f \in G(R)$. Weil R ein Integritätsbereich ist, ist daher

$$p_2p_3 \ldots p_n = fq_1 \ldots q_{i-1}q_{i+1} \ldots q_n.$$

Vollständige Induktion liefert also $n - 1 = m - 1$, d.h. $n = m$ und die Existenz einer Bijektion σ von $\{2,3,\ldots,n\}$ auf $\{1,2,\ldots,n\} \setminus \{i\}$, sowie die Existenz von $e_2,\ldots,e_n \in G(R)$ mit $p_j = e_jq_{j\sigma}$ für $j = 2,3,\ldots,n$. Setzt man noch $1\sigma = i$ und $e_1 = f^{-1}$, so ist $\sigma \in S_n$ und es gilt $p_j = e_jq_{j\sigma}$ für alle $j \in \{1,2,\ldots,n\}$, q. e. d.

9.10. Satz. R sei ein euklidischer Ring. Genau dann ist $p \in R^*$ ein Primelement, falls pR ein maximales Ideal ist.

Beweis. Es sei pR ein maximales Ideal. Ferner sei $p = ab$ und $a \notin G(R)$. Dann ist $aR \neq R$, da sonst $d(a) = d(1)$ und somit $a \in G(R)$ wäre. Andererseits ist $p = ab \in aR$ und daher $pR \subseteq aR$, so daß $pR = aR$ ist. Hieraus folgt $a = pc$ mit $c \in R$. Hieraus und aus $p = ab$ folgt mit 9.5, daß $b \in G(R)$ ist. Folglich ist p ein Primelement.

Es sei umgekehrt p ein Primelement und $pR \subseteq I \subseteq R$ und I sei ein Ideal. Weil R ein Hauptidealring ist, gibt es ein a mit $I = aR$. Wegen $p \in I$ ist $p = ab$. Ist a eine Einheit, so ist $aR = R$. Es sei also a keine Einheit. Weil p ein Primelement ist, ist dann $b \in G(R)$. Folglich ist $a = pb^{-1} \in pR$, so daß $I = aR \subseteq pR \subseteq I$ und damit $I = pR$ ist. Damit ist alles bewiesen.

Aufgaben

1) R sei ein Ring mit 1 und I sei ein Ideal von R. Ist $I \cap G(R) \neq \emptyset$, so ist $I = R$.

2) R sei ein Integritätsbereich. Ferner seien $a,b \in R^*$. Genau dann ist $aR = bR$, wenn es ein $u \in G(R)$ gibt mit $b = au$.

3) R sei ein euklidischer Ring. Ferner seien $a,b \in R$ und $a \neq 0$. Es gibt dann Elemente $q_0,q_1,\ldots,q_n \in R$ und $r_1,r_2,\ldots,r_n \in R$ mit

$$b = q_0a + r_1, \qquad d(r_1) < d(a),$$
$$a = q_1r_1 + r_2, \qquad d(r_2) < d(r_1),$$

$$r_1 = q_2 r_2 + r_3, \qquad d(r_3) < d(r_2),$$
$$\vdots \qquad\qquad \vdots$$
$$r_{n-2} = q_{n-1} r_{n-1} + r_n \qquad d(r_n) < d(r_{n-1}),$$
$$r_{n-1} = q_n r_n .$$

Zeige, daß r_n ein größter gemeinsamer Teiler von a und b ist.

4) R sei ein euklidischer Ring. Ferner seien $a,b \in R^*$. Ist $I = aR$ und $J = bR$, so ist genau dann $IJ = I \cap J$, wenn a und b teilerfremd sind. Dabei ist $IJ = \{\sum_{\alpha=1}^{n} i_\alpha j_\alpha \mid i_\alpha \in I, j_\alpha \in J\}$. (Vgl. mit Aufgabe 6) von Abschnitt 3.)

10. Der Ring der ganzen Gauß'schen Zahlen. Es sei $R = \mathbb{Z} \times \mathbb{Z}$. Auf R definieren wir eine Addition und eine Multiplikation wie folgt: Es ist $(a,b) + (a',b') = (a + a',b + b')$ und $(a,b)(a',b') = (aa' - bb',ab' + a'b)$. Man verifiziert mühelos, daß R auf diese Weise zu einem kommutativen Ring wird. R heißt der Ring der ganzen Gauß'schen Zahlen. Setzt man $\bar{a} = (a,0)$ für alle $a \in \mathbb{Z}$ und $i = (0,1)$, so ist $(a,b) = \bar{a} + i\bar{b}$. Weil $a \to \bar{a}$ ein Isomorphismus von $\mathbb{Z}$ in R ist, der die Eins von $\mathbb{Z}$ auf die Eins von R abbildet, können wir $\mathbb{Z}$ mit $\bar{\mathbb{Z}} = \{\bar{a} \mid a \in \mathbb{Z}\}$ identifizieren, wie wir das schon früher in ähnlichen Situationen gemacht haben. Dann besteht R also aus den Elementen $a + ib$ mit $a,b \in \mathbb{Z}$. Weil $i^2 = -1$ ist, ist dann $(a + ib)(a - ib) = a^2 + b^2$. Ist $(a + ib)(c + id) = 0$, so ist

$$0 = (a + ib)(c + id)(a - ib)(c - id) = (a^2 + b^2)(c^2 + d^2),$$

so daß $a^2 + b^2 = 0$ oder $c^2 + d^2 = 0$ ist. Folglich ist $a + ib = 0$ oder $c + id = 0$. Dies besagt, daß R ein Integritätsbereich ist. Darüberhinaus gilt

10.1. Satz. R ist ein euklidischer Ring.

Beweis. Ist $a + ib \in R$, so setzen wir $d(a + ib) = a^2 + b^2$. Dann ist $d(a + ib) \in \mathbb{Z}$ und $d(a + ib) \geq 0$. Sind $a + ib, a' + ib' \in R^*$, so ist $d((a + ib)(a' + ib')) = d(aa' - bb' + i(ab' + ba')) = (aa' - bb')^2 + (ab' + ba')^2 = (a^2 + b^2)(a'^2 + b'^2) = d(a + ib)d(a' + ib')$.

Also ist $d(xy) = d(x)d(y)$ für alle $x,y \in R^*$. Wegen $d(y) \geq 1$ für alle $y \in R^*$ ist insbesondere $d(x) \leq d(x)d(y) = d(xy)$.

Es bleibt zu zeigen, daß es zu $x,y \in R^*$ Elemente $t,r \in R$ mit $y = tx + r$ und $r = 0$ oder $d(r) < d(x)$ gibt. Dazu sei zunächst $x \in \mathbb{Z}$. Ferner sei $y = a + ib$. Der euklidische Algorithmus für $\mathbb{Z}$ liefert ganze Zahlen t_1, t_2, r_1, r_2 mit $a = t_1x + r_1$ und $b = t_2x + r_2$ sowie $|r_i| \leq \frac{1}{2}|x|$. Setze $t = t_1 + it_2$ und $r = r_1 + ir_2$. Dann ist $y = tx + r$. Ist $r = 0$, so sind wir fertig. Ist $r \neq 0$, so ist $d(r) = r_1^2 + r_2^2 \leq \frac{1}{4} x^2 + \frac{1}{4} x^2 = \frac{1}{2} x^2 < x^2 = d(x)$.

Es seien nun $x,y \in R$ beliebig. Ist $x = x_1 + ix_2$ und setzt man $\bar{x} = x_1 - ix_2$, so ist $x\bar{x} = d(x) \in \mathbb{Z}$. Nach dem bereits Bewiesenen gibt es Elemente $r,t \in R$ mit $y\bar{x} = tx\bar{x} + r$ und $r = 0$ oder $d(r) < d(x\bar{x})$. Ist $r = 0$, so ist $y\bar{x} = tx\bar{x}$ und daher $y = tx$. Ist $r \neq 0$, so ist $d(r) < d(x\bar{x})$. Folglich ist

$$d(y - tx)d(\bar{x}) = d((y - tx)\bar{x}) = d(r) < d(x\bar{x}) = d(x)d(\bar{x}).$$

Wegen $d(\bar{x}) > 0$ ist daher $d(y - tx) < d(x)$, q. e. d.

10.2. Hilfssatz. Ist p eine Primzahl aus $\mathbb{Z}$, so ist p entweder ein Primelement von R, oder es ist $p = (a + ib)(a - ib) = a^2 + b^2$ mit Primelementen $a + ib$ und $a - ib$ aus R.

Beweis. Wegen $d(1) = 1 < p^2 = d(p)$ ist p nach 9.6 keine Einheit. Weil in R nach 9.9 der Satz von der eindeutigen Primfaktorzerlegung gilt, gibt es also Primelemente $q_1,q_2,\ldots,q_n \in R$ mit $p = \prod_{i=1}^{n} q_i$. Daher ist $p^2 = d(p) = d(\prod_{i=1}^{n} q_i) = \prod_{i=1}^{n} d(q_i)$. Nach 9.6 gilt wegen $d(1)$ die Ungleichung $d(q_i) > 1$ für alle i. Weil in $\mathbb{Z}$ ebenfalls der Satz von der eindeutigen Primfaktorzerlegung gilt, folgt, daß $n \leq 2$ ist. Ist $n = 1$, so ist $p = q_1$ ein Primelement in R. Es sei also $n = 2$. In diesem Fall ist $1 < d(q_i)$ für $i = 1,2$ und daher $d(q_i) = p$ für $i = 1,2$. Ist $q_1 = a + ib$, so ist $p = d(q_1) = a^2 + b^2 = (a + ib)(a - ib) = q_1q_2 = (a + ib)q_2$. Hieraus folgt $q_2 = a - ib$, q. e. d.

10.3. Satz. Ist p eine Primzahl aus $\mathbb{Z}$, so ist p genau dann ein Primelement von R, wenn $p \equiv 3 \bmod 4$ ist.

Beweis. Es sei $p \equiv 3 \bmod 4$. Wäre p kein Primelement, so gäbe es ganze Zahlen a und b mit $p = a^2 + b^2$. Nun ist $0^2 \equiv 0$, $1^2 \equiv 1$, $2^2 \equiv 0$, $3^2 \equiv 1 \bmod 4$. Daher wäre $p = a^2 + b^2 \equiv 0,1$ oder $2 \bmod 4$ im Widerspruch zu $p \equiv 3 \bmod 4$. Also ist p doch ein Primelement.

Wegen $d(1+i) = d(1-i) = 2 > 1 = d(1)$ sind $1+i$ und $1-i$ nach 9.6 keine Einheiten. Daher ist 2 wegen $(1+i)(1-i) = 2$ kein Primelement in R.

Es sei schließlich $p \equiv 1 \bmod 4$. Nach dem Satz von Wilson ist $(p-1)! \equiv -1 \bmod p$. Setze $x = (\frac{1}{2}(p-1))!$. Weil $p \equiv 1 \bmod 4$ ist, ist $\frac{1}{2}(p-1)$ gerade, so daß $x = \prod_{i=1}^{\frac{1}{2}(p-1)} (-i)$ ist. Nun ist $-i \equiv p - i \bmod p$. Folglich ist

$$x \equiv \prod_{i=1}^{\frac{1}{2}(p-1)} (p-i) = \prod_{i=\frac{1}{2}(p+1)}^{p-1} i \bmod p.$$

Also ist $x^2 \equiv (p-1)! \equiv -1 \bmod p$. Es gibt also ein n mit $np = x^2 + 1 = (x+i)(x-i)$. Wäre p ein Primelement, so wäre p ein Teiler von $x + i$ oder von $x - i$, d.h. es gäbe Elemente $a,b \in \mathbb{Z}$ mit $x = pa$ und $1 = pb$ oder $x = pa$ und $-1 = pb$, was beides nicht sein kann. Also ist p kein Primelement, q. e. d.

Aus 10.2 und 10.3 folgt nun der Fermat'sche Zwei-Quadrate-Satz.

10.4. Satz (FERMAT). Ist p eine Primzahl und ist $p \equiv 1 \bmod 4$, so gibt es ganze Zahlen a,b mit $p = a^2 + b^2$.

Es erhebt sich nun die Frage, wieviele Primzahlen der Form $p \equiv 1 \bmod 4$ bzw. $p \equiv 3 \bmod 4$ es gibt. Darauf geben die nächsten beiden Sätze Antwort.

10.5. Satz. Es gibt unendlich viele Primzahlen p mit $p \equiv 3 \bmod 4$.

Beweis. Es sei M die Menge dieser Primzahlen. Wegen $3 \in M$ ist M nicht leer. Es sei $X \subseteq M$ und $|X| = n \geq 1$. Ferner sei $X = \{p_1, p_2, \ldots, p_n\}$. Schließlich sei $N = 4\prod_{i=1}^{n} p_i - 1$. Dann ist $N \equiv 3 \bmod 4$. Es seien $q_1, q_2, \ldots, q_m$ (nicht notwendig verschiedene) Primzahlen mit $N = \prod_{j=1}^{m} q_j$. Wäre $q_j \equiv 1 \bmod 4$ für alle j, so wäre $N = \prod_{j=1}^{m} q_j \equiv 1^m = 1 \bmod 4$. Dieser Widerspruch zeigt, daß es eine Primzahl p gibt mit p / N und $p \equiv 3 \bmod 4$. Wäre $p \in X$, so wäre $0 \equiv N \equiv -1 \bmod p$. Dieser Widerspruch zeigt, daß $|X \cup \{p\}| = n + 1$ ist. Damit ist gezeigt, daß M Teilmengen jeder endlichen Länge enthält, so daß X unendlich ist, q. e. d.

10.6. Hilfssatz. Sind $a,b \in \mathbb{Z}$ und ist $(a,b) = 1$, ist ferner p eine von 2 verschiedene Primzahl, die $a^2 + b^2$ teilt, so ist $p \equiv 1 \bmod 4$.

Beweis. Wäre $a \equiv 0 \bmod p$, so wäre $0 \equiv a^2 + b^2 \equiv b^2 \bmod p$ und daher $b \equiv 0 \bmod p$ im

Widerspruch zu $(a,b) = 1$. Also ist $a \not\equiv 0 \bmod p$. Nach 4.3 ist daher $a^{p-1} \equiv 1 \bmod p$. Andererseits folgt aus $p \mid a^2 + b^2$, daß $b^2 \equiv -a^2 \bmod p$ ist. Also ist $(a^{p-2}b)^2 = (a^{p-2})^2 b^2 \equiv (a^{p-2})^2(-a^2) = -(a^{p-1})^2 \equiv -1 \bmod p$. Es gibt also ein $x \in \mathbb{Z}$ mit $x^2 \equiv -1 \bmod p$. Es folgt, daß die Ordnung von $x + p\mathbb{Z}$ in der multiplikativen Gruppe von GF(p) gleich 4 ist. Nach II.2.8 ist 4 daher ein Teiler von $|GF(p)^*| = p - 1$, d.h. es ist $p \equiv 1 \bmod 4$, q. e. d.

10.7. Satz. Es gibt unendlich viele Primzahlen p mit $p \equiv 1 \bmod 4$.

Beweis. Es sei M die Menge dieser Primzahlen. Wegen $5 \in M$ ist M nicht leer. Es sei $X \subseteq M$ und $|X| = n$. Ferner sei $n \geq 1$ und $X = \{p_1, p_2, \ldots, p_n\}$. Schließlich sei $N = \prod_{i=1}^{n} p_i^2 + 2^2$. Weil die p_i alle ungerade sind, ist N ungerade. Ist nun p ein Primteiler von N, so ist p daher ebenfalls ungerade, so daß nach 10.6, weil ja $(\prod_{i=1}^{n} p_i, 2) = 1$ ist, die Kongruenz $p \equiv 1 \bmod 4$ gilt. Wäre $p \in X$, so folgte, daß p ein Teiler von 4 wäre. Dieser Widerspruch zeigt, daß $X \cup \{p\}$ eine $(n + 1)$-Teilmenge von M ist. Da M also Teilmengen beliebiger endlicher Länge enthält, folgt, daß M unendlich ist, q. e. d.

Für mehr Information über die Darstellung von ganzen Zahlen durch zwei oder vier Quadrate siehe etwa Hardy & Right, An Introduction to the Theory of Numbers, 4th ed. Oxford 1960, Kap. XX.

Aufgaben

1) Bestimme alle Einheiten im Ring der ganzen Gauß'schen Zahlen.

2) Bestimme einen größten gemeinsamen Teiler von $11 + 7i$ und $18 - i$.

3) Es seien $a,b \in \mathbb{Z}$. Genau dann ist $a + ib$ ein Primelement im Ring der ganzen Gauß'schen Zahlen, wenn $a^2 + b^2$ eine Primzahl in $\mathbb{Z}$ ist.

4) R sei der Ring der ganzen Gauß'schen Zahlen. Ferner sei p eine Primzahl mit $p \equiv 3 \bmod 4$. Zeige, daß R/pR ein Körper mit p^2 Elementen ist. Bestimme die Charakteristik von R/pR.

5) R sei der Ring der ganzen Gauß'schen Zahlen. Ferner sei p eine Primzahl und $p = a^2 + b^2$ mit $a,b \in \mathbb{Z}$. Zeige, daß $R/(a - ib)R \cong GF(p)$ ist.

11. Polynomringe. Es sei $\mathbb{N}_0$ die Menge der nicht-negativen ganzen Zahlen und R sei ein Ring. Ferner sei S die Menge aller Abbildungen f von $\mathbb{N}_0$ in R, für die gilt, daß $\mathrm{Tr}(f) = \{i \mid i \in \mathbb{N}_0, f(i) \neq 0\}$ endlich ist. Tr(f) heißt der Träger von f. Sind $f,g \in S$, so definieren wir $f + g$ und fg vermöge $(f + g)(i) = f(i) + g(i)$ für alle $i \in \mathbb{N}_0$ und $(fg)(i) = \sum_{j=0}^{i} f(j)g(i - j)$ für alle $i \in \mathbb{N}_0$. (Vgl. mit Aufgabe 3 von Abschnitt 1.)

11.1. Satz. S ist mit den soeben definierten Verknüpfungen ein Ring. Ist R kommutativ, so auch S.

Beweis. Es seien $f,g \in S$. Da Tr(f) und Tr(g) endlich sind, gibt es $m,n \in \mathbb{N}_0$ mit $f(i) = 0$ für alle $i > m$ und $g(j) = 0$ für alle $j > n$. Ist $k = \max\{m,n\}$, so ist also $(f + g)(i) = f(i) + g(i) = 0$ für alle $i > k$, so daß $f + g \in S$ gilt.

Es sei $i > m + n$. Um zu zeigen, daß in diesem Falle $(fg)(i) = 0$ ist, zeigen wir, daß $f(j)g(i - j) = 0$ ist für alle $j \in \{0,1,\ldots,i\}$. Dies ist sicherlich richtig, falls $f(j) = 0$ ist. Es sei also $f(j) \neq 0$. Dann ist $j \leqslant m$ und folglich $i - j > m + n - j \geqslant n$, so daß $g(i - j) = 0$ ist. Daher ist $(fg)(i) = \sum_{j=0}^{i} f(j)g(i - j) = 0$ für alle $i > m + n$, so daß auch $fg \in S$ gilt. Damit ist gezeigt, daß + und $\cdot$ zwei binäre Verknüpfungen auf S sind.

S ist nicht leer. Ist nämlich $r \in R$ und definiert man $\bar{r}$ vermöge $\bar{r}(0) = r$ und $\bar{r}(i) = 0$ für $i > 0$, so ist $\bar{r} \in S$. Es sei hier nebenbei bemerkt, daß die Abbildung $r \to \bar{r}$ ein Isomorphismus von R in S ist.

Sind $f,g \in S$, so ist auch $-g \in S$ und daher $f - g = f + (-g) \in S$, so daß S(+) eine Untergruppe von $R^{\mathbb{N}_0}(+)$ ist.

Um die Assoziativität der Multiplikation nachzuweisen, seien $f,g,h \in S$. Dann ist

$$((fg)h)(i) = \sum_{j=0}^{i} (fg)(j)h(i - j) = \sum_{j=0}^{i} \sum_{k=0}^{j} f(k)g(j - k)h(i - j) = \sum_{u+v+w=i} f(u)g(v)h(w).$$

Andererseits ist

$$(f(gh))(i) = \sum_{j=0}^{i} f(j)(gh)(i - j) = \sum_{j=0}^{i} \sum_{k=0}^{i-j} f(j)g(k)h(i - j - k) = \sum_{u+v+w=i} f(u)g(v)h(w).$$

Also ist $(fg)h = f(gh)$.

Es seien wiederum $f,g,h \in S$. Dann ist

$$(f(g+h))(i) = \sum_{j=0}^{i} f(j)(g+h)(i-j) = \sum_{j=0}^{i} f(j)(g(i-j)+h(i-j)) =$$

$$\sum_{j=0}^{i}(f(j)g(i-j)+f(j)h(i-j)) = \sum_{j=0}^{i} f(j)g(i-j) + \sum_{j=0}^{i} f(j)h(i-j) =$$

$$(fg)(i) + (fh)(i) = (fg+fh)(i).$$

Folglich ist $f(g+h) = fg + fh$. Ebenso zeigt man, daß auch das andere Distributivgesetz gilt. Somit ist S ein Ring.

Ist R kommutativ, so ist

$$(fg)(i) = \sum_{j=0}^{i} f(j)g(i-j) = \sum_{j=0}^{i} f(i-j)g(j) = \sum_{j=0}^{i} g(j)f(i-j) = (gf)(i),$$

so daß in diesem Falle $gf = fg$ gilt, q. e. d.

Der Ring S heißt der <u>Polynomring</u> über R. Ist $f \in S$, so heißt f ein <u>Polynom mit Koeffizienten</u> in R oder auch ein <u>Polynom über</u> R.

Es sei nun R ein Ring mit 1 und S sei der Polynomring über R. Dann ist $\bar{1}$ das Einselement von R. Ist nämlich $f \in S$, so ist

$$(\bar{1}f)(i) = \sum_{j=0}^{i} \bar{1}(j)f(i-j) = \bar{1}(0)f(i) = f(i).$$

Ferner ist

$$(f\bar{1})(i) = \sum_{j=0}^{i} f(j)\bar{1}(i-j) = f(i)\bar{1}(0) = f(i).$$

Also ist $\bar{1}f = f = f\bar{1}$ für alle $f \in S$, so daß $\bar{1}$ in der Tat das Einselement von S ist.

Es sei x das durch $x(1) = 1$ und $x(i) = 0$ für $i \neq 1$ definierte Polynom über R. Wir setzen $x^0 = \bar{1}$. Es sei $n \geqslant 0$ und es sei bereits gezeigt, daß $x^n(n) = 1$ und $x^n(i) = 0$ für $i \neq n$ ist. Dann ist, falls $i > 0$ ist,

$$x^{n+1}(i) = (xx^n)(i) = \sum_{j=0}^{i} x(j)x^n(i-j) = x(1)x^n(i-1) = x^n(i-1).$$

Daher ist $x^{n+1}(i) = 1$ für $i = n+1$ und $x^{n+1}(i) = 0$ für alle natürlichen Zahlen i, die von $n+1$ verschieden sind.

Schließlich ist

$$x^{n+1}(0) = (xx^n)(0) = \sum_{j=0}^{0} x(j)x^n(0-j) = x(0)x^n(0) = 0.$$

Also gilt für alle $n \in \mathbb{N}_0$

$$x^n(i) = \begin{cases} 1 \text{ für } i = n \\ 0 \text{ für } i \neq n. \end{cases}$$

Ist $r \in R$, so ist $\bar{r}(0) = r$ und $\bar{r}(i) = 0$ für $i > 0$. Daher ist

$$(\bar{r}x^n)(i) = \sum_{j=0}^{i} \bar{r}(j)x^n(i-j) = rx^n(i).$$

Also ist

$$(\bar{r}x^n)(i) = \begin{cases} r \text{ für } i = n \\ 0 \text{ für } i \neq n. \end{cases}$$

Somit gilt mit $f \in S$ die Gleichung $f(n) = (\overline{f(n)}x^n)(n)$ sowie $(\overline{f(n)}x^n)(i) = 0$ für $i \neq n$. Es sei $f(i) = 0$ für alle $i > n$.
Ferner sei $g = \sum_{j=0}^{n} \overline{f(j)}x^j$. Dann gelten für $i > n$ die Gleichungen

$$g(i) = \sum_{j=0}^{n} (\overline{f(j)}x^j)(i) = 0 = f(i)$$

und für $i \leqslant n$ die Gleichungen

$$g(i) = \sum_{j=0}^{n} (\overline{f(j)}x^j)(i) = (\overline{f(i)}x^i)(i) = f(i).$$

Daher ist $f = g$. Ist andererseits $f = \sum_{i=0}^{n} \bar{r}_i x^i$ und ist $j \leqslant n$, so folgt $f(j) = r_j$. Also gilt

<u>11.2.</u> <u>Satz</u>. R sei ein Ring mit 1. Ist f ein Polynom über R und ist $f(i) = 0$ für alle $i > n$, so gibt es eindeutig bestimmte Elemente $r_0, r_1, \ldots, r_n \in R$ mit $f = \sum_{i=0}^{n} \bar{r}_i x^i$. Überdies gilt $f(i) = r_i$ für $i = 0,1,\ldots,n$.

Es seien $f,g \in S$. Ferner sei $f = \sum_{i=0}^{m} \bar{r}_i x^i$ und $g = \sum_{i=0}^{n} \bar{s}_i x^i$. Da offenbar $\bar{r}x^j = x^j\bar{r}$ für alle $r \in R$ und alle $j \in \mathbb{N}_0$ gilt (nachrechnen!), erhalten wir

$$f + g = \sum_{i=0}^{k} (\bar{r}_i + \bar{s}_i)x^i = \sum_{i=0}^{k} \overline{(r_i + s_i)x^i},$$

wobei $k = \max\{m,n\}$ ist, und

$$fg = \sum_{i=0}^{m+n} \sum_{j=0}^{i} \bar{r}_j\bar{s}_{i-j}x^i = \sum_{i=0}^{m+n} \sum_{j=0}^{i} \overline{r_js_{i-j}}\, x^i.$$

Damit diese Formeln richtig werden, muß man noch $r_i = 0$ für $i > m$ und $s_j = 0$ für $j > n$ setzen. Auf Grund dieser Formeln ist es möglich, im folgenden $\bar{r}$ mit r zu identifizieren. Den Ring, den wir auf diese Weise erhalten, bezeichnen wir mit $R[x]$ und nennen ihn den Polynomring in der Unbestimmten x über R. Die Unbestimmte x ist dabei, um es noch einmal zu sagen, das durch $x(1) = 1$ und $x(i) = 0$ für alle übrigen i definierte Polynom über R. Das Element x ist insbesondere keine Variable und "kann" auch nicht "alles sein", wie Studenten gelegentlich meinen.

Es sei $0 \neq f \in R[x]$. Es gibt dann eine eindeutig bestimmte nicht-negative ganze Zahl n mit $f(n) \neq 0$ und $f(i) = 0$ für alle $i > n$. Die Zahl n heißt der Grad von f. Den Grad von f bezeichnen wir auch mit Grad f. Ist n der Grad von f, so heißt $f(n)$ der Leitkoeffizient von f. Nach diesen Definitionen hat das Nullpolynom weder einen Grad noch einen Leitkoeffizienten.

11.3. Satz. Ist R ein Ring mit 1 und sind $f,g \in R[x]$, ist ferner $fg \neq 0$, so ist Grad $(fg) \leq$ Grad f + Grad g. Ist R nullteilerfrei, so ist auch $R[x]$ nullteilerfrei und es gilt Grad (fg) = Grad f + Grad g für alle von 0 verschiedenen Polynome f und g aus $R[x]$.

Beweis. Es sei $f = \sum_{i=0}^{m} r_ix^i$ und $g = \sum_{i=0}^{n} s_ix^i$. Ferner sei $r_m \neq 0 \neq s_n$. Dann ist Grad $f = m$ und Grad $g = n$. Ferner ist $fg = \sum_{i=0}^{m+n} \sum_{j=0}^{i} r_js_{i-j}x^i$. Dabei ist $r_j = 0$ bzw. $s_{i-j} = 0$ zu setzen, falls $j > m$ bzw. $i - j > n$ ist. Der Koeffizient bei x^{m+n} ist daher r_ms_n. Somit ist Grad $(fg) \leq m + n$ = Grad f + Grad g. Ist R nullteilerfrei, so ist $r_ms_n \neq 0$, da ja $r_m \neq 0 \neq s_n$ ist. Also folgt in diesem Falle $fg \neq 0$ aus $f \neq 0$ und $g \neq 0$. Ferner folgt, daß Grad $(fg) = m + n$ = Grad f + Grad g ist, q. e. d.

Ist K ein Körper, so ist K nullteilerfrei und daher auch $K[x]$. Ist K insbesondere ein kommutativer Körper, so ist $K[x]$ ein kommutativer, nullteilerfreier Ring, d.h. ein Integritätsbereich. In diesem Falle besitzt $K[x]$ nach 5.8 einen Quotientenkörper, den wir mit $K(x)$ bezeichnen. $K(x)$ heißt der Körper der rationalen Funktionen in einer Unbestimmten über K. Damit erhalten wir eine Fülle von weiteren Beispielen für Körper: $GF(p)(x)$, $\mathfrak{Q}(x)$, $\mathfrak{Q}_p(x)$ und induktiv $K(x_1,\ldots,x_n) = K(x_1,\ldots,x_{n-1})(x_n)$.

Der Hauptgrund, weshalb wir euklidische Ringe studierten, ist der nun folgende Satz.

11.4. Satz. Ist K ein kommutativer Körper, so ist K[x] ein euklidischer Ring.

Beweis. Es sei $f \in K[x]$ und $f \neq 0$. Wir setzen $d(f) = \text{Grad } f$. Dann ist $d(f) \in \mathbb{Z}$ und $d(f) \geq 0$ für alle $f \in K[x]$ mit $f \neq 0$. Sind $f,g \in K[x]$ und ist $f \neq 0 \neq g$, so ist

$$d(f) = \text{Grad } f \leq \text{Grad } f + \text{Grad } g = \text{Grad } (fg) = d(fg).$$

Sind $f,g \in K[x]$ und ist $g \neq 0$, so ist noch zu zeigen, daß es $h,r \in K[x]$ mit $f = hg + r$ und $r = 0$ oder $d(r) < d(g)$ gibt. Dies ist sicherlich richtig, falls $f = 0$ ist, da ja dann $f = 0g + 0$ ist. Es sei also $f \neq 0$. Ist $d(f) < d(g)$, so ist $f = 0g + f$, so daß auch in diesem Falle alles bewiesen ist. Es sei nun $d(f) \geq d(g)$. Es sei a_n der Leitkoeffizient von f und b_m der Leitkoeffizient von g. Wir setzen $u = f - a_n b_m^{-1} x^{n-m} g$. Dann ist $u = 0$ oder $d(u) < d(f)$. In jedem Falle gibt es nach Induktionsannahme $v,r \in K[x]$ mit $u = vg + r$ und $r = 0$ oder $d(r) < d(g)$. Setzt man $h = a_n b_m^{-1} x^{n-m} + v$, so ist $f = hg + r$ und $r = 0$ oder $d(r) < d(g)$, q. e. d.

Ist K ein kommutativer Körper, so heißt ein Polynom aus K[x] <u>irreduzibel</u> über K oder auch kurz irreduzibel, falls es ein Primelement von K[x] ist.

Auf Grund von 11.4 können wir alle Sätze, die wir in Abschnitt 9 über euklidische Ringe bewiesen haben, auf die Polynomringe in einer Unbestimmten über kommutativen Körpern anwenden. Insbesondere folgt, daß Polynomringe über kommutativen Körpern Hauptidealringe sind.

Aufgaben

1) Sind K und L zwei kommutative Körper mit $K \subseteq L$, so ist auch $K[x] \subseteq L[x]$. Sind $f,g \in K[x]$ und ist h ein größter gemeinsamer Teiler von f und g in K[x], so ist h auch ein größter gemeinsamer Teiler von f und g in L[x].

2) Ist $K = GF(p)$, ist $f \in K[x]$ irreduzibel und ist Grad $f = n$, so ist $K[x]/fK[x]$ ein Körper mit p^n Elementen.

3) Ist $K = GF(p)$, so gibt es ein irreduzibles Polynom vom Grade 2 über K. (Für $p > 2$ heißt das Stichwort: Nichtquadrate.)

4) Ist K ein kommutativer Körper, so enthält K[x] unendlich viele irreduzible Polynome.

5) Benutze 4) und 2) um zu zeigen, daß es unendlich viele paarweise nicht isomorphe endliche Körper der Charakteristik p gibt.

6) Zeige, daß für alle natürlichen Zahlen n das Polynom $x^n - 2$ über $\mathbb{Q}$ irreduzibel ist.

Kapitel IV. Vektorräume

Im Mittelpunkt dieses Kapitels stehen die Vektorräume, ihre Homomorphismen und Endomorphismen. Im Hinblick auf das letzte Kapitel dieses Buches, in dem wir die Normalformen von linearen Abbildungen untersuchen werden, fassen wir die Vektorräume als spezielle Moduln auf, so daß wir also im ersten Abschnitt mit der Definition des Begriffs des Moduls über einem Ring beginnen. Im zweiten Abschnitt kommen die Isomorphiesätze, diesmal für Moduln. Der dritte Abschnitt handelt von endlich erzeugten Vektorräumen. Ihr Rang wird definiert und es wird gezeigt, daß sie stets eine Basis besitzen, und daß die Anzahl der Basisvektoren in einer Basis eines endlich erzeugten Vektorraumes gleich dem Rang dieses Vektorraumes ist. All dies hat viele Konsequenzen, von denen einige in diesem Abschnitt diskutiert werden. Der Versuch, diese Ergebnisse auf beliebige Vektorräume zu übertragen, führt auf mengentheoretische Schwierigkeiten. Um diese zu beheben, unterbrechen wir mit Abschnitt 4 die Entwicklungen dieses Kapitels. Dort studieren wir das Auswahlaxiom und drei zu ihm äquivalente Maximumprinzipien der Mengenlehre, ferner den Satz von Schröder und Bernstein und die transfinite Form des Philip Hall'schen Heiratssatzes, die von M. Hall jr. stammt. Die restlichen fünf Abschnitte dieses Kapitels beschäftigen sich dann mit beliebigen Vektorräumen, ihren Unterraumverbänden und Dualräumen, sowie ihren Endomorphismenringen, die sehr eingehend untersucht werden.

1. Moduln

Alle in diesem Abschnitt betrachteten Ringe sind Ringe mit Eins.

Es sei R ein Ring und M sei eine additiv geschriebene abelsche Gruppe. Ferner sei $f : M \times R \to M$ eine Abbildung von $M \times R$ in M. Ist $(m,r) \in M \times R$, so setzen wir $f(m,r) = mr$. Die abelsche Gruppe m heißt ein R-Rechtsmodul oder auch ein Rechtsmodul über R, falls die folgenden Bedingungen erfüllt sind:

(1) Es ist $(a + b)r = ar + br$ für alle $a,b \in M$ und alle $r \in R$.

(2) Es ist $a(r + s) = ar + as$ für alle $a \in M$ und alle $r,s \in R$.

(3) Es ist $a(rs) = (ar)s$ für alle $a \in M$ und alle $r,s \in R$.

(4) Es ist $a1 = a$ für alle $a \in M$.

Beispiele. 1) Ist R ein Ring mit 1, so ist R(+) mit der in R definierten Multiplikation ein R-Rechtsmodul. Allgemeiner: Sind R und S Ringe mit $R \subseteq S$ und ist die Eins von R auch die Eins von S, so ist S(+) in dem soeben definierten Sinne ein Rechtsmodul über R.

2) Ist M irgendeine abelsche Gruppe, ist $m \in M$ und $z \in \mathbb{Z}$, so hatten wir früher definiert, was wir unter zm verstehen wollen. Setzt man nun mz = zm, so wird M zu einem $\mathbb{Z}$-Rechtsmodul. Die einzige Schwierigkeit beim Beweise dieser Tatsache erhebt sich beim Nachweis von (3). Ist nämlich $m \in M$ und sind $z, z' \in \mathbb{Z}$, so ist $m(zz') = (zz')m = z(z'm) = z(mz') = (mz')z$ und dies ist nicht das gewünschte Ergebnis. Da $\mathbb{Z}$ jedoch ein kommutativer Ring ist, erreicht man (3) auf folgendem Wege: Es ist $m(zz') = m(z'z) = (z'z)m = z'(zm) = z'(mz) = (mz)z'$.

3) Es sei X eine nicht-leere Menge und R sei ein Ring. Ferner sei $M = R^X$. Sind $f, g \in M$ und definiert man f + g vermöge $x(f + g) = xf + xg$ für alle $x \in X$, so ist M(+), wie wir wissen, eine abelsche Gruppe. Ist $r \in R$ und $f \in M$, so definieren wir fr vermöge $x(fr) = (xf)r$ für alle $x \in X$. Offenbar ist $fr \in M$. Sind $f, g \in M$ und ist $r \in R$, so ist

$$x((f + g)r) = (x(f + g))r = (xf + xg)r = (xf)r + (xg)r = x(fr) + x(gr) = x(fr + gr),$$

so daß $(f + g)r = fr + gr$ ist. Ist $f \in M$ und sind $r, s \in R$, so ist

$$x(f(r + s)) = (xf)(r + s) = (xf)r + (xf)s = x(fr) + x(fs) = x(fr + fs),$$

womit die Gleichung $f(r + s) = fr + fs$ bewiesen ist. Ferner ist

$$x(f(rs)) = (xf)(rs) = ((xf)r)s = (x(fr))s = x((fr)s),$$

so daß auch $f(rs) = (fr)s$ gilt. Schließlich ist $x(f1) = (xf)1 = xf$ und daher $f1 = f$ für alle $f \in M$. Also ist M ein R-Rechtsmodul.

4) Jede abelsche Gruppe ist Rechtsmodul über ihrem Endomorphismenring.

Ist K ein Körper und V ein K-Rechtsmodul, so heißt V ein <u>Rechtsvektorraum</u> über K. Daß die Moduln über Körpern Vektorräume genannt werden, ist historisch bedingt und im übrigen auch zweckmäßig, da die Vektorräume die wichtigste Klasse von Moduln bilden.

Außer R-Rechtsmoduln werden uns auch R-Linksmoduln begegnen. Dabei heißt eine abelsche Gruppe M ein R-<u>Linksmodul</u>, falls es eine Abbildung f von $R \times M$ in M gibt mit

(1') Es ist $r(a + b) = ra + rb$ für alle $a,b \in M$ und alle $r \in R$.

(2') Es ist $(r + s)a = ra + sa$ für alle $a \in M$ und alle $r,s \in R$.

(3') Es ist $(rs)a = r(sa)$ für alle $a \in M$ und alle $r,s \in R$.

(4') Es ist $1a = a$ für alle $a \in M$.

Dabei wurde $f(r,a) = ra$ gesetzt.

Alles, was wir im folgenden für Rechtsmoduln beweisen werden, gilt mutatis mutandis auch für Linksmoduln. Wir werden die entsprechenden Sätze jedoch niemals formulieren.

1.1. Hilfssatz. Es sei M ein R-Rechtsmodul.

(a) Es ist $0r = 0$ für alle $r \in R$.

(b) Es ist $a0 = 0$ für alle $a \in M$.

(c) Es ist $(-a)r = a(-r) = -(ar)$ für alle $a \in M$ und alle $r \in R$.

(d) Ist R ein Körper und $a \in M$ sowie $r \in R$, so ist genau dann $ar = 0$, wenn $a = 0$ oder $r = 0$ ist.

Beweis. (a) Die Null bedeutet hier auf beiden Seiten die 0 in M. Wegen $0r + 0 = 0r$ und $0 + 0 = 0$ erhalten wir $0r + 0 = 0r = (0 + 0)r = 0r + 0r$, so daß in der Tat $0r = 0$ ist, da M(+) ja eine Gruppe ist.

(b) Die Null auf der linken Seite der Gleichung bedeutet hier die Null in R, während die Null auf der rechten Seite die Null in M ist. Die Behauptung folgt mit Hilfe der Kürzungsregel aus $a0 + a0 = a(0 + 0) = a0 = a0 + 0$. (Welche Null ist die von R und welche die von M?)

(c) Es ist $0 = 0r = (a +(-a))r = ar + (-a)r$, so daß $(-a)r = -(ar)$ ist. Ferner ist $0 = a0 = a(r + (-r)) = ar + a(-r)$, so daß auch $a(-r) = -(ar)$ gilt. Auf Grund dieser Tatsache schreiben wir im folgenden meist $-ar$ an Stelle von $-(ar)$.

(d) Ist $r \neq 0$ und $ar = 0$, so folgt mit (a) die Gleichung $0 = 0r^{-1} = (ar)r^{-1} = a(rr^{-1}) = a1 = a$. Damit ist alles bewiesen.

Es sei M ein R-Rechtsmodul. Ist $U \subseteq M$, so heißt U ein Teilmodul von M, falls die folgenden Bedingungen erfüllt sind:

1) $U \neq \emptyset$.
2) Sind $u,v \in U$, so ist $u + v \in U$.
3) Ist $u \in U$ und $r \in R$, so ist $ur \in U$.

Es sei U ein Teilmodul. Wegen $1 \in R$ ist $-1 \in R$. Ist $u \in U$, so ist also nach 1.1(c) auch $-u = u(-1) \in U$. Dies besagt zusammen mit 1) und 2), daß U eine Untergruppe der abelschen Gruppe M ist. Dies impliziert zusammen mit 3), daß U ein R-Rechtsmodul ist, so daß der Name Teilmodul gerechtfertigt ist.

1.2. Hilfssatz. Ist M ein R-Rechtsmodul und ist $\mathfrak{F}$ eine Familie von Teilmoduln von M, so ist $\bigcap_{X \in \mathfrak{F}} X$ ein Teilmodul von M.

Beweis. Ist $\mathfrak{F}$ leer, so ist $\bigcap_{X \in \mathfrak{F}} X = M$, da ja jedes $a \in M$ die Bedingung $a \in X$ für alle (nicht vorhandenen) $X \in \mathfrak{F}$ erfüllt. In diesem Falle ist also $\bigcap_{X \in \mathfrak{F}} X$ ein Teilmodul von M. Es sei daher $\mathfrak{F}$ nicht-leer. Wegen $0 \in X$ für alle $X \in \mathfrak{F}$ ist $0 \in \bigcap_{X \in \mathfrak{F}} X = D$, so daß 1) erfüllt ist. Sind $u,v \in D$, so sind $u,v \in X$ für alle $X \in \mathfrak{F}$. Also ist $u + v \in X$ für alle $X \in \mathfrak{F}$ und daher $u + v \in D$. Ist $u \in D$ und $r \in R$, so ist $u \in X$ für alle $X \in \mathfrak{F}$ und daher $ur \in X$ für alle $X \in \mathfrak{F}$, woraus wiederum $ur \in D$ folgt, q. e. d.

Ist $\mathfrak{F}$ eine Familie von Teilmoduln von M, so setzen wir $\sum_{X \in \mathfrak{F}} X = \{0\}$, falls $\mathfrak{F}$ leer ist, andernfalls setzen wir

$$\sum_{X \in \mathfrak{F}} X = \{a \mid a \in M, \text{ es gibt } X_i \in \mathfrak{F} \text{ und } x_i \in X_i \text{ mit } a = \sum_{i=1}^{n} x_i\}.$$

Ist $\mathfrak{F}$ endlich und $\mathfrak{F} = (X_1,\dots,X_r)$, so schreiben wir auch $X_1 + X_2 + \dots + X_r$ bzw. $\sum_{i=1}^{r} X_i$ an Stelle von $\sum_{X \in \mathfrak{F}} X$.

1.3. Hilfssatz. M sei ein R-Rechtsmodul. Ist $\mathfrak{F}$ eine Familie von Teilmoduln von M, so ist $S = \sum_{X \in \mathfrak{F}} X$ ein Teilmodul von M. Ferner gilt: Ist

$$\mathfrak{G} = \{Y \mid Y \text{ ist Teilmodul von } M,\ Y \supseteq X \text{ für alle } X \in \mathfrak{F}\},$$

so ist $S = \bigcap_{Y \in \mathfrak{G}} Y$.

Beweis. Ist $\mathfrak{F}$ leer, so ist $S = \{0\}$ und 1.3 wird trivial. Es sei also $\mathfrak{F}$ nicht leer. Es sei $a \in S$ und $Y \in \mathfrak{G}$. Es gibt dann $X_1,\dots,X_r \in \mathfrak{F}$ und $x_i \in X_i$ mit $a = \sum_{i=1}^{r} x_i$. Nun ist $X_i \subseteq Y$ für alle i. Also ist $x_i \in Y$ für alle i und damit $a = \sum_{i=1}^{r} x_i \in Y$. Folglich ist $S \subseteq Y$ für alle $Y \in \mathfrak{G}$ und damit $S \subseteq \bigcap_{Y \in \mathfrak{G}} Y$.

Es ist $X \subseteq S$ für alle $X \in \mathcal{J}$. Weil $\mathcal{J}$ nicht leer ist, folgt hieraus, daß auch S nicht leer ist. Sind $a,b \in S$, so gibt es $X_1,\ldots,X_{u+v} \in \mathcal{J}$ sowie $x_i \in X_i$ mit $a = \sum_{i=1}^{u} x_i$ und $b = \sum_{i=1}^{v} x_{u+i}$. Daher ist $a + b = \sum_{i=1}^{u+v} x_i \in S$. Ebenso leicht sieht man, daß $ar \in S$ ist für alle $a \in S$ und alle $r \in R$. Also ist S ein Teilmodul von M. Wegen $X \subseteq S$ für alle $X \in \mathcal{J}$ ist sogar $S \in \mathcal{G}$. Daher ist $\bigcap_{Y \in \mathcal{G}} Y \subseteq S$, so daß wir insgesamt $S = \bigcap_{Y \in \mathcal{G}} Y$ erhalten, q. e. d.

<u>1.4. Modulares Gesetz</u>. Sind X,Y und Z Teilmoduln des R-Rechtsmoduls M und gilt $X \subseteq Y$, so ist $Y \cap (X + Z) = X + (Y \cap Z)$.

Beweis. Wegen $X \subseteq Y$ und $Y \cap Z \subseteq Y$ ist nach 1.3 auch $X + (Y \cap Z) \subseteq Y$. Ferner ist $X \subseteq X + Z$ und $Y \cap Z \subseteq Z \subseteq X + Z$, so daß aus dem gleichen Grunde $X + (Y \cap Z) \subseteq X + Z$ ist. Also ist $X + (Y \cap Z) \subseteq Y \cap (X + Z)$.

Es sei umgekehrt $y \in Y \cap (X + Z)$. Es gibt dann ein $x \in X$ und ein $z \in Z$ mit $y = x + z$. Daher ist $z = -x + y \in Y$, da ja $X \subseteq Y$ ist. Hieraus folgt $z \in Y \cap Z$, so daß $y = x + z \in X + (Y \cap Z)$ ist. Folglich gilt auch die Inklusion $Y \cap (X + Z) \subseteq X + (Y \cap Z)$, q. e. d.

Ist X eine Teilmenge des R-Moduls M, so bezeichnen wir mit $\langle X \rangle$ den Durchschnitt über alle Teilmoduln von M, die X umfassen. Wir nennen $\langle X \rangle$ das <u>Erzeugnis</u> von X oder auch den von X <u>erzeugten Teilmodul</u> von M. Ist $X = \{x_1,\ldots,x_n\}$, so schreiben wir $\langle x_1,\ldots,x_n \rangle$ anstatt $\langle \{x_1,\ldots,x_n\} \rangle$.

<u>1.5. Hilfssatz</u>. X und Y seien Teilmengen des R-Moduls M.

(a) Ist $X \subseteq Y$, so ist $\langle X \rangle \subseteq \langle Y \rangle$.
(b) Es ist $\langle X \cup Y \rangle = \langle X \rangle + \langle Y \rangle$.
(c) Genau dann ist $\langle X \rangle = X$, wenn X ein Teilmodul von M ist.
(d) Es ist $\langle\langle X \rangle\rangle = \langle X \rangle$.

Beweis. (a), (c) und (d) sind trivial. Wegen $X \subseteq X \cup Y$ ist $\langle X \rangle \subseteq \langle X \cup Y \rangle$ und wegen $Y \subseteq X \cup Y$ ist $\langle Y \rangle \subseteq \langle X \cup Y \rangle$. Nach 1.3 ist daher $\langle X \rangle + \langle Y \rangle \subseteq \langle X \cup Y \rangle$. Andererseits ist $X \subseteq \langle X \rangle \subseteq \langle X \rangle + \langle Y \rangle$ und ebenso $Y \subseteq \langle Y \rangle \subseteq \langle X \rangle + \langle Y \rangle$. Also ist $X \cup Y \subseteq \langle X \rangle + \langle Y \rangle$. Folglich ist $\langle X \cup Y \rangle \subseteq \langle X \rangle + \langle Y \rangle$ und daher $\langle X \cup Y \rangle = \langle X \rangle + \langle Y \rangle$, q. e. d.

Aufgaben

1) M sei ein R-Modul. Ferner sei $I = \{r \mid r \in R,\ mr = 0 \text{ für alle } m \in M\}$. Zeige, daß I ein Ideal von R ist und daß sich M auf genau eine Weise zu einem R/I-Modul machen läßt, so daß für alle $m \in M$ und alle $r \in R$ die Gleichung $m(r + I) = mr$ gilt.

2) Es sei p eine Primzahl und A sei eine additiv geschriebene abelsche Gruppe. A heißt elementarabelsche p-Gruppe, falls für alle $a \in A$ stets $pa = 0$ gilt. Zeige, daß sich jede elementarabelsche p-Gruppe zu einem Vektorraum über GF(p) machen läßt.

3) R sei ein Ring mit 1 und M sei eine abelsche Gruppe. Ist ϕ ein Homomorphismus von R in End (M(+)) mit $\phi(1) = id_M$ und definiert man für $m \in M$ und $r \in R$ das Element $mr \in M$ vermöge $mr = m\phi(r)$, so wird M zu einem R-Rechtsmodul. Ist umgekehrt M ein R-Rechtsmodul und definiert man $\phi(r)$ vermöge $\phi(r) = \{(m,mr) \mid m \in M\}$ für alle $r \in R$, so ist $\phi = \{(r,\phi(r)) \mid r \in R\}$ ein Homomorphismus von R in End (M(+)) mit $\phi(1) = id_M$ und $mr = m\phi(r)$ für alle $r \in R$.

2. Die Isomorphiesätze. Es sei M ein R-Rechtsmodul und U sei ein Teilmodul von M. Dann ist M insbesondere eine abelsche Gruppe und U ist eine Untergruppe dieser Gruppe. Wir können daher die Faktorgruppe M/U bilden. Wir versuchen M/U zu einem R-Rechtsmodul zu machen. Dazu definieren wir eine binäre Relation f zwischen $(M/U) \times R$ und M/U wie folgt: Sind $X,Y \in M/U$ und ist $r \in R$, so sei genau dann $((X,r),Y) \in f$, wenn es ein $a \in X$ gibt mit $Y = ar + U$. Wir zeigen, daß f eine Abbildung ist. Dazu seien $((X,r),Y),((X,r)Y') \in f$. Es gibt dann Elemente $a,b \in X$ mit $Y = ar + U$ und $Y' = br + U$. Nun ist $a + U = X = b + U$, so daß $a - b \in U$ ist. Weil U ein Teilmodul ist, ist daher $(a - b)r \in U$. Mit 1.1 (c) folgt hieraus $ar - br \in U$. Folglich ist $Y = ar + U = br + U = Y'$. Damit ist gezeigt, daß es zu jedem $(X,r) \in (M/U) \times R$ höchstens ein $Y \in M/U$ gibt mit $((X,r),Y) \in f$. Ist andererseits $(X,r) \in (M/U) \times R$, so ist $X \in M/U$ und folglich $X \neq \emptyset$. Es gibt also ein $a \in X$. Dann ist aber $((X,r),ar + U) \in f$, womit gezeigt ist, daß f eine Abbildung von $(M/U) \times R$ in M/U ist. Bezeichnet man das Bild von (X,r) unter f mit Xr, so gilt also $Xr = ar + U$ für alle $a \in X$. Es ist nun ein Leichtes nachzuweisen, daß M/U mit dieser Verknüpfung zu einem R-Rechtsmodul wird. M/U heißt Faktormodul oder auch Quotientenmodul von M nach U. Ist R ein Körper und folglich M ein Vektorraum über R, so nennt man M/U sinngemäß Faktorraum bzw. Quotientenraum von M nach U.

Sind M und N zwei R-Rechtsmoduln und ist ϕ eine Abbildung von M in N, so heißt ϕ ein R-Homomorphismus von M in N, falls ϕ die beiden folgenden Bedingungen erfüllt:

(α) $(a + b)\phi = a\phi + b\phi$ für alle $a,b \in M$

(β) $(ar)\phi = (a\phi)r$ für alle $a \in M$ und alle $r \in R$.

Die Menge aller R-Homomorphismen von M in N bezeichnen wir mit $\mathrm{Hom}_R(M,N)$. Ist aus dem Zusammenhang klar, welcher Ring im Spiele ist, dann sprechen wir auch nur von Homomorphismen von M in N und schreiben Hom(M,N) an Stelle von $\mathrm{Hom}_R(M,N)$.

Ist $\phi \in \mathrm{Hom}_R(M,N)$, so setzen wir $\mathrm{Kern}(\phi) = \{a | a \in M, a\phi = 0\}$ und nennen diese Menge wieder den <u>Kern</u> von ϕ. Wie wir wissen, ist Kern(ϕ) eine Untergruppe von M. Ist $a \in \mathrm{Kern}(\phi)$ und $r \in R$, so ist $(ar)\phi = (a\phi)r = 0r = 0$, so daß auch $ar \in \mathrm{Kern}(\phi)$ ist. Also ist Kern(ϕ) sogar ein Teilmodul von M.

<u>2.1. Satz</u>. Ist M ein R-Rechtsmodul und U ein Teilmodul von M und definiert man ϕ vermöge $a\phi = a + U$ für alle $a \in M$, so ist ϕ ein Homomorphismus von M auf M/U und es gilt $\mathrm{Kern}(\phi) = U$.

Beweis. Sicherlich ist ϕ eine Abbildung von M auf M/U. Ferner gelten für $a,b \in M$ die Gleichungen

$$(a + b)\phi = a + b + U = a + U + b + U = a\phi + b\phi$$

und für $a \in M$ und $r \in R$ die Gleichungen

$$(ar)\phi = ar + U = (a + U)r = (a\phi)r.$$

Also ist ϕ ein Homomorphismus von M auf M/U.

Ist $u \in U$, so ist $u\phi = u + U = U$, so daß $u \in \mathrm{Kern}(\phi)$ ist. Dies besagt $U \subseteq \mathrm{Kern}(\phi)$. Ist andererseits $x \in \mathrm{Kern}(\phi)$, so ist $U = x\phi = x + U$, was wiederum $x \in U$ nach sich zieht. Also ist $\mathrm{Kern}(\phi) \subseteq U$ und daher $\mathrm{Kern}(\phi) = U$, q. e. d.

Ist $\phi \in \mathrm{Hom}_R(M,N)$ und ist ϕ injektiv, so nennen wir ϕ einen <u>Isomorphismus</u> von M in N. Nach II.3.5 ist ϕ genau dann ein Isomorphismus, wenn $\mathrm{Kern}(\phi) = \{0\}$ ist. Ist ϕ ein Isomorphismus von M auf N, so nennen wir M und N <u>isomorph</u>. (Der Leser achte bei diesen beiden Definitionen insbesondere auch auf die beiden Wörtchen in und auf!) Ein Isomorphismus ϕ von M auf N ist insbesondere eine Bijektion von M auf N. Folglich existiert die zu ϕ inverse Abbildung ϕ^{-1}. Diese Abbildung ist eine Bijektion von N auf M. Wir zeigen, daß ϕ^{-1} sogar ein Isomorphismus von N auf M ist. Sind $x,y \in N$, so gibt es Elemente $u,v \in M$ mit $u\phi = x$ und $v\phi = y$. Daher ist

$$(x + y)\phi^{-1} = (u\phi + v\phi)\phi^{-1} = (u + v)\phi\phi^{-1} = u + v = u\phi\phi^{-1} + v\phi\phi^{-1} = x\phi^{-1} + y\phi^{-1}.$$

Ist überdies $r \in R$, so ist

$$(xr)\phi^{-1} = ((u\phi)r)\phi^{-1} = ((ur)\phi)\phi^{-1} = (ur)(\phi\phi^{-1}) = ur = (u\phi\phi^{-1})r = (x\phi^{-1})r.$$

2.2. Satz. Ist ϕ ein Homomorphismus des R-Moduls M auf den R-Modul N und ist U der Kern von ϕ, so gibt es genau einen Isomorphismus σ von M/U auf N mit $(a + U)\sigma = a\phi$ für alle $a \in M$.

Beweis. Wir definieren zunächst wieder eine binäre Relation σ zwischen M/U und N vermöge $(X,b) \in \sigma$ genau dann, wenn es ein $a \in X$ gibt mit $a\phi = b$. Wir zeigen, daß σ eine Abbildung ist. Sind $(X,b),(X,b') \in \sigma$, so gibt es $a,a' \in X$ mit $a\phi = b$ und $a'\phi = b'$. Wegen $a + U = X = a' + U$ ist $a - a' \in U$ und folglich $(a - a')\phi = 0$. Also ist $a\phi = a'\phi$ und somit $b = b'$. Es gibt also zu jedem $X \in M/U$ höchstens ein $b \in N$ mit $(X,b) \in \sigma$. Ist andererseits $X \in M/U$, so gibt es ein $a \in X$. Folglich ist $(X,a\phi) \in \sigma$, so daß es zu jedem $X \in M/U$ genau ein $b \in N$ gibt mit $(X,b) \in \sigma$. Dies besagt gerade, daß σ eine Abbildung ist. Darüberhinaus gilt für diese Abbildung $X\sigma = a\phi$ für alle $a \in X$.

Ist $b \in N$, so gibt es ein $a \in M$ mit $a\phi = b$, da ϕ surjektiv ist. Dann ist $(a + U)\sigma = a\phi = b$, so daß auch σ surjektiv ist. Ferner ist

$$(a + U + b + U)\sigma = (a + b + U)\sigma = (a + b)\phi = a\phi + b\phi = (a + U)\sigma + (b + U)\sigma$$

und

$$((a + U)r)\sigma = (ar + U)\sigma = (ar)\phi = (a\phi)r = ((a + U)\sigma)r,$$

woraus folgt, daß σ ein Homomorphismus ist.

Ist schließlich $x + U \in \text{Kern}(\sigma)$, so ist $0 = (x + U)\sigma = x\phi$ und daher $x \in U$. Folglich ist $\text{Kern}(\sigma) = \{U\}$, womit gezeigt ist, daß σ ein Isomorphismus ist. Die Eindeutigkeit von σ ist trivial. Damit ist alles bewiesen.

2.3. Satz. ϕ sei ein Homomorphismus des R-Moduls M auf den R-Modul N mit dem Kern U. Ist T ein Teilmodul von M mit $U \subseteq T$, so sei $T^{\phi^*} = \{y \mid y = x\phi,\ x \in T\}$. Dann ist ϕ^* eine Bijektion der Menge der U umfassenden Teilmoduln von M auf die Menge der Teilmoduln von N. Sind S und T Teilmoduln von M, die U umfassen, so gilt genau dann $S \subseteq T$, wenn $S^{\phi^*} \subseteq T^{\phi^*}$ ist.

Beweis. 1) T^{ϕ^*} ist ein Teilmodul von N: Weil T nicht leer ist, ist auch T^{ϕ^*} nicht leer. Sind $x,y \in T^{\phi^*}$, so gibt es $v,w \in T$ mit $x = v\phi$ und $y = w\phi$. Wegen $v + w \in T$ ist daher $x + y = v\phi + w\phi = (v + w)\phi \in T^{\phi^*}$. Ist überdies $r \in R$, so ist $xr = (v\phi)r = (vr)\phi \in T^{\phi^*}$, so daß T^{ϕ^*} tatsächlich ein Teilmodul von N ist.

2) Es sei T^* ein Teilmodul von N. Wir definieren ψ vermöge $T^{*\psi} = \{x \mid x \in M, x\phi \in T^*\}$. Dann ist $T^{*\psi}$ ein Teilmodul von M mit $U \subseteq T^{*\psi}$: Wegen $u\phi = 0 \in T^*$

für alle $u \in U$ ist in der Tat $U \subseteq T^{*\psi}$, so daß $T^{*\psi}$ insbesondere nicht leer ist. Es seien $v,w \in T^{*\psi}$. Dann sind $v\phi, w\phi \in T^*$ und daher $(v + w)\phi = v\phi + w\phi \in T^*$. Also ist $v + w \in T^{*\psi}$. Ist $r \in R$, so gilt $(vr)\phi = (v\phi)r \in T^*$, so daß auch vr in $T^{*\psi}$ liegt. Damit ist gezeigt, daß $T^{*\psi}$ ein Teilmodul von M ist, der U umfaßt.

3) Ist T ein Teilmodul von M mit $U \subseteq T$, so ist $T^{\phi^*\psi} = T$: Es ist $T^{\phi^*} = \{x\phi | x \in T\}$ und $T^{\phi^*\psi} = \{x | x \in M, x\phi \in T^{\phi^*}\}$. Also ist $T \subseteq T^{\phi^*\psi}$. Ist umgekehrt $x \in T^{\phi^*\psi}$, so gibt es ein $t \in T$ mit $x\phi = t\phi$. Daher ist $(x - t)\phi = 0$, so daß $x - t \in U$ gilt. Nun ist $U \subseteq T$ und folglich $x - t \in T$, woraus wegen $t \in T$ auch $x \in T$ folgt. Also ist $T^{\phi^*\psi} \subseteq T$ und damit $T^{\phi^*\psi} = T$.

4) Ist T^* ein Teilmodul von N, so ist $T^{*\psi\phi^*} = T^*$: Es sei $y \in T^*$. Weil ϕ surjektiv ist, gibt es ein $x \in M$ mit $x\phi = y$. Wegen $T^{*\psi} = \{v | v \in M, v\phi \in T^*\}$ ist daher $x \in T^{*\psi}$. Somit ist $y = x\phi \in T^{*\psi\phi^*}$. Also gilt $T^* \subseteq T^{*\psi\phi^*}$. Ist andererseits $z \in T^{*\psi\phi^*}$, so ist $z = v\phi$ mit $v \in T^{*\psi}$. Weiterhin ist $T^{*\psi} = \{w | w \in M, w\phi \in T^*\}$, so daß $z = v\phi \in T^*$ ist. Daher gilt auch die Inklusion $T^{*\psi\phi^*} \subseteq T^*$ und folglich ist $T^{*\psi\phi^*} = T^*$.

Aus 1), 2) 3) und 4) folgt nach I.3.3, daß ϕ^* eine Bijektion der Menge der Teilmoduln von M, die U umfassen, auf die Menge der Teilmoduln von N ist.

5) Es seien S und T Teilmoduln von M, die U enthalten. Ist $S \subseteq T$, so ist

$$S^{\phi^*} = \{x\phi | x \in S\} \subseteq \{x\phi | x \in T\} = T^{\phi^*}.$$

Ist andererseits $S^{\phi^*} \subseteq T^{\phi^*}$, so ist

$$S = S^{\phi^*\psi} = \{v | v \in M, v\phi \in S^{\phi^*}\} \subseteq \{v | v \in M, v\phi \in T^{\phi^*}\} = T^{\phi^*\psi} = T,$$

womit wir auch die letzte Aussage von 2.3 bewiesen haben.

<u>2.4. Satz</u>. Sind S und T Teilmoduln des R-Moduls M, so sind $(S + T)/T$ und $S/(S \cap T)$ isomorph.

Beweis. Wir definieren eine binäre Relation ϕ zwischen $S + T$ und $S/(S \cap T)$ vermöge $(x,Y) \in \phi$ genau dann, wenn es ein $s \in Y$ mit $x - s \in T$ gibt. Wir zeigen, daß ϕ eine Abbildung von $S + T$ auf $S/(S \cap T)$ ist. Dazu seien $(x,Y),(x,Y') \in \phi$. Es gibt dann ein $s \in Y$ und $s' \in Y'$ mit $x - s$, $x - s' \in T$. Dann ist aber $s - s' = (x - s') - (x - s) \in T$. Weil Y und Y' Elemente von $S/(S \cap T)$ sind, sind Y und Y' Teilmengen von S. Daher sind $s,s' \in S$ und folglich auch $s - s' \in S$. Also ist $s - s' \in S \cap T$. Daher ist $Y = s + (S \cap T) = s' + (S \cap T) = Y'$. Ist andererseits

$x \in S + T$, so gibt es ein $s \in S$, ein $t \in T$ mit $x = s + t$. Wegen $x - s = t \in T$ ist daher $(x, s + (S \cap T)) \in \phi$. Damit ist gezeigt, daß ϕ eine Abbildung ist, die überdies surjektiv ist, da alle Restklassen von $S/(S \cap T)$ von der Form $s + (S \cap T)$ mit $s \in S$ sind.

Sind $x,y \in S + T$, so ist $x = s + t$ und $y = s' + t'$ mit $s,s' \in S$ und $t,t' \in T$. Daher ist

$$(x + y)\phi = (s + s' + t + t')\phi = s + s' + (S \cap T) = s + (S \cap T) + s' + (S \cap T) =$$

$$x\phi + y\phi.$$

Ist ferner $r \in R$, so ist

$$(xr)\phi = (sr + tr)\phi = sr + (S \cap T) = (s + (S \cap T))r = (x\phi)r.$$

Also ist ϕ ein Homomorphismus von $S + T$ auf $S/(S \cap T)$.

Offenbar ist $T \subseteq \text{Kern}(\phi)$, da für alle $t \in T$ die Gleichung $t = 0 + t$ gilt, so daß $t\phi = S \cap T$ ist. Ist umgekehrt $x \in \text{Kern}(\phi)$, ist ferner $x = s + t$ mit $s \in S$ und $t \in T$, so ist $S \cap T = x\phi = s + (S \cap T)$, so daß $s \in S \cap T \subseteq T$ ist. Daher ist $x = s + t \in T$, so daß $\text{Kern}(\phi) = T$ ist. Nach 2.2 gibt es folglich einen Isomorphismus von $(S + T)/T$ auf $S/(S \cap T)$, q. e. d.

Aufgaben

1) U und V seien Teilmoduln des Moduls M. Ist $U \subseteq V$, so sind $(M/U)/(V/U)$ und M/V isomorph.

Die folgenden fünfzehn Aufgaben bilden eine Einheit. Es geht darum, die Ergebnisse von Kapitel II, Abschnitt 8 auf den allgemeineren Fall der euklidischen Ringe zu übertragen. Der Leser, der über Hauptidealringe Bescheid weiß, wird sehen, daß man im folgenden statt euklidischer Ring stets auch Hauptidealring, der gleichzeitig Integritätsbereich ist, voraussetzen kann. Hier nun die Voraussetzungen für diese Aufgabenserie.

Es sei R ein euklidischer Ring und p sei ein Primelement von R. Setze $H = \{1,p,p^2,p^3,\ldots\}$. Dann ist H ein multiplikatives System von R. Bilde gemäß Kapitel III, Abschnitt 5, den Ring $Q_H(R)$. Wie bekannt, ist R ein Teilring von $Q_H(R)$, dessen Eins auch die Eins von $Q_H(R)$ ist, so daß $Q_H(R)(+)$ mit der in $Q_H(R)$ definierten Multiplikation ein R-Rechtsmodul ist. Überdies ist $R(+)$ ein Teilmodul des R-Rechtsmoduls

$Q_H(R)(+)$. Man kann daher den Faktormodul $Z(p^\infty) = Q_H(R)(+)/R(+)$ bilden. $Z(p^\infty)$ heißt der zu p gehörende <u>Prüfermodul</u> über R.

Ist i eine natürliche Zahl, so setzen wir $a_i = 1/p^i + R$ und $U_i = a_iR = \{r/p^i + R | r \in R\}$. Ferner setzen wir $U_0 = \{0\}$. Dabei bezeichnen wir das Nullelement von $Z(p^\infty)$, welches ja gleich R ist, ebenfalls mit 0.

2) Es ist $U_0 \subseteq U_1 \subseteq U_2 \subseteq \ldots \subseteq U_i \subseteq U_{i+1} \subseteq \ldots$ und $\bigcup_{i=0}^{\infty} U_i = Z(p^\infty)$.

3) Ist U ein Teilmodul von $Z(p^\infty)$, so ist entweder $U = Z(p^\infty)$ oder es gibt eine nichtnegative ganze Zahl i mit $U = U_i$. (Hinweis: Es sei $U \neq Z(p^\infty)$. Ferner sei $0 \neq x \in U$. Dann ist $x = r/p^k + R$. Wegen $x \neq 0$ ist $r/p^k \notin R$, so daß man r so wählen kann, daß p kein Teiler von r ist, so daß also r und p^k teilerfremd sind (Satz von der eindeutigen Primfaktorzerlegung). Zeige, daß die Menge der k's, die man auf diese Weise erhält, nach oben beschränkt ist ($U \neq Z(p^\infty)$!). Wähle i maximal unter den k's und zeige $U = U_i$.)

4) Es ist $U_i = \{x | x \in Z(p^\infty), xp^i = 0\}$.

Setze $H_p = \mathrm{Hom}_R(Z(p^\infty), Z(p^\infty)) = \mathrm{End}_R(Z(p^\infty))$.

5) Ist $\alpha \in H_p$, so ist $\alpha(U_i) \subseteq U_i$ für alle $i \in \mathbb{N}_0$.

6) Ist $0 \neq \alpha \in H_p$, so ist α surjektiv. (Hinweis: Vergleiche die Untermoduln von $\alpha(Z(p^\infty))$ mit der Menge der Untermoduln von $Z(p^\infty)/\mathrm{Kern}(\alpha)$ und benutze 2.3.)

7) Es sei $\alpha \in H_p$. Genau dann ist $\alpha \in G(H_p)$, wenn $\alpha(a_1) \neq 0$ ist.

8) Es sei $\mathfrak{p}_i = \{\alpha | \alpha \in H_p, U_i \subseteq \mathrm{Kern}(\alpha)\}$. Dann ist $\mathfrak{p}_0 = H_p$ und $\mathfrak{p}_i$ ist ein Ideal von H_p. Ferner ist $\bigcap_{i=0}^{\infty} \mathfrak{p}_i = \{0\}$.

9) Es sei $0 \neq x \in Z(p^\infty)$ und $O(x) = \{r | r \in R, xr = 0\}$. Dann ist $O(x)$ ein Ideal von R. Überdies ist $O(x) = p^iR$, wobei i die kleinste unter den Zahlen k mit $x \in U_k$ ist.

10) Ist $\alpha \in H_p$, so gibt es Elemente $z_i \in R$ mit $\alpha(a_i) = a_iz_i$ für alle i. Ferner gilt $z_{i+1} - z_i \in p^iR$ für alle i. Ist umgekehrt zu jeder natürlichen Zahl i ein $z_i \in R$ gegeben und gilt $z_{i+1} - z_i \in p^iR$ für alle i, so gibt es genau ein $\alpha \in H_p$ mit $\alpha(a_i) = a_iz_i$ für alle i.

11) Es sei $j \geq i$ und $I = \{x | x \in R, U_jx \subseteq U_i\}$. Dann ist I ein Ideal von R und es gilt $I = p^{j-i}R$.

12) Es sei $\alpha \in H_p$ und $\alpha \in \mathfrak{p}_i$ aber $\alpha \notin \mathfrak{p}_{i+1}$. Ferner sei $j \geqslant i$ und $J = \{x | x \in R, \alpha(U_j)x = \{0\}\}$. Dann ist $J = p^{j-i} R$.

13) Es sei $\alpha \in H_p$ und $\alpha \in \mathfrak{p}_i$ aber $\alpha \notin \mathfrak{p}_{i+1}$. Ferner sei π der durch $\pi(x) = xp$ definierte R-Endomorphismus von $Z(p^\infty)$. Es gibt dann ein $\beta \in G(H_p)$ mit $\alpha = \beta\pi^i$.

14) H_p ist ein Integritätsbereich.

15) Ist $\mathfrak{p}$ ein Ideal von H_p, so ist entweder $\mathfrak{p} = \{0\}$ oder es gibt ein $i \in \mathbb{N}_0$ mit $\mathfrak{p} = \mathfrak{p}_i$.

16) Es ist $H_p/\mathfrak{p}_i \cong R/p^iR$. Insbesondere ist also $H_p/\mathfrak{p}_1 \cong R/pR$.

3. Endlich erzeugte Vektorräume. Es sei V ein (Rechts-) Vektorraum über dem Körper K. Der Vektorraum V heißt endlich erzeugt, falls es Vektoren $v_1,\ldots,v_n \in V$ gibt mit $V = \langle v_1,\ldots,v_n \rangle$. Aus 1.5 b) folgt mit vollständiger Induktion, daß $V = \langle v_1 \rangle + \ldots + \langle v_n \rangle$ ist.

Ist $v \in V$, so setzen wir $vK = \{vk | k \in K\}$. Offenbar ist $vK \subseteq \langle v \rangle$. Andererseits ist vK ein Unterraum von V. (Die Teilmoduln eines Vektorraumes heißen Unterräume.) Ferner ist $v = v1 \in vK$ und daher $\langle v \rangle \subseteq vK$, so daß sogar $vK = \langle v \rangle$ gilt. Ist $V = \langle v_1,\ldots,v_n \rangle$, so ist also $V = v_1K + \ldots + v_nK$.

Ist V endlich erzeugt, so gibt es eine ganze Zahl $n \geqslant 0$ mit den Eigenschaften:

(a) Es gibt Vektoren $v_1,v_2,\ldots,v_n \in V$ mit $V = v_1K + v_2K + \ldots + v_nK$.
(b) Sind $w_1,\ldots,w_{n-1} \in V$, so ist $w_1K + \ldots + w_{n-1}K \neq V$.

Wir nennen diese Zahl n den Rang von V und schreiben Rg V = n. Andere Autoren nennen diese Zahl auch die Dimension von V.

Ist V endlich erzeugt und ist m eine ganze Zahl mit $0 \leqslant m < n = \text{Rg } V$, sind ferner $w_1,\ldots,w_m \in V$, so ist $w_1K + \ldots + w_mK \neq V$, da andernfalls mit $w_{m+1} = \ldots = w_{n-1} = 0$ der Widerspruch $V = \langle w_1,\ldots,w_m,w_{m+1},\ldots,w_{n-1} \rangle$ folgte.

Als nächstes betrachten wir Vektorräume vom Rang 0 und vom Rang 1. Ist V endlich erzeugt und ist Rg V = 0, so ist $V = \langle \emptyset \rangle = \{0\}$. Dieser Fall ist also äußerst trivial. Ist Rg V = 1, so gibt es ein $v \in V$ mit $V = vK$. Weil in diesem Fall $\{0\} = \langle \emptyset \rangle$ ein echter Teilraum von V ist, ist $v \neq 0$. Ist $0 \neq w \in V$, so ist $w = vk$ mit $0 \neq k \in K$. Folglich ist $v = wk^{-1}$. Somit ist $v \in wK$ und daher $V = vK \subseteq wK \subseteq V$. Also gilt: Ist Rg V = 1 und ist $0 \neq w \in V$, so ist $V = wK$, m.a.W., ist V ein Vektorraum vom

Rang 1, so wird V von jedem seiner vom Nullvektor verschiedenen Vektoren erzeugt. Hieraus folgt wiederum, daß {0} und V die einzigen Unterräume von V sind, falls Rg V = 1 ist.

3.1. Satz. Ist V ein endlich erzeugter Vektorraum, so ist auch jeder Unterraum U von V endlich erzeugt. Ist $U \neq V$, so ist Rg U < Rg V.

Beweis. Es sei Rg V = n. Ist n = 0, so ist V = {0}, so daß V der einzige Unterraum von sich ist. In diesem Falle ist somit nichts zu beweisen. Es sei also n > 0 und der Satz sei für Vektorräume kleineren Ranges bereits bewiesen. Ferner sei U ein echter Teilraum von V. Wegen Rg V = n gibt es Vektoren $v_1,\dots,v_n$ in V mit $V = \sum_{i=1}^{n} v_iK$. Es sei $W = v_nK$. Wir betrachten den Faktorraum V/W. Ist $X \in V/W$, so ist $X = v + W$ mit $v \in V$. Wegen $V = \sum_{i=1}^{n} v_iK$ gibt es $k_1,\dots,k_n \in K$ mit $v = \sum_{i=1}^{n} v_ik_i$. Daher ist

$$X = \sum_{i=1}^{n} v_ik_i + W = \sum_{i=1}^{n-1} v_ik_i + v_nk_n + W = \sum_{i=1}^{n-1} v_ik_i + W = \sum_{i=1}^{n-1} (v_i + W)k_i .$$

Somit wird V/W von den Vektoren $v_1 + W,\dots,v_{n-1} + W$ erzeugt. Hieraus folgt Rg (V/W) $\leq n - 1$, so daß nach Induktionsannahme jeder Unterraum von V/W endlich erzeugt ist und jeder echte Unterraum von V/W einen kleineren Rang als V/W hat.

Es ist $U + W \supseteq W$, so daß $(U + W)/W$ ein Unterraum von V/W ist. Somit ist $(U + W)/W$ endlich erzeugt. Ist $U \cap W = \{0\}$, so ist U zu $U/(U \cap W)$ isomorph. Nach 2.4 sind auch $(U + W)/W$ und $U/(U \cap W)$ isomorph, so daß in diesem Falle U und $(U + W)/W$ isomorph sind. Weil $(U + W)/W$ endlich erzeugt ist, ist folglich auch U endlich erzeugt und es ist

$$\text{Rg } U = \text{Rg } ((U + W)/W) \leq \text{Rg } (V/W) \leq n - 1 < n = \text{Rg } V.$$

Es sei also $U \cap W \neq \{0\}$. Wegen $v_nK = W$ ist dann Rg W = 1, so daß {0} und W die einzigen Unterräume von W sind. Weil $U \cap W \neq \{0\}$ ist und weil $U \cap W$ ein Unterraum von W ist, ist daher $U \cap W = W$, woraus wiederum $W \subseteq U$ folgt. Weil U ein echter Teilraum von V ist, folgt nach 2.3, daß U/W ein echter Teilraum von V/W ist. Daher ist $r = \text{Rg } (U/W) < \text{Rg } (V/W) \leq n - 1$, so daß $r \leq n - 2$ ist. Es sei $u_1 + W,\dots,u_r + W$ ein Erzeugendensystem von U/W. Ist $u \in U$, so gibt es also $k_1,\dots,k_r \in K$ mit

$$u + W = \sum_{i=1}^{r}(u_i + W)k_i = (\sum_{i=1}^{r} u_ik_i) + W.$$

Daher ist $u - \sum_{i=1}^{r} u_ik_i \in W = v_nK$. Folglich ist $U \subseteq \langle u_1,\dots,u_r,v_n\rangle$. Andererseits ist $v_n \in U$ und $u_i \in U$ für $i = 1,2,\dots,r$, so daß $\langle u_1,\dots,u_r,v_n\rangle \subseteq U$ ist. Somit ist $U = \langle u_1,\dots,u_r,v_n\rangle$. Hieraus folgt, daß U endlich erzeugt ist und daß die Ungleichungen

$$\operatorname{Rg} U \leqslant r + 1 \leqslant n - 2 + 1 = n - 1 < n = \operatorname{Rg} V$$

gelten, q. e. d.

Es sei V ein nicht notwendig endlich erzeugter Vektorraum über K. Sind $v_1,\dots,v_n \in V$ und folgt aus $\sum_{i=1}^{n} v_ik_i = 0$ mit $k_i \in K$, daß $k_1 = k_2 = \dots = k_n = 0$ ist, so nennen wir die Vektoren $v_1,\dots,v_n$ <u>linear unabhängig</u>. Eine Familie $X = (v_i | i \in I)$ von Vektoren aus V heißt linear unabhängig, falls für jede endliche Teilmenge J von I die Vektoren v_i mit $i \in J$ linear unabhängig sind. Die Familie $(v_i | i \in I)$ von Vektoren aus V heißt <u>linear abhängig</u>, falls sie nicht linear unabhängig ist. Ist $X = (v_i | i \in I)$ eine Familie von Vektoren aus V, so ist X genau dann linear abhängig, wenn es eine endliche Teilmenge J von I gibt, sowie zu jedem $i \in J$ ein $k_i \in K$, so daß nicht alle k_i gleich 0 sind und daß $\sum_{i \in J} v_ik_i = 0$ gilt.

Ist $X = (v_i | i \in I)$ linear unabhängig, so ist $v_i \neq v_j$, falls $i \neq j$ ist, da andernfalls (v_i,v_j) wegen $v_i - v_j = 0$ eine linear abhängige Teilfamilie wäre.

Wir nennen die Teilmenge B von V eine <u>Basis</u> von V, falls $V = \langle B\rangle$ ist und falls B linear unabhängig ist.

Ist B eine Basis und k eine Abbildung von B in den Körper K, so ist $\operatorname{Tr}(k) = \{b | b \in B, k_b \neq 0\}$ der Träger der Abbildung k. Dieser Begriff ist uns im Zusammenhang mit den Polynomen bereits einmal begegnet. Ist der Träger von k endlich, so können wir $\sum_{b \in \operatorname{Tr}(k)} bk_b$ bilden. Wir definieren dann $\sum_{b \in B} bk_b$ durch die Gleichung $\sum_{b \in B} bk_b = \sum_{b \in \operatorname{Tr}(k)} bk_b$.

<u>3.2. Satz</u>. Ist V ein Vektorraum über K und ist B eine Basis von V, so gibt es zu jedem $v \in V$ genau eine Abbildung k von B in K mit endlichem Träger und $v = \sum_{b \in B} bk_b$.

Beweis. Es ist $V = \langle B\rangle = \sum_{b \in B} bK$. Ist $v \in V$, so gibt es also eine endliche Teilmenge E von B und Elemente $x_b \in K$ $(b \in E)$ mit $v = \sum_{b \in E} bx_b$. Definiert man $k: B \to K$ vermöge $k_b = x_b$ für $b \in E$ und $k_b = 0$ für $b \in B \setminus E$, so ist k eine Abbildung von B in K mit endlichem Träger, für die $v = \sum_{b \in B} bk_b$ gilt.

Es sei l eine zweite solche Abbildung. Dann ist auch k - l eine Abbildung von B in K mit endlichem Träger. Ferner ist $0 = \sum_{b \in B} b(k-l)_b$, woraus wegen der linearen Unabhängigkeit von B die Gleichungen $(k-l)_b = 0$ für alle $b \in B$ folgen. Daher ist $k = l$, so daß auch die Eindeutigkeit bewiesen ist.

3.3. Satz. Es sei V ein endlich erzeugter Vektorraum vom Rang n.

a) Sind $v_1,\dots,v_n \in V$ und ist $V = \sum_{i=1}^{n} v_i K$, so ist $\{v_1,\dots,v_n\}$ eine Basis von V.

b) V besitzt eine Basis mit n Elementen.

c) Ist B eine Basis von V, so ist B endlich und es gilt $|B| = n$.

Beweis. a) Es seien $k_1,\dots,k_n \in K$ und es sei $\sum_{i=1}^{n} v_i k_i = 0$. Gäbe es ein j mit $k_j \neq 0$, so wäre

$$v_j = -\sum_{\substack{i=1\\ i\neq j}}^{n} v_i k_i k_j^{-1} \in \langle v_1,\dots,v_{j-1},v_{j+1},\dots,v_n\rangle,$$

so daß

$$V = \langle v_1,\dots,v_n\rangle \subseteq \langle v_1,\dots,v_{j-1},v_{j+1},\dots,v_n\rangle \subseteq V$$

wäre. Hieraus folgte $V = \langle v_1,\dots,v_{j-1},v_{j+1},\dots,v_n\rangle$ im Widerspruch zu Rg V = n. Also ist $k_1 = k_2 = \dots = k_n = 0$, so daß $v_1,\dots,v_n$ linear unabhängig sind. Somit ist $\{v_1,\dots,v_n\}$ eine Basis von V.

b) Wegen RgV = n gibt es Vektoren $v_1,\dots,v_n \in V$ mit $V = \sum_{i=1}^{n} v_i K$. Nach a) ist daher $\{v_1,\dots,v_n\}$ eine Basis. Damit ist b) bewiesen.

c) Es sei $\{v_1,\dots,v_n\}$ eine nach b) existierende Basis mit n Elementen von V und B sei eine weitere Basis von V. Ist n = 1, so erzeugt jeder vom Nullvektor verschiedene Vektor aus V, wie wir bereits wissen, den Vektorraum V. Hieraus folgt, daß je zwei Vektoren aus V linear abhängig sind. Also ist in diesem Falle $|B| \leq 1$. Nun kann B wegen $V \neq \{0\}$ nicht leer sein, so daß $|B| = 1$ ist.

Es sei nun $n > 1$ und c) für Vektorräume kleineren Ranges bereits bewiesen. Wegen Rg V = n ist

$$U = \sum_{i=1}^{n-1} v_i K \neq \sum_{i=1}^{n} v_i K = V = \sum_{b \in B} bK.$$

Hieraus folgt die Existenz eines $b \in B$ mit $b \notin U$. Daher ist U echt in

$W = \langle v_1,\dots,v_{n-1},b\rangle$ enthalten. Dies besagt wiederum, daß W/U ein von {U} verschiedener Unterraum von V/U ist. Ferner gilt nach 2.4

$$V/U = (\sum_{i=1}^{n} v_iK)/U \cong v_nK/(v_nK \cap U).$$

Weil v_nK den Rang 1 hat, ist entweder $v_nK \cap U = \{0\}$ oder $v_nK \subseteq U$. Letzteres implizierte jedoch

$$V = \sum_{i=1}^{n} v_iK = U + v_nK \subseteq U \subseteq V,$$

so daß V = U wäre im Widerspruch zu $V \neq U$. Also ist $v_nK \cap U = \{0\}$ und somit $V/U \cong v_nK$. Hieraus folgt Rg (V/U) = 1. Weil W/U ein von {U} verschiedener Unterraum von V/U ist, ist daher V/U = W/U. Hieraus folgt mit Hilfe von Satz 2.3, daß V = W ist. Also ist $V = v_1K + \dots + v_{n-1}K + bK$, so daß $\{v_1,\dots,v_{n-1},b\}$ nach a) eine Basis von V ist.

$\{v_1,\dots,v_{n-1}\}$ ist eine Basis von U. Hieraus folgt Rg $U \leq n - 1$, so daß nach Induktionsannahme Rg U = n - 1 ist. Es sei nun P = bK. Wegen $b \notin U$ ist $P \not\subseteq U$. Wegen Rg P = 1 folgt daher $P \cap U = \{0\}$. Somit ist

$$V/P = (U + P)/P \cong U/(U \cap P) = U/\{0\} \cong U.$$

Also ist Rg (V/P) = Rg U = n - 1. Es sei X eine endliche Teilmenge von $B \setminus \{b\}$. Ferner seien k_x mit $x \in X$ Elemente von K, für die $\sum_{x \in X} (x + P)k_x = P$ gilt. Dann gibt es ein $k \in K$ mit $\sum_{x \in X} xk_x + bk = 0$. Weil B eine Basis von V ist, folgt $k = 0 = k_x$ für alle $x \in X$. Somit ist $C = (x + P|x \in B \setminus \{b\})$ eine linear unabhängige Familie von Vektoren aus V/P. Dann ist, wie wir wissen, $x + P \neq y + P$, falls nur $x \neq y$ und $x,y \in B \setminus \{b\}$ ist. Daher ist $x \to x + P$ eine injektive Abbildung von $B \setminus \{b\}$ in V/P. Setzt man $C^* = \{x + P|x \in B \setminus \{b\}\}$, so folgt aus $V = \langle B\rangle$ die Gleichung $V/P = \langle C^*\rangle$. Weil die Vektoren aus C^* linear unabhängig sind, ist C^* somit eine Basis von V/P. Nach Induktionsannahme ist also $|C^*| = n - 1$ und folglich auch $|B \setminus \{b\}| = n - 1$, so daß $|B| = n$ ist, q. e. d.

3.4. Korollar. Ist V ein endlich erzeugter Vektorraum und ist X eine Menge von linear unabhängigen Vektoren, so ist X endlich und es gilt $|X| \leq$ Rg V.

Beweis. Es sei $U = \langle X\rangle$. Dann ist X eine Basis von U. Weil V endlich erzeugt ist, ist auch U nach 3.1 endlich erzeugt, so daß X nach 3.3 c) endlich ist. Ebenfalls nach 3.3 c) ist $|X|$ = Rg U, so daß nach 3.1 schließlich $|X| \leq$ Rg V gilt, q. e. d.

Sind U und W Teilräume von V und gilt $V = U + W$ und $U \cap W = \{0\}$, so heißt W ein Komplement von U in V oder auch nur kurz ein Komplement von U. Um diesen Sachverhalt auszudrücken, schreiben wir $V = U \oplus W$. Ist $U \oplus W$, so nennen wir V die direkte Summe von U und W.

3.5. Satz. Ist V ein endlich erzeugter Vektorraum und ist U ein Unterraum von V, so besitzt U ein Komplement.

Beweis. Ist $U = V$, so ist $V = U \oplus \{0\}$ und es ist nichts mehr zu beweisen. Es sei also $U \neq V$. Dann ist V/U ein endlich erzeugter Vektorraum mit $\mathrm{Rg}\,(V/U) \geq 1$. Es sei $\{B_1,\dots,B_r\}$ eine Basis von V/U. Dann ist $B_i = b_i + U$ mit geeigneten $b_i \in V$. Es sei $W = \sum_{i=1}^{r} b_i K$. Ist $v \in V$, so ist $v + U \in V/U$. Es gibt daher Elemente $k_1,\dots,k_r \in K$ mit

$$v + U = \sum_{i=1}^{r} B_i k_i = \sum_{i=1}^{r} (b_i + U)k_i = \sum_{i=1}^{r} b_i k_i + U.$$

Folglich gibt es ein $u \in U$ mit $v = u + \sum_{i=1}^{r} b_i k_i$, so daß $v \in U + W$ gilt. Also ist $V \subseteq U + W$ und somit $V = U + W$.

Es sei $x \in U \cap W$. Es gibt dann $k_1,\dots,k_r \in K$ mit $x = \sum_{i=1}^{r} b_i k_i$. Wegen $x \in U$ ist daher

$$U = x + U = \sum_{i=1}^{r} b_i k_i + U = \sum_{i=1}^{r} (b_i + U)k_i = \sum_{i=1}^{r} B_i k_i.$$

Weil $\{B_1,\dots,B_r\}$ eine Basis von V/U ist, folgt $k_1 = \dots = k_r = 0$, so daß $x = 0$ ist. Also ist $U \cap W = \{0\}$, q. e. d.

3.6. Satz. Es sei V ein endlich erzeugter Vektorraum.

a) Ist V die direkte Summe der Unterräume U und W, so ist $\mathrm{Rg}\, V = \mathrm{Rg}\, U + \mathrm{Rg}\, W$.

b) Ist U ein Unterraum von V, so ist $\mathrm{Rg}\, V = \mathrm{Rg}\, U + \mathrm{Rg}\,(V/U)$.

Beweis. a) Es sei $\{b_1,\dots,b_r\}$ eine Basis von U und $\{b_{r+1},\dots,b_{r+s}\}$ eine Basis von W. Dann ist nach 1.5 (b)

$$V = U + W = \langle b_1,\dots,b_r\rangle + \langle b_{r+1},\dots,b_{r+s}\rangle = \langle b_1,\dots,b_{r+s}\rangle$$

Ist ferner $\sum_{i=1}^{r+s} b_i k_i = 0$, so ist

$$\sum_{i=1}^{r} b_i k_i = - \sum_{i=1}^{s} b_{r+i} k_{r+i} \in U \cap W = \{0\}.$$

Also ist $\sum_{i=1}^{r} b_i k_i = 0 = \sum_{i=1}^{s} b_{r+i}$, was wiederum $k_1 = \ldots = k_r = 0 = k_{r+1} = \ldots k_{r+s}$ zur Folge hat. Also ist $\{b_1,\ldots,b_{r+s}\}$ eine Basis von V, so daß nach 3.3 c) die Gleichungen Rg V = r + s = Rg U + Rg W gelten.

b) Nach 3.5 gibt es ein W mit $V = U \oplus W$, so daß nach a) die Gleichung Rg V = Rg U + Rg W gilt. Ferner ist $V/U = (U + W)/U \cong W/(W \cap U) = W/\{0\} \cong W$. Also ist Rg (V/U) = Rg W, so daß in der Tat Rg V = Rg U + Rg (V/U) gilt, q. e. d.

3.7. Rangformel. Sind U und W endlich erzeugte Unterräume des Vektorraumes V, so ist auch U + W endlich erzeugt und es gilt Rg (U + W) + Rg $(U \cap W)$ = Rg U + Rg W.

Beweis. Daß mit U und W auch U + W endlich erzeugt ist, folgt aus 1.5 (b). Nach 2.4 ist nun $(U + W)/W \cong U/(U \cap W)$. Nach 3.6 b) ist daher

$$\mathrm{Rg}\,(U + W) - \mathrm{Rg}\,W = \mathrm{Rg}\,((U + W)/W) = \mathrm{Rg}\,(U/(U \cap W)) = \mathrm{Rg}\,U - \mathrm{Rg}\,(U \cap W).$$

Hieraus folgt unmittelbar die Behauptung, q. e. d.

V und W seien K-Vektorräume. Die K-Homomorphismen von V in W werden meist lineare Abbildungen von V in W genannt. Ist $\phi \in \mathrm{Hom}_K(V,W)$ eine lineare Abbildung von V in W und ist V endlich erzeugt, so ist auch $V\phi$ endlich erzeugt. In diesem Falle nennen wir Rg $(V\phi)$ = Rg (ϕ) den Rang von ϕ. Als Unterraum von V ist auch Kern(ϕ) endlich erzeugt, falls V endlich erzeugt ist. In diesem Falle setzen wir Rg (Kern(ϕ)) = Def (ϕ) und nennen Def (ϕ) den Defekt von ϕ.

3.8. Satz. Sind V und W Vektorräume über K, ist V endlich erzeugt und ist ϕ eine lineare Abbildung von V in W, so ist Rg (ϕ) + Def (ϕ) = Rg V.

Beweis. Es sei U = Kern(ϕ). Nach 2.2 ist dann $V/U \cong V\phi$, so daß Rg (V/U) = Rg $(V\phi)$ = Rg (ϕ) ist. Nach 3.6 b) ist folglich Rg (ϕ) + Def (ϕ) = Rg (V/U) + Rg U = Rg V, q. e. d.

3.9. Korollar. V und W seien endlich erzeugte K-Vektorräume. Ferner sei $\phi \in \mathrm{Hom}_K(V,W)$.

a) Genau dann ist ϕ injektiv, wenn Rg (ϕ) = Rg V ist.

b) Genau dann ist ϕ surjektiv, wenn Rg (ϕ) = Rg W ist.

c) Genau dann ist ϕ bijektiv, wenn Rg (ϕ) = Rg V = Rg W ist.

Beweis. a) Nach 3.8 ist genau dann Rg (ϕ) = Rg V, wenn Def $(\phi) = 0$ ist. Dies ist wegen Def (ϕ) = Rg (Kern(ϕ)) wiederum genau dann der Fall, wenn Kern$(\phi) = \{0\}$ ist, was wiederum mit der Injektivität von ϕ gleichbedeutend ist.

b) Ist ϕ surjektiv, d.h. ist $V\phi = W$, so ist natürlich Rg (ϕ) = Rg W. Es sei daher umgekehrt Rg (ϕ) = Rg W. Weil $V\phi$ ein Unterraum von W ist, ist $V\phi = W$, da andernfalls nach 3.1 die Ungleichung Rg $(V\phi)$ < Rg W gelten würde. Damit ist auch b) bewiesen.

c) folgt unmittelbar aus a) und b), q. e. d.

3.10. Korollar. V und W seien endlich erzeugte K-Vektorräume mit Rg V = Rg W. Ist $\phi \in \mathrm{Hom}_K(V,W)$, so sind die folgenden Aussagen äquivalent:

a) ϕ ist injektiv.
b) ϕ ist bijektiv.
c) ϕ ist surjektiv.

Beweis. Ist ϕ injektiv, so gilt nach 3.9 a) die Gleichung Rg (ϕ) = Rg V. Wegen Rg V = Rg W ist ϕ somit nach 3.9 c) bijektiv. Ist ϕ bijektiv, so ist ϕ surjektiv. Ist ϕ surjektiv, so ist nach 3.9 b) der Rang von ϕ gleich dem Rang von W, so daß ϕ wegen Rg W = Rg V nach 3.9 a) injektiv ist, q. e. d.

3.11. Satz. V und W seien Vektorräume über K. Ist $\{b_1,\dots,b_n\}$ eine Basis von V und ist $(w_1,\dots,w_n)$ eine Familie von Vektoren von W, so gibt es genau ein $\phi \in \mathrm{Hom}_K(V,W)$ mit $b_i\phi = w_i$ für $i = 1,2,\dots,n$.

Beweis. ϕ und ψ seien zwei solche Abbildungen. Ist $v \in V$, so gibt es Elemente $k_1,\dots,k_n \in K$ mit $v = \sum_{i=1}^{n} b_ik_i$. Daher ist

$$v\phi = \left(\sum_{i=1}^{n} b_ik_i\right)\phi = \sum_{i=1}^{n}(b_i\phi)k_i = \sum_{i=1}^{n}(b_i\psi)k_i = \left(\sum_{i=1}^{n} b_ik_i\right)\psi = v\psi.$$

Also ist $\phi = \psi$, so daß es höchstens eine solche Abbildung gibt.

Ist $v \in V$, so gibt es nach 3.2 ein eindeutig bestimmtes n-Tupel $(k_1,\dots,k_n)$ mit $k_i \in K$, so daß $v = \sum_{i=1}^{n} b_ik_i$ ist. Setzt man $v\phi = \sum_{i=1}^{n} w_ik_i$, so zeigen triviale Rechnungen, daß ϕ eine lineare Abbildung von V in W ist, für die $b_i\phi = w_i$ für alle i gilt, q. e. d.

3.12. Satz. Es sei K ein Körper.

a) Ist n eine natürliche Zahl, so gibt es einen K-Vektorraum V mit $\mathrm{Rg}\, V = n$.

b) Sind V und W endlich erzeugte K-Vektorräume, so sind V und W genau dann isomorph, wenn $\mathrm{Rg}\, V = \mathrm{Rg}\, W$ ist.

Beweis. a) Es sei $K^{(n)} = K \times \ldots \times K$ das n-fache cartesische Produkt von K mit sich selbst. Sind $(k_1,\ldots,k_n)$ und $(l_1,\ldots,l_n)$ Elemente von $K^{(n)}$, so definieren wir die Summe dieser beiden n-Tupel vermöge

$$(k_1,\ldots,k_n) + (l_1,\ldots,l_n) = (k_1 + l_1,\ldots,k_n + l_n)$$

und das Produkt von $(k_1,\ldots,k_n)$ mit $a \in K$ durch

$$(k_1,\ldots,k_n)a = (k_1a,\ldots,k_na).$$

Auf diese Weise wird $K^{(n)}$ zu einem Vektorraum über K. (Vergl. dieses Beispiel mit dem Beispiel 3) von Abschnitt 11.)

Es sei $b_i = (b_{i1},b_{i2},\ldots,b_{in})$ mit $b_{ij} = 0$ für $i \neq j$ und $b_{ii} = 1$. Ist $(k_1,\ldots,k_n) \in K^{(n)}$, so ist offenbar $(k_1,\ldots,k_n) = \sum_{i=1}^{n} b_ik_i$, so daß $K^{(n)}$ von den Vektoren $b_1,\ldots,b_n$ erzeugt wird. Ist $\sum_{i=1}^{n} b_ik_i = (0,0,\ldots,0)$, so ist $(k_1,k_2,\ldots,k_n) = (0,0,\ldots,0)$ und daher $k_1 = \ldots = k_n = 0$, so daß $\{b_1,\ldots,b_n\}$ eine Basis von $K^{(n)}$ ist. Folglich ist $n = \mathrm{Rg}\, K^{(n)}$, so daß a) bewiesen ist.

b) Sind V und W isomorph, so ist natürlich $\mathrm{Rg}\, V = \mathrm{Rg}\, W$. Es sei also $\mathrm{Rg}\, V = \mathrm{Rg}\, W$. Ferner sei $\{b_1,\ldots,b_n\}$ eine Basis von V und $\{c_1,\ldots,c_n\}$ eine Basis von W. Nach 3.12 gibt es ein $\phi \in \mathrm{Hom}_K(V,W)$ mit $b_i\phi = c_i$. Hieraus folgt, daß W von den Vektoren $b_1\phi,\ldots,b_n\phi$ erzeugt wird. Dies impliziert wiederum, daß ϕ surjektiv ist. Hieraus folgt mit Hilfe von 3.10, daß ϕ ein Isomorphismus von V auf W ist, q. e. d.

Vieles von dem, was wir in diesem Abschnitt gemacht haben, läßt sich auch auf nicht endlich erzeugte Vektorräume übertragen. Zu diesem Zweck benötigen wir jedoch noch einige Hilfsmittel aus der Mengenlehre, die wir im nächsten Abschnitt bereitstellen werden.

Aufgaben

1) V sei ein endlich erzeugter Vektorraum. Ist X eine Menge von linear unabhängigen

Vektoren, so gibt es eine Basis B von V mit $X \subseteq B$.

2) (Steinitz'scher Austauschsatz) V sei ein endlich erzeugter Vektorraum. Ist X eine Menge von linear unabhängigen Vektoren von V und ist B eine Basis von V, so gibt es eine Teilmenge C von B, so daß $X \cup C$ eine Basis von V ist. (Wenn man 2) bewiesen hat, hat man natürlich auch 1).)

3) V sei ein endlich erzeugter Vektorraum. Ferner sei X eine Menge von Vektoren aus V. Ist $V = \langle X \rangle$, so gibt es eine Basis B von V mit $B \subseteq X$. (Hinweis: Die Hauptschwierigkeit bei dieser Aufgabe besteht darin zu zeigen, daß V bereits von einer endlichen Teilmenge von X erzeugt wird. Dazu muß man ein endliches Erzeugendensystem von V betrachten und überlegen, wie sich die Vektoren dieses Erzeugendensystems durch die Vektoren aus X darstellen lassen.)

4) Es sei M eine endliche Menge mit n Elementen. Auf P(M) definieren wir wie schon früher eine Addition vermöge $X + Y = (X \cup Y) \setminus (X \cap Y)$. Es sei ferner k eine natürliche Zahl mit $0 < 2k < n$. Zeige, daß es $n - 1$ Teilmengen $B_1, \ldots, B_{n-1}$ von M gibt mit $|B_i| = 2k$ für alle i, so daß folgendes gilt: Ist $X \in P(M)$ und ist $|X| \equiv 0 \bmod 2$, so gibt es eine eindeutig bestimmte Teilmenge I von $\{1, \ldots, n-1\}$ mit $X = \sum_{i \in I} B_i$, dabei setzen wir im Falle $I = \emptyset$ die Summe $\sum_{i \in I} B_i = \emptyset$. (Beachte Aufgabe 2) von Abschnitt 1.)

5) V sei ein endlich erzeugter Vektorraum und M sei eine Menge von Unterräumen von V mit $M \neq \emptyset$. Zeige, daß es Unterräume $U, W \in M$ gibt mit den Eigenschaften:

Ist $X \in M$ und $X \subseteq U$, so ist $X = U$, bzw. ist $Y \in M$ und $W \subseteq Y$, so ist $W = Y$.

(Man nennt U ein <u>minimales</u> und W ein <u>maximales</u> Element der bzg. $\subseteq$ teilweise geordneten Menge M. Ferner sagt man, daß V die <u>Minimalbedingung</u> und die <u>Maximalbedingung</u> für Unterräume erfüllt.)

6) Es sei V ein Vektorraum und $\{b_1, \ldots, b_n\}$ sei eine Basis von V. Nach 3.11 gibt es genau eine lineare Abbildung ϕ von V in sich mit $b_i\phi = b_{i+1}$ für $1 \leqslant i \leqslant n-1$ und $b_n\phi = b_1$. Zeige, daß ϕ bijektiv ist und daß $\phi^n = id_V \neq \phi^i$ für $1 \leqslant i \leqslant n-1$ gilt.

7) Es sei V ein Vektorraum und $\{b_1, \ldots, b_n\}$ sei eine Basis von V. Nach 3.11 gibt es genau eine Abbildung $\phi \in End_K(V)$ mit $b_i\phi = b_{i+1}$ für $1 \leqslant i \leqslant n-1$ und $b_n\phi = 0$. Zeige $\phi^i \neq 0$ für $i = 1, 2, \ldots, n-1$ und $\phi^m = 0$ für $m \geqslant n$.

Bei den folgenden Aufgaben 8) bis 12) ist V ein K-Vektorraum sowie $V = P \oplus H$ mit $P = pK$ und $p \neq 0$.

8) Ist $v \in V$, so gibt es genau ein $k \in K$ und genau ein $h \in H$ mit $v = pk + h$.

9) Ist $v \in V$, so sei $\phi(v)$ das nach 8) eindeutig bestimmte Element aus K mit $v - p\phi(v) \in H$. Zeige, daß $\phi \in \mathrm{Hom}_K(V,K)$ gilt. Bestimme Kern(ϕ).

10) Es sei ϕ die in 9) definierte lineare Abbildung von V in K. Für $h \in H$ definieren wir $\tau(h)$ vermöge $v^{\tau(h)} = v + h\phi(v)$ für alle $v \in V$. Zeige, daß die Menge T(H) der $\tau(h)$ eine zu H isomorphe Untergruppe von $G(\mathrm{End}_K(V))$ ist. Dabei ist $\mathrm{End}_K(V)$ der Ring aller linearen Abbildungen von V in sich. (Die Elemente aus T(H) heißen Transvektionen von V und H nennt man die Achse dieser Transvektionen.

11) Ist $k \in K$, so sei $\delta(k)$ die durch $v^{\delta(k)} = v + p(k-1)\phi(v)$ definierte Abbildung von V in sich. Zeige $\delta(k) \in \mathrm{End}_K(V)$. Zeige ferner, daß $\delta(k)$ genau dann eine Einheit von $\mathrm{End}_K(V)$ ist, wenn $k \neq 0$ ist. ($\delta(k)$ heißt Dilatation von V mit der Achse H und dem Zentrum P.)

12) Es sei D(P,H) die Menge aller $\delta(k)$ mit $k \neq 0$. Zeige, daß $D(P,H)T(H) = G$ eine Untergruppe von $G(\mathrm{End}_K(V))$ ist und daß T(H) ein Normalteiler von G ist. Wann ist G abelsch? (Bei der Beantwortung der letzten Frage vergesse man den Fall $H = \{0\}$ nicht.)

4. Das Auswahlaxiom. Im dritten Abschnitt von Kapitel I hatten wir das cartesische Produkt von endlich vielen Mengen $M_1,\dots,M_n$ definiert als die Menge aller geordneten n-Tupel $(x_1,\dots,x_n)$ mit $x_i \in M_i$ für alle i. Faßt man x als eine Abbildung von $\{1,2,\dots,n\}$ in $\bigcup_{i=1}^{n} M_i$ auf, so ist also $M_1 \times \dots \times M_n$ die Menge aller Abbildungen x von $\{1,2,\dots,n\}$ in $\bigcup_{i=1}^{n} M_i$ mit $x_i \in M_i$ für alle i. (Hier bezeichnen wir also das Bild von i unter der Abbildung x mit x_i.) Dies läßt sich nun unmittelbar auf beliebige Familien von Mengen übertragen. Ist $(M_i|i \in I)$ eine Familie von Mengen, so bezeichnen wir mit $\bigtimes_{i \in I} M_i$ die Menge aller Abbildungen x von I in $\bigcup_{i \in I} M_i$ mit $x_i \in M_i$ für alle $i \in I$. Die Menge $\bigtimes_{i \in I} M_i$ heißt das cartesische Produkt der M_i und jedes $x \in \bigtimes_{i \in I} M_i$ heißt eine Auswahlfunktion von $(M_i|i \in I)$.

Ist $I = \emptyset$ oder $M_i = \emptyset$ für wenigstens ein $i \in I$, so ist $\bigtimes_{i \in I} M_i = \emptyset$. Was läßt sich im Falle $I \neq \emptyset$ und $M_i \neq \emptyset$ für alle $i \in I$ sagen? Für endliche Indexmengen I läßt sich mit vollständiger Induktion nach $|I|$ zeigen, daß $\bigtimes_{i \in I} M_i \neq \emptyset$ ist. Wie P.J. Cohen zeigte (P.J. Cohen, The independence of the continuum hypothesis. Proc.Nat.Acad.Sci. USA 50 (1963), 1143-1148 und Proc.Nat.Acad.Sci. USA 51 (1964), 105-110. - P.J. Cohen, Independence results in set theory. In: J.W. Addison, L. Henkin, A. Tarski (Herausg.), The theory of Models. Proceedings of the 1963 International Symposium at Berkeley. Amsterdam-London 1970. S. 39-54. - Siehe auch U. Felgner, Models of ZF-Set Theory. Springer Lecture Notes in Mathematics. Bd. 223 (1971).), kann man für unendliches I nichts sagen. Dies muß näher erläutert werden. Die Mengenlehre, die wir bisher ganz naiv benutzten und die wir auch weiterhin so naiv wie bisher benutzen werden, läßt sich axiomatisch begründen. Tut man dies, dann kan man an dieser Stelle Modelle angeben, in denen es vorkommt, daß $\bigtimes_{i \in I} M_i = \emptyset$ ist, obwohl $M_i \neq \emptyset$ für alle $i \in I$ gilt. Andererseits gibt es Modelle, in denen dies nie vorkommt. In diesen Modellen gilt also zuzüglich zu den übrigen Axiomen das von E. Zermelo eingeführte sog. Auswahlaxiom:

Ist $(M_i | i \in I)$ eine nicht-leere Familie von nicht-leeren Mengen, so ist $\bigtimes_{i \in I} M_i \neq \emptyset$.

Wir werden das Auswahlaxiom allen unseren weiteren Überlegungen zugrunde legen.

Das Auswahlaxiom hat eine Reihe von überraschenden Konsequenzen, von denen wir einige hier anführen werden. Wir erinnern zunächst jedoch an die Definition einer teilweise geordneten Menge. Ist $\leqslant$ eine reflexive, antisymmetrische und transitive Relation auf der Menge M, so heißt $\leqslant$ eine Teilordnung oder auch Anordnung von M. Ist $M(\leqslant)$ eine teilweise geordnete Menge und ist $N \subseteq M$, so ist N bez. der Einschränkung von $\leqslant$ auf $N \times N$ ebenfalls teilweise geordnet.

Ist M bez. $\leqslant$ teilweise geordnet und sind $a,b \in M$, so heißen a und b vergleichbar, falls wenigstens eine der beiden Bedingungen $a \leqslant b$ bzw. $b \leqslant a$ erfüllt ist. Gilt keine dieser beiden Beziehungen, so heißen a und b unvergleichbar. Ist K eine Teilmenge von M und sind je zwei Elemente aus K vergleichbar, so heißt K eine Kette von M. Ist M selbst eine Kette von sich, so ist $\leqslant$ linear.

Ist $M(\leqslant)$ eine teilweise geordnete Menge, ist $X \subseteq M$ und hat $b \in M$ die Eigenschaft, daß $x \leqslant b$ ist für alle $x \in X$, so heißt b eine obere Schranke von X. Ist $b \leqslant x$ für alle $x \in X$, so heißt b eine untere Schranke von X. Das Element $m \in X$ heißt maximal in X, falls aus $x \in X$ und $m \leqslant x$ die Gleichung $m = x$ folgt, und m heißt minimal in X, falls $x \in X$ und $x \leqslant m$ die Gleichung $x = m$ nach sich zieht. Der Leser suche selbst nach Beispielen, die zeigen, daß eine Teilmenge einer teilweise geordneten Menge mehrere minimale bzw. maximale Elemente enthalten kann. Die Prüfer'schen Gruppen haben die Eigenschaft, daß die Menge der echten Untergruppen kein maximales Element besitzt, und bei den Hensel'schen p-adischen Zahlen enthält die Menge der von $\{0\}$ verschiedenen Ideale kein minimales Ideal.

Ist weiterhin X eine Teilmenge einer teilweise geordneten Menge und hat das Element $k \in X$ die Eigenschaft, daß $k \leqslant x$ gilt für alle $x \in X$, so heißt k ein kleinstes Element von X. Sind k und k' zwei kleinste Elemente von X, so ist $k \leqslant k'$ und $k' \leqslant k$, so daß auf Grund der Antisymmetrieeigenschaft von $\leqslant$ die Gleichung $k = k'$ gilt.

Eine Teilmenge einer teilweise geordneten Menge hat also höchstens ein kleinstes Element. Ebenso hat eine Teilmenge einer teilweise geordneten Menge höchstens ein größtes Element. Dabei heißt das Element $g \in X$ größtes Element von X, falls für alle $x \in X$ die Ungleichung $x \leqslant g$ erfüllt ist.

4.1. Zorn'sches Lemma. Ist $M(\leqslant)$ eine nicht-leere teilweise geordnete Menge und hat jede Kette von M eine obere Schranke, so enthält M ein maximales Element.

Beweis (J. D. Weston). Ist K eine Kette von M, so bezeichnen wir mit K'' die Menge der oberen Schranken von K, die in $M \setminus K$ liegen. Ferner sei $\mathfrak{f} = \{K | K \text{ ist Kette von } M \text{ mit } K'' \neq \emptyset\}$. Weil $\emptyset$ eine Kette von M ist und offenbar $\emptyset'' = M$ gilt, folgt, daß $\emptyset \in \mathfrak{f}$ ist, da wir ja $M \neq \emptyset$ vorausgesetzt haben. Also ist $(K'' | K \in \mathfrak{f})$ eine nicht-leere Familie von nicht-leeren Mengen, so daß es auf Grund des Auswahlaxioms ein $f \in \bigtimes_{K \in \mathfrak{f}} K''$ gibt.

Eine nicht-leere Kette C von M heiße eine f-Kette, falls aus $K \in \mathfrak{f}$ und $K \subseteq C$ sowie $K'' \cap C \neq \emptyset$ folgt, daß $f(K'')$ ein minimales Element von $K'' \cap C$ ist. Weil $K'' \cap C$ eine Kette ist, ist $f(K'')$ dann sogar das kleinste Element von $K'' \cap C$.

j) $\{f(\emptyset'')\}$ ist eine f-Kette.

Die einzigen in $C = \{f(\emptyset'')\}$ enthaltenen Ketten sind C und $\emptyset$. Wegen $C \cap C'' = \emptyset$ brauchen wir daher nur die Kette $\emptyset$ zu testen. Nun ist $\emptyset'' = M$ und daher $\emptyset'' \cap C = M \cap C = C = \{f(\emptyset'')\}$, so daß C in der Tat eine f-Kette ist.

ij) Ist $K \in \mathfrak{f}$, so ist auch $K \cup \{f(K'')\}$ eine Kette, die wegen $f(K'') \notin K$ die Kette K echt enthält. Überdies ist $f(K'')$ das größte Element von $K \cup \{f(K'')\}$, d.h. es ist $x \leqslant f(K'')$ für alle $x \in K \cup \{f(K'')\}$.

Dies folgt aus $f(K'') \in K''$ und $K \cap K'' = \emptyset$ und der Bemerkung, daß die Elemente von K'' obere Schranken von K sind.

iij) Ist C eine f-Kette und ist $C'' \neq \emptyset$, so ist auch $C \cup \{f(C'')\}$ eine f-Kette.

Setze $F = C \cup \{f(C'')\}$. Wegen $f(C'') \in F$ ist F nicht leer. Ferner ist F nach ij) eine Kette. Es sei $K \in \mathfrak{f}$ und $K \subseteq F$. Ist $f(C'') \in K$, so ist $f(C'') \leqslant x$ für alle $x \in K''$ und wegen $K \cap K'' = \emptyset$ ist daher sogar $f(C'') < x$ für alle $x \in K''$. Ist nun $y \in F$, so gilt nach ij) die Ungleichung $y \leqslant f(C'')$, so daß nach dem eben Bemerkten $y < x$ gilt für alle $y \in F$ und alle $x \in K''$. Dies impliziert wiederum $F \cap K'' = \emptyset$, so daß in diesem Falle nichts mehr zu beweisen ist. Es sei $F \cap K'' \neq \emptyset$. Dann ist also $f(C'') \notin K$, so daß sogar $K \subseteq C$ gilt. Ist nun $C \cap K'' \neq \emptyset$, so ist $f(K'')$ ein minimales Element von

$C \cap K''$, da C eine f-Kette ist. Weil $f(C'')$ das größte Element von F ist, ist $f(K'') \leq f(C'')$, so daß $f(K'')$ auch ein minimales Element von $C \cap K''$ ist. Es sei also $K'' \cap C = \emptyset$. Dann ist $K'' \cap F = \{f(C'')\}$, da ja $K'' \cap F \neq \emptyset$ ist. Um zu zeigen, daß F auch in diesem Falle die Eigenschaft hat, daß $f(K'')$ ein minimales Element von $K'' \cap F$ ist, müssen wir also zeigen, daß $f(K'') = f(C'')$ ist. Dazu genügt es wiederum zu zeigen, daß $K'' = C''$ ist. Wegen $K \subseteq C$ ist jede obere Schranke von C auch eine von K. Hieraus und aus $M \setminus K \supseteq M \setminus C$ folgt, daß $C'' \subseteq K''$ gilt. Es sei $x \in C$. Wäre $y < x$ für alle $y \in K$, so wäre $x \in K''$ im Widerspruch zu $K'' \cap C = \emptyset$. Es gibt also zu jedem $x \in C$ ein $y \in K$ mit $x \leq y$. (Hier benutzen wir, daß C eine Kette ist, d.h., daß je zwei Elemente von C vergleichbar sind.) Ist nun $k \in K''$ und $x \in C$, so ist $x < k$, denn es gibt ja, wie wir eben bemerkten, ein $y \in K$ mit $x \leq y$, so daß also $x \leq y < k$ gilt. Dies besagt wiederum, daß $k \in C''$ gilt, so daß in der Tat $C'' = K''$ ist. Damit ist gezeigt, daß F eine f-Kette ist.

iv) Sind C und D zwei f-Ketten und ist $D \setminus C \neq \emptyset$, so ist $C \subseteq D$.

Wir beweisen iv), indem wir die Annahme $D \setminus C \neq \emptyset$ und $C \setminus D \neq \emptyset$ zu einem Widerspruch führen. Es sei also $a \in C \setminus D$ und $b \in D \setminus C$. Es sei ferner $K = \{x | x \in C \cap D, x < b\}$. Weil K im Durchschnitt zweier Ketten liegt, ist K selbst eine Kette. Ferner ist $b \in D \cap K''$, so daß $K \in \mathcal{f}$ gilt. Weil D eine f-Kette ist, ist $f(K'')$ ein minimales Element von $D \cap K''$. Insbesondere folgt $f(K'') \leq b$. Wäre $K'' \cap C \neq \emptyset$, so wäre $f(K'')$ auch ein minimales Element von $K'' \cap C$, so daß insbesondere $f(K'') \in C$ wäre, was wegen $b \notin C$ die Ungleichung $f(K'') < b$ implizierte. Hieraus und aus $f(K'') \in C \cap D$ folgte der Widerspruch $f(K'') \in K \cap K'' = \emptyset$. Also ist $K'' \cap C = \emptyset$. Wäre $x < a$ für alle $x \in K$, so wäre $a \in K''$ im Widerspruch zu $K'' \cap C = \emptyset$. Also gibt es ein $x \in K$ mit $a \leq x$. Hieraus und aus $x \leq f(K'') < b$ folgt schließlich $a < b$. Vertauscht man nun in diesem Beweis die Rolle von a mit der von b und die Rolle von C mit der von D, so erhält man, daß auch die Ungleichung $b < a$ gilt. Dies ist aber ein Widerspruch, da die beiden Ungleichungen $a < b$ und $b < a$ auf Grund der Antisymmetrie der Relation $\leq$ nicht gleichzeitig gelten können. Damit ist unsere Annahme, daß gleichzeitig $D \setminus C \neq \emptyset$ und $C \setminus D \neq \emptyset$ gilt, als nicht haltbar erwiesen, so daß also die Ungleichung $D \setminus C \neq \emptyset$ die Gleichung $C \setminus D = \emptyset$ nach sich zieht, die wiederum mit $C \subseteq D$ gleichbedeutend ist.

v) Ist C_0 die Vereinigung aller f-Ketten, so ist C_0 eine f-Kette.

Nach j) ist $f(\emptyset'') \in C_0$, so daß C_0 nicht leer ist. Sind $a,b \in C_0$, so gibt es f-Ketten C und D mit $a \in C$ und $b \in D$. Ist $b \in C$, so sind a und b vergleichbar, da ja C eine Kette ist. Ist $b \notin C$, so ist $D \setminus C \neq \emptyset$ und daher $C \subseteq D$ nach iv), so daß in diesem Falle $a \in D$ gilt. Also sind auch in diesem Falle die beiden Elemente a und b vergleichbar. Damit ist gezeigt, daß C_0 eine Kette ist, die überdies nicht leer ist, wie wir bereits gesehen haben.

Es sei $K \in \mathcal{f}$ und $K \subseteq C_0$ sowie $K'' \cap C_0 \neq \emptyset$. Ist $x \in K'' \cap C_0$, so gibt es eine f-Kette C mit $x \in C$, da C_0 ja die Vereinigung aller f-Ketten ist. Daher ist $K'' \cap C \neq \emptyset$ und folglich $f(K'')$ ein minimales Element von $K'' \cap C$. Hieraus folgt $f(K'') \leqslant x$, da $f(K'')$ ja sogar ein kleinstes Element von $K'' \cap C$ ist. Ferner folgt aus $K'' \cap C \subseteq K'' \cap C_0$, daß $f(K'') \in K'' \cap C_0$ ist. Folglich ist $f(K'')$ ein Element von $K'' \cap C_0$ für das $f(K'') \leqslant x$ für alle $x \in K'' \cap C_0$ gilt. Somit ist $f(K'')$ ein minimales Element von $K'' \cap C_0$, so daß C_0 eine f-Kette ist.

vi) Beweisabschluß: Wäre $C_0'' \neq \emptyset$, so wäre $C_0 \cup \{f(C_0'')\}$ nach iij) eine f-Kette, die C_0 echt enthielte, die aber andererseits auf Grund der Konstruktion von C_0 in C_0 enthalten sein müßte. Dies zeigt, daß $C_0'' = \emptyset$ ist. Weil C_0 eine Kette ist, besitzt C_0 nach unserer Voraussetzung eine obere Schranke m. Wegen $C_0'' = \emptyset$ folgt $m \in C_0''$. Ist $x \in M$ und $m \leqslant x$, ist ferner $y \in C_0$, so ist $y \leqslant m$ und daher $y \leqslant x$. Folglich ist auch x eine obere Schranke von C_0, woraus wiederum $x \in C_0$ und damit $x \leqslant m$ folgt. Also ist $x = m$, so daß m ein maximales Element von M ist, q. e. d.

$\mathcal{f}$ sei eine Familie von Mengen. $\mathcal{f}$ heißt von <u>endlichem Charakter</u>, falls $X \in \mathcal{f}$ genau dann gilt, wenn jede endliche Teilmenge von X zu $\mathcal{f}$ gehört.

Beispiele.   1) Die Familie aller Mengen von linear unabhängigen Vektoren eines Vektorraumes ist von endlichem Charakter.

2) Ist G eine Gruppe und gilt für je zwei Elemente a und b der Teilmenge X von G die Gleichung ab = ba, so nennen wir X eine abelsche Teilmenge. Die Familie aller abelschen Teilmengen von G ist von endlichem Charakter.

3) Die Familie aller Ketten einer teilweise geordneten Menge ist ebenfalls von endlichem Charakter.

<u>4.2. Lemma von Teichmüller & Tukey</u>. Ist $\mathcal{f}$ eine nicht-leere Familie von endlichem Charakter und ist $A \in \mathcal{f}$, so gibt es ein $M \in \mathcal{f}$ mit $A \subseteq M$, welches bez. der Inklusion als Teilordnung von $\mathcal{f}$ maximal ist. Insbesondere besitzt $\mathcal{f}$ ein maximales Element.

Beweis. Es sei $\mathcal{G} = \{X | X \in \mathcal{f}, A \subseteq X\}$. Wegen $A \in \mathcal{G}$ ist $\mathcal{G} \neq \emptyset$. Es sei $\mathcal{R}$ eine Kette von $\mathcal{G}$. Dann ist $A \subseteq \bigcup_{X \in \mathcal{R}} X$, Es sei Y eine endliche Teilmenge von $\bigcup_{X \in \mathcal{R}} X$. Ist $Y = \{y_1, y_2, \ldots, y_n\}$, so gibt es $X_1, X_2, \ldots, X_n \in \mathcal{R}$ mit $y_i \in X_i$. Weil $\mathcal{R}$ eine Kette ist, gibt es ein $j \in \{1, 2, \ldots, n\}$ mit $X_i \subseteq X_j$ für alle i. Somit ist $y_i \in X_j$

für alle i und daher $Y \subseteq X_j$. Wegen $X_j \in \mathfrak{f}$ folgt $Y \in \mathfrak{f}$, da $\mathfrak{f}$ ja von endlichem Charakter ist. Weil $\mathfrak{f}$ somit alle endlichen Teilmengen von $\bigcup_{X \in \mathfrak{K}} X$ enthält, ist auch $\bigcup_{X \in \mathfrak{K}} X \in \mathfrak{f}$. Folglich ist $\bigcup_{X \in \mathfrak{K}} X \in \mathfrak{g}$. Damit haben wir in $\bigcup_{X \in \mathfrak{K}} X$ eine obere Schranke von $\mathfrak{K}$ gefunden. Somit ist jede Kette von $\mathfrak{g}$ nach oben beschränkt, so daß es auf Grund des Zorn'schen Lemmas ein maximales M in $\mathfrak{g}$ gibt. Wir zeigen, daß M sogar maximal in $\mathfrak{f}$ ist. Dazu sei $M \subseteq X$ und $X \in \mathfrak{f}$. Wegen $A \subseteq M$ ist $A \subseteq X$, so daß sogar $X \in \mathfrak{g}$ gilt. Aus der Maximalität von M in $\mathfrak{g}$ folgt daher M = X, so daß M in der Tat auch in $\mathfrak{f}$ maximal ist. Die letzte Behauptung von 4.2 folgt unmittelbar aus dem soeben Bewiesenen und unserer Annahme, daß $\mathfrak{f}$ nicht leer ist, q. e. d.

Weil jede Teilmenge einer Kette wieder eine Kette ist, ist insbesondere jede endliche Teilmenge einer Kette eine Kette. Ist umgekehrt jede endliche Teilmenge einer teilweise geordneten Menge eine Kette, so ist auch jede zweielementige Teilmenge dieser Menge eine Kette, so daß je zwei Elemente dieser Menge vergleichbar sind, was wiederum besagt, daß die betrachtete teilweise geordnete Menge eine Kette ist. M. a. W., die Familie aller Ketten einer teilweise geordneten Menge ist von endlichem Charakter. Daher gilt

<u>4.3. Hausdorff'sches Maximumprinzip.</u> Ist $M(\leq)$ eine nicht-leere teilweise geordnete Menge und ist K eine Kette von M, so besitzt M eine maximale Kette K' mit $K \subseteq K'$. Insbesondere besitzt M eine maximale Kette.

Wir wollen den Kreis schließen und zeigen, daß aus dem Hausdorff'schen Maximumprinzip das Auswahlaxiom folgt. Um den Beweis bequem führen zu können, wollen wir den Begriff der Abbildung etwas erweitern: M und N seien zwei Mengen und es sei $f \subseteq M \times N$. Wir nennen f eine <u>Abbildung</u> <u>aus</u> M <u>in</u> N, falls es zu jedem $x \in M$ höchstens ein $y \in N$ gibt mit $(x,y) \in f$.

<u>4.4. Hilfssatz.</u> M und N seien zwei Mengen und Φ sei die Menge aller Abbildungen aus M in N. Ist dann K eine Kette von Φ (bez. der Inklusion), so ist $f^* = \bigcup_{f \in K} f$ ebenfalls eine Abbildung aus M in N.

Beweis. Es seien $(x,y),(x,y') \in f^*$. Es gibt dann $f,g \in K$ mit $(x,y) \in f$ und $(x,y') \in g$. Weil K eine Kette ist, ist $f \subseteq g$ oder $g \subseteq f$. Wir können o. B. d. A. annehmen, daß $f \subseteq g$ ist. Dann ist aber $(x,y),(x,y') \in g$ und folglich $y = y'$, q. e. d.

<u>4.5. Satz.</u> Die folgenden Bedingungen sind äquivalent:

a) Das Auswahlaxiom.

b) Das Zorn'sche Lemma.

c) Das Lemma von Teichmüller & Tukey.

d) Das Hausdorff'sche Maximumprinzip.

Beweis. Auf Grund von 4.1, 4.2 und 4.3 genügt es zu zeigen, daß a) aus d) folgt. Dazu sei $(A_i | i \in I)$ eine nicht-leere Familie von nicht-leeren Mengen. Ferner sei

$$\Phi = \{f | \text{es gibt ein } J \subseteq I \text{ mit } f \in \bigtimes_{i \in J} A_i\}.$$

Dann ist Φ eine Menge von Abbildungen aus I in $\bigcup_{i \in I} A_i$ mit der Eigenschaft:

Ist $f \in \Phi$ und $(i,x) \in f$, so ist $x \in A_i$.

Weil I nicht leer ist, gibt es ein $i \in I$, und weil A_i nicht leer ist, gibt es ein $a \in A_i$. Dann ist aber $\{(i,a)\} \in \Phi$, so daß Φ nicht leer ist. Φ ist vermöge der Inklusion teilweise geordnet, so daß es nach d) eine maximale Kette K in Φ gibt.
Es sei $f^* = \bigcup_{f \in K} f$. Nach 4.4 ist f^* eine Abbildung aus I in $\bigcup_{i \in I} A_i$. Es sei $(i,x) \in f^*$. Es gibt dann ein $f \in K$ mit $(i,x) \in f$, so daß $x \in A_i$ ist. Also ist $f^* \in \Phi$. Es sei

$$J = \{i | i \in I, \text{ es gibt ein } x \in \bigcup_{j \in I} A_j \text{ mit } (i,x) \in f\}.$$

Wäre nun $I \setminus J \neq \emptyset$, so gäbe es ein $j \in I \setminus J$. Zu diesem j gäbe es ein $a \in A_j$ und es wäre $f^* \cup \{(j,a)\} \in \Phi$. Ferner wäre jedes $f \in K$ echt in $f^* \cup \{(j,a)\}$ enthalten im Widerspruch zur Maximalität der Kette K. Daher ist I = J und folglich
$f \in \bigtimes_{i \in I} A_i$, q. e. d.

<u>4.6. Hilfssatz</u> (KNASTER & TARSKI). M und N seien zwei Mengen. Ferner sei ϕ eine Abbildung von P(M) in P(N) und ψ sei eine Abbildung von P(N) in P(M). Folgt aus $X,Y \in P(M)$ und $X \subseteq Y$ stets $\phi(X) \subseteq \phi(Y)$ und aus $U,V \in P(N)$ und $U \subseteq V$ stets $\psi(U) \subseteq \psi(V)$, so gibt es Mengen M_1, M_2, N_1, N_2 mit $M = M_1 \cup M_2$ und $M_1 \cap M_2 = \emptyset$ sowie $N = N_1 \cup N_2$ und $N_1 \cap N_2 = \emptyset$, für die $\phi(M_1) = N_1$ und $\psi(N_2) = M_2$ gilt.

Beweis. Es sei $\mathcal{f} = \{X | X \in P(M), M \setminus \psi(N \setminus \phi(X)) \subseteq X\}$. Wegen $M \setminus \psi(N \setminus \phi(M)) \subseteq M$ ist $M \in \mathcal{f}$ und daher $\mathcal{f} \neq \emptyset$. Setze $M_1 = \bigcap_{X \in \mathcal{f}} X$. Dann ist $M_1 \subseteq X$ für alle $X \in \mathcal{f}$.

Es sei $A \subseteq B \subseteq M$. Dann gilt der Reihe nach

$$\begin{aligned} \phi(A) &\subseteq \phi(B), \\ N \setminus \phi(A) &\supseteq N \setminus \phi(B), \\ \psi(N \setminus \phi(A)) &\supseteq \psi(N \setminus \phi(B)), \\ M \setminus \psi(N \setminus \phi(A)) &\subseteq M \setminus \psi(N \setminus \phi(B)). \end{aligned}$$

Wegen $M_1 \subseteq X$ für alle $X \in \mathcal{f}$ ist daher

$$M \setminus \psi(N \setminus \phi(M_1)) \subseteq M \setminus \psi(N \setminus \phi(X)) \subseteq X$$

für alle $X \in \mathcal{f}$. Daher ist

$$M \setminus \psi(N \setminus \phi(M_1)) \subseteq \bigcap_{X \in \mathcal{f}} X = M_1.$$

Folglich ist $M_1 \in \mathcal{f}$. Setzt man $M' = M \setminus \psi(N \setminus \phi(M_1))$, so ist also $M' \subseteq M_1$ und daher

$$M \setminus \psi(N \setminus \phi(M')) \subseteq M \setminus \psi(N \setminus \phi(M_1)) = M'.$$

Somit ist auch $M' \in \mathcal{f}$ und damit $M_1 \subseteq M'$, so daß $M_1 = M'$ ist. Damit ist gezeigt, daß $M_1 = M \setminus \psi(N \setminus \phi(M_1))$ ist. Setze $M_2 = M \setminus M_1$, $N_1 = \phi(M_1)$ und $N_2 = N \setminus N_1$. Dann ist $M = M_1 \cup M_2$ und $M_1 \cap M_2 = \emptyset$ sowie $N = N_1 \cup N_2$ und $N_1 \cap N_2 = \emptyset$. Ferner ist $\phi(M_1) = N_1$ und

$$\psi(N_2) = \psi(N \setminus N_1) = \psi(N \setminus \phi(M_1)) = M \setminus (M \setminus \psi(N \setminus \phi(M_1)) = M \setminus M_1 = M_2,$$

q. e. d.

4.7. Satz (S. BANACH). M und N seien zwei Mengen. Ist ϕ eine Abbildung von M in N und ψ eine Abbildung von N in M, so gibt es Mengen M_1, M_2, N_1, N_2 mit $M = M_1 \cup M_2$ und $N = N_1 \cup N_2$ sowie $M_1 \cap M_2 = \emptyset = N_1 \cap N_2$, so daß $N_1 = \{\phi(x) | x \in M_1\}$ und $M_2 = \{\psi(x) | x \in N_2\}$ ist.

Beweis. Definiere die Abbildungen $\phi_0: P(M) \to P(N)$ und $\psi_0: P(N) \to P(M)$ vermöge $\phi_0(X) = \{\phi(x) | x \subset X\}$ für alle $X \in P(M)$ bzw. $\psi_0(Y) = \{\psi(y) | y \in Y\}$ für alle $Y \in P(N)$. Offenbar erfüllen ϕ_0 und ψ_0 die Voraussetzungen von 4.6, so daß es in der Tat Mengen der verlangten Art gibt, q. e. d.

4.8. Korollar (SCHRÖDER & BERNSTEIN). M und N seien zwei Mengen. Gibt es eine injektive Abbildung von M in N und eine injektive Abbildung von N in M, so gibt es eine bijektive Abbildung von M auf N.

Beweis. ϕ sei eine injektive Abbildung von M in N und ψ sei eine injektive Abbildung von N in M. Nach 4.7 gibt es Mengen M_1, M_2, N_1 und N_2 mit $M = M_1 \cup M_2$ und $N = N_1 \cup N_2$ sowie $M_1 \cap M_2 = \emptyset = N_1 \cap N_2$, so daß $N_1 = \{\phi(x) | x \in M_1\}$ und $M_2 = \{\psi(y) | y \in N_2\}$ gilt. Setzt man

$$\sigma = \{(x,\phi(x)) | x \in M_1\} \cup \{(\psi(y),y) | y \in N_2\},$$

so ist σ eine Bijektion von M auf N, q. e. d.

Wir werden auch noch den folgenden Satz benötigen, der anschaulich völlig klar ist, der sich jedoch, wie man heute weiß, nicht ohne das Auswahlaxiom beweisen läßt.

<u>4.9. Satz.</u> Ist M eine unendliche Menge, so gibt es eine injektive Abbildung von $\mathbb{N}$ in M.

Beweis. Es sei $E_n = \{X | X \in P(M), |X| = n\}$. Wir zeigen, daß $E_n \neq \emptyset$ ist für alle $n \in \mathbb{N}$. Weil M unendlich ist, ist $M \neq \emptyset$, so daß sicherlich $E_1 \neq \emptyset$ ist. Es sei $E_n \neq \emptyset$ und $X \in E_n$. Wäre $X = M$, so wäre M endlich der Länge n im Widerspruch zu unserer Annahme. Es gibt also ein $y \in M \setminus X$. Wegen $y \notin X$ ist $|X \cup \{y\}| = |X| + |\{y\}| = n + 1$, so daß auch $E_{n+1} \neq \emptyset$ ist. Also ist $E_n \neq \emptyset$ für alle $n \in \mathbb{N}$. Auf Grund des Auswahlaxioms gibt es ein $f \in \bigtimes_{n \in \mathbb{N}} E_n$. Ist $n \in \mathbb{N}$, so ist also $f(n)$ eine n-elementige Teilmenge von M. Es sei nun $B_n = f(2^n) \setminus \bigcup_{i=1}^{n-1} f(2^i)$. Dann ist

$$\left|\bigcup_{i=1}^{n-1} f(2^i)\right| \leq \sum_{i=1}^{n-1} |f(2^i)| = \sum_{i=1}^{n-1} 2^i = 2^n - 1.$$

Also ist

$$|B_n| = |f(2^n)| - \left|\bigcup_{i=1}^{n-1} f(2^i)\right| \geq 2^n - (2^n - 1) = 1,$$

so daß $B_n \neq \emptyset$ ist für alle n. Sind n und m zwei verschiedene natürliche Zahlen, so ist $B_n \cap B_m = \emptyset$: Es sei etwa $m < n$. Wegen $B_m \subseteq f(2^m)$ ist dann

$$B_n \cap B_m \subseteq B_n \cap f(2^m) = \left(f(2^n) \setminus \bigcup_{i=1}^{n-1} f(2^i)\right) \cap f(2^m).$$

Wegen $m \leq n - 1$ ist $f(2^m) \subseteq \bigcup_{i=1}^{n-1} f(2^i)$, so daß $B_n \cap f(2^m) = \emptyset$ ist. Folglich ist auch $B_n \cap B_m = \emptyset$.

Weil B_n für alle n nicht leer ist, gibt es ein $g \in \bigtimes_{n \in \mathbb{N}} B_n$. Dann ist aber g eine Abbildung von $\mathbb{N}$ in M. Ist $g(n) = g(m)$, so ist $g(n) \in B_n \cap B_m$, so daß nach dem gerade Bewiesenen $n = m$ ist. Daher ist g injektiv, q. e. d.

Es sei $(A_i | i \in I)$ eine nicht-leere Familie von Mengen. Wir sagen, daß $(A_i | i \in I)$ die <u>Hall'sche Bedingung</u> erfüllt (Nach P. Hall, 1935), wenn für jede endliche Teilmenge J von I gilt, daß $|\bigcup_{i \in J} A_i| \geq |J|$ ist.

<u>4.10. Hilfssatz</u> (R.RADO). Erfüllt $(A_i | i \in I)$ die Hall'sche Bedingung, ist $j \in I$ und $|A_j| \geq 2$, so gibt es ein $x \in A_j$, so daß auch die Familie $(B_i | i \in I)$ mit $B_i = A_i$ für $i \in I \setminus \{j\}$ und $B_j = A_j \setminus \{x\}$ die Hall'sche Bedingung erfüllt.

Beweis. Wegen $|A_j| \geq 2$ gibt es zwei verschiedene Elemente $x_1, x_2 \in A_j$. Es sei $(B_i | i \in I)$ mit $B_i = A_i$ für $i \neq j$ und $B_j = A_j \setminus \{x_1\}$ und es sei $(C_i | i \in I)$ mit $C_i = A_i$ für $i \neq j$ und $C_j = A_j \setminus \{x_2\}$. Wegen $x_1 \neq x_2$ ist $x_2 \in B_j$ und $x_1 \in C_j$. Daher ist $B_j \cup C_j = A_j$.

Wir nehmen an, daß weder $(B_i | i \in I)$ noch $(C_i | i \in I)$ die Hall'sche Bedingung erfüllt. Es gibt dann endliche Teilmengen J und K von I mit $|\bigcup_{i \in J} B_i| < |J|$ und $|\bigcup_{i \in K} C_i| < |K|$. Weil $(A_i | i \in I)$ die Hall'sche Bedingung erfüllt, ist $j \in J \cap K$. Setze $J' = J \setminus \{j\}$ und $K' = K \setminus \{j\}$. Dann ist $|J'| = |J| - 1$ und $|K'| = |K| - 1$, da ja $j \in J$ bzw. $j \in K$ gilt. Daher ist

$$|J'| + |K'| \geq |\bigcup_{i \in J} B_i| + |\bigcup_{i \in K} C_i| =$$

$$|(\bigcup_{i \in J} B_i) \cup (\bigcup_{i \in K} C_i)| + |(\bigcup_{i \in J} B_i) \cap (\bigcup_{i \in K} C_i)| \geq$$

$$|(\bigcup_{i \in K' \cup J'} A_i) \cup A_j| + |(\bigcup_{i \in J'} A_i) \cap (\bigcup_{i \in K'} A_i)| \geq$$

$$|J' \cup K' \cup \{j\}| + |J' \cap K'| = |J' \cup K'| + |J' \cap K'| + 1 = |J'| + |K'| + 1,$$

q. e. a.

Der folgende, auch unter dem Namen Heiratssatz bekannte Satz wurde für endliche Mengenfamilien von P. Hall (1935) bewiesen. Die hier wiedergegebene transfinite Form dieses Satzes stammt von M. Hall jr. (1948) und der hier wiedergegebene Beweis von R. Rado. Der neugierige Leser, der gern wissen möchte, wie der Satz zu seinem Namen kam, lese: P.R. Halmos & H.E.Vaughan, The marriage problem. Am.J.Math.72 (1950), 214-215.

<u>4.11. Satz</u> (M.HALL jr.). Es sei $(A_i | i \in I)$ eine nicht-leere Familie von endlichen Mengen. Genügt $(A_i | i \in I)$ der Hall'schen Bedingung, so besitzt $(A_i | i \in I)$ eine injektive Auswahlfunktion.

Beweis. Betrachte die Menge Φ aller Familien $(B_i | i \in I)$ mit $B_i \subseteq A_i$, die die Hall'sche Bedingung erfüllen. Wegen $(A_i | i \in I) \in \Phi$ ist Φ nicht leer. Sind $(B_i | i \in I)$, $(C_i | i \in I) \in \Phi$, so setzen wir genau dann $(B_i | i \in I) \leqslant (C_i | i \in I)$, wenn $C_i \subseteq B_i$ für alle $i \in I$ gilt. Dann ist $\Phi(\leqslant)$ eine teilweise geordnete Menge. Es sei K eine Kette von Φ. Ist $i \in I$, so sei

$$\mathfrak{M}(i) = \{X | \text{Es gibt ein } (X_j | j \in I) \in K \text{ mit } X = X_i\}$$

und $O_i = \bigcap_{X \in \mathfrak{M}(i)} X$. Wir zeigen, daß $(O_i | i \in I)$ ein Element von Φ ist. Dazu zeigen wir: Ist J eine endliche Teilmenge von I, so gibt es ein $(B_i | i \in I) \in K$ mit $B_i = O_i$ für alle $i \in J$. Ist $J = \{j\}$ eine einelementige Menge, so folgt die Behauptung daraus, daß $B_j \subseteq A_j$ gilt, und daß A_j eine endliche Menge ist. Es sei $|J| > 1$ und $j \in J$. Es gibt dann Familien $(B_i | i \in I)$, $(C_i | i \in I) \in K$ mit $O_i = B_i$ für alle $i \in J \setminus \{j\}$ und $O_j = C_j$. Weil K eine Kette ist, ist entweder $(B_i | i \in I) \leqslant (C_i | i \in I)$ oder $(C_i | i \in I) \leqslant (B_i | i \in I)$. Ist $(B_i | i \in I) \leqslant (C_i \; i \in I)$, so ist $C_i \subseteq B_i$ für alle $i \in I$ und daher $C_i \subseteq O_i$ für alle $i \in J$. Andererseits gilt stets $O_i \subseteq X_i$ für alle $i \in I$ und alle $(X_i | i \in I) \in K$. Daher ist insbesondere $O_i \subseteq C_i$ für alle $i \in J$ und folglich $O_i = C_i$ für alle $i \in J$. Ist $(C_i | i \in I) \leqslant (B_i | i \in I)$, so folgt entsprechend $O_i = B_i$ für alle $i \in J$. Ist nun J eine endliche Teilmenge von I, so gibt es also ein $(B_i | i \in I) \in K$ mit $O_i = B_i$ für alle $i \in J$. Weil $(B_i | i \in I)$ die Hall'sche Bedingung erfüllt, folgt daher, daß auch $(O_i | i \in I)$ die Hall'sche Bedingung erfüllt. Wegen $O_i \subseteq X_i$ für alle $i \in I$ und alle $(X_i | i \in I) \in K$ ist $(O_i | i \in I)$ eine obere Schranke von K. Auf Grund des Zorn'schen Lemmas gibt es ein maximales Element $(M_i | i \in I)$ in Φ. Ist $i \in I$, so ist $|M_i| \geqslant |\{i\}| = 1$. Folglich ist M_i nicht leer. Ist $j \in I$ und ist $|M_j| \geqslant 2$, so definieren wir $(M_i' | i \in I)$ durch $M_i' = M_i$ für $i \neq j$ und $M_j' = M_j \setminus \{x\}$, wobei x ein nach 4.10 existierendes Element in M_j ist, so daß $(M_i' | i \in I)$ zu Φ gehört. Nun ist M_j' echt in M_j enthalten und daher $(M_i | i \in I) < (M_i' | i \in I)$ im Widerspruch zur Maximalität von $(M_i | i \in I)$. Also ist $|M_i| = 1$ für alle $i \in I$. Ist $M_i = \{a_i\}$, so sei $f \in \bigtimes_{i \in I} A_i$ die durch $f(i) = a_i$ definierte Auswahlfunktion. Ist $i \neq j$, so ist $|\{a_i, a_j\}| = |M_i \cup M_j| \geqslant |\{i,j\}| = 2$, so daß f, wie verlangt, injektiv ist, q. e. d.

Aufgaben

1) Ist $M(\leqslant)$ eine endliche teilweise geordnete Menge, so enthält M sowohl minimale als auch maximale Elemente.

2) Ist $M(\leqslant)$ eine teilweise geordnete Menge und K eine endliche Kette von M, so enthält K ein größtes und ein kleinstes Element.

3) Beweise ohne das Zorn'sche Lemma zu benutzen, den folgenden von P. Hall stammenden Satz. Ist $(A_i | i \in I)$ eine nicht-leere Familie von Mengen und ist I endlich, so besitz $(A_i | i \in I)$ genau dann eine injektive Auswahlfunktion, wenn $(A_i | i \in I)$ der Hall'schen Bedingung genügt. (Beachte, daß man A_i, falls A_i unendlich ist, durch eine Teilmenge A'_i mit $|A'_i| = |I|$ ersetzen kann.)

4) Jede Gruppe enthält eine maximale abelsche Untergruppe.

5) (KURATOWSKI) M sei eine nicht-leere Menge und $\mathfrak{A}$ sei eine maximale Kette von $P(M)(\subseteq)$. Sind $x,y \in M$, so sei genau dann $x \leq y$, falls entweder $x = y$ ist oder falls es ein $A \in \mathfrak{A}$ gibt mit $y \in A$ und $x \notin A$. Zeige, daß $\leq$ eine lineare Ordnung von M ist. (Um zu zeigen, daß $\leq$ linear ist, nehme man an, daß $x \neq y$ ist und daß $A \in \mathfrak{A}$ und $x \in A$ stets $y \in A$ nach sich zieht. Betrachte $B = \bigcup_{\substack{A \in \mathfrak{A} \\ x \in A}} A$ und $B \setminus \{x\}$ und zeige, daß sowohl B als auch $B \setminus \{x\}$ zu $\mathfrak{A}$ gehört.)

6) Jede Menge läßt sich linear ordnen.

7) M und N seien zwei nicht-leere Mengen.

a) Ist Φ die Menge aller injektiven Abbildungen aus M in N, so ist Φ von endlichem Charakter.

b) Es gibt entweder eine injektive Abbildung von M in N oder eine injektive Abbildung von N in M.

5. Die Struktur von beliebigen Vektorräumen. Zunächst geben wir eine Charakterisierung der Basen eines Vektorraumes unter seinen Teilmengen.

5.1. Satz. Ist V ein Vektorraum und ist B eine Teilmenge von V, so sind die folgenden Bedingungen äquivalent:

1) B ist eine Basis von V.
2) B ist ein minimales Erzeugendensystem von V.
3) B ist eine maximale, linear unabhängige Teilmenge von V.

Beweis. Ist B eine Basis von V, so ist B insbesondere ein Erzeugendensystem von V. Ist nun C eine Teilmenge von B und ist $b \in B \setminus C$, so ist $b \notin \langle C \rangle$, da andernfalls $C \cup \{b\}$ linear abhängig wäre. Dies besagt, daß B ein minimales Erzeugendensystem ist. Aus 1) folgt also 2). Es sei nun B ein minimales Erzeugendensystem von V. Ist dann $v \in V$, so ist $v \in \langle B \rangle$, so daß jede echte Obermenge von B linear abhängig ist. Wäre B selbst schon linear abhängig, so gäbe es Elemente $b_1,\ldots,b_n \in B$ und

$k_1,\dots,k_n \in K \setminus \{0\}$ mit $0 = \sum_{i=1}^{n} b_i k_i$. Dann wäre aber
$b_1 = -\sum_{i=2}^{n} b_i k_i k_1^{-1} \in \langle B \setminus \{b_1\}\rangle$, woraus im Widerspruch zur Minimalität von B folgte, daß

$$V = \langle B\rangle = \langle (B \setminus \{b_1\}) \cup \{b_1\}\rangle = \langle B \setminus \{b_1\}\rangle + \langle b_1\rangle = \langle B \setminus \{b_1\}\rangle$$

wäre. Somit ist B linear unabhängig und folglich eine maximale, linear unabhängige Teilmenge von V: Aus 2) folgt 3). Es sei nun B eine maximale, linear unabhängige Teilmenge von V. Ist $v \in V$, so ist entweder $v \in B$ oder $B \cup \{v\}$ ist linear abhängig. In jedem Fall ist $v \in \langle B\rangle$, so daß $V = \langle B\rangle$ ist. Folglich ist B auch ein Erzeugendensystem von V, so daß B eine Basis ist. Damit ist die Äquivalenz aller drei Aussagen bewiesen.

5.2. Satz. Ist V ein Vektorraum und ist X eine Menge von linear unabhängigen Vektoren aus V, so gibt es eine Basis B von V mit $X \subseteq B$. Insbesondere besitzt jeder Vektorraum eine Basis.

Beweis. Es sei Φ die Familie aller Mengen von linear unabhängigen Vektoren aus V. Dann ist $\emptyset \in \Phi$, so daß Φ nicht leer ist. Die Definition der linearen Unabhängigkeit besagt ferner, daß Φ von endlichem Charakter ist. Auf Grund des Lemmas von Teichmüller & Tukey gibt es daher ein maximales Element $B \in \Phi$, welches X umfaßt. Weil B in Φ maximal ist, folgt nach 5.1, daß B eine Basis von V ist. Weil Φ nicht leer ist, folgt auch noch die letzte Aussage des Satzes.

5.3. Satz (LÖWIG). Ist V ein Vektorraum und sind B und C Basen von V, so gibt es eine Bijektion von B auf C.

Beweis. Ist $B = \emptyset$, so ist $V = \{0\}$ und daher $C = \emptyset$ und umgekehrt. Wir können daher $B \neq \emptyset \neq C$ annehmen. Ist $b \in B$, so gibt es nach 3.2 genau eine Abbildung k^b von C in K mit endlichem $\mathrm{Tr}(k^b)$ und $b = \sum_{c \in C} c k_c^b$. Setze $C_b = \mathrm{Tr}(k^b)$. Wegen $B \neq \emptyset$ ist daher $(C_b \mid b \in B)$ eine nicht-leere Familie von endlichen Mengen. Es sei J eine endliche Teilmenge von B. Ist $b \in J$, so ist $b \in \langle C_b\rangle$ und daher

$$J \subseteq \sum_{b \in J} \langle C_b\rangle = \langle \bigcup_{b \in J} C_b\rangle = U.$$

Nun ist $\bigcup_{b \in J} C_b$ eine endliche Basis von U, so daß nach 3.4 die Ungleichung

$$|J| \leq \mathrm{Rg}\, U = |\bigcup_{b \in J} C_b|$$

gilt. Dies besagt, daß $(C_b \mid b \in B)$ die Hall'sche Bedingung erfüllt, so daß

$(C_b | b \in B)$ nach 4.11 eine injektive Auswahlfunktion f besitzt. Insbesondere ist dann f eine injektive Abbildung von B in C. Aus Symmetriegründen gibt es auch eine injektive Abbildung von C in B, so daß es nach dem Satz von Schröder & Bernstein (4.8) eine Bijektion von B auf C gibt, q. e. d.

Aufgaben

1) X sei eine nicht-leere Menge und K sei ein Körper. Zeige, daß es einen K-Vektorraum V gibt, der eine Basis besitzt, die sich bijektiv auf X abbilden läßt.

2) Sind V und W zwei K-Vektorräume, so sind V und W genau dann isomorph, wenn es eine Basis von V und eine Basis von W gibt, die sich bijektiv aufeinander abbilden lassen.

6. Vektorräume und ihre Unterraumverbände. In Abschnitt 4 hatten wir den Begriff der teilweise geordneten Menge eingeführt und definiert, was wir unter oberen bzw. unteren Schranken von Teilmengen einer teilweise geordneten Menge verstehen wollen. Ebenfalls eingeführt wurde der Begriff des kleinsten bzw. größten Elementes einer Teilmenge einer teilweise geordneten Menge.

Es sei $L(\leq)$ eine teilweise geordnete Menge und M sei eine Teilmenge von L. Hat die Menge der oberen Schranken von M ein kleinstes Element, so heißt dieses Element obere Grenze von M oder auch Supremum von M. Besitzt M eine obere Grenze, so bezeichnen wir sie mit $\bigvee_{x \in M} x$. Hat die Menge der unteren Schranken von M ein größtes Element, so nennen wir es untere Grenze bzw. Infimum von M und bezeichnen es mit $\bigwedge_{x \in M} x$.

Die teilweise geordnete Menge $L(\leq)$ heißt ein Verband, wenn jede nicht-leere endliche Teilmenge von L sowohl eine obere als auch eine untere Grenze besitzt. Mit vollständiger Induktion zeigt man, daß $L(\leq)$ genau dann ein Verband ist, wenn je zwei Elemente von L stets eine obere und eine untere Grenze haben.

Beispiele: 1) $P(M)(\subseteq)$ ist ein Verband und es gilt $X \vee Y = X \cup Y$ sowie $X \wedge Y = X \cap Y$.

2) $\mathbb{N}\,(/)$ ist ein Verband, da offenbar $a \vee b = \mathrm{kgV}(a,b)$ und $a \wedge b = \mathrm{ggT}(a,b)$ ist.

3) M sei ein R-Rechtsmodul und L(M) sei die Menge der Teilmoduln von M. Dann ist $L(M)(\subseteq)$ ein Verband.

$L(\leqslant)$ heißt ein <u>vollständiger Verband</u>, falls jede Teilmenge von L, ob leer oder nicht, endlich oder nicht, eine obere und eine untere Grenze hat.

<u>6.1. Satz.</u> Ist M ein Modul über R und ist $L(M)$ die Menge der Teilmoduln von M, so ist $L(M)(\subseteq)$ ein vollständiger Verband. Ferner gilt: Ist $X \subseteq L(M)$, so ist

$$\bigvee_{A \in X} A = \sum_{A \in X} A \text{ und } \bigwedge_{A \in X} A = \bigcap_{A \in X} A.$$

Dies folgt unmittelbar aus 1.2 und 1.3.

Der Verband $L(\leqslant)$ heißt <u>modular</u>, falls aus $x,y,z \in L$ und $x \leqslant y$ die Gleichung $y \wedge (x \vee z) = x \vee (y \wedge z)$ folgt. Nach 1.4 gilt daher

<u>6.2. Satz.</u> Ist M ein R-Rechtsmodul, so ist $L(M)$ modular.

Ist $L(\leqslant)$ ein Verband, hat L ein kleinstes, mit 0 bezeichnetes Element und ist a ein Element von L mit der Eigenschaft, daß aus $0 < x \leqslant a$ und $x \in L$ die Gleichheit von a und x folgt, so heißt a ein <u>Atom</u> von L. Gibt es zu jedem $x \in L$ mit $x \neq 0$ ein Atom a mit $a \leqslant x$, so heißt L <u>atomar</u>.

<u>6.3. Satz.</u> Ist V ein Rechtsvektorraum über K, so ist $L(V)$ atomar.

Beweis. Offenbar ist $\{0\}$ das kleinste Element von $L(V)$. Ist nun $\{0\} \neq X \in L(V)$, so gibt es ein $v \in X$ mit $v \neq 0$. Setzt man $A = vK$, so ist $\operatorname{Rg} A = 1$, so daß A ein Atom von $L(V)$ ist, da ja $\{0\}$ und A die einzigen Teilräume von V sind, die in A enthalten sind. Wegen $v \in X$ ist überdies $A \subseteq X$, so daß $L(V)$ atomar ist, q. e. d.

Bemerkung: 6.3 gilt im Gegensatz zu 6.1 und 6.2 nicht für beliebige Moduln. So ist z.B. $\mathbb{Z}$ ein $\mathbb{Z}$-Rechtsmodul und $L(\mathbb{Z})$ besteht offenbar gerade aus den sämtlichen Idealen von $\mathbb{Z}$. Da jedes von $\{0\}$ verschiedene Ideal von $\mathbb{Z}$ weitere Ideale echt umfaßt, folgt, daß $L(\mathbb{Z})$ nicht atomar ist.

Es sei L ein Verband mit kleinstem Element 0 und größtem Element 1. Wir nennen L <u>komplementär</u>, falls es zu jedem $x \in L$ ein $y \in L$ gibt mit $x \vee y = 1$ und $x \wedge y = 0$. Jedes solche y heißt ein <u>Komplement</u> von x.

<u>6.4. Satz.</u> Ist V ein Rechtsvektorraum über K, so ist $L(V)$ komplementär.

Für endlich erzeugte Vektorräume sagt 6.4 nichts anderes als 3.5. Für den allgemeinen

Fall geben wir zwei Beweise. Der erste ist eine Übertragung des Beweises von 3.5 auf den vorliegenden Fall, während der zweite völlig anders ist.

Erster Beweis. Es sei $U \in L(V)$. Ist $U = V$, so ist $V = U \oplus \{0\}$ und es ist nichts zu beweisen. Es sei also $U \neq V$. Dann ist $V/U \neq \{U\}$, so daß nach 5.1 der Raum V/U eine nicht-leere Basis $\mathcal{B}$ besitzt. Ist $B \in \mathcal{B}$, so ist B eine Restklasse modulo U und folglich nicht leer. Es gibt daher eine Auswahlfunktion f von $(B|B \in \mathcal{B})$. Wegen $B \subseteq V$ für alle $B \in \mathcal{B}$ ist f eine Abbildung von $\mathcal{B}$ in V. Wir setzen $W = \langle f(B)|B \in \mathcal{B}\rangle$. Dann ist also W ein Unterraum von V. Wir zeigen nun, daß W sogar ein Komplement von U ist. Ist $v \in V$, so ist $v + U \in V/U$. Es gibt folglich eine endliche Teilmenge $\mathcal{L}$ von $\mathcal{B}$ und Elemente $k_C \in K$ mit $v + U = \sum_{C \in \mathcal{L}} Ck_C$. Nun ist $C = f(C) + U$ und daher

$$v + U = \sum_{C \in \mathcal{L}} (f(C) + U)k_C = (\sum_{C \in \mathcal{L}} f(C)k_C) + U.$$

Dies impliziert wiederum

$$v \in \sum_{C \in \mathcal{L}} f(C)k_C + U \subseteq W + U = U + W,$$

so daß $V = U + W$ ist.

Es sei $u \in U \cap W$. Es gibt dann eine endliche Teilmenge $\mathcal{L}$ von $\mathcal{B}$ und Elemente $k_C \in K$ mit $u = \sum_{C \in \mathcal{L}} f(C)k_C$. Daher ist

$$U = u + U = \sum_{C \in \mathcal{L}} f(C)k_C + U = \sum_{C \in \mathcal{L}} Ck_C.$$

Weil $\mathcal{L}$ Teil der Basis $\mathcal{B}$ ist, folgt hieraus $k_C = 0$ für alle $C \in \mathcal{L}$, so daß $u = 0$ ist. Daher ist $U \cap W = \{0\}$, so daß in der Tat $V = U \oplus W$ gilt, q. e. d.

Zweiter Beweis. Es sei Y ein Unterraum mit $Y \cap U = \{0\}$, z.B. $Y = \{0\}$. Ferner sei

$$\Phi = \{X|X \in L(V),\ Y \subseteq X,\ X \cap U = \{0\}\}.$$

Wegen $Y \in \Phi$ ist Φ nicht leer. Es sei $\mathcal{R}$ eine Kette von Φ. Dann ist $\bigcup_{X \in \mathcal{R}} X$ offenbar ein Unterraum von V, der Y enthält. Wegen $U \cap X = \{0\}$ für alle $X \in \mathcal{R}$ ist

$$U \cap \bigcup_{X \in \mathcal{R}} X = \bigcup_{X \in \mathcal{R}} (U \cap X) = \{0\},$$

so daß $\bigcup_{X \in \mathcal{R}} X \in \Phi$ gilt. Aus dem Zorn'schen Lemma folgt daher die Existenz eines maximalen Elementes $W \in \Phi$. Es sei $v \in V$. Ist $v \in W$, so ist $v \in U + W$. Es sei also $v \notin W$. Dann ist W echt in $W + vK$ enthalten. Aus der Maximalität von W folgt, daß $W + vK$ nicht zu Φ gehört. Wegen $Y \subseteq W \subseteq W + vK$ ist daher $U \cap (W + vK) \neq \{0\}$.

Es gibt also ein $u \in U$ mit $0 \neq u \in W + vK$. Hieraus folgt wiederum die Existenz eines $w \in W$ und eines $k \in K$ mit $u = w + vk$. Wäre $k = 0$, so wäre $0 \neq u = w \in U \cap W = \{0\}$. Dieser Widerspruch zeigt, daß $k \neq 0$ ist. Folglich ist $v = uk^{-1} - wk^{-1} \in U + W$. Somit ist $V \subseteq U + W$, d.h. $V = U + W$. Wegen $U \cap W = \{0\}$, gilt sogar $V = U \oplus W$. Da es, wie schon oben bemerkt, stets ein $Y \in L(V)$ gibt mit $Y \cap U = \{0\}$, folgt insbesondere, daß U ein Komplement besitzt, q. e. d.

Wie dieser zweite Beweis zeigt, gilt auch noch das

6.5. Korollar. Ist V ein Rechtsvektorraum, sind $U, Y \in L(V)$ und ist $U \cap Y = \{0\}$, so gibt es ein $W \in L(V)$ mit $Y \subseteq W$ und $V = U \oplus W$.

Wie schon 6.3, so gelten auch 6.4 und 6.5 nicht für beliebige Moduln, wie sich der Leser mühelos selbst überlegen kann.

Ein komplementärer Verband heißt irreduzibel, falls 0 und 1 die einzigen Elemente von L sind, die genau ein Komplement besitzen. Ist M eine Menge, die wenigstens zwei Elemente enthält, so ist $P(M)(\subseteq)$ nicht irreduzibel. Im Gegensatz hierzu gilt

6.6. Satz. Ist V ein Vektorraum, so ist $L(V)$ irreduzibel.

Beweis. Es sei $U \in L(V)$ und $\{0\} \neq U \neq V$. Ferner sei $V = U \oplus W$. Dann ist auch $W \neq \{0\}$. Es gibt also Elemente u und w mit $u \neq 0 \neq w$ und $u \in U$ und $w \in W$. Wäre $u + w \in W$, so wäre $u \in U \cap W = \{0\}$. Also ist $u + w \notin W$. Ebenso folgt $u + w \notin U$. Folglich ist $(u + w)K \cap U = \{0\}$, da $(u + w)K$ ein Atom ist. Nach 6.5 gibt es ein Komplement W' von U mit $(u + w)K \subseteq W'$. Wegen $u + w \in W'$ und $u + w \notin W$ ist $W \neq W'$, so daß U mindestens zwei verschiedene Komplemente hat. Folglich ist $L(V)$ irreduzibel, q. e. d.

Es sei $L(\leqslant)$ eine teilweise geordnete Menge. Ist $D \subseteq L$ und gibt es zu $x, y \in D$ stets ein $z \in D$ mit $x \leqslant z$ und $y \leqslant z$, so heißt D gerichtet. Ist $L(\leqslant)$ ein vollständiger Verband und gilt für jedes $x \in L$ und jede gerichtete Teilmenge D von L die Gleichung $x \wedge \bigvee_{y \in D} y = \bigvee_{y \in D} (x \wedge y)$, so heißt L nach oben stetig.

6.7. Satz. Ist M ein Modul, so ist $L(M)$ nach oben stetig.

Beweis. Es sei $D \subseteq L(M)$ gerichtet. Dann ist offenbar $\sum_{Y \in D} Y = \bigcup_{Y \in D} Y$ (Beweis!). Ist $X \in L(M)$, so ist auch $(X \cap Y | Y \in D)$ gerichtet und somit $\sum_{Y \in D} (X \cap Y) = \bigcup_{Y \in D} (X \cap Y)$.

Daher ist

$$X \cap \sum_{Y \in D} Y = X \cap \bigcup_{Y \in D} Y = \bigcup_{Y \in D} (X \cap Y) = \sum_{Y \in D} (X \cap Y),$$

q. e. d.

Ist $L(\leqslant)$ teilweise geordnet und enthält jede nicht-leere Teilmenge von L ein minimales Element, so sagen wir, daß L die Minimalbedingung erfüllt. Hat jede nicht-leere Teilmenge von L ein maximales Element, so sagen wir entsprechend, daß L die Maximalbedingung erfüllt.

6.8. Satz. Ist V ein Vektorraum, so sind die folgenden Bedingungen äquivalent:

a) V ist endlich erzeugt.
b) L(V) erfüllt die Minimalbedingung.
c) L(V) erfüllt die Maximalbedingung.

Beweis. V sei nicht endlich erzeugt. Ist dann B eine Basis von V, so ist B unendlich. Nach 4.9 gibt es folglich eine injektive Abbildung f von $\mathbb{N}$ in B. Das Bild von i unter f bezeichnen wir mit f_i. Setze
$H_i = \sum_{j=i}^{\infty} f_j K$ und $L_i = \sum_{j=1}^{i} f_j K$. Dann enthält die Menge $\{H_i \mid i \in \mathbb{N}\}$ kein minimales und die Menge $\{L_i \mid i \in \mathbb{N}\}$ kein maximales Element. Daher folgt a) sowohl aus b) als auch aus c).

Es gelt a) und $\mathfrak{M}$ sei eine nicht-leere Menge von Unterräumen von V. Ist $U \in \mathfrak{M}$, so ist $0 \leqslant \operatorname{Rg} U \leqslant \operatorname{Rg} V$. Es gibt also $X, Y \in \mathfrak{M}$ mit $\operatorname{Rg} X \leqslant \operatorname{Rg} U \leqslant \operatorname{Rg} Y$ für alle $U \in \mathfrak{M}$. Aus 3.1 folgt, daß X ein minimales und Y ein maximales Element von $\mathfrak{M}$ ist. Somit impliziert a) sowohl b) als auch c), q. e. d.

Ist $L(\leqslant)$ eine teilweise geordnete Menge, so bezeichnen wir mit $L(\leqslant^d)$ die Struktur, deren Elemente gerade die Elemente von L sind und für die $a \leqslant^d b$ genau dann gilt, wenn $b \leqslant a$ gilt. $L(\leqslant^d)$ heißt die zu $L(\leqslant)$ duale Struktur.

6.9. Hifssatz. $L(\leqslant)$ sei eine teilweise geordnete Menge.

a) Ist $L(\leqslant)$ ein Verband, so auch $L(\leqslant^d)$.
b) Ist $L(\leqslant)$ ein vollständiger Verband, so auch $L(\leqslant^d)$.
c) Ist $L(\leqslant)$ ein modularer Verband, so auch $L(\leqslant^d)$.
d) Ist $L(\leqslant)$ ein komplementärer Verband, so auch $L(\leqslant^d)$.
e) Ist $L(\leqslant)$ ein irreduzibler Verband, so auch $L(\leqslant^d)$.

Der Beweis von 6.9 ist trivial, wenn man nur bemerkt, daß die obere Grenze von

M in $L(\leq)$ zur oberen Grenze von M in $L(\leq^d)$ wird.

Ist V ein Vektorraum und H ein Unterraum von V mit Rg $(V/H) = 1$, so heißt H eine <u>Hyperebene</u> von V. Die Hyperebenen sind also gerade die Atome von $L(V)(\subseteq^d)$.

<u>6.10. Satz</u>. Ist V ein Vektorraum, so ist $L(V)(\subseteq^d)$ atomar.

Beweis. Es sei $X \in L(V)$ und $X \neq V$. Es gibt dann ein $v \in V$ mit $v \notin X$. Wegen $v \notin X$ ist $v \neq 0$, so daß Rg $(vK) = 1$ ist. Ferner ist $vK \cap X = \{0\}$. Nach 6.5 gibt es ein $H \in L(V)$ mit $V = vK \oplus H$ und $X \subseteq H$. Nun ist

$$V/H = (vK + H)/H \cong vK/(vK \cap H) = vK/\{0\} \cong vK.$$

so daß Rg $(V/H) =$ Rg $(vK) = 1$ ist. Daher ist H eine Hyperebene. Da es also zu jedem von V verschiedenen Unterraum von V eine Hyperebene von V gibt, die diesen Unterraum enthält, ist $L(V)(\subseteq^d)$ atomar, q. e. d.

Wir nennen einen Verband <u>projektiv</u>, falls er vollständig, atomar, modular, komplementär, irreduzibel und nach oben stetig ist. Ist V ein Vektorraum, so ist also L(V) ein projektiver Verband.

<u>6.11. Satz</u>. Es sei V ein Vektorraum. Genau dann ist $L(V)(\subseteq^d)$ ein projektiver Verband, wenn V endlich erzeugt ist.

Beweis. Nach 6.9 und 6.10 ist $L(V)(\subseteq^d)$ stets ein vollständiger, atomarer, modularer, komplementärer und irreduzibler Verband. $L(V)(\subseteq^d)$ ist also genau dann projektiv, wenn $L(V)(\subseteq^d)$ nach oben stetig ist.

Wir zeigen nun zuerst, daß $L(V)(\subseteq^d)$ nicht nach oben stetig ist, falls V nicht endlich erzeugt ist. Es sei also V nicht endlich erzeugt. Ferner sei H eine Hyperebene von V und $0 \neq v \in V$ mit $v \notin H$. Dann ist $V = vK \oplus H$. Schließlich sei Φ die Familie aller Mengen X von linear unabhängigen Vektoren mit $X \cap H = \emptyset$. Wegen $\{v\} \in \Phi$ ist Φ nicht leer. Weil Φ offensichtlich von endlichem Charakter ist, gibt es nach dem Lemma von Teichmüller & Tukey ein maximales $B \in \Phi$ mit $v \in B$. Es sei $U = \sum_{b \in B} bK$. Wäre $U \cap H \neq H$, so gäbe es ein $h \in H$ mit $h \notin U$. Dann wäre $v + h \notin U$ und $v + h \notin H$. Hieraus folgte $B \cup \{v + h\} \in \Phi$ im Widerspruch zur Maximalität von B. Also ist doch $U \cap H = H$, so daß $H \subseteq U$ ist. Wegen $v \in U$ ist $V = vK + H \subseteq U$, so daß $U = V$ ist. Also ist B eine Basis von V und somit unendlich. Nach 4.9 gibt es eine injektive Abbildung f von $\mathbb{N}$ in B. Setze $H_i = \sum_{j=i}^{\infty} f_j K$. Dann ist $\bigcap_{i=1}^{\infty} H_i = \{0\}$, da die f_i

linear unabhängig sind. Ferner ist $H_i \supseteq H_{i+1}$ für alle $i \in \mathbb{N}$, so daß $\{H_i | i \in \mathbb{N}\}$ eine gerichtete Menge von $L(V)(\subseteq^d)$ ist. Wäre nun $L(V)(\subseteq^d)$ nach oben stetig, so wäre

$$H = H + \{0\} = H + \bigcap_{i=1}^{\infty} H_i = \bigcap_{i=1}^{\infty} (H + H_i) \supseteq \bigcap_{i=1}^{\infty} (H + f_i K) = V,$$

da ja wegen $f_i \notin H$ für alle $i \in \mathbb{N}$ die Gleichung $V = H + f_i K$ gilt. Dieser Widerspruch zeigt, daß $L(V)(\subseteq^d)$ kein projektiver Verband ist, wenn V nicht endlich erzeugt ist.

Es sei nun umgekehrt V ein endlich erzeugter Vektorraum. Ferner sei ϑ eine gerichtete Menge von $L(V)(\subseteq^d)$. Nach 6.8 enthält ϑ ein bez. $\subseteq$ minimales Element M. Ist $Y \in \vartheta$, so gibt es ein $Z \in \vartheta$ mit $Y \subseteq^d Z$ und $M \subseteq^d Z$, so daß also $Z \subseteq Y$ und $Z \subseteq M$ ist. Aus der Minimalität von M folgt $Z = M$, so daß $M \subseteq Y$ gilt für alle $Y \in \vartheta$. Ist nun $X \in L(V)$, so ist also $X + \bigcap_{Y \in \vartheta} Y = X + M$. Ferner $X + M \subseteq X + Y$ für alle $Y \in \vartheta$ und daher $X + M = \bigcap_{Y \in \vartheta} (X + Y)$. Daher ist

$$X + \bigcap_{Y \in \vartheta} Y = X + M = \bigcap_{Y \in \vartheta} (X + Y),$$

so daß $L(V)(\subseteq^d)$ nach oben stetig und damit projektiv ist, q. e. d.

Im übernächsten Abschnitt werden wir sehen, daß es zu jedem endlich erzeugten Rechtsvektorraum V einen Rechtsvektorraum W gibt mit $L(V)(\subseteq^d) \cong L(W)(\subseteq)$. Die Frage, wann es zu einem projektiven Verband L einen Vektorraum V gibt mit $L(\leq) \cong L(V)(\subseteq)$, läßt sich ebenfalls vollständig beantworten. Hier sei nur erwähnt, daß es sicher dann einen solchen Vektorraum gibt, falls es in L Atome A_1, A_2, A_3 und A_4 gibt mit der Eigenschaft, daß für alle $i \in \{1,2,3,4\}$ die Gleichung $A_i \cap \sum_{\substack{j=1 \\ j \neq i}}^{4} A_j = 0$ gilt, wobei 0 das kleinste Element von L ist.

Für weitere Einzelheiten sei der Leser auf das Buch von R. Baer, Linear Algebra and Projektive Geometry (New York 1952) und auf die Arbeit von H. Lüneburg, Über die Struktursätze der projektiven Geometrie, Arch.d.Math. 17 (1966), 206-209, verwiesen.

Aufgaben

1) L sei ein vollständiger Verband. Zeige, daß L ein größtes und ein kleinstes Element besitzt.

2) M sei eine Menge und E(M) sei die Menge der endlichen Teilmengen von M. Zeige, daß $E(M)(\subseteq)$ ein Verband ist, der die Minimalbedingung erfüllt. Man gebe eine notwendige und hinreichende Bedingung dafür an, daß E(M) die Maximalbedingung erfüllt.

3) V sei ein Vektorraum und B sei eine Basis von V. Zeige, daß es eine Hyperebene H von V gibt mit $B \cap H = \emptyset$.

4) $\mathbb{H}_p(+)$ ist ein $\mathbb{H}_p$-Rechtsmodul. Zeige, daß $L(\mathbb{H}_p)(\subseteq)$ die Maximal- aber nicht die Minimalbedingung erfüllt.

5) $\mathbb{Z}(p^\infty)$ ist ein $\mathbb{H}_p$-Rechtsmodul. Bestimme $L = L(\mathbb{Z}(p^\infty))$ und zeige, daß $L(\subseteq)$ die Minimalbedingung aber nicht die Maximalbedingung erfüllt.

6) Es sei V ein Vektorraum und X sei ein von V verschiedener Unterraum. Ist M die Menge der X umfassenden Hyperebenen von V, so ist $X = \bigcap_{H \in M} H$.

7. Direkte Summen. Es sei M ein R-Rechtsmodul und $(U_i | i \in I)$ sei eine Familie von Teilmoduln von M. Wir nennen M die direkte Summe der U_i, falls $M = \sum_{i \in I} U_i$ ist und falls für alle $i \in I$ gilt, daß $U_i \cap \sum_{j \in I \setminus \{i\}} U_j = \{0\}$ ist. Ist M die direkte Summe der U_i, so schreiben wir $M = \bigoplus_{i \in I} U_i$.

Ist $M = \bigoplus_{i \in I} U_i$, so folgt insbesondere, daß $U_i \cap U_j = \{0\}$ ist, falls nur $i \neq j$ ist. Folglich sind die U_i paarweise verschieden, falls sie alle von $\{0\}$ verschieden sind.

7.1. Hilfssatz. Ist M ein R-Rechtsmodul und ist $(U_i | i \in I)$ eine Familie von Teilmoduln von M, so sind die folgenden Bedingungen äquivalent:

a) Es ist $M = \bigoplus_{i \in I} U_i$.

b) Ist $m \in M$, so gibt es genau eine endliche Teilmenge J von I mit der Eigenschaft: Zu jedem $j \in J$ gibt es genau ein $u_j \in U_j \setminus \{0\}$ mit $m = \sum_{j \in J} u_j$.

c) Es ist $M = \sum_{i \in I} U_i$ und für jede endliche Teilmenge J von I folgt aus $0 = \sum_{j \in J} u_j$ mit $u_j \in U_j$, daß $u_j = 0$ ist für alle $j \in J$.

Beweis. Aus a) folgt b): Wegen $M = \bigoplus_{i \in I} U_i$ ist insbesondere $M = \sum_{i \in I} U_i$. Ist nun $m \in M$, so gibt es daher eine endliche Teilmenge J von I, sowie zu jedem $j \in J$ ein $u_j \in U_j \setminus \{0\}$ mit $m = \sum_{j \in J} u_j$. (Wir erinnern daran, daß man im Falle $m = 0$ für J die leere Menge nehmen kann.) Es sei L eine weitere endliche Teilmenge von I. Ferner sei $w_j \in U_j \setminus \{0\} (j \in L)$ und $m = \sum_{j \in L} w_j$. Wäre $L \setminus J \neq \emptyset$, so gäbe es ein $i \in L \setminus J$. Dann wäre

$$w_i = m - m + w_i = \sum_{j \in J} u_j - \sum_{j \in L \setminus \{i\}} w_j \in U_i \cap \sum_{j \in I \setminus \{i\}} U_j = \{0\},$$

da ja $i \notin J$ ist. Dies ergibt den Widerspruch $w_i = 0$. Also ist $L \setminus J = \emptyset$, d.h. $L \subseteq J$. Ebenso folgt $J \subseteq L$, so daß $J = L$ ist. Dies zeigt die Eindeutigkeit von J. Es sei $i \in J$. Dann ist

$$u_i - w_i = \sum_{j \in J \setminus \{i\}} (w_j - u_j) \in U_i \cap \sum_{j \in J \setminus \{i\}} U_j = \{0\},$$

so daß auch $u_i = w_i$ für alle $i \in J$ gilt.

c) folgt trivialerweise aus b).

Es gelte c). Um a) nachzuweisen, müssen wir nur noch zeigen, daß $U_i \cap \sum_{j \in I \setminus \{i\}} U_j = \{0\}$ ist für alle $i \in I$. Dazu sei x ein Element dieses Durchschnitts. Es gibt dann eine endliche Teilmenge J von $I \setminus \{i\}$ und Elemente $u_j \in U_j$ mit $x = \sum_{j \in J} u_j$. Daher ist $0 = -x + \sum_{j \in J} u_j$, so daß wegen $x \in U_i$ und $i \notin J$ auf Grund unserer Annahme $x = 0 = u_j$ für alle $j \in J$ gilt. Insbesondere ist also $x = 0$ und damit $U_i \cap \sum_{j \in I \setminus \{i\}} U_j = \{0\}$, q. e. d.

Der folgende Satz ist eine Verallgemeinerung von 3.11.

7.2. Satz. Es sei M ein R-Modul und $(U_i | i \in I)$ sei eine Familie von Teilmoduln von M mit $M = \bigoplus_{i \in I} U_i$. Ist X ein R-Modul und ist $(\phi_i | i \in I)$ eine Familie von R-Homomorphismen mit $\phi_i \in \mathrm{Hom}_R(U_i, X)$, so gibt es genau einen R-Homomorphismus ϕ von M in X mit $\phi(u) = \phi_i(u)$ für alle $i \in I$ und alle $u \in U_i$.

Beweis. Es sei $m \in M$. Nach 7.1 gibt es dann genau eine endliche Teilmenge J von I und eindeutig bestimmte Elemente $u_j \in U_j \setminus \{0\}$ mit $m = \sum_{j \in J} u_j$. Ist L eine zweite endliche Teilmenge von I und gibt es zu jedem $l \in L$ ein $v_l \in U_l$ mit $m = \sum_{l \in L} v_l$ so folgt, daß $J \subseteq L$ und $u_j = v_j$ für alle $j \in J$ sowie $v_j = 0$ für $j \in L \setminus J$ gilt. Daher ist $\sum_{j \in J} \phi_j(u_j) = \sum_{j \in L} \phi_j(v_j)$. Definiert man nun ϕ vermöge $\phi(m) = \sum_{j \in J} \phi_j(u_j)$ und benutzt man die soeben gemachte Bemerkung, so erhält man durch banale Rechnungen, daß ϕ ein Homomorphismus von M in X ist. Ist $u \in U_i$, so folgt mit $J = \{i\}$ und $u_i = u$, daß $\phi(u) = \sum_{j \in J} \phi_j(u_j) = \phi_i(u_i) = \phi_i(u)$ ist. Es gibt also wenigstens eine solche Abbildung.

Es sei ϕ' eine zweite solche Abbildung. Ist $m \in M$ und $m = \sum_{j \in J} u_j$, so ist

$$\phi'(m) = \sum_{j \in J} \phi'(u_j) = \sum_{j \in J} \phi_j(u_j) = \sum_{j \in J} \phi(u_j) = \phi(m),$$

so daß $\phi' = \phi$ ist, q. e. d.

Die Abbildung $\pi \in \mathrm{End}_R(M)$ heißt eine Projektion von M, falls $\pi^2 = \pi$ ist. Offenbar sind $1 = \mathrm{id}_M$ und 0 Projektionen von M. Ist π eine Projektion von M, so ist auch $1 - \pi$ eine Projektion. Denn es ist $(1-\pi)^2 = 1 - 2\pi + \pi^2 = 1 - 2\pi + \pi = 1 - \pi$. Überdies gilt $(1-\pi)\pi = \pi - \pi^2 = \pi - \pi = 0$ und ganz entsprechend folgt $\pi(1-\pi) = 0$. Zwei Projektionen π und π' heißen orthogonal, falls $\pi\pi' = 0 = \pi'\pi$ gilt. π und $1 - \pi$ sind daher orthogonale Projektionen.

7.3. Satz. Ist M ein R-Modul und sind $\pi_1, \ldots, \pi_n$ paarweise orthogonale Projektionen von M und gilt $1 = \sum_{i=1}^{n} \pi_i$, so ist $M = \bigoplus_{i=1}^{n} \pi_i(M)$.

Beweis. Ist $m \in M$, so ist

$$m = 1(m) = \left(\sum_{i=1}^{n} \pi_i\right)(m) = \sum_{i=1}^{n} \pi_i(m) \in \sum_{i=1}^{n} \pi_i(M),$$

so daß $M = \sum_{i=1}^{n} \pi_i(M)$ ist. Es sei $0 = \sum_{i=1}^{n} \pi_i(m_i)$ mit $m_i \in M$. Dann ist

$$0 = \pi_j(0) = \sum_{i=1}^{n} \pi_j\pi_i(m_i) = \pi_j^2(m_j) = \pi_j(m_j)$$

für alle j, so daß nach 7.1 der Modul M die direkte Summe der $\pi_i(M)$ ist, q. e. d.

7.4. Satz. Es sei M ein R-Modul und $U_1, \ldots, U_n$ seien Teilmoduln von M. Ist $M = \bigoplus_{i=1}^{n} U_i$, so gibt es paarweise orthogonale Projektionen $\pi_1, \ldots, \pi_n$ mit $\sum_{i=1}^{n} \pi_i = 1$ und $\pi_i(M) = U_i$.

Beweis. Nach 7.2 gibt es zu jedem i eine eindeutig bestimmte Abbildung $\pi_i \in \mathrm{End}_R(M)$ mit $\pi_i(u) = u$ für alle $u \in U_i$ und $\pi_i(v) = 0$ für alle $v \in M_j$ mit $j \neq i$. Ist $m \in M$, so gibt es $u_1, \ldots, u_n$ mit $u_j \in U_j$ und $m = \sum_{j=1}^{n} u_j$. Daher ist

$$\pi_i(m) = \sum_{j=1}^{n} \pi_i(u_j) = \pi_i(u_i) = u_i$$

und somit

$$\pi_i^2(m) = \pi_i(u_i) = u_i = \pi_i(m).$$

Folglich ist $\pi_i^2 = \pi_i$, so daß π_i eine Projektion ist. Ferner ist

$$\pi_j\pi_i(m) = \pi_j(u_i) = 0 = \pi_i(u_j) = \pi_i\pi_j(m),$$

so daß die Projektionen $\pi_1, \ldots, \pi_n$ paarweise orthogonal sind. Schließlich ist

$$\left(\sum_{i=1}^{n} \pi_i\right)(m) = \sum_{i=1}^{n} \pi_i(m) = \sum_{i=1}^{n} u_i = m,$$

so daß $\sum_{i=1}^{n} \pi_i = 1$ ist, q. e. d.

7.5. Korollar. Es sei V ein Vektorraum. Ist $U \in L(V)$, so gibt es eine Projektion π von V mit $\pi(V) = U$ und eine Projektion χ von V mit $\mathrm{Kern}(\chi) = U$.

Beweis. Nach 6.4 ist U ein direkter Summand von V. Daher folgt die Existenz von π und von χ aus 7.4, q. e. d.

Wir schließen diesen Abschnitt mit der folgenden Bemerkung: Ist π eine Projektion des Moduls M, so ist $\pi(x) = x$ für alle $x \in \pi(M)$. Es gibt nämlich zu jedem $x \in \pi(M)$ ein $y \in M$ mit $x = \pi(y)$. Daher ist $\pi(x) = \pi^2(y) = \pi(y) = x$.

Aufgaben

1) Es sei V ein endlich erzeugter Vektorraum und U_i $(i = 1,2,\ldots,n)$ seien Teilräume von V. Zeige, daß $V = \bigoplus_{i=1}^{n} U_i$ genau dann gilt, wenn $V = \sum_{i=1}^{n} U_i$ und $\mathrm{Rg}\, V = \sum_{i=1}^{n} \mathrm{Rg}\, U_i$ gilt.

2) Es sei K ein Körper und $V = K^{(n)}$. Ist $(x_1,\ldots,x_n) \in V$, so sei $\pi(x_1,\ldots,x_n) = (-\sum_{i=2}^{n} x_i, x_2,\ldots,x_n)$. Zeige, daß π eine Projektion von V ist und bestimme die zu dem Paar π, $1 - \pi$ gehörende direkte Zerlegung von V. (Bei dem zweiten Teil dieser Aufgabe sind also Bedingungen anzugeben, wann ein Vektor von V zu $\pi(V)$ bzw. $(1 - \pi)(V)$ gehört

3) Es sei V ein Vektorraum über K und es sei $\chi(K) \neq 2$. Ferner sei $\phi \in \mathrm{End}_K(V)$ und es gelte $\phi^3 = \phi$. Ist $V_0 = \mathrm{Kern}(\phi)$, $V_1 = \{v \mid v \in V, \phi(v) = v\}$ und $V_2 = \{v \mid v \in V, \phi(v) = -v\}$, so ist $V = V_0 \oplus V_1 \oplus V_2$. (Beachte, daß $v = v - \phi^2(v) + \frac{1}{2}(\phi^2(v) + \phi(v)) + \frac{1}{2}(\phi^2(v) - \phi(v))$ ist.)

4) Fitting'sche Zerlegung. Es sei V ein endlich erzeugter Vektorraum und α sei ein Endomorphismus von V.

a) Es ist $\alpha^i(V) \supseteq \alpha^{i+1}(V)$ für alle natürlichen Zahlen i.

b) Es gibt eine natürliche Zahl n mit $\alpha^{n-1}(V) \neq \alpha^n(V) = \alpha^{n+m}(V)$ für alle $m \in \mathbb{N}$.

c) Es ist $\mathrm{Kern}\,(\alpha^i) \subseteq \mathrm{Kern}(\alpha^{i+1})$ für alle natürlichen Zahlen i. Ferner ist $\mathrm{Kern}(\alpha^{n-1}) \neq \mathrm{Kern}(\alpha^n) = \mathrm{Kern}(\alpha^{n+m})$ für alle $m \in \mathbb{N}$. Dabei ist n die unter b) gefundene natürliche Zahl.

d) Es ist $V = \alpha^n(V) \oplus \mathrm{Kern}(\alpha^n)$.

5) Es sei R ein Ring und $(M_i | i \in I)$ sei eine Familie von R-Moduln. Auf $\bigtimes_{i \in I} M_i$ definieren wir eine Addition vermöge $(f + g)_i = f_i + g_i$. Ferner definieren wir für $f \in \bigtimes_{i \in I} M_i$ und $r \in R$ das Produkt fr vermöge $(fr)_i = f_i r$. Auf diese Weise wird $\bigtimes_{i \in I} M_i$ zu einem R-Modul. Es sei $\operatorname{Su}_{i \in I} M_i$ die Menge der $f \in \bigtimes_{i \in I} M_i$, deren Träger endlich sind.

a) $\operatorname{Su}_{i \in I} M_i$ ist ein Teilmodul von $\bigtimes_{i \in I} M_i$. Man nennt $\operatorname{Su}_{i \in I} M_i$ die <u>äußere direkte Summe</u> der M_i. (Man beachte, daß bei der äußeren direkten Summe die M_i nicht paarweise verschieden zu sein brauchen.

b) Es sei $M_i^* = \{f | f \in \operatorname{Su}_{i \in I} M_i,\ M_j \subseteq \operatorname{Kern}(f)$ für alle $j \in I \setminus \{i\}\}$. Dann ist $f \to f_i$ ein Isomorphismus von M_i^* auf M_i und es gilt $\operatorname{Su}_{i \in I} M_i \cong \bigoplus_{i \in I} M_i^*$. Wir schreiben daher im folgenden $\bigoplus_{i \in I} M_i$ an Stelle von $\operatorname{Su}_{i \in I} M_i$.

6) Es sei $0 \neq a \in \mathbb{Q}$, dann ist $a = \varepsilon \prod_p p^{e_p}$ mit $e_p \in \mathbb{Z}$ und $e_p \neq 0$ für nur endlich viele Primzahlen p sowie $\varepsilon \in \{1,-1\}$. Hieraus folgt $\mathbb{Q}^* \cong \mathbb{Z}_2 \oplus \mathbb{Z} \oplus \mathbb{Z} \oplus \ldots$, wobei mit $\mathbb{Z}_2$ bzw. $\mathbb{Z}$ jeweils die additiven Gruppen der entsprechenden Ringe gemeint sind.

7) Über jedem Körper K gibt es unendlich viele irreduzible Polynome. Für $0 \neq a \in K(x)$ ist $a = k \prod_p p^{e_p}$ mit $e_p \in \mathbb{Z}$ und $e_p \neq 0$ für nur endlich viele irreduzible Polynome $p \in K[x]$. Ferner ist $k \in K^*$. Verlangt man überdies, daß die Leitkoeffizienten aller p's gleich 1 sind, so ist die Darstellung eindeutig. Hieraus folgt, da die Anzahl der p's unendlich ist, daß $K(x)^* \cong K^* \oplus \mathbb{Z} \oplus \mathbb{Z} \oplus \ldots$. Hierin steht K^* für die multiplikative Gruppe von K und $\mathbb{Z}$ für die additive Gruppe der ganzen Zahlen.

8) Ist $K = GF(3)$, so gilt $\mathbb{Q}^* \cong K(x)^*$ aber $\mathbb{Q} \not\cong K(x)$.

<u>8. Der Dualraum</u>. Es sei V ein K-Rechtsvektorraum. Mit V^* bezeichnen wir die Menge aller linearen Abbildungen von V in K. Ist $v \in V$ und $f \in V^*$, so bezeichnen wir das Bild von v unter f mit fv.

Sind $f,g \in V^*$, so definieren wir $f + g$, wie schon sooft, vermöge $(f + g)v = fv + gv$ für alle $v \in V$. Sind $u,v \in V$ und $f,g \in V^*$, so ist

$$(f + g)(u + v) = f(u + v) + g(u + v) = fu + fv + gu + gv = fu + gu + fv + gv =$$

$$(f + g)u + (f + g)v.$$

Ist ferner $k \in K$, so ist

$$(f + g)(uk) = f(uk) + g(uk) = (fu)k + (gu)k = (fu + gu)k = ((f + g)u)k.$$

Also ist $f + g \in V^*$. Routinerechnungen zeigen nun, daß $V^*(+)$ eine abelsche Gruppe ist.

Ist $f \in V^*$ und $k \in K$, so definieren wir kf vermöge $(kf)v = k(fv)$ für alle $v \in V$. Sind $u,v \in V$, so folgt

$$(kf)(u + v) = k(f(u + v)) = k(fu + fv) = k(fu) + k(fv) = (kf)u + (kf)v.$$

Ist überdies $l \in K$, so folgt

$$(kf)(ul) = k(f(ul)) = k((fu)l) = (k(fu))l = ((kf)u)l.$$

Also ist $kf \in V^*$. Es ist nun wiederum Routinesache nachzurechnen, daß V^* auf diese Weise zu einem Linksvektorraum über K wird. Den Linksvektorraum V^*, den wir auf diese Weise erhalten, nennen wir den <u>Dualraum</u> von V oder auch den zu V <u>dualen Vektorraum</u>.

Es liegt nahe zu versuchen, aus V^* einen Rechtsvektorraum zu machen, indem man fk durch $(fk)v = k(fv)$ definiert. Dies scheitert jedoch, falls K nicht kommutativ ist, wie folgende Rechnung zeigt:

$$(f(kl))v = (kl)(fv) = k(l(fv)) = k((fl)v) = ((fl)k)v.$$

In diesem Falle wäre also $f(kl) = (fl)k$ und nicht $f(kl) = (fk)l$. Andere Versuche, die man noch unternehmen könnte, scheitern an dem gleichen Phänomen. Um zu zeigen, daß diese Schwierigkeit grundsätzlich nicht zu überwinden ist, muß man tiefer in die Theorie eindringen, als wir es hier tun werden. Wir werden jedoch an geeigneter Stelle noch einmal kommentierend auf diese Situation zurückkommen.

Für Linksvektorräume haben wir natürlich auch die Begriffe des Endlich-erzeugtseins, der linearen Abhängigkeit bzw. Unabhängigkeit, der Basis und des Ranges, und alle Sätze, die wir für Rechtsvektorräume bewiesen haben, gelten mutatis mutandis auch für Linksvektorräume.

<u>8.1. Satz.</u> Ist V ein endlich erzeugter Rechtsvektorraum, so ist auch V^* endlich erzeugt und es gilt $\mathrm{Rg}\, V = \mathrm{Rg}\, V^*$.

Beweis. Es sei $\{b_1,\dots,b_n\}$ eine Basis von V. Nach 3.11 gibt es dann zu jedem $i \in \{1,2,\dots,n\}$ ein $b_i^* \in V^*$ mit

$$b_i^* b_j = \begin{cases} 1 \text{ für } i = j, \\ 0 \text{ für } i \neq j. \end{cases}$$

Wir zeigen, daß $\{b_1^*,\dots,b_n^*\}$ eine Basis von V^* ist. Zunächst die Unabhängigkeit: Es seien $k_1,\dots,k_n \in K$ und es sei $\sum_{i=1}^{n} k_i b_i^* = 0$. Dann ist

$$0 = 0b_j = (\sum_{i=1}^{n} k_i b_i^*)b_j = \sum_{i=1}^{n} (k_i b_i^*)b_j = \sum_{i=1}^{n} k_i(b_i^* b_j) = k_j.$$

Also ist $k_1 = \dots = k_n = 0$, so daß die Vektoren $b_1^*,\dots,b_n^*$ linear unabhängig sind.

Es sei $f \in V^*$ und $v \in V$. Dann ist $v = \sum_{i=1}^{n} b_i k_i$ mit geeignetem $k_i \in K$. Ferner ist

$$fv = f(\sum_{i=1}^{n} b_i k_i) = \sum_{i=1}^{n}(fb_i)k_i = \sum_{i=1}^{n}\sum_{j=1}^{n} (fb_j)b_j^* b_i k_i = \sum_{j=1}^{n}\sum_{i=1}^{n} (fb_j)b_j^* b_i k_i =$$

$$(\sum_{j=1}^{n}(fb_j)b_j^*)(\sum_{i=1}^{n} b_i k_i) = (\sum_{j=1}^{n} (fb_j)b_j^*)v.$$

Da dies für alle $v \in V$ gilt, ist $f = \sum_{j=1}^{n} (fb_j)b_j^*$. Also ist $V^* = \langle b_1^*,\dots,b_n^* \rangle$, so daß $\{b_1^*,\dots,b_n^*\}$ eine Basis von V^* ist, q. e. d.

Die beim Beweise von 8.1 konstruierte Basis $\{b_1^*,\dots,b_n^*\}$ von V^* heißt die zu $\{b_1,\dots,b_n\}$ <u>duale Basis</u> von V^*. Ist $f \in V^*$, so zeigt der Beweis von 8.1 ferner, daß $f = \sum_{i=1}^{n} (fb_i)b_i^*$ ist.

<u>8.2. Hilfssatz</u>. Ist $0 \neq v \in V$, ist ferner $U \in L(V)$ und ist $v \notin U$, so gibt es ein $f \in V^*$ mit $U \subseteq \text{Kern}(f)$ und $fv = 1$. Insbesondere gibt es zu jedem $v \in V$ mit $0 \neq v$ ein $f \in V^*$ mit $fv = 1$.

Beweis. Nach 6.5 gibt es ein $H \in L(V)$ mit $V = vK \oplus H$ und $U \subseteq H$. Nach 7.2 gibt es ferner ein $f \in V^*$ mit $f(vk) = k$ für alle $k \in K$ und $fh = 0$ für alle $h \in H$. Dieses f hat offenbar alle verlangten Eigenschaften.

Der Leser überlege sich, wo beim Beweise von 8.2 benutzt wurde, daß $v \neq 0$ ist.

So wie wir den Dualraum eines Rechtsvektorraumes definiert haben, ist es auch möglich, den Dualraum eines Linksvektorraumes zu definieren. Die Elemente des Dualraumes eines Linksvektorraumes werden wir dann entsprechend als Rechtsmultiplikatoren schreiben. Ist V ein Rechtsvektorraum, so bezeichnen wir mit V^{**} den Dualraum von V^*. Der Raum V^{**} ist dann wieder ein Rechtsvektorraum über K. Er wird häufig der zu V bidualе Raum genannt. Der nächste Satz beschreibt einen wichtigen Zusammenhang zwischen V und seinem bidualen Raum.

8.3. Satz. Es sei V ein Rechtsvektorraum. Definiert man für $v \in V$ die Abbildung v^ϕ von V^* in K vermöge $fv^\phi = fv$ für alle $f \in V$, so ist ϕ ein Isomorphismus von V in V^{**}. Genau dann ist ϕ surjektiv, wenn V endlich erzeugt ist.

Beweis. Es seien $f,g \in V^*$. Dann ist

$$(f + g)v^\phi = (f + g)v = fv + gv = fv^\phi + gv^\phi.$$

Ist $k \in K$, so ist $(kf)v^\phi = (kf)v = k(fv) = k(fv^\phi)$. Also ist $v^\phi \in V^{**}$. Es seien nun $u,v \in V$. Dann ist

$$f(u + v)^\phi = f(u + v) = fu + fv = fu^\phi + fv^\phi = f(u^\phi + v^\phi)$$

und daher $(u + v)^\phi = u^\phi + v^\phi$. Ferner ist mit $k \in K$

$$f(uk)^\phi = f(uk) = (fu)k = (fu^\phi)k = f(u^\phi k),$$

so daß auch $(uk)^\phi = u^\phi k$ gilt. Damit ist gezeigt, daß ϕ eine lineare Abbildung von V in V^{**} ist. Ist $v \in V$ und $v \neq 0$, so gibt es nach 8.2 ein $f \in V^*$ mit $fv = 1$. Hieraus folgt $fv^\phi = 1$, so daß $v \notin \text{Kern}(\phi)$ gilt. Also ist $\text{Kern}(\phi) = \{0\}$, womit gezeigt ist, daß ϕ ein Isomorphismus von V in V^{**} ist.

Ist V endlich erzeugt, so folgt aus 8.1, daß V^* und dann auch V^{**} endlich erzeugt ist und daß die Gleichungen $\text{Rg}\, V = \text{Rg}\, V^* = \text{Rg}\, V^{**}$ gelten. Nach 3.10 ist ϕ daher in diesem Falle ein Isomorphismus von V auf V^{**}.

V sei nicht endlich erzeugt. Ferner sei B eine Basis von V. Ist $b \in B$, so sei $U_b = \langle \{x \mid x \in B \setminus \{b\}\} \rangle$. Dann ist $V = bK \oplus U_b$. Nach 7.2 gibt es daher ein $b^* \in V^*$ mit $b^* b = 1$ und $b^* x = 0$ für alle $x \in B \setminus \{b\}$. Wie beim Beweise von 8.1 folgt, daß die Vektoren aus $\{b^* \mid b \in B\}$ linear unabhängig sind. Es sei $v \in V$ und $v = \sum_{b \in B} bk_b$. Wie wir wissen, hat die Abbildung k von B in K einen endlichen Träger. Daher können wir $\sum_{b \in B} k_b$ bilden. Definiert man die Abbildung f von V in K durch $fv = \sum_{b \in B} k_b$, so zeigen triviale Rechnungen, daß $f \in V^*$ gilt. Offenbar ist $fb = 1$ für alle $b \in B$. Wäre $f \in \langle \{b^* | b \in B\} \rangle$, so gäbe es eine endliche Teilmenge C von B und Elemente $k_c \in K$ mit $f = \sum_{c \in C} k_c c^*$. Weil V nicht endlich erzeugt ist, gäbe es ein $b \in B \setminus C$. Mit diesem b erhielten wir den Widerspruch $1 = fb = \sum_{c \in C} k_c c^* b = 0$. Also ist $f \notin \langle \{b^* | b \in B\} \rangle$, so daß $\{b^* | b \in B\}$ insbesondere keine Basis von V^* ist. Wegen $\langle \{b^* | b \in B\} \rangle \cap Kf = \{0\}$ gibt es nach 8.2 ein $g \in V^{**}$ mit $b^* \in \text{Kern}(g)$ für alle $b \in B$ und $fg = 1$. Ist nun $v \in V$ und ist $b^* v^\phi = 0$ für alle $b \in B$, so ist $b^* v = 0$ für alle $b \in B$. Mit $v = \sum_{b \in B} bk_b$ und $c \in B$ folgt hieraus $0 = c^* v = \sum_{b \in B} c^* bk_b = k_c$ für alle $c \in B$ und damit $v = 0$. Wegen $g \neq 0$ ist daher $g \notin V^\phi$, q. e. d.

Es sei V ein Rechtsvektorraum über K und V^* sei der zu V duale Raum. Ist $U \in L(V)$, so sei

$$U^\perp = \{f | f \in V^*, U \subseteq \text{Kern}(f)\}.$$

Einfache Rechnungen zeigen, daß $U^\perp$ ein Unterraum von V^* ist. Ist $U \in L(V^*)$, so sei

$$U^\top = \{v | v \in V, fv = 0 \text{ für alle } f \in U\}.$$

Dann ist $U^\top$ ein Unterraum von V. Die beiden Abbildungen $\perp$ und $\top$ haben eine Reihe von Eigenschaften, die wir hier aufzählen wollen.

(1) Sind $U, W \in L(V)$ und gilt $U \subseteq W$, so ist $W^\perp \subseteq U^\perp$.

Beweis. Ist $f \in W^\perp$, so ist $U \subseteq W \subseteq \text{Kern}(f)$, so daß $f \in U^\perp$ gilt, q. e. d.

(2) Sind $U, W \in L(V^*)$ und gilt $U \subseteq W$, so ist $W^\top \subseteq U^\top$.

Beweis. Ist $w \in W^\top$, so ist $fw = 0$ für alle $f \in W$. Wegen $U \subseteq W$ ist daher auch $gw = 0$ für alle $g \in U$, so daß $w \in U^\top$ ist. Folglich ist $W^\top \subseteq U^\top$, q. e. d.

(3) Es ist $U^{\perp\top} = U$ für alle $U \in L(V)$.

Beweis. Es ist $U \subseteq \text{Kern}(f)$ für alle $f \in U^\perp$, so daß $U \subseteq U^{\perp\top}$ gilt. Es sei $v \in V$ und $v \notin U$. Nach 8.2 gibt es ein $f \in V$ mit $fv = 1$ und $U \subseteq \text{Kern}(f)$. Daher ist $f \in U^\perp$ und $v \notin U^{\perp\top}$. Somit ist $U^{\perp\top} \setminus U = \emptyset$ und daher $U^{\perp\top} = U$, q. e. d.

(4) Es ist $U^{\top\perp} \supseteq U$ für alle $U \in L(V^*)$.

Beweis. Ist $f \in U$, so ist $fv = 0$ für alle $v \in U^\top$ und daher $f \in U^{\top\perp}$, q. e. d.

(5) Es ist $U^{\top\perp\top} = U^{\top}$ für alle $U \in L(V^*)$.

Dies folgt unmittelbar aus (3), wenn man nur beachtet, daß $U^{\top}$ ein Unterraum von V ist.

8.4. Hilfssatz. V sei ein K-Rechtsvektorraum. Ist $U \in L(V)$, so ist $U^{\perp}$ zu $(V/U)^*$ isomorph. Ferner ist $V^*/U^{\perp}$ zu U^* isomorph.

Beweis. Es sei $f \in U^{\perp}$. Mit diesem f definieren wir wie folgt eine Relation f^{ϕ} zwischen V/U und K: Ist $(X,k) \in (V/U) \times K$, so sei genau dann $(X,k) \in f^{\phi}$, wenn es ein $y \in X$ mit $fy = k$ gibt. Sind (X,k) und (X,k') Elemente von f^{ϕ}, so gibt es Elemente $y,y' \in X$ mit $fy = k$ und $fy' = k'$. Wegen $y - y' \in U$ ist nun $f(y - y') = 0$, da ja $f \in U^{\perp}$ ist. Also ist $k' = fy' = fy = k$, so daß f^{ϕ} eine Abbildung von V/U in K ist. Aus der Linearität von f folgt, daß auch f^{ϕ} linear ist, d.h., daß $f^{\phi} \in (V/U)^*$ ist. Es bleibt zu zeigen, daß ϕ ein Isomorphismus von $U^{\perp}$ auf $(V/U)^*$ ist. Es seien $f,g \in U^{\perp}$ und es sei $X \in V/U$. Ferner sei $X = y + U$. Dann ist

$$(f + g)^{\phi}X = (f + g)^{\phi}(y + U) = (f + g)y = fy + gy = f^{\phi}(y + U) + g^{\phi}(y + U) = f^{\phi}X + g^{\phi}X = (f^{\phi} + g^{\phi})X.$$

Also ist $(f + g)^{\phi} = f^{\phi} + g^{\phi}$. Ferner ist

$$(kf)^{\phi}X = (kf)^{\phi}(y + U) = (kf)y = k(fy) = k(f^{\phi}(y + U)) = k(f^{\phi}X) = (kf^{\phi})X.$$

Daher ist auch $(kf)^{\phi} = kf^{\phi}$, so daß $\phi \in \mathrm{Hom}_K(U^{\perp},(V/U)^*)$ gilt.

Ist $f^{\phi} = 0$, so ist $f^{\phi}X = 0$ für alle $X \in V/U$. Ist $v \in V$, so ist also $0 = f^{\phi}(v + U) = fv$. Weil dies für alle $v \in V$ so ist, ist $f = 0$. Somit ist ϕ ein Isomorphismus von $U^{\perp}$ in $(V/U)^*$. Es sei schließlich $g \in (V/U)^*$. Ist $v \in V$, so definieren wir fv vermöge $fv = g(v + U)$. Triviale Rechnungen zeigen $f \in U^{\perp}$ und $f^{\phi} = g$. Somit ist ϕ ein Isomorphismus von $U^{\perp}$ auf $(V/U)^*$.

Um die zweite Aussage zu beweisen, sei $f \in V^*$. Dann ist $f^{\psi} = f \cap (U \times K) \in U^*$. Überdies ist ψ sogar ein Homomorphismus von V^* in U^*, wie man leicht nachprüft. Weil U ein direkter Summand von V ist, läßt sich jedes $g \in U^*$ zu einem $f \in V^*$ fortsetzen, so daß ψ sogar surjektiv ist. Daher ist $V^*/\mathrm{Kern}(\psi)$ nach 2.2 zu U^* isomorph. Nun ist offensichtlich genau dann $f \in \mathrm{Kern}(\psi)$, wenn $f \in U^{\perp}$ ist. Daher ist $V^*/U^{\perp}$ zu U^* isomorph, q. e. d.

8.5. Satz. Es sei V ein endlich erzeugter Vektorraum. Ist $U \in L(V)$, so ist $\mathrm{Rg}\, V = \mathrm{Rg}\, U + \mathrm{Rg}\, U^{\perp}$.

Beweis. Nach 8.1 ist auch V^* endlich erzeugt und es ist $\mathrm{Rg}\, V = \mathrm{Rg}\, V^*$. Nach 3.6 b) ist daher $\mathrm{Rg}\, V^* = \mathrm{Rg}\, U^\perp + \mathrm{Rg}\, (V^*/U^\perp)$. Nach 8.4 ist $V^*/U^\perp$ zu U^* isomorph. Daher ist $\mathrm{Rg}\, V^* = \mathrm{Rg}\, U^\perp + \mathrm{Rg}\, U^*$. Wegen $\mathrm{Rg}\, V^* = \mathrm{Rg}\, V$ und $\mathrm{Rg}\, U^* = \mathrm{Rg}\, U$ folgt die Behauptung.

$L(\leqslant)$ und $M(\leqslant)$ seien teilweise geordnete Mengen. Ist σ eine Abbildung von L auf M und gilt für $a,b \in L$ genau dann $a \leqslant b$, wenn $a^\sigma \leqslant b^\sigma$ ist, so heißt σ ein Isomorphismus von $L(\leqslant)$ auf $M(\leqslant)$. Ist σ ein Isomorphismus von $L(\leqslant)$ auf $M(\leqslant)$, so überzeugt man sich leicht, daß σ bijektiv ist und daß σ^{-1} ein Isomorphismus von $M(\leqslant)$ auf $L(\leqslant)$ ist. Ein Isomorphismus σ von $L(\leqslant)$ auf $M(\leqslant^d)$ heißt <u>Dualität</u> von $L(\leqslant)$ auf $M(\leqslant)$. Die Bijektion σ von L auf M ist also genau dann eine Dualität, wenn für $a,b \in L$ genau dann $a \leqslant b$ gilt, wenn $b^\sigma \leqslant a^\sigma$ ist.

<u>8.6. Satz</u>. Ist V ein endlich erzeugter Vektorraum, so ist $\perp$ eine Dualität von $L(V)(\subseteq)$ auf $L(V^*)(\subseteq)$ und $\top$ ist die zu $\perp$ inverse Abbildung.

Beweis. Nach (3) ist $\perp\top = \mathrm{id}_{L(V)}$. Nach (4) ist ferner $U^{\top\perp} \supseteq U$ für alle $U \in L(V^*)$. Nach 8.5 ist $\mathrm{Rg}\, U^{\top\perp} = \mathrm{Rg}\, V - \mathrm{Rg}\, U^\top$ und $\mathrm{Rg}\, U^\top = \mathrm{Rg}\, V - \mathrm{Rg}\, U$. Daher ist $\mathrm{Rg}\, U^{\top\perp} = \mathrm{Rg}\, U$ und folglich $U^{\top\perp} = U$. Somit ist $\top\perp = \mathrm{id}_{L(V^*)}$. Folglich ist $\perp$ eine Bijektion von $L(V)$ auf $L(V^*)$. Mit Hilfe von (1) und (2) folgt schließlich, daß $\perp$ eine Dualität ist, q. e. d.

Es sei K ein Körper und $+$ und $\cdot$ seien die Verknüpfungen in K. Aus K machen wir einen weiteren Körper $K(\circ)$, indem wir die auf K definierte Addition beibehalten, jedoch eine neue Multiplikation $\circ$ durch die Vorschrift $a \circ b = ba$ einführen. Es ist wiederum eine Routinesache nachzuprüfen, daß $K(\circ)$ ebenfalls ein Körper ist. Die identische Abbildung ι ist ein <u>Antiisomorphismus</u> von K auf $K(\circ)$, denn es ist ja $(a + b)^\iota = a + b = a^\iota + b^\iota$ und $(a \circ b)^\iota = a \circ b = ba = b^\iota a^\iota$ für alle $a,b \in K$.

Es sei V ein Linksvektorraum über K. Ist $v \in V$ und $k \in K$, so setzen wir $v \circ k = kv$. Auf diese Weise wird V zu einem Rechtsvektorraum über $K(\circ)$, den wir mit $V(\circ)$ bezeichnen. Die einzige kritische Stelle beim Nachweis, daß $V(\circ)$ ein Rechtsvektorraum über $K(\circ)$ ist, ist zu zeigen, daß $v \circ (k \circ l) = (v \circ k) \circ l$ ist. Dies folgt jedoch so:

$$v \circ (k \circ l) = (k \circ l)v = (lk)v = l(kv) = l(v \circ k) = (v \circ k) \circ l.$$

Ist $U \in L(V)$, so ist U eine Untergruppe von V. Ferner ist $u \circ k = ku \in U$ für alle $u \in U$ und alle $k \in K$. Daher ist $U \in L(V(\circ))$, so daß $L(V) \subseteq L(V(\circ))$ ist. Ebenso einfach sieht man, daß $L(V(\circ))$ in $L(V)$ enthalten ist. Daher gilt wegen 8.6

<u>8.7. Satz</u>. Ist V ein endlich erzeugter Rechtsvektorraum, so ist $L(V)(\subseteq^d)$ zu $L(V^*(\circ))(\subseteq)$ isomorph.

Ist K kommutativ, so ist $\circ = \cdot$, da ja $k \circ l = lk$ ist. Weil offenbar Rg $V^* = $ Rg $V^*(\circ)$ ist, ist V wegen Rg V = Rg V^* nach 3.12 b) zu $V^*(\circ)$ isomorph, so daß auch $L(V)(\subseteq)$ zu $L(V^*(\circ))(\subseteq)$ isomorph ist. Hieraus und aus 8.7 folgt somit

8.8. Korollar. Ist V ein endlich erzeugter Rechtsvektorraum über einem kommutativen Körper, so ist $L(V)(\subseteq)$ zu $L(V)(\subseteq^d)$ isomorph.

Ist $L(V)(\subseteq)$ zu $L(V)(\subseteq^d)$ isomorph, so sagt man auch, daß $L(V)(\subseteq)$ selbstdual ist.

Daß man aus V^* im allgemeinen keinen Rechtsvektorraum machen kann, der in sinnvoller Weise mit V verknüpft ist, besagt gerade der nächste Satz. Es gibt nämlich nichtkommutative Körper, die keinen Antiautomorphismus gestatten.

8.9. Satz. Ist V ein K-Vektorraum, so ist $L(V)(\subseteq)$ genau dann selbstdual, wenn V endlich erzeugt ist und wenn K einen Antiautomorphismus besitzt.

Dabei heißt eine Abbildung von K in sich ein Antiautomorphismus von K, wenn sie ein Isomorphismus von K auf $K(\circ)$ ist.

Einen Beweis für Satz 8.9 findet der Leser in dem Buche von R. Baer, Linear Algebra and Projective Geometry (New York 1952).

Aufgaben

1) Es sei K ein Körper. Zeige, daß die Identität genau dann ein Antiautomorphismus von K auf sich ist, wenn K kommutativ ist.

2) $M(\leqslant)$ und $N(\leqslant)$ seien zwei teilweise geordnete Mengen. Ferner sei ϕ eine Abbildung von M in N und ψ sei eine Abbildung von N in M. Das Paar (ϕ,ψ) heißt eine Galoisverbindung von $M(\leqslant)$ mit $N(\leqslant)$, falls die folgenden Bedingungen erfüllt sind:

j) Aus $a,b \in M$ und $a \leqslant b$ folgt $b^\phi \leqslant a^\phi$.
ij) Aus $u,v \in N$ und $u \leqslant v$ folgt $v^\psi \leqslant u^\psi$.
iij) Es ist $a \leqslant a^{\phi\psi}$ für alle $a \in M$.
iv) Es ist $u \leqslant u^{\psi\phi}$ für alle $u \in N$.

Zeige: Ist (ϕ,ψ) eine Galoisverbindung von $M(\leqslant)$ mit $N(\leqslant)$, so ist $\phi = \phi\psi\phi$ und $\psi = \psi\phi\psi$. (Beispiel für eine Galoisverbindung ist das Paar $(\perp,\top)$.)

3) M und N seien zwei Mengen. Ferner sei $B \subseteq M \times N$. Ist $X \in P(M)$, so sei

$X^{\phi} = \{y|y \in N, (x,y) \in B$ für alle $x \in X\}$, ist $Y \in P(N)$, so sei $Y^{\psi} = \{x|x \in M, (x,y) \in B$ für alle $y \in Y\}$. Zeige, daß (ϕ,ψ) eine Galoisverbindung von $P(M)(\subseteq)$ mit $P(N)(\subseteq)$ ist.

4) Es sei V ein nicht endlich erzeugter Vektorraum. Es gibt dann, wie wir wissen, eine Menge $\{b_i | i \in \mathbb{N}\}$ von linear unabhängigen Vektoren in V. Es sei $U = \langle b_i | i \in \mathbb{N} \rangle$ und $V = U \oplus W$. Nach 7.2 gibt es dann Elemente $b_i^* \in V^*$ mit $b_i^* w = 0$ für alle $w \in W$ und $b_i^* b_j = 0$ für $j \neq i$ und $b_i^* b_i = 1$. Setze $X = \langle b_i^* | i \in \mathbb{N} \rangle$ und zeige, daß X echt in $X^{\top\perp}$ enthalten ist. (Hinweis: Der Beweis von 8.3 sollte eine Idee liefern.)

9. Der Endomorphismenring eines Vektorraumes.

Es sei V ein K-Rechtsvektorraum und $\text{End}_K(V)$ sei die Menge aller linearen Abbildungen von V in sich. $\text{End}_K(V)$ ist mit der punktweise definierten Addition und mit der Hintereinanderausführung von Abbildungen als Multiplikation ein Ring, der Endomorphismenring von V. In diesem Abschnitt wollen wir den Verband der Rechtsideale und den Verband der Linksideale von $\text{End}_K(V)$ etwas genauer untersuchen.

Ein Ring R heißt <u>regulär</u> oder auch ein <u>von Neumann-Ring</u>, falls es zu jedem $r \in R$ ein $s \in R$ gibt mit $rsr = r$. Ist $rsr = r$, so sind sr und rs Idempotente von R. Dabei heißt ein Element $x \in R$ <u>idempotent</u>, falls $x^2 = x$ ist. Daß sr und rs idempotent sind, folgt aus den Gleichungen $rsrs = rs$ und $srsr = sr$.

9.1. Satz. Ist V ein K-Vektorraum, so ist $\text{End}_K(V)$ ein von Neumann-Ring.

Beweis. Es sei $\phi \in \text{End}_K(V)$. Es gibt dann einen Unterraum Y von V mit $V = Y \oplus \text{Kern}(\phi)$. Sind $x,y \in Y$ und ist $\phi x = \phi y$, so ist $\phi(x - y) = 0$ und daher $x - y \in Y \cap \text{Kern}(\phi) = \{0\}$, so daß $x = y$ ist. Somit ist die Einschränkung von ϕ auf Y ein Isomorphismus von Y auf ϕY. Es sei μ die Inverse dieses Isomorphismus. Dann ist also μ ein Isomorphismus von ϕY auf Y mit $\mu\phi y = y$ für alle $y \in Y$. Weil ϕY ein direkter Summand ist, gibt es nach 7.2 ein $\psi \in \text{End}_K(V)$ mit $\psi\phi y = y$ für alle $y \in Y$. Ist nun $v \in V$, so gibt es ein $y \in Y$ und ein $a \in \text{Kern}(\phi)$ mit $v = y + a$. Daher ist

$$\phi\psi\phi v = \phi\psi\phi(y + a) = \phi\psi(\phi y + \phi a) = \phi\psi\phi y = \phi y = \phi y + \phi a = \phi(y + a) = \phi v,$$

so daß $\phi\psi\phi = \phi$ ist, q. e. d.

Es sei R ein Ring und $\mathfrak{r}$ sei eine Untergruppe von $R(+)$. Wir nennen $\mathfrak{r}$ ein <u>Rechtsideal</u> von R, falls für alle $x \in \mathfrak{r}$ und alle $r \in R$ stets $xr \in \mathfrak{r}$ gilt, falls also $\mathfrak{r}$ bez.

der in R definierten Multiplikation ein R-Rechtsmodul ist. Die Untergruppe ℓ von R(+) heißt ein Linksideal von R, falls $x \in \ell$ und $r \in R$ stets $rx \in \ell$ nach sich zieht, falls also ℓ bez. der in R definierten Multiplikation ein R-Linksmodul ist. Ist $x \in R$, so ist offenbar $xR = \{xr \mid r \in R\}$ ein Rechtsideal und $Rx = \{rx \mid r \in R\}$ ein Linksideal von R. Ist I ein Rechtsideal von R und gibt es ein $x \in R$ mit $I = xR$, so heißt I ein Hauptrechtsideal von R. Entsprechend wird der Begriff des Hauptlinksideals definiert.

Die Menge der Rechtsideale eines Ringes bilden mit der Inklusion als Teilordnung nach 6.1, 6.2 und 6.7 einen modularen, vollständigen und nach oben stetigen Verband. Ist M eine Menge von Rechtsidealen eines Ringes, so ist $\bigvee_{X \in M} X = \sum_{X \in M} X$ und $\bigwedge_{X \in M} X = \bigcap_{X \in M} X$.

Genau so wie die Rechtsideale, bilden auch die Linksideale eines Ringes einen modularen, vollständigen und nach oben stetigen Verband, und es gilt auch für jede Menge M von Linksidealen, daß $\bigvee_{X \in M} X = \sum_{X \in M} X$ und $\bigwedge_{X \in M} X = \bigcap_{X \in M} X$ ist.

9.2. Hilfssatz. V sei ein K-Vektorraum.

a) Ist I ein Hauptrechtsideal von $\mathrm{End}_K(V)$, so gibt es eine Projektion π von V mit $I = \pi\mathrm{End}_K(V)$.

b) Ist I ein Hauptlinksideal von $\mathrm{End}_K(V)$, so gibt es eine Projektion π von V mit $I = \mathrm{End}_K(V)\pi$.

Beweis. a) Es sei $I = \rho\, \mathrm{End}_K(V)$. Nach 9.1 gibt es ein $\sigma \in \mathrm{End}_K(V)$ mit $\rho = \rho\sigma\rho$. Setzt man $\pi = \rho\sigma$, so ist π eine Projektion. Ferner ist $\pi = \rho\sigma \in \rho\mathrm{End}_K(V) = I$. Daher ist $\pi\, \mathrm{End}_K(V) \subseteq I$. Andererseits ist $\rho = \pi\rho \in \pi\mathrm{End}_K(V)$ und daher $I = \rho\mathrm{End}_K(V) \subseteq \pi\mathrm{End}_K(V)$. Also ist $I = \pi\mathrm{End}_K(V)$.

b) Es sei $I = \mathrm{End}_K(V)\rho$. Es gibt dann wieder ein $\sigma \in \mathrm{End}_K(V)$ mit $\rho = \rho\sigma\rho$. Setzt man $\pi = \sigma\rho$, so ist π eine Projektion und es folgt wie im Falle a) daß $I = \mathrm{End}_K(V)\pi$ ist, q. e. d.

9.3. Hilfssatz. V sei ein K-Vektorraum. Sind π und χ Projektionen von V, so gibt es eine Projektion $\rho \in \pi\mathrm{End}_K(V) + \chi\mathrm{End}_K(V)$ mit $\rho V = \pi V + \chi V$.

Beweis. Es gibt zwei Unterräume $X, Y \in L(V)$ mit $\chi V = (\pi V \cap \chi V) \oplus X$ und $V = (\pi V + \chi V) \oplus Y$. Dann ist $\pi V + \chi V = \pi V + (\pi V \cap \chi V) + X = \pi V + X$. Ferner ist $X \subseteq \chi V$ und daher $X = X \cap \chi V$, so daß $\pi V \cap X = \pi V \cap \chi V \cap X = \{0\}$ ist. Also ist $\pi V + \chi V = \pi V \oplus X$. Hieraus folgt $V = \pi V \oplus X \oplus Y$.

Es seien nun σ und τ die zwei nach 7.4 existierenden, orthogonalen Projektionen mit $\sigma V = \pi V$ und $\mathrm{Kern}(\sigma) = X + Y$ sowie $\tau V = X$ und $\mathrm{Kern}(\tau) = \pi V + Y$. Weil σ und τ orthogonal sind, ist also $\sigma\tau = \tau\sigma = 0$. Ist $v \in V$, so gibt es wegen $\sigma V = \pi V$ ein $w \in V$ mit $\sigma v = \pi w$. Daher ist $\sigma v = \pi w = \pi^2 w = \pi\sigma v$ und somit $\sigma = \pi\sigma$. Also ist $\sigma \in \pi\mathrm{End}_K(V)$.

Wegen $\pi V = X \subseteq \chi V$ gibt es zu jedem $v \in V$ ein $w \in V$ mit $\tau v = \chi w$. Daher ist $\chi\tau v = \chi^2 w = \chi w = \tau v$ und folglich $\tau = \chi\tau$. Also ist $\tau \in \chi\mathrm{End}_K(V)$. Hieraus und aus der Orthogonalität von σ und τ folgt, daß $\rho = \sigma + \tau$ eine Projektion ist, die in $\pi\mathrm{End}_K(V) + \chi\mathrm{End}_K(V)$ liegt.

Nun ist $\rho V = (\sigma + \tau)V \subseteq \sigma V + \tau V$. Sind $v,w \in V$, so ist

$$(\sigma + \tau)(\sigma v + \tau w) = \sigma^2 v + \sigma\tau w + \tau\sigma v + \tau^2 w = \sigma v + \tau w.$$

Hieraus folgt $\sigma v + \tau w \in (\sigma + \tau)V = \rho V$, so daß $\sigma V + \tau V \subseteq \rho V$ ist. Also ist $\rho V = \sigma V + \tau V = \pi V + X = \pi V + \chi V$, q. e. d.

$L(\leq)$ sei ein Verband und I sei eine Teilmenge von L. Wir nennen I ein <u>Ideal</u> des Verbandes L, falls I die beiden folgenden Eigenschaften hat:

1) Aus $a,b \in I$ folgt $a \vee b \in I$.
2) Aus $a \in I$, $b \in L$ und $b \leq a$ folgt $b \in I$.

Wir nennen I ein <u>duales Ideal</u>, falls I die beiden folgenden Eigenschaften hat:

1') Aus $a,b \in I$ folgt $a \wedge b \in I$.
2') Aus $a \in I$, $b \in L$ und $a \leq b$ folgt $b \in I$.

Mit $\mathfrak{I}(L)$ bezeichnen wir die Menge der Ideale von L und mit $\mathfrak{D}(L)$ die Menge der dualen Ideale. Ist $a \in L$ und $I(a) = \{x \mid x \in L,\ x \leq a\}$, so ist $I(a)$ ein Ideal von L. Die Ideale der Form $I(a)$ heißen <u>Hauptideale</u>. Die Hauptideale sind also diejenigen Ideale, die ein größtes Element besitzen. Die Menge der Hauptideale bezeichnen wir mit $\mathfrak{H}\mathfrak{I}(L)$. Ist weiterhin $a \in L$, so ist $D(a) = \{x \mid x \in L,\ a \leq x\}$ ein duales Ideal. Die dualen Ideale, die von dieser Form sind, nennen wir <u>duale Hauptideale</u>. Ein duales Ideal ist also genau dann ein duales Hauptideal, wenn es ein kleinstes Element besitzt. Die Menge der dualen Hauptideale bezeichnen wir mit $\mathfrak{H}\mathfrak{D}(L)$.

Ist L ein Verband und ist M eine nicht-leere Teilmenge von L mit der Eigenschaft, daß mit a,b auch $a \vee b$ und $a \wedge b$ zu M gehört, so heißt M ein <u>Unterverband</u> von L.

<u>9.4. Satz.</u> L sei ein Verband.

a) $\mathfrak{I}(L)(\subseteq)$ ist ein nach oben stetiger, vollständiger Verband und

$\mathfrak{H}\mathfrak{J}(L)$ ist ein Unterverband dieses Verbandes. Die Abbildung $a \to I(a)$ ist ein Isomorphismus von L auf $\mathfrak{H}\mathfrak{J}(L)$.

b) $\mathfrak{D}(L)(\subseteq)$ ist ein nach oben stetiger, vollständiger Verband und $\mathfrak{H}\mathfrak{D}(L)$ ist ein Unterverband dieses Verbandes. Die Abbildung $a \to D(a)$ ist eine Dualität von L auf $\mathfrak{H}\mathfrak{D}(L)$.

Beweis. a) Es sei $\mathfrak{M}$ eine Teilmenge von $\mathfrak{J}(L)$. Ferner sei $I = \bigcap_{X \in \mathfrak{M}} X$. Offenbar ist I ein Ideal von L. Darüberhinaus ist klar, daß I eine untere Grenze von $\mathfrak{M}$ in $\mathfrak{J}(L)(\subseteq)$ ist. Also ist $\bigwedge_{X \in \mathfrak{M}} X = \bigcap_{X \in \mathfrak{M}} X$. Nun sei J der Durchschnitt über alle Ideale, die alle $X \in \mathfrak{M}$ enthalten. Dann ist J nach der gerade gemachten Bemerkung ein Ideal von L und es gilt $J = \bigvee_{X \in \mathfrak{M}} X$. Also ist $\mathfrak{J}(L)$ ein vollständiger Verband.

Ist $\mathfrak{M}$ eine gerichtete Menge, so folgt $\bigvee_{X \in \mathfrak{M}} X = \bigcup_{X \in \mathfrak{M}} X$. Daher ist mit $A \in L$

$$A \wedge \bigvee_{X \in \mathfrak{M}} X = A \cap \bigcup_{X \in \mathfrak{M}} X = \bigcup_{X \in \mathfrak{M}} (A \cap X) = \bigvee_{X \in \mathfrak{M}} (A \wedge X).$$

Somit ist $\mathfrak{J}(L)$ auch nach oben stetig.

X und Y seien zwei Hauptideale. Es gibt dann $a,b \in L$ mit $X = I(a)$ und $Y = I(b)$. Nun ist $a \in I(a) \subseteq I(a) \vee I(b)$ und ebenso $b \in I(a) \vee I(b)$. Daher ist $a \vee b \in I(a) \vee I(b)$, da $I(a) \vee I(b)$ ja ein Ideal ist. Hieraus folgt, wiederum weil $I(a) \vee I(b)$ ein Ideal ist, $I(a \vee b) \subseteq I(a) \vee I(b)$. Nun ist $a \leq a \vee b$ und daher $I(a) \subseteq I(a \vee b)$, weil $I(a \vee b)$ ein Ideal ist. Ebenso folgt $I(b) \subseteq I(a \vee b)$. Somit ist $I(a) \vee I(b) \subseteq I(a \vee b)$ und daher $I(a \vee b) = I(a) \vee I(b)$, so daß $X \vee Y \in \mathfrak{H}\mathfrak{J}(L)$ gilt. Weiterhin ist $a \wedge b \leq a$ und daher $I(a \wedge b) \subseteq I(a)$. Ebenso folgt $I(a \wedge b) \subseteq I(b)$. Daher ist $I(a \wedge b) \subseteq I(a) \cap I(b) = I(a) \wedge I(b)$. Ist andererseits $x \in I(a) \wedge I(b) = I(a) \cap I(b)$, so ist $x \leq a$ und $x \leq b$, so daß $x \leq a \wedge b$ ist. Also ist $I(a) \wedge I(b) \subseteq I(a \wedge b)$. Folglich ist $I(a) \wedge I(b) = I(a \wedge b)$, so daß $X \wedge Y \in \mathfrak{H}\mathfrak{J}(L)$ ist. Damit ist gezeigt, daß $\mathfrak{H}\mathfrak{J}(L)$ ein Unterverband von $\mathfrak{J}(L)(\subseteq)$ ist.

Die Abbildung $a \to I(a)$ ist offenbar eine Bijektion von L auf $\mathfrak{H}\mathfrak{J}(L)$. Ist nun $a \leq b$, so ist $I(a) \subseteq I(b)$, da ja aus $x \leq a$ stets $x \leq b$ folgt. Ist umgekehrt $I(a) \subseteq I(b)$, so ist wegen $a \in I(a)$ auch $a \in I(b)$ und folglich $a \leq b$. Also ist die Abbildung $a \to I(a)$ ein Isomorphismus von L auf den Unterverband $\mathfrak{H}\mathfrak{J}(L)$ von $\mathfrak{J}(L)$.

b) beweist man ganz entsprechend.

<u>Bemerkung</u>. Wie wir gesehen haben, ist $\mathfrak{H}\mathfrak{J}(L)$ ein Unterverband von $\mathfrak{J}(L)$. Nun ist

$\mathfrak{H}\mathfrak{I}$ (L)($\subseteq$) zu L($\leqslant$) isomorph. Ist L($\leqslant$) vollständig, so ist auch $\mathfrak{H}\mathfrak{I}$ $(L)(\subseteq)_*$ vollständig. Ist jedoch $\mathfrak{f}$ eine unendliche Familie von Elementen und bezeichnet $\bigvee^*$ das Supremum in $\mathfrak{H}\mathfrak{I}_*(L)(\subseteq)$ und $\bigvee$ wieder das Supremum in $\mathfrak{I}$ (L), so gilt zwar $\bigvee_{X \in \mathfrak{f}} X \subseteq \bigvee^*_{X \in \mathfrak{f}} X$, es gibt jedoch Fälle, in denen $\bigvee_{X \in \mathfrak{f}} X \neq \bigvee^*_{X \in \mathfrak{f}} X$ ist. Beispiele dieser Art werden wir später sehen. Ist $\mathfrak{f}$ jedoch eine endliche Familie, so ist $\bigvee_{X \in \mathfrak{f}} X = \bigvee^*_{X \in \mathfrak{f}} X$, wie mittels vollständiger Induktion aus 9.4 und der Definition des Unterverbandes folgt.

V sei ein Vektorraum über K. Wir definieren nun vier Abbildungen, $\mathfrak{b}$, $\mathfrak{w}$, $\mathfrak{r}$ und $\mathfrak{k}$ wie folgt: Ist M eine Teilmenge von L(V), so sei

$$\mathfrak{b}(M) = \{\alpha | \alpha \in \mathrm{End}_K(V), \text{ es gibt ein } U \in M \text{ mit } \alpha V \subseteq U\}.$$

Ferner sei

$$\mathfrak{r}(M) = \{\alpha | \alpha \in \mathrm{End}_K(V), \text{ es gibt ein } U \in M \text{ Mit } U \subseteq \mathrm{Kern}(\alpha)\}.$$

Ist S eine Teilmenge von $\mathrm{End}_K(V)$, so sei

$$\mathfrak{w}(S) = \{U | U \in L(V), \text{ es gibt ein } \alpha \in S \text{ mit } U = \alpha V\}$$

und

$$\mathfrak{k}(S) = \{U | U \in L(V), \text{ es gibt ein } \alpha \in S \text{ mit } U = \mathrm{Kern}(\alpha)\}.$$

Wir werden uns letztlich nur für die Einschränkungen dieser Abbildungen auf die Menge der Rechts- bzw. Linksideale von $\mathrm{End}_K(V)$ bzw. die Menge der Ideale bzw. dualen Ideale von L(V) interessieren. Wir werden diese Einschränkungen mit den gleichen Buchstaben wie die ursprünglichen Abbildungen bezeichnen, da Verständnisschwierigkeiten nicht zu befürchten sind.

9.5. Satz. Es sei V ein K-Vektorraum. Die Abbildung $\mathfrak{b}$ ist ein Isomorphismus von $\mathfrak{I}$ (L(V)) auf den Rechtsidealverband von $\mathrm{End}_K(V)$. Ferner ist $\mathfrak{b}^{-1} = \mathfrak{w}$.

Beweis. a) I sei ein Ideal von L(V). Sind α, $\beta \in \mathfrak{b}(I)$, so gibt es U,W $\in$ I mit $\alpha V \subseteq U$ und $\beta V \subseteq W$. Daher ist

$$(\alpha - \beta)V \subseteq \alpha V + \beta V \subseteq U + W \in I,$$

so daß $\alpha - \beta \in \mathfrak{b}(I)$ gilt. Ist $\alpha \in \mathfrak{b}(I)$ und $\rho \in \mathrm{End}_K(V)$ und ist $\alpha V \subseteq U \in I$, so ist

$$(\alpha\rho)V = \alpha(\rho V) \subseteq \alpha V \subseteq U \in I,$$

so daß auch $\alpha\rho \in \mathfrak{b}(I)$ gilt. Damit ist gezeigt, daß $\mathfrak{b}$ (I) ein Rechtsideal von $\mathrm{End}_K(V)$ ist.

b) Es sei nun umgekehrt I ein Rechtsideal von $\mathrm{End}_K(V)$. Sind $U,W \in \mathfrak{w}(I)$, so gibt es α, $\beta \in I$ mit $U = \alpha V$ und $W = \beta V$. Nach 9.2 gibt es Projektionen π und χ mit $\alpha\mathrm{End}_K(V) = \pi\mathrm{End}_K(V)$ und $\beta\mathrm{End}_K(V) = \chi\mathrm{End}_K(V)$. Weil I ein Rechtsideal ist, folgt $\pi, \chi \in I$. Nun ist $\alpha = \pi\sigma$ und $\pi = \alpha\tau$. Daher ist $U = \alpha V = \pi\sigma V \subseteq \pi V$ und $\pi V = \alpha\tau V \subseteq \alpha V = U$. Also ist $U = \pi V$ und ebenso zeigt man, daß $W = \chi V$ ist. Nach 9.3 gibt es ein $\rho \in \pi\mathrm{End}_K(V) + \chi\mathrm{End}_K(V)$ mit $U + W = \pi V + \chi V = \rho V$. Wegen $\pi, \chi \in I$ folgt, daß auch $\rho \in I$ gilt. Daher ist $U + V = \rho V \in \mathfrak{w}(I)$.

Es sei schließlich $U \in \mathfrak{w}(I)$ und $W \subseteq U$. Wie wir gesehen haben, gibt es eine Projektion $\pi \in I$ mit $U = \pi V$. Es sei ρ eine Projektion von V auf W. Dann ist $\rho V = W \subseteq U = \pi V$ und daher $\pi\rho v = \rho v$ für alle $v \in V$. Hieraus folgt $\pi\rho = \rho$. Also ist $\rho \in I$ und somit $W = \rho V \in \mathfrak{w}(I)$. Damit ist gezeigt, daß $\mathfrak{w}(I)$ ein Ideal von $L(V)$ ist.

c) I sei ein Ideal von $L(V)$. Ferner sei $X \in \mathfrak{w}\mathfrak{b}(I)$. Es gibt dann ein $\alpha \in \mathfrak{b}(I)$ mit $X = \alpha V$. Wegen $\alpha \in \mathfrak{b}(I)$ gibt es ein $U \in I$ mit $\alpha V \subseteq U$. Also ist $X \subseteq U$. Weil I ein Ideal ist, folgt $X \in I$, so daß $\mathfrak{w}\mathfrak{b}(I) \subseteq I$ gilt.

Es sei umgekehrt $X \in I$. Weil X ein direkter Summand ist, gibt es ein $\alpha \in \mathrm{End}_K(V)$ mit $\alpha V = X$. Wegen $X \in I$ folgt hieraus $\alpha \in \mathfrak{b}(I)$, was wiederum $X \in \mathfrak{w}\mathfrak{b}(I)$ zur Folge hat. Also ist $I \subseteq \mathfrak{w}\mathfrak{b}(I)$, so daß $I = \mathfrak{w}\mathfrak{b}(I)$ ist.

d) Es sei I ein Rechtsideal von $\mathrm{End}_K(V)$. Ferner sei $\alpha \in \mathfrak{b}\mathfrak{w}(I)$. Es gibt dann ein $X \in \mathfrak{w}(I)$ mit $\alpha V \subseteq X$. Ferner gibt es ein $\beta \in I$ mit $X = \beta V$. Es gibt nun nach Satz 9.2 a) eine Projektion π mit $\beta\mathrm{End}_K(V) = \pi\mathrm{End}_K(V)$. Hieraus folgt einmal $X = \beta V = \pi V$ und zum andern $\pi \in I$. Wegen $\alpha V \subseteq X$ folgt weiter, daß $\pi\alpha v = \alpha v$ für alle $v \in V$ gilt. Somit ist $\alpha = \pi\alpha \in I$. Damit ist gezeigt, daß $\mathfrak{b}\mathfrak{w}(I) \subseteq I$ ist.

Es sei nun umgekehrt $\alpha \in I$. Dann ist $\alpha V \subseteq V$ und folglich $\alpha V \in \mathfrak{b}(I)$. Wegen $\alpha V = \alpha V$ folgt hieraus $\alpha \in \mathfrak{b}\mathfrak{w}(I)$, so daß auch $I \subseteq \mathfrak{b}\mathfrak{w}(I)$ gilt. Also ist $I = \mathfrak{b}\mathfrak{w}(I)$. Damit ist gezeigt, daß $\mathfrak{b}$ bijektiv ist und daß $\mathfrak{b}^{-1} = \mathfrak{w}$ gilt.

e) Es bleibt zu zeigen, daß für zwei Ideale I und J von $L(V)$ genau dann $I \subseteq J$ gilt, wenn $\mathfrak{b}(I) \subseteq \mathfrak{b}(J)$ gilt. Es sei zunächst $I \subseteq J$. Ist $\alpha \in \mathfrak{b}(I)$, so gibt es ein $U \in I$ mit $\alpha V \subseteq U$. Wegen $I \subseteq J$ ist $U \in J$ und daher $\alpha \in \mathfrak{b}(J)$, so daß $\mathfrak{b}(I) \subseteq \mathfrak{b}(J)$ gilt.

Es sei umgekehrt $\mathfrak{b}(I) \subseteq \mathfrak{b}(J)$. Dann ist

$$\mathfrak{w}\mathfrak{b}(I) = \{\alpha V \mid \alpha \in \mathfrak{b}(I)\} \subseteq \{\alpha V \mid \alpha \in \mathfrak{b}(J)\} = \mathfrak{w}\mathfrak{b}(J).$$

Daher ist $I = \mathfrak{w}\mathfrak{b}(I) \subseteq \mathfrak{w}\mathfrak{b}(J) = J$, q. e. d.

9.6. Satz. Es sei V ein K-Vektorraum. Die Abbildung $\mathfrak{a}$ ist ein Isomorphismus von $\mathcal{D}(L(V))$ auf den Verband der Linksideale von $\mathrm{End}_K(V)$. Ferner ist $\mathfrak{a}^{-1} = \mathfrak{k}$.

Beweis. a) D sei ein duales Ideal von L(V). Sind $\alpha, \beta \in \mathfrak{a}(D)$, so gibt es $U, W \in D$ mit $U \subseteq \mathrm{Kern}(\alpha)$ und $W \subseteq \mathrm{Kern}(\beta)$. Nun ist $U \cap W \subseteq \mathrm{Kern}(\alpha - \beta)$ und $U \cap W \in D$, so daß $\alpha - \beta \in \mathfrak{a}(D)$ ist. Es sei weiterhin $\alpha \in \mathfrak{a}(D)$ und $\rho \in \mathrm{End}_K(V)$. Ist $U \subseteq \mathrm{Kern}(\alpha)$, so ist $\rho\alpha U = \rho\{0\}$, so daß auch $U \subseteq \mathrm{Kern}(\rho\alpha)$ gilt. Also ist $\rho\alpha \in \mathfrak{a}(D)$. Damit ist gezeigt, daß $\mathfrak{a}(D)$ ein Linksideal von $\mathrm{End}_K(V)$ ist.

b) Es sei I ein Linksideal von $\mathrm{End}_K(V)$. Ferner seien $U, W \in \mathfrak{k}(I)$. Es gibt dann Elemente $\alpha, \beta \in I$ mit $U = \mathrm{Kern}(\alpha)$ und $W = \mathrm{Kern}(\beta)$. Es sei $U = (U \cap W) \oplus X$ und $W = (U \cap W) \oplus Y$. Dann ist $U + W = (U \cap W) \oplus X \oplus Y$. Ferner sei $V = (U \cap W) \oplus X \oplus Y \oplus Z$. Es gibt dann orthogonale Projektionen σ und τ mit $\sigma V = Y$, $\mathrm{Kern}(\sigma) = U \oplus Z$, $\tau V = X \oplus Z$ und $\mathrm{Kern}(\tau) = W$. Nun ist $\mathrm{Kern}(\alpha) = U \subseteq \mathrm{Kern}(\sigma)$. Nach 9.2 b) gibt es eine Projektion π mit $\mathrm{End}_K(V)\alpha = \mathrm{End}_K(V)\pi$. Hieraus folgt $\alpha = \alpha'\pi$ (sogar $\alpha = \alpha\pi$) und $\pi = \pi'\alpha$. Die erste Gleichung impliziert $\mathrm{Kern}(\alpha) \subseteq \mathrm{Kern}(\pi)$ und die zweite $\mathrm{Kern}(\pi) \subseteq \mathrm{Kern}(\alpha)$. Also ist $\mathrm{Kern}(\pi) = U$. Nun ist $\pi v - v \in \mathrm{Kern}(\pi)$ für alle $v \in V$. Daher ist $\sigma(\pi v - v) = 0$ für alle v, woraus $\sigma\pi = \sigma$ folgt. Also ist $\sigma \in \mathrm{End}_K(V)\pi = \mathrm{End}_K(V)\alpha$. Dies impliziert wiederum $\sigma \in I$. Ebenso folgt $\pi \in I$. Sicherlich ist $U \cap W \subseteq \mathrm{Kern}(\sigma + \tau)$. Ist $x \in \mathrm{Kern}(\sigma + \tau)$, so ist $0 = (\sigma + \tau)x$ und daher $0 = \sigma(\sigma + \tau)x = (\sigma^2 + \sigma\tau)x = \sigma x$ und somit $x \in \mathrm{Kern}(\sigma)$. Ferner ist $0 = \tau(\sigma + \tau)x = (\tau\sigma + \tau^2)x = \tau x$ und folglich $x \in \mathrm{Kern}(\tau)$. Daher ist wegen $U \cap W \subseteq W$ nach 1.4

$$x \in \mathrm{Kern}(\sigma) \cap \mathrm{Kern}(\tau) = (U \oplus Z) \cap W = ((U \cap W) \oplus X \oplus Z) \cap W = (U \cap W) + (W \cap (X + Z)) = U \cap W,$$

da ja $V = W \oplus X \oplus Z$ ist. Also ist $\mathrm{Kern}(\sigma + \tau) \subseteq U \cap W$, so daß $U \cap W = \mathrm{Kern}(\sigma + \tau)$ ist. Wegen $\sigma + \tau \in I$ folgt daher $U \cap W \in \mathfrak{k}(I)$.

Es sei $U \in \mathfrak{k}(I)$ und $U \subseteq X \in L(V)$. Es gibt dann, wie wir bereits gesehen haben, eine Projektion $\pi \in I$ mit $U = \mathrm{Kern}(\pi)$. Es sei ψ eine Projektion mit X als Kern. Wegen $\pi v - v \in U$ für alle $v \in V$ ist dann $\psi(\pi v - v) = 0$ für alle $v \in V$ und daher $\psi = \psi\pi \in I$. Somit ist $X \in \mathfrak{k}(I)$, so daß $\mathfrak{k}(I)$ ein duales Ideal von L(V) ist.

c) Es sei D ein duales Ideal. Ferner sei $X \in \mathfrak{k}\mathfrak{a}(D)$. Es gibt dann ein $\alpha \in \mathfrak{a}(D)$ mit $X = \mathrm{Kern}(\alpha)$. Wegen $\alpha \in \mathfrak{a}(D)$ gibt es ein $U \in D$ mit $U \subseteq \mathrm{Kern}(\alpha) = X$. Weil D ein duales Ideal ist, folgt hieraus $X \in D$, so daß $\mathfrak{k}\mathfrak{a}(D) \subseteq D$ ist.

Es sei nun $X \in D$. Ferner sei π eine Projektion mit $X = \mathrm{Kern}(\pi)$. Dann ist $\pi \in \mathfrak{a}(D)$, woraus wiederum $X \in \mathfrak{k}\mathfrak{a}(D)$ folgt, so daß auch die Inklusion $D \subseteq \mathfrak{k}\mathfrak{a}(D)$ gilt. Somit ist $D = \mathfrak{k}\mathfrak{a}(D)$.

d) Es sei I ein Linksideal von $\mathrm{End}_K(V)$. Ferner sei $\alpha \in \mathfrak{m}\mathfrak{k}(I)$. Dann ist $\mathrm{Kern}(\alpha) \in \mathfrak{k}(I)$. Hieraus folgt die Existenz eines $\beta \in I$ mit $\mathrm{Kern}(\alpha) = \mathrm{Kern}(\beta)$. Wir können wiederum annehmen, daß β eine Projektion ist. Nun ist $\beta v - v \in \mathrm{Kern}(\beta)$ für alle $v \in V$. Daher ist $\alpha(\beta v - v) = 0$ für alle $v \in V$, so daß $\alpha = \alpha\beta \in I$ ist. Somit ist $\mathfrak{m}\mathfrak{k}(I) \subseteq I$.

Es sei $\alpha \in I$. Dann ist $\mathrm{Kern}(\alpha) \in \mathfrak{k}(I)$, woraus $\alpha \in \mathfrak{m}\mathfrak{k}(I)$ folgt, so daß auch $I \subseteq \mathfrak{m}\mathfrak{k}(I)$ gilt. Also ist $I = \mathfrak{m}\mathfrak{k}(I)$. Damit ist gezeigt, daß $\mathfrak{m}$ eine Bijektion ist und daß $\mathfrak{m}^{-1} = \mathfrak{k}$ gilt.

e) Sind D und E duale Ideale und gilt $D \subseteq E$, so ist offenbar $\mathfrak{m}(D) \subseteq \mathfrak{m}(E)$. Andererseits folgt aus $\mathfrak{m}(D) \subseteq \mathfrak{m}(E)$ die Inklusion $\mathfrak{k}\mathfrak{m}(D) \subseteq \mathfrak{k}\mathfrak{m}(E)$, so daß $D = \mathfrak{k}\mathfrak{m}(D) \subseteq \mathfrak{k}\mathfrak{m}(E) = E$ gilt. Folglich ist $\mathfrak{m}$ ein Isomorphismus, q. e. d.

9.7. Satz. V sei ein K-Vektorraum.

a) Ist I ein Rechtsideal von $\mathrm{End}_K(V)$, so ist I genau dann ein Hauptrechtsideal, wenn $\mathfrak{w}(I)$ ein Hauptideal von L(V) ist.

b) Ist I ein Linksideal von $\mathrm{End}_K(V)$, so ist I genau dann ein Hauptlinksideal, wenn $\mathfrak{k}(I)$ ein duales Hauptideal von L(V) ist.

Beweis. a) Ist I ein Hauptrechtsideal, so gibt es nach 9.2 a) eine Projektion π mit $I = \pi\mathrm{End}_K(V)$. Dann ist $\pi V \in \mathfrak{w}(I)$. Es sei $X \in \mathfrak{w}(I)$. Es gibt dann ein $\alpha \in I$ mit $X = \alpha V$. Nun ist $\alpha = \pi\rho$ mit $\rho \in \mathrm{End}_K(V)$. Daher ist $X = \pi\rho V \subseteq \pi V$. Also ist $\mathfrak{w}(I) = \{X | X \in L(V),\ X \subseteq \pi V\}$.

Es sei umgekehrt $\mathfrak{w}(I) = \{X | X \in L(V),\ X \subseteq U\}$ mit einem $U \in L(V)$. Es sei π eine Projektion von V auf U. Dann ist $\pi \in \mathfrak{b}\mathfrak{w}(I) = I$. Ist nun $\alpha \in I$, so ist $\alpha V \in \mathfrak{w}(I)$. Somit ist $\alpha V \subseteq \pi V$. Hieraus folgt $\pi\alpha v = \alpha v$ für alle $v \in V$, was $\alpha = \pi\alpha$ zur Folge hat. Also ist $\alpha \in \pi\mathrm{End}_K(V)$. Folglich ist $I \subseteq \pi\mathrm{End}_K(V)$. Wegen $\pi \in I$ ist andererseits $\pi\mathrm{End}_K(V) \subseteq I$, so daß $I = \pi\mathrm{End}_K(V)$ ist. Damit ist a) bewiesen.

b) Ist I ein Hauptlinksideal, so gibt es nach 9.2 b) eine Projektion π von V mit $I = \mathrm{End}_K(V)\pi$. Dann ist $\mathrm{Kern}(\pi) \in \mathfrak{k}(I)$. Es sei nun $X \in \mathfrak{k}(I)$. Es gibt dann ein $\beta \in I$ mit $X = \mathrm{Kern}(\beta)$. Nun ist $\beta = \rho\pi$ mit $\rho \in \mathrm{End}_K(V)$. Aus $\beta v = \rho\pi v$ folgt $\mathrm{Kern}(\pi) \subseteq \mathrm{Kern}(\beta)$, so daß also $\mathrm{Kern}(\pi) \subseteq X$ ist für alle $X \in \mathfrak{k}(I)$. Hieraus folgt $\mathfrak{k}(I) = \{X | X \in L(V),\ \mathrm{Kern}(\pi) \subseteq X\}$.

Umgekehrt sei $\mathfrak{k}(I) = \{X | X \in L(V),\ U \subseteq X\}$ mit einem geeigneten $U \in L(V)$. Ist π eine Projektion mit U als Kern, so ist $\pi \in \mathfrak{m}\mathfrak{k}(I) = I$. Also ist $\mathrm{End}_K(V)\pi \subseteq I$.

Es sei $\alpha \in I$. Dann ist $\mathrm{Kern}(\alpha) \in \mathfrak{k}(I)$ und daher $\mathrm{Kern}(\pi) \subseteq \mathrm{Kern}(\alpha)$. Wegen $\pi v - v \in \mathrm{Kern}(\pi)$ für alle $v \in V$ ist daher $\alpha(\pi v - v) = 0$, so daß $\alpha\pi = \alpha$ ist. Somit ist $\alpha \in \mathrm{End}_K(V)\pi$, so daß $I \subseteq \mathrm{End}_K(V)\pi$ ist. Also ist $I = \mathrm{End}_K(V)\pi$, q. e. d.

9.8. Korollar. V sei ein K-Vektorraum.

a) Die Menge der Hauptrechtsideale von $\mathrm{End}_K(V)$ bildet bez. der Inklusion als Teilordnung einen zu $L(V)$ isomorphen Verband.

b) Die Menge der Hauptlinksideale von $\mathrm{End}_K(V)$ bildet bez. der Inklusion als Teilordnung einen zu $L(V)$ dualisomorphen Verband.

Beweis. a) Die Einschränkung von $\mathfrak{w}$ auf die Menge der Hauptrechtsideale ist nach 9.7 a) ein Isomorphismus der bez. der Inklusion teilweise geordneten Menge der Hauptrechtsideale auf $\mathfrak{h}\mathfrak{J}(L(V))$. Ist $X \in \mathfrak{h}\mathfrak{J}(L(V))$ und ist $\sigma(X)$ das größte Element von X, so ist σ nach 9.4 a) ein Isomorphismus von $\mathfrak{h}\mathfrak{J}(L(V))(\subseteq)$ auf $L(V)(\subseteq)$. Daher ist $\sigma\mathfrak{w}$ ein Isomorphismus der bez. der Inklusion teilweise geordneten Menge der Hauptrechtsideale auf $L(V)(\subseteq)$.

b) beweist man ganz analog.

9.9. Korollar. V sei ein K-Rechtsvektorraum.

a) Summen von endlich vielen Hauptrechtsidealen von $\mathrm{End}_K(V)$ sind Hauptrechtsideale.

b) Summen von endlich vielen Hauptlinksidealen von $\mathrm{End}_K(V)$ sind Hauptlinksideale.

Dies folgt unmittelbar aus 9.8.

Ist R ein Ring und ist X eine Teilmenge von R, so sei

$$\mathfrak{r}(X) = \{r \mid r \in R,\ xr = 0 \text{ für alle } x \in X\}$$

und

$$\ell(X) = \{r \mid r \in R,\ rx = 0 \text{ für alle } x \in X\}.$$

Wir nennen $\mathfrak{r}(X)$ den Rechtsannullator und $\ell(X)$ den Linksannullator von X. Offenbar ist $\mathfrak{r}(X)$ ein Rechts- und $\ell(X)$ ein Linksideal von R.

9.10. Satz. Ist V ein K-Vektorraum, so gilt:

a) Ist I ein Rechtsideal von $End_K(V)$, so ist I genau dann ein Rechtsannullator, wenn I endlich erzeugt ist.

b) Ist I ein Linksideal von $End_K(V)$, so ist I genau dann ein Linksannullator, wenn I endlich erzeugt ist.

Beweis. a) Ist I endlich erzeugt, so gibt es nach 9.9 a) und 9.2 a) eine Projektion π mit $I = \pi End_K(V)$. Ist $\alpha \in I$, so ist $\alpha = \pi\rho$ mit $\rho \in End_K(V)$. Daher ist $(1 - \pi)\alpha = (1 - \pi)\pi\rho = (\pi - \pi^2)\rho = 0$, so daß $I \subseteq \mathfrak{r}(\{1 - \pi\})$ gilt. Ist andererseits $\alpha \in \mathfrak{r}(\{1 - \pi\})$, so ist $0 = (1 - \pi)\alpha = \alpha - \pi\alpha$, so daß $\alpha = \pi\alpha \in I$ ist. Daher ist $I = \mathfrak{r}(\{1 - \pi\})$.

I sei ein Rechtsannullator. Es gibt dann ein $X \subseteq End_K(V)$ mit $I = \mathfrak{r}(X)$. Es sei $A = \bigcap_{\xi \in X} Kern(\xi)$. Ist nun $U \in \mathfrak{R}(I)$, so ist $U = \alpha V$ mit $\alpha \in I$. Ist $\xi \in X$, so ist $\xi U = \xi\alpha V = 0V = \{0\}$ und daher $U \subseteq Kern(\xi)$ für alle $\xi \in X$, so daß $U \subseteq A$ ist. Also ist $\mathfrak{R}(I) \subseteq \{Y | Y \in L(V),\ Y \subseteq A\}$. Es sei umgekehrt $Y \subseteq A$. Ferner sei π eine Projektion von V auf Y. Ist $\xi \in X$, so ist $\xi\pi V = \xi Y = \{0\}$, da ja $Y \subseteq A \subseteq Kern(\xi)$ ist. Also ist $\pi \in \mathfrak{r}(X) = I$ und damit $Y = \pi V \in \mathfrak{R}(I)$. Folglich ist $\mathfrak{R}(I) = \{Y | Y \in L(V),\ Y \subseteq A\}$. Nach 9.7 a) ist daher I ein Hauptrechtsideal von $End_K(V)$. Damit ist a) bewiesen.

b) Ist I endlich erzeugt, so gibt es nach 9.9 b) und 9.2 b) eine Projektion π mit $I = End_K(V)\pi$. Wie unter a) zeigt man nun, daß $I = \mathfrak{l}(\{1 - \pi\})$ ist. Es sei daher I ein Linksannullator. Es gibt dann ein $X \subseteq End_K(V)$ mit $I = \mathfrak{l}(X)$. Setze $B = \sum_{\xi \in X} \xi V$. Ist $\alpha \in I$, so ist $\alpha B = \sum_{\xi \in X} \alpha\xi V = \{0\}$. Also ist $B \subseteq Kern(\xi)$ für alle $\xi \in I$. Somit ist $\mathfrak{K}(I) \subseteq \{Y | Y \in L(V),\ B \subseteq Y\}$. Es sei umgekehrt $B \subseteq Y$. Ferner sei π eine Projektion mit $Y = Kern(\pi)$. Dann ist $\pi\xi V = \{0\}$ für alle $\xi \in X$, so daß $\pi \in \mathfrak{l}(X) = I$ ist. Folglich ist $Y \in \mathfrak{K}(I)$ und daher $\mathfrak{K}(I) = \{Y | Y \in L(V),\ B \subseteq Y\}$. Nach 9.7 b) ist I daher ein Hauptlinksideal, q. e. d.

9.11. Satz. Ist V ein K-Rechtsvektorraum, so sind die folgenden Bedingungen äquivalent:

(1) V ist endlich erzeugt.

(2) $\mathfrak{J}(L(V)) = \mathfrak{H}\mathfrak{J}(L(V))$.

(2') $\mathfrak{D}(L(V)) = \mathfrak{H}\mathfrak{D}(L(V))$.

(3) Jedes Rechtsideal von $End_K(V)$ ist ein Hauptrechtsideal.

(4) Jedes Rechtsideal von $End_K(V)$ ist endlich erzeugt.

(5) Jedes Rechtsideal von $End_K(V)$ ist ein Rechtsannullator.

(3') Jedes Linksideal von $End_K(V)$ ist ein Hauptlinksideal.

(4') Jedes Linksideal von $End_K(V)$ ist endlich erzeugt.
(5') Jedes Linksideal von $End_K(V)$ ist ein Linksannullator.
(6) $End_K(V)$ erfüllt die Minimalbedingung für Rechtsideale.
(7) $End_K(V)$ erfüllt die Minimalbedingung für Rechtsannullatoren.
(6') $End_K(V)$ erfüllt die Minimalbedingung für Linksideale.
(7') $End_K(V)$ erfüllt die Minimalbedingung für Linksannullatoren.

Beweis. Ist V endlich erzeugt, so erfüllt L(V) nach 6.8 sowohl die Maximal- als auch die Minimalbedingung. Ist nun $I \in \mathfrak{J}(L(V))$, so enthält I ein maximales Element A. Ist $X \in I$, so ist $A + X \in I$ und $A \subseteq A + X$. Aus der Maximalität von A folgt daher $A = A + X$ und somit $X \subseteq A$. Also ist $I = \{X | X \in L(V), X \subseteq A\}$, d.h. aus (1) folgt (2).

Ist $D \in \mathfrak{D}(L(V))$, so enthält D ein minimales Element B. Ist nun $X \in D$, so ist $B \cap X \in D$ und $B \cap X \subseteq B$. Aus der Minimalität von B folgt daher $B = B \cap X \subseteq X$, so daß $D = \{X | X \in L(V), B \subseteq X\}$ gilt. Aus (1) folgt also auch (2').

Wir zeigen nun, daß (1) eine Folge von (2) ist. Die Menge der Unterräume endlichen Ranges von V bilden offensichtlich ein Ideal E von L(V). Nun ist $V = \sum_{X \in E} X$, weil V ja sogar die Summe aller Unterräume vom Rang 1 ist. Weil (2) gilt, ist E ein Hauptideal und enthält daher ein größtes Element A. Wegen $X \subseteq A$ für alle $X \in E$ ist $V \subseteq A$ und somit $V = A$, so daß $V \in E$ ist. Damit ist gezeigt, daß (1) aus (2) folgt.

Es gelte (2'). Dann ist die Menge $\bar{E}$ aller $X \in L(V)$ mit der Eigenschaft, daß V/X endlich erzeugt ist, ein duales Ideal (Beweis!). Ferner ist $\bigcap_{X \in \bar{E}} X = \{0\}$ und daher $\{0\} \in \bar{E}$, da $\bar{E}$ ein kleinstes Element enthält, welches dann gleich $\{0\}$ sein muß. Also ist $V/\{0\}$ endlich erzeugt und damit auch V. Die Aussagen (1), (2) und (2') sind also gleichwertig.

Nach 9.7 a) sind (2) und (3) und nach 9.7 b) sind (2') und (3') gleichwertig. Die Äquivalenz von (3), (4) und (5) bzw. (3'), (4') und (5') folgt aus 9.9 und 9.10. Die ersten neun Aussagen des Satzes sind damit als gleichwertig erkannt.

Ist V endlich erzeugt, so erfüllt L(V) die Minimalbedingung. Wegen der Isomorphie von $L(V)(\subseteq)$ mit $\mathfrak{H}\mathfrak{J}(L(V))(\subseteq)$ folgt, da (2) wegen der vorausgesetzten Gültigkeit von (1) ja ebenfalls gilt, daß $\mathfrak{J}(L(V))(\subseteq)$ die Minimalbedingung erfüllt. Mit 9.6 folgt daher die Gültigkeit von (6), woraus trivialerweise (7) folgt. Mit Hilfe von 9.8 a) folgt aus (7), daß L(V) die Minimalbedingung erfüllt, so daß V nach 6.8 endlich erzeugt ist.

L(V) ist zu $\mathfrak{H}\mathfrak{D}(L(V))$ dualisomorph. Gilt (1), so ist L(V) also zu $\mathfrak{D}(L(V))$ dualisomorph, da ja (1) die Gültigkeit von (2') nach sich zieht. Nach 6.8 gilt in L(V) die Maximalbedingung, so daß in $\mathscr{N}$ (L(V)) die Minimalbedingung gilt. Mit 9.6 folgt daher die Gültigkeit von (6'), und aus (6') folgt natürlich (7'). Aus (7') folgt schließlich mit 9.8 b), daß L(V) die Maximalbedingung erfüllt, so daß V nach 6.8 endlich erzeugt ist. Damit ist 9.11 vollständig bewiesen.

Bemerkung. Es sei E das Ideal aller endlich erzeugten Unterräume von V. Wie der Beweis von 9.11 zeigt, ist L(V) das einzige Hauptideal aus $\mathscr{F}$ (L), welches E umfaßt. Der Beweis zeigt ferner, daß E = L(V) genau dann gilt, wenn V endlich erzeugt ist. Ist nun $\mathscr{f}$ die Menge der in E enthaltenen Hauptideale von L(V), so ist, wenn man die Bezeichnungen der Bemerkung zu 9.4 benutzt, $\bigvee\limits_{X \in \mathscr{f}} X = E$ und $\bigvee\limits_{X \in \mathscr{f}}^{*} X = L(V)$. Ist V nicht endlich erzeugt, so ist also $\bigvee\limits_{X \in \mathscr{f}} X \neq \bigvee\limits_{X \in \mathscr{f}}^{*} X$.

Es seien $X, Y \in L(V)$. Wir nennen X und Y perspektiv, wenn sie ein gemeinsames Komplement besitzen, d.h., wenn es ein $C \in L(V)$ gibt mit $V = X \oplus C = Y \oplus C$. Das Ideal N von L(V) heißt neutral, wenn N mit X auch alle zu X perspektiven Elemente enthält.

9.12. Satz. Ist V ein K-Vektorraum, so gilt:

        a) Das Ideal E aller Unteräume endlichen Ranges von V ist neutral.

        b) Ist I ein neutrales Ideal $\neq \{\{0\}\}$, so ist $E \subseteq I$.

Beweis.   a) Ist $X \in E$ und ist Y zu X perspektiv, so besitzen X und Y also ein gemeinsames Komplement C. Daher ist $X \cong V/C \cong Y$, so daß auch Y endlichen Rang hat. Also ist $Y \in E$, so daß E neutral ist.

        b) Es sei $\{0\} \neq X \in I$. Es gibt dann ein $x \in X$ mit $x \neq 0$. Dann ist $xK \subseteq X$ und daher $xK \in I$. Weil I neutral ist und zwei verschiedene Unterräume vom Rang 1 stets perspektiv sind (Beweis!), folgt, daß I alle Unterräume vom Rang 1 enthält. Weil endliche Summen von Unterräumen, die in I liegen, wieder zu I gehören, folgt schließlich $E \subseteq I$, q. e. d.

9.13. Hilfssatz. Ist V ein K-Vektorraum und ist I ein zweiseitiges Ideal von $\text{End}_K(V)$ so ist $\mathscr{w}$ (I) ein neutrales Ideal.

Beweis. Es ist $\mathscr{w}$ (I) = $\{\alpha V \mid \alpha \in I\}$. Es sei $\alpha \in I$ und $X \in L(V)$ und X und αV seien perspektiv. Es gibt dann ein $C \in L(V)$ mit $V = \alpha V \oplus C = X \oplus C$. Hieraus folgt $\alpha V \cong V/C \cong X$, so daß es nach 7.2 ein $\beta \in \text{End}_K(V)$ gibt mit $\beta \alpha V = X$. Nun ist I ein zweiseitiges Ideal und daher $\beta \alpha \in I$. Folglich ist $X \in \mathscr{w}$ (I), so daß $\mathscr{w}$ (I) neutral ist, q. e. d.

9.14. Satz. Ist V ein K-Vektorraum und ist E_0 die Menge der Endomorphismen ξ von V, für die ξV endlich erzeugt ist, so ist E_0 ein Ideal von $\mathrm{End}_K(V)$. Ist I ein von $\{0\}$ verschiedenes Ideal von $\mathrm{End}_K(V)$, so ist $E_0 \subseteq I$.

Beweis. Ist E die Menge der endlich erzeugten Unterräume von V und $\bar{E}$ die Menge aller Unterräume U, so daß V/U endlich erzeugt ist, so ist $\mathfrak{a}(\bar{E}) = E_0 = \mathfrak{b}(E)$. Somit ist E_0 ein zweiseitiges Ideal. Ist I ein von $\{0\}$ verschiedenes Ideal, so folgt nach 9.13 und 9.12, daß $E \subseteq \mathfrak{w}(I)$ ist. Also ist $E_0 = \mathfrak{b}(E) \subseteq \mathfrak{b}\mathfrak{w}(I) = I$, q. e. d.

Der Ring R heißt einfach, falls $\{0\}$ und R die einzigen zweiseitigen Ideale von R sind.

9.15. Korollar. V sei ein K-Rechtsvektorraum. Genau dann ist V endlich erzeugt, wenn $\mathrm{End}_K(V)$ einfach ist.

Aufgaben

1) Der K-Vektorraum V ist genau dann endlich erzeugt, wenn $\mathrm{End}_K(V)$ die Maximalbedingung für Rechtsideale (Rechtsannullatoren) erfüllt.

2) Der K-Vektorraum ist genau dann endlich erzeugt, wenn $\mathrm{End}_K(V)$ die Maximalbedingung für Linksideale (Linksannullatoren) erfüllt.

Kapitel V. Lineare Abbildungen und Matrizen

1. Darstellungen von linearen Abbildungen durch Matrizen. Es sei K ein Körper (Ring oder dergl). Ferner seien m und n natürliche Zahlen. Ist dann a eine Abbildung von $\{1,\dots,m\} \times \{1,\dots,n\}$ in K, so heißt a eine $(m \times n)$-Matrix mit Koeffizienten in K. Das Bild von (i,j) unter a bezeichnet man meist mit a_{ij}. Das mn-tupel der Bilder von $\{1,\dots,m\} \times \{1,\dots,n\}$ unter a schreibt man häufig in der Form

$$\begin{pmatrix} a_{11} & a_{12} & \cdots & a_{1n} \\ a_{21} & a_{22} & \cdots & a_{2n} \\ \cdots & \cdots & \cdots & \cdots \\ a_{m1} & a_{m2} & \cdots & a_{mn} \end{pmatrix}$$

oder kürzer in der Form (a_{ij}) und nennt auch diese Schemata Matrizen mit Koeffizienten aus K. Die Elemente $a_{i1},\dots,a_{in}$ bilden die i-te Zeile und die Elemente $a_{1j},\dots,a_{mj}$ die j-te Spalte der Matrix (a_{ij}). Die Elemente $a_{11}, a_{22},\dots, a_{rr}$ mit $r = \min\{m,n\}$ bilden die Hauptdiagonale der Matrix (a_{ij}). Sind $A = (a_{ij})$ und $B = (b_{ij})$ zwei $(m \times n)$-Matrizen mit Koeffizienten in K, so definieren wir die Summe $A + B = (c_{ij})$ vermöge $c_{ij} = a_{ij} + b_{ij}$ für alle $i \in \{1,2,\dots,m\}$ und alle $j \in \{1,2,\dots,n\}$. Ist $A = (a_{ij})$ eine $(m \times n)$-Matrix und $B = (b_{ij})$ eine $(n \times r)$-Matrix, so definieren wir das Produkt AB der beiden Matrizen A und B als die $(m \times r)$-Matrix (c_{ij}) mit $c_{ij} = \sum_{k=1}^{m} a_{ik}b_{kj}$. Das Produkt der Matrix A mit der Matrix B (in dieser Reihenfolge) ist also nur dann definiert, wenn A soviele Spalten wie B Zeilen hat.

Beispiel: $A = \begin{pmatrix} 1 & 2 & 2 \\ 3 & 1 & 4 \end{pmatrix}$, $B = \begin{pmatrix} 1 \\ 1 \\ 4 \end{pmatrix}$, $AB = \begin{pmatrix} 1 \cdot 1 + 2 \cdot 1 + 2 \cdot 4 \\ 3 \cdot 1 + 1 \cdot 1 + 4 \cdot 4 \end{pmatrix} = \begin{pmatrix} 11 \\ 20 \end{pmatrix}$

Es seien V und W zwei K-Vektorräume. Ferner sei $B = \{b_1,\dots,b_n\}$ eine Basis von V und $C = \{c_1,\dots,c_m\}$ sei eine Basis von W. Ist $\sigma \in \mathrm{Hom}_K(V,W)$, so gibt es genau eine $(m \times n)$-Matrix $\sigma_{B,C} = (a_{ij})$ mit

$$\sigma(b_j) = \sum_{i=1}^{m} c_i a_{ij} \qquad (j = 1,2,\dots,n),$$

denn $\sigma(b_j)$ läßt sich auf genau eine Weise als Linearkombination der $c_1,\dots,c_m$ darstellen. Ist umgekehrt $A = (a_{ij})$ eine $(m \times n)$-Matrix mit Koeffizienten aus K, so gibt es genau ein $\sigma \in \mathrm{Hom}_K(V,W)$ mit

$$\sigma(b_j) = \sum_{i=1}^{m} c_i a_{ij} \qquad (j = 1,2,\dots,n).$$

Um dies einzusehen, braucht man nur

$$w_j = \sum_{i=1}^{m} c_i a_{ij} \qquad (j = 1,2,\dots,n)$$

zu setzen und IV.3.11 anzuwenden. Für dieses so gefundene σ gilt überdies $\sigma_{B,C} = A$. Damit ist gezeigt, daß die Abbildung $\sigma \to \sigma_{B,C}$ eine Bijektion von $\mathrm{Hom}_K(V,W)$ auf die Menge aller $(m \times n)$-Matrizen mit Koeffizienten aus K ist.

Es sei an dieser Stelle noch ausdrücklich bemerkt, daß die Abbildung $\sigma \to \sigma_{B,C}$ nicht nur von den beiden Basen B und C abhängt, sondern auch von der Numerierung der Elemente von B bzw. von C.

Sind $\sigma,\tau \in \mathrm{Hom}_K(V,W)$, so ist $(\sigma + \tau)_{B,C} = \sigma_{B,C} + \tau_{B,C}$. Ist nämlich $\sigma_{B,C} = (a_{ij})$ und $\tau_{B,C} = (b_{ij})$, so folgt

$$(\sigma + \tau)(b_j) = \sigma(b_j) + \tau(b_j) = \sum_{i=1}^{m} c_i a_{ij} + \sum_{i=1}^{m} c_i b_{ij} = \sum_{i=1}^{m} c_i (a_{ij} + b_{ij}),$$

womit bereits alles bewiesen ist.

Ist X ein weiterer K-Vektorraum und ist $D = \{d_1,\dots,d_r\}$ eine Basis von X, ist ferner $\sigma \in \mathrm{Hom}_K(V,W)$ und $\tau \in \mathrm{Hom}_K(W,X)$, so ist $(\tau\sigma)_{B,D} = \tau_{C,D}\sigma_{B,C}$. Ist nämlich $\sigma_{B,C} = (a_{ij})$ und $\tau_{C,D} = (b_{ij})$, so ist

$$(\tau\sigma)(b_j) = \tau(\sigma(b_j)) = \tau(\sum_{k=1}^{m} c_k a_{kj}) = \sum_{k=1}^{m} \tau(c_k) a_{kj} = \sum_{k=1}^{m} \sum_{i=1}^{r} d_i b_{ik} a_{kj} =$$

$$\sum_{i=1}^{r} d_i \left(\sum_{k=1}^{m} b_{ik} a_{kj}\right),$$

so daß in der Tat $(\tau\sigma)_{B,D} = \tau_{C,D}\sigma_{B,C}$ gilt.

Bezeichnet man mit K_n die Menge aller $(n \times n)$-Matrizen mit Koeffizienten aus K, so gilt also

1.1. Satz. Ist K ein Körper und ist n eine natürliche Zahl, so ist K_n bez. der Matrizenaddition und der Matrizenmultiplikation ein Ring. Ist V ein Vektorraum vom Rang n über K und ist B eine Basis von V, so ist die Abbildung $\sigma \to \sigma_{B,B}$ ein Isomorphismus von $\mathrm{End}_K(V)$ auf K_n.

K_n heißt der <u>Matrizenring vom Grade</u> n <u>über</u> K.

V und W seien wieder K-Vektorräume und $B = \{b_1,\ldots,b_n\}$ sei eine Basis von V und $C = \{c_1,\ldots,c_m\}$ sei eine Basis von W. Ist $v \in V$, so gibt es Elemente $k_1,\ldots,k_n \in K$ mit $v = \sum_{i=1}^{n} b_i k_i$. Es sei $\sigma \in \mathrm{Hom}_K(V,W)$ und $\sigma_{B,C} = (a_{ij})$. Schließlich sei $\sigma(v) = \sum_{i=1}^{m} c_i l_i$ mit $l_i \in K$. Dann gilt

$$\sum_{i=1}^{m} c_i l_i = \sigma(v) = \sigma(\sum_{j=1}^{n} b_j k_j) = \sum_{j=1}^{n} \sigma(b_j)k_j = \sum_{j=1}^{n}\sum_{i=1}^{m} c_i a_{ij} k_j = \sum_{i=1}^{m} c_i (\sum_{j=1}^{n} a_{ij} k_j).$$

Daher ist $l_i = \sum_{j=1}^{n} a_{ij} k_j$ für alle $i \in \{1,2,\ldots,m\}$. Dies ist der zwischen $(l_1,\ldots,l_m)$ und $(k_1,\ldots,k_n)$ bestehende Zusammenhang.

Wir wollen nun noch den Zusammenhang zwischen $\sigma_{B,C}$ und $\sigma_{B',C'}$ untersuchen, falls B' eine weitere Basis von V und C' eine weitere Basis von W ist. Dazu sei

$$b_i' = \sum_{j=1}^{n} b_j g_{ji} \qquad (i = 1,2,\ldots,n)$$

und

$$c_k = \sum_{l=1}^{m} c_l' d_{lk} \qquad (k = 1,2,\ldots,m).$$

Dann ist

$$\sigma(b_i') = \sum_{j=1}^{n} \sigma(b_j) g_{ji} = \sum_{j=1}^{n}\sum_{k=1}^{m} c_k a_{kj} g_{ji} = \sum_{j=1}^{n}\sum_{k=1}^{m}\sum_{l=1}^{m} c_l' d_{lk} a_{kj} g_{ji} =$$
$$\sum_{l=1}^{m} c_l' \sum_{j=1}^{n}\sum_{k=1}^{m} d_{lk} a_{kj} g_{ji}.$$

Setzt man $\Delta = (d_{lk})$ und $\Gamma = (g_{ji})$, so ist also $\sigma_{B',C'} = \Delta\sigma_{B,C}\Gamma$. Da Δ und Γ von σ unabhängig sind, gilt diese Formel für alle σ.

Ist V = W und B = C sowie B' = C', so ist $(\mathrm{id}_V)_{B,C} = (\mathrm{id}_V)_{B',C'} = (e_{ij})$ die Matrix mit $e_{ij} = 0$ für $i \neq j$ und $e_{ii} = 1$ für alle i. Diese Matrix heißt die <u>Einheitsmatrix</u> von K_n. Wir bezeichnen sie im folgenden häufig mit E. Weil also $(\mathrm{id}_V)_{B,B} = (\mathrm{id}_V)_{B',B'} = E$ ist, ist $\Delta\Gamma = \Delta E\Gamma = E$. Vertauscht man die Rollen von B und B', so vertauschen sich die Rollen von Δ und Γ. Daher ist $\sigma_{B,B} = \Gamma\sigma_{B',B'}\Delta$ für alle σ und somit insbesondere $\Gamma\Delta = \Delta E \Delta = E$. Folglich sind Γ und Δ Einheiten von K_n und es gilt $\Delta = \Gamma^{-1}$. Folglich ist $\sigma_{B',B'} = \Gamma^{-1}\sigma_{B,B}\Gamma$ für alle $\sigma \in \mathrm{End}_K(V)$, wobei Γ, um es noch einmal zu sagen, die durch $b_j' = \sum_{i=1}^{n} b_i g_{ij}$ definierte Matrix (g_{ij}) ist.

Aufgaben

1) Es sei K ein Körper. Ferner sei $A \in K_n$. Zeige, daß A genau dann eine Einheit von K_n ist, wenn es ein $B \in K_n$ gibt mit AB = E. Dabei ist E wieder die Einheitsmatrix von K_n.

2) K sei ein kommutativer Körper. Zeige, daß die Menge

$$G = \left\{ \begin{pmatrix} a & 0 \\ 0 & a^{-1} \end{pmatrix}, \begin{pmatrix} 0 & a \\ a^{-1} & 0 \end{pmatrix} \middle| a \in K^* \right\}$$

mit der Matrizenmultiplikation als Verknüpfung eine Gruppe ist und daß

$$N = \left\{ \begin{pmatrix} a & 0 \\ 0 & a^{-1} \end{pmatrix} \middle| a \in K^* \right\}$$

ein Normalteiler vom Index 2 in G ist.

3) Es sei n eine natürliche Zahl und r sei eine nicht-negative ganze Zahl mit $r \leq n$. Ferner sei K ein Körper und $A_r = (a_{ij})$ die Matrix aus K_n, für die $a_{ii} = 1$ für $i = 1,2,\ldots,r$ und $a_{ij} = 0$ für alle übrigen Paare (i,j) gilt. (Ist r = 0, so ist also A_r die Nullmatrix.) Zeige, daß A_r idempotent ist und bestimme alle Matrizen, die zu A_rK_n, und alle Matrizen, die zu K_nA_r gehören.

4) Ist K ein Körper, so bezeichnet man die Einheitengruppe von K_n mit GL(n,K). Die Gruppe GL(n,K) heißt die allgemeine lineare Gruppe vom Grade n über K. Zeige: Ist I ein Rechtsideal von K_n, so gibt es eine nicht-negative ganze Zahl r und ein $S \in GL(n,K)$ mit $SIS^{-1} = A_rK_n$. Ist I ein Linksideal von K_n, so gibt es eine nicht-negative ganze Zahl r und ein $S \in GL(n,K)$ mit $SIS^{-1} = K_nA_r$.

2. Quaternionenschiefkörper. In diesem Abschnitt werden wir eine Reihe von nicht-kommutativen Körpern angeben. Bei der Konstruktion dieser Körper bedienen wir uns der Matrizenringe vom Grade 4 über verallgemeinerten p-adischen Körpern, so daß dieser Abschnitt gleichzeitig der Einübung der Matrizenmultiplikation dient. Zunächst jedoch ein Hilfssatz, dessen Beweis dem Leser als Übungsaufgabe überlassen bleibe.

2.1. Hilfssatz. R sei ein Ring und X sei eine Teilmenge von R. Ist $C(X) = \{r \mid r \in R,\ rx = xr \text{ für alle } x \in X\}$, so ist C(X) ein Teilring von R. Wir nennen C(X) den Zentralisator von X in R.

Ist K ein Körper, so bezeichnen wir mit Z(K) die Menge aller $z \in K$, für die zx = xz für alle $x \in K$ gilt. Es ist also $Z(K) = C(K)$, so daß $Z(K)$ nach 2.1 ein Teilring von K ist. $Z(K)$ heißt das <u>Zentrum</u> von K. Das Zentrum von K ist sogar ein Teilkörper von K. Ist nämlich $0 \neq k \in Z(K)$ und $x \in K$, so ist $k^{-1}x = k^{-1}xkk^{-1} = k^{-1}kxk^{-1} = xk^{-1}$, so daß auch $k^{-1} \in Z(K)$ gilt.

Jeder Körper ist ein Vektorraum über seinem Zentrum und zwar sowohl ein Rechts- als auch ein Linksvektorraum. Weil jedes Element aus $Z(K)$ mit jedem Element aus K vertauschbar ist, ist es jedoch gleichgültig, ob wir K als Rechtsvektorraum oder als Linksvektorraum über $Z(K)$ auffassen. Insbesondere folgt, daß K genau dann als $Z(K)$-Rechtsvektorraum endlich erzeugt ist, wenn K als $Z(K)$-Linksvektorraum endlich erzeugt ist, und jede Basis des $Z(K)$-Rechtsvektorraumes K ist auch eine Basis des $Z(K)$-Linksvektorraumes K. Folglich ist der Rang von K über $Z(K)$ unabhängig davon, ob wir K als Rechts- oder Linksvektorraum über $Z(K)$ auffassen. Ist K über $Z(K)$ endlich erzeugt, so bezeichnen wir den Rang von K über $Z(K)$ mit $[K:Z(K)]$. Ist K endlich erzeugt über $Z(K)$ und ist K nicht kommutativ, so ist $[K:Z(K)] \geq 4$, wie aus späteren Sätzen folgt. Ist $[K:Z(K)] = 4$, so nennen wir K einen <u>Quaternionenschiefkörper</u>.

Es sei R ein euklidischer Ring und p sei ein Primelement in R. Wir konstruieren gemäß den Aufgaben 2) bis 16) von Kapitel IV, Abschnitt 2, den zu R und p gehörenden verallgemeinerten Ring H_p von ganzen p-adischen Zahlen. Da H_p ein Integritätsbereich ist, gibt es den Quotientenkörper von H_p, den wir mit Q_p bezeichnen. Ferner sei $\mathfrak{p} = \pi H_p$ das maximale Ideal von H_p. Schließlich setzen wir $K = H_p / \mathfrak{p}$ und $\bar{h} = h + \mathfrak{p}$ für alle $h \in H_p$.

<u>2.2. Satz</u>. Es sei $c \in H_p$ und $x^2 + x - \bar{c}$ sei irreduzibel in $K[x]$. Sind dann $x_0,x_1,x_2,x_3 \in Q_p$ und ist $x_0^2 + x_0x_1 - cx_1^2 - \pi(x_2^2 + x_2x_3 - cx_3^2) = 0$, so ist $x_0 = x_1 = x_2 = x_3 = 0$.

Beweis. Angenommen der Satz sei falsch. Es gibt dann Elemente $x_0,x_1,x_2,x_3 \in Q_p$, die nicht alle Null sind und für die $x_0^2 + x_0x_1 - cx_1^2 - \pi(x_2^2 + x_2x_3 - cx_3^2) = 0$ ist. Ist $x_i \neq 0$, so gibt es ein $y_i \in H_p \setminus \mathfrak{p}$ und ein $j(i) \in \mathbb{Z}$ mit $x_i = y_i\pi^{j(i)}$. Es sei d die kleinste der Zahlen $j(i)$. Dann ist $x_i\pi^{-d} \in H_p$ für alle i (auch für diejenigen, für die $x_i = 0$ ist). Ferner gibt es ein i mit $j(i) = d$, so daß in diesem Falle $x_i\pi^{-d} = y_i \in H_p \setminus \mathfrak{p}$ gilt. Schließlich ist

$$x_0^2\pi^{-2d} + x_0\pi^{-d}x_1\pi^{-d} - cx_1^2\pi^{-2d} - \pi(x_2^2\pi^{-2d} + x_2\pi^{-d}x_3\pi^{-d} - cx_3^2\pi^{-2d}) = 0.$$

Dies zeigt, daß wir o. B. d. A. annehmen können, daß $x_i \in H_p$ für alle i gilt, und daß darüber hinaus wenigstens ein x_i nicht in $\mathfrak{p}$ liegt.

Wegen $\pi \in \mathfrak{p}$ ist $\bar{\pi} = \bar{0} = \mathfrak{p}$. Daher folgt $\bar{x}_0^2 + \bar{x}_0\bar{x}_1 - \bar{c}\bar{x}_1^2 = \bar{0}$. Wäre nun $\bar{x}_1 \neq \bar{0}$, so folgte mit $u = \bar{x}_0\bar{x}_1^{-1}$ die Gleichung $u^2 + u - \bar{c} = \bar{0}$. Hieraus folgte $x^2 + x - \bar{c} = (x - u)(x + u + 1)$ im Widerspruch zur Irreduzibilität von $x^2 + x - \bar{c}$ in $K[x]$. Daher ist $\bar{x}_1 = \bar{0}$ und folglich $\bar{x}_0^2 = \bar{0}$, was wiederum $\bar{x}_0 = \bar{0}$ nach sich zieht. Daher ist $x_0, x_1 \in \mathfrak{p}$, d.h. es gibt Elemente $y_0, y_1 \in H_p$ mit $x_0 = \pi y_0$ und $x_1 = \pi y_1$. Daher ist $\pi^2(y_0^2 + y_0y_1 - cy_1^2) - \pi(x_2^2 + x_2x_3 - cx_3^2) = 0$, was wiederum $\pi(y_0^2 + y_0y_1 - cy_1^2) - (x_2^2 + x_2x_3 - cx_3^2) = 0$ nach sich zieht. Hieraus folgt $\bar{x}_2^2 + \bar{x}_2\bar{x}_3 - \bar{c}\bar{x}_3^2 = \bar{0}$, so daß auch $x_2, x_3 \in \mathfrak{p}$ gilt. Insgesamt folgt also $x_0, x_1, x_2, x_3 \in \mathfrak{p}$, q. e. a.

<u>2.3. Satz.</u> Es sei $c \in H_p$ und $x^2 + x - \bar{c}$ sei irreduzibel in $K[x]$. Ist dann D_p der Zentralisator der Matrizen

$$\begin{pmatrix} 0 & 1 & 0 & 0 \\ c & 1 & 0 & 0 \\ 0 & 0 & 0 & 1 \\ 0 & 0 & c & 1 \end{pmatrix} \quad \text{und} \quad \begin{pmatrix} 0 & 0 & 1 & 0 \\ 0 & 0 & 1 & -1 \\ \pi & 0 & 0 & 0 \\ \pi & -\pi & 0 & 0 \end{pmatrix}$$

so ist D_p ein Quaternionenschiefkörper mit $Z(D_p) \cong Q_p$. Überdies besteht D_p gerade aus den sämtlichen Matrizen der Form

$$\begin{pmatrix} \alpha & \beta & \gamma & \delta \\ c\beta & \alpha + \beta & c\delta & \gamma + \delta \\ \pi(\gamma + \delta) & -\pi\delta & \alpha + \beta & -\beta \\ -\pi c\delta & \pi\gamma & -c\beta & \alpha \end{pmatrix}$$

Beweis. Nach 2.1 ist klar, daß D_p ein Ring ist. Um zu zeigen, daß D_p ein Körper ist, müssen wir also nur zeigen, daß jedes von Null verschiedene Element von D_p ein Inverses besitzt. Zu diesem Zweck und auch um nachzuweisen, daß $Z(D_p) \cong Q_p$ ist, zeigen wir, daß D_p aus allen Matrizen der oben angegebenen Form besteht.

Es sei $A = (a_{ij}) \in D_p$. Ferner sei B die erste und C die zweite der Matrizen, deren Zentralisator D_p ist. Wir berechnen nun zunächst von AB und von BA jeweils die erste und die dritte Zeile. Die erste Zeile von AB ist

$$ca_{12},\ a_{11} + a_{12},\ ca_{14},\ a_{13} + a_{14}$$

und die dritte Zeile ist

$$ca_{32},\ a_{31} + a_{32},\ ca_{34},\ a_{33} + a_{34}.$$

Die erste Zeile von BA ist

$$a_{21},\ a_{22},\ a_{23},\ a_{24}$$

und die dritte Zeile ist

$$a_{41},\ a_{42},\ a_{43},\ a_{44}.$$

Wegen AB = BA erhalten wir daher die Gleichungen $a_{21} = ca_{12}$, $a_{22} = a_{11} + a_{12}$, $a_{23} = ca_{14}$, $a_{24} = a_{13} + a_{14}$, $a_{41} = ca_{32}$, $a_{42} = a_{31} + a_{32}$, $a_{43} = ca_{34}$, $a_{44} = a_{33} + a_{34}$. Setzt man $a_{11} = \alpha$, $a_{12} = \beta$ usw., bzw. $a_{31} = \alpha'$, $a_{32} = \beta'$ usw., so ist also

$$A = \begin{pmatrix} \alpha & \beta & \gamma & \delta \\ c\beta & \alpha + \beta & c\delta & \gamma + \delta \\ \alpha' & \beta' & \gamma' & \delta' \\ c\beta' & \alpha' + \beta' & c\delta' & \gamma' + \delta' \end{pmatrix}$$

Als nächstes berechnen wir von AC und CA jeweils die erste Zeile. Im ersten Falle erhalten wir

$$\pi(\gamma + \delta), \qquad -\pi\delta, \qquad \alpha + \beta, \qquad -\beta$$

und im zweiten

$$\alpha', \quad \beta', \quad \gamma', \quad \delta'.$$

Wegen AC = CA gelten daher die Gleichungen $\alpha' = \pi(\gamma + \delta)$, $\beta' = -\pi\delta$, $\gamma' = \alpha + \beta$, $\delta' = -\beta$. Daher hat A die im Satz angegebene Form. Umgekehrt zeigen triviale Rechnungen, daß A zu D_p gehört, wenn A von der im Satz angegebenen Form ist.

Wenn wir wissen, daß die Matrix A zu D_p gehört, und wenn wir überdies die erste Zeile von A kennen, so kennen wir A vollständig. Daher ist die durch "A^σ = erste Zeile von A" definierte Abbildung σ eine Bijektion von D_p auf $Q_p^{(4)}$. Überdies ist σ sogar ein Isomorphismus von $D_p(+)$ auf $Q_p^{(4)}(+)$.

Es seien $A, A' \in D_p$. Ferner sei $\alpha, \beta, \gamma, \delta$ die erste Zeile von A und $\alpha', \beta', \gamma', \delta'$ die erste Zeile von A'. Ist dann $\alpha'', \beta'', \gamma'', \delta''$ die erste Zeile von AA', so ist

$$\begin{aligned} \alpha'' &= \alpha\alpha' + c\beta\beta' + \pi\gamma\gamma' + \pi\gamma\delta' - \pi c\delta\delta', \\ \beta'' &= \alpha\beta' + \alpha'\beta + \beta\beta' - \pi\gamma\delta' + \pi\gamma'\delta, \\ \gamma'' &= \alpha\gamma' + c\beta\delta' + \gamma\alpha' + \gamma\beta' - c\delta\beta', \\ \delta'' &= \alpha\delta' + \beta\gamma' + \beta\delta' - \gamma\beta' + \delta\alpha'. \end{aligned}$$

Definiert man auf $Q_p^{(4)}$ eine Multiplikation vermöge

$$(\alpha,\beta,\gamma,\delta)(\alpha',\beta',\gamma',\delta') = (\alpha'', \beta'', \gamma'', \delta''),$$

wobei $\alpha'', \beta'', \gamma'', \delta''$ durch die obigen Gleichungen definiert werden, so wird σ sogar zu einem Isomorphismus von $D_p(+,\cdot)$ auf $Q_p^{(4)}(+,\cdot)$, so daß wir im folgenden D_p mit $Q_p^{(4)}$ identifizieren können.

Es sei $(\alpha,\beta,\gamma,\delta) \in D_p$. Dann ist

$$(\alpha,\beta,\gamma,\delta)(\alpha+\beta,-\beta,-\gamma,-\delta) = (\alpha+\beta,-\beta,-\gamma,-\delta)(\alpha,\beta,\gamma,\delta) =$$
$$(\alpha^2 + \alpha\beta - c\beta^2 - \pi(\gamma^2 + \gamma\delta - c\delta^2),0,0,0).$$

Hieraus und aus Satz 2.2 folgt, daß $(\alpha,\beta,\gamma,\delta)$ genau dann ein Inverses besitzt, wenn $(\alpha,\beta,\gamma,\delta) \neq (0,0,0,0)$ ist. Dabei ist zu beachten, daß $(0,0,0,0)$ das Null- und $(1,0,0,0)$ das Einselement von D_p ist. Damit ist gezeigt, daß D_p ein Körper ist.

Es ist

$$(\alpha,\beta,\gamma,\delta)(\zeta,0,0,0) = (\alpha\zeta,\beta\zeta,\gamma\zeta,\delta\zeta) = (\zeta,0,0,0)(\alpha,\beta,\gamma,\delta),$$

so daß $(\zeta,0,0,0) \in Z(D_p)$ für alle $\zeta \in Q_p$ gilt. Es sei umgekehrt $(\zeta_1,\zeta_2,\zeta_3,\zeta_4) \in Z(D_p)$. Dann ist

$$(\zeta_1,\zeta_2,\zeta_3,\zeta_4)(0,1,0,0) = (c\zeta_2,\zeta_1 + \zeta_2,\zeta_3 - c\zeta_4, -\zeta_3)$$

und

$$(0,1,0,0)(\zeta_1,\zeta_2,\zeta_3,\zeta_4) = (c\zeta_2,\zeta_1 + \zeta_2,c\zeta_4,\zeta_3 + \zeta_4).$$

Daher ist $\zeta_3 - c\zeta_4 = c\zeta_4$ und $-\zeta_3 = \zeta_3 + \zeta_4$. Also ist $\zeta_3 = 2c\zeta_4$ und $\zeta_4 = -2\zeta_3$. Ist die Charakteristik von Q_p gleich 2, so ist also $\zeta_3 = 0 = \zeta_4$. Wäre eines der beiden Elemente von Null verschieden, so wäre also die Charakteristik von Q_p ungleich 2 und es wäre sowohl $\zeta_3 \neq 0$ als auch $\zeta_4 \neq 0$. Wegen $\zeta_3 = -4c\zeta_3$ wäre folglich $-c = \frac{1}{4}$. Daher wäre $x^2 + x - c = x^2 + x + \frac{1}{4} = (x + \frac{1}{2})^2$, so daß $x^2 + x - \bar{c}$ nicht irreduzibel wäre. Also ist doch $\zeta_3 = \zeta_4 = 0$.

Es ist ferner

$$(\zeta_1,\zeta_2,0,0)(0,0,1,0) = (0,0,\zeta_1,\zeta_2)$$

und

$$(0,0,1,0)(\zeta_1,\zeta_2,0,0) = (0,0,\zeta_1 + \zeta_2,-\zeta_2),$$

so daß auch $\zeta_2 = 0$ ist. Folglich ist $(\zeta_1,\zeta_2,\zeta_3,\zeta_4) = (\zeta_1,0,0,0)$, so daß $Z(D_p) = \{(\zeta,0,0,0) | \zeta \in Q_p\}$ gilt. Hieraus folgt wiederum, daß $\zeta \to (\zeta,0,0,0)$ ein Isomorphismus von Q_p auf $Z(D_p)$ ist. Schließlich ist $\{(1,0,0,0),(0,1,0,0,),(0,0,1,0),(0,0,0,1)\}$ eine Basis von D_p über $Z(D_p)$, so daß D_p in der Tat ein Quaternionenschiefkörper ist, q. e. d.

2.4. Hilfssatz. Es gibt ein $a \in GF(p)$, so daß $x^2 + x - a$ in $GF(p)[x]$ irreduzibel ist.

Beweis. Für $p = 2$ sei $a = 1$. Wäre $x^2 + x + 1$ reduzibel, so wäre $x^2 + x + 1 = (x + k)(x + l)$ mit $k,l \in GF(2)$. Weil $GF(2)$ nur zwei Elemente enthält, wäre daher entweder $0^2 + 0 + 1 = 0$ oder $1^2 + 1 + 1 = 0$, was offenbar nicht sein kann. Daher ist $x^2 + x + 1$ irreduzibel. Es sei nun $p > 2$. In diesem Falle ist $-1 \neq 1$. Hieraus und aus $(-1)^2 = 1^2 = 1$ folgt, daß der Kern des Homomorphismus $\xi \to \xi^2$ von $GF(p)^*$ in sich nicht trivial ist. Folglich kann dieser Homomorphismus nicht surjektiv sein. Es gibt also ein $k \in GF(p)$ mit $k \neq \xi^2$ für alle $\xi \in GF(p)$. Setze $a = k - \frac{1}{4}$. Wäre $x^2 + x - a$ reduzibel, so gäbe es Elemente $u,v \in GF(p)$ mit $x^2 + x - a = (x - u)(x - v)$. Daher wäre $x^2 + x - a = x^2 - (u + v)x + uv$ und folglich $u + v = -1$ und $uv = -a$. Hieraus folgte $u = -(v + 1)$ und daher $v(v + 1) = a = k - \frac{1}{4}$. Dies implizierte $(v + \frac{1}{2})^2 = k$, so daß k doch ein Quadrat wäre. Dieser Widerspruch zeigt, daß $x^2 + x - a$ irreduzibel ist, q. e. d.

Beispiele. 1) $\mathcal{Q}_p$ seien die Hensel'schen p-adischen Zahlen. Dann ist $|H_p / \mathfrak{p} \cong GF(p)$. Nach 2.4 gibt es daher ein $c \in |H_p$, so daß $\bar{c} = a$ und $x^2 + x - a$ irreduzibel über $|H_p / \mathfrak{p}$ ist. Daher gibt es nach 2.3 einen Quaternionenschiefkörper D_p mit $Z(D_p) \cong \mathcal{Q}_p$. Hieraus und aus III.8.15 folgt, daß $D_p \cong D_q$ höchstens dann gil wenn $p = q$ ist. Die Konstruktion von D_p hängt noch von der Auswahl von c und π ab. Im vorliegenden Fall der Hensel'schen p-adischen Zahlen kann man jedoch zeigen, daß jeder Quaternionenschiefkörper, dessen Zentrum zu $\mathcal{Q}_p$ isomorph ist, zu D_p isomorph ist. Das liegt daran, daß es bis auf Isomorphie nur eine quadratische Erweiterung von $GF(p)$ gibt. Weiter sei noch bemerkt, daß die Charakteristik von D_p bei all diesen Beispielen gleich Null ist.

2) Es sei $R = GF(p)[x]$. Weil x vom Grade 1 ist, ist x irreduzibel, d.h. x ist ein Primelement von R. Mit diesem Primelement konstruieren wir Q_x. Wegen $H_x / \mathfrak{p} \cong R/xR \cong GF(p)$ gibt es nach 2.4 ein $c \in H_x$, so daß $t^2 + t - \bar{c}$ ein irreduzible Polynom aus $(H_x / \mathfrak{p})[t]$ ist. Nach 2.3 gibt es daher einen Quaternionenschiefkörper D mit $Z(D_x) \cong Q_x$. Weil R zu einem Unterring von Q_x isomorph ist, folgt, daß die Charakteristik von Q_x gleich p ist.

Aufgaben.

1) Beweise 2.1.

2) K sei ein angeordneter, kommutativer Körper. Zeige, daß der Zentralisator von $\begin{pmatrix} 0 & 1 \\ -1 & 0 \end{pmatrix}$ in K_2 ein kommutativer Körper ist. (Im Falle $K = \mathbb{R}$ ist dieser Körper zum Körper der komplexen Zahlen isomorph.)

3) K sei ein angeordneter, kommutativer Körper. Zeige, daß der Zentralisator der beiden Matrizen

$$\begin{pmatrix} 0 & 1 & 0 & 0 \\ -1 & 0 & 0 & 0 \\ 0 & 0 & 0 & -1 \\ 0 & 0 & 1 & 0 \end{pmatrix} \quad \text{und} \quad \begin{pmatrix} 0 & 0 & 1 & 0 \\ 0 & 0 & 0 & 1 \\ -1 & 0 & 0 & 0 \\ 0 & -1 & 0 & 0 \end{pmatrix}$$

ein Quaternionenschiefkörper ist, dessen Zentrum zu K isomorph ist.

4) Zeige, daß die Abbildung $(\alpha,\beta,\gamma,\delta) \to (\alpha + \beta,-\beta,-\gamma,-\delta)$ ein Antiautomorphismus von D_p ist.

3. Duale Abbildungen. Ist V ein Rechtsvektorraum, so bezeichnen wir, wie schon früher, mit V^* den Dualraum von V. Sind ferner f, ϕ etc. Abbildungen von V in irgendeinen anderen Rechtsvektorraum, so bezeichnen wir das Bild von $v \in V$ unter f, ϕ etc. mit fv, ϕv usw. Ist V jedoch ein Linksvektorraum, so schreiben wir vf, $v\phi$,... für das Bild von v unter f bzw. ϕ.

3.1. Satz. V und W seien zwei K-Vektorräume und V^* und W^* ihre Dualräume. Ist dann $\phi \in \mathrm{Hom}_K(V,W)$, so gibt es genau ein $\phi^* \in \mathrm{Hom}_K(W^*,V^*)$ mit $(f\phi^*)v = f(\phi v)$ für alle $f \in W^*$ und alle $v \in V$. Die Abbildung ϕ^* heißt die zu ϕ duale Abbildung.

Beweis. Zunächst die Eindeutigkeit. Dazu seien ϕ^* und ψ Elemente aus $\mathrm{Hom}_K(W^*,V^*)$ und es gelte $(f\phi^*)v = f(\phi v) = (f\psi)v$ für alle $f \in W^*$ und alle $v \in V$. Dann ist $(f\phi^* - f\psi)v = 0$ für alle $v \in V$ und alle $f \in W^*$, so daß $f\phi^* - f\psi = 0$ für alle $f \in W^*$ ist. Hieraus folgt $\phi^* = \psi$, womit die Eindeutigkeit gezeigt ist.

Und nun zur Existenz. Ist $f \in W^*$, so definieren wir eine Relation $f\phi^*$ zwischen V und K vermöge $(v,k) \in f\phi^*$ genau dann, wenn $f(\phi v) = k$ ist. Offenbar ist $f\phi^*$ eine Abbildung von V in K mit $(f\phi^*)v = f(\phi v)$. Triviale Rechnungen zeigen $f\phi^* \in V^*$, so daß ϕ^* eine Abbildung von W^* in V^* ist. Sind $f,g \in W^*$, so ist

$$((f + g)\phi^*)v = (f + g)(\phi v) = f(\phi v) + g(\phi v) = (f\phi^*)v + (g\phi^*)v = (f\phi^* + g\phi^*)v$$

für alle $v \in V$ und damit $(f + g)\phi^* = f\phi^* + g\phi^*$. Ist $f \in W^*$ und $k \in K$, so ist

$$((kf)\phi^*)v = (kf)(\phi v) = k(f(\phi v)) = k((f\phi^*)v) = (k(f\phi^*))v$$

für alle $v \in V$ und daher $(kf)\phi^* = k(f\phi^*)$. Also ist $\phi^* \in \mathrm{Hom}_K(W^*,V^*)$, q. e. d.

3.2. Satz. V und W seien zwei K-Rechtsvektorräume. Ist $\phi \in \mathrm{Hom}_K(V,W)$ und ist ϕ^* die zu ϕ duale Abbildung, so ist $\mathrm{Kern}(\phi) = (W^*\phi^*)^\top$ und $\mathrm{Kern}(\phi^*) = (\phi V)^\perp$.

Beweis. Es sei $v \in \mathrm{Kern}(\phi)$. Dann ist $(f\phi^*)v = f(\phi v) = 0$ für alle $f \in W^*$. Daher ist $v \in (W^*\phi^*)^\top$. Es sei umgekehrt $v \in (W^*\phi^*)^\top$. Dann ist $f(\phi v) = (f\phi^*)v = 0$ für alle $f \in W^*$. Hieraus folgt $\phi v = 0$, so daß $v \in \mathrm{Kern}(\phi)$ gilt. Also ist $\mathrm{Kern}(\phi) = (W^*\phi^*)^\top$.

Es sei $f \in \mathrm{Kern}(\phi^*)$. Dann ist $f(\phi v) = (f\phi^*)v = 0v = 0$ für alle $v \in V$. Daher ist $f \in (\phi V)^\perp$. Ist umgekehrt $f \in (\phi V)^\perp$, so ist $(f\phi^*)v = f(\phi v) = 0$ für alle $v \in V$. Daher ist $f\phi^* = 0$, so daß $f \in \mathrm{Kern}(\phi^*)$ gilt. Demnach ist $\mathrm{Kern}(\phi^*) = (\phi V)^\perp$, q. e. d.

3.3. Korollar. V und W seien K-Vektorräume. Ferner sei $\phi \in \mathrm{Hom}_K(V,W)$ und ϕ^* sei die zu ϕ duale Abbildung.

(a) Genau dann ist ϕ surjektiv, wenn ϕ^* injektiv ist.

(b) Genau dann ist ϕ injektiv, wenn ϕ^* surjektiv ist.

(c) Genau dann ist ϕ bijektiv, wenn ϕ^* bijektiv ist.

Beweis. (a) ϕ sei surjektiv. Dann ist $\phi V = W$. Aus $f \in W^*$ und $fw = 0$ für alle $w \in W$ folgt $f = 0$. Daher ist $W^\perp = \{0\}$. Somit ist $\mathrm{Kern}(\phi^*) = (\phi V)^\perp = W^\perp = \{0\}$, so daß ϕ^* injektiv ist.

Ist umgekehrt ϕ^* injektiv, so ist $\mathrm{Kern}(\phi^*) = \{0\}$ und daher $(\phi V)^\perp = \{0\}$. Wegen $\{0\}^\top = W$ gelten daher nach (3) aus Abschnitt 8 von Kapitel IV die Gleichungen $W = \{0\}^\top = (\phi V)^{\perp\top} = \phi V$, so daß ϕ surjektiv ist.

(b) ϕ sei injektiv. Ferner sei B eine Basis von V. Dann ist $\phi B = \{\phi b \mid b \in B\}$ eine Menge von linear unabhängigen Vektoren aus W, da ϕ injektiv ist. Daher ist $W = (\bigoplus_{b \in B} (\phi b)K) \oplus U$. Es sei ferner $g \in V^*$. Definiert man f_b vermöge $f_b(\phi b)k = (gb)k$ für alle $k \in K$ und $f_U x = 0$ für alle $x \in U$, so sind dies lineare Abbildungen aus W in K, die die Voraussetzungen von IV.7.2. erfüllen. Es gibt somit ein $f \in W^*$ mit $f(\phi(bk)) = f_b(\phi(bk))$ für alle $b \in B$ und $fx = 0$ für alle $x \in U$. Insbesondere ist also $(f\phi^*)b = f(\phi b) = f_b(\phi b) = gb$ für alle $b \in B$, so daß $f\phi^* = g$ ist, da ja B eine Basis von V ist. Also ist ϕ^* surjektiv.

Ist umgekehrt ϕ^* surjektiv, so ist $W^*\phi^* = V^*$ und daher $\{0\} = V^{*\top} = (W^*\phi^*)^\top = \mathrm{Kern}(\phi)$, so daß ϕ injektiv ist.

(c) folgt aus (a) und (b), q. e. d.

3.4. Korollar. V und W seien zwei K-Vektorräume. Ferner sei $\phi \in \mathrm{Hom}_K(V,W)$ und ϕ^* sei die zu ϕ duale Abbildung. Ist wenigstens einer der beiden Vektorräume endlich erzeugt, so sind ϕV und $W^*\phi^*$ endlich erzeugt und es ist $\mathrm{Rg}\phi = \mathrm{Rg}\phi^*$.

Beweis. V sei endlich erzeugt. Dann ist natürlich auch ϕV endlich erzeugt. Nach IV.8.1 ist ferner V^* endlich erzeugt, so daß wegen $W^*\phi^* \subseteq V^*$ auch $W^*\phi^*$ endlich erzeugt ist. Nun ist

$$\mathrm{Rg}\phi = \mathrm{Rg}(\phi V) = \mathrm{Rg}\, V - \mathrm{Rg}\, (\mathrm{Kern}(\phi)).$$

Nach 3.2 ist $\mathrm{Kern}(\phi) = (W^*\phi^*)^\top$, woraus mit Hilfe von IV.8.3 und IV.8.5 die Gleichungen

$$\mathrm{Rg}\, (\mathrm{Kern}(\phi)) = \mathrm{Rg}\, (W^*\phi^*)^\top = \mathrm{Rg}\, V^* - \mathrm{Rg}\, (W^*\phi^*)$$

folgen. Nach IV.8.1 ist schließlich $\mathrm{Rg}\, V = \mathrm{Rg}\, V^*$, so daß

$$\mathrm{Rg}\phi = \mathrm{Rg}\, V - \mathrm{Rg}\, V + \mathrm{Rg}\, W^*\phi^* = \mathrm{Rg}\phi^*$$

gilt.

W sei endlich erzeugt. Nach IV.8.1 ist dann auch W^* und damit $W^*\phi^*$ endlich erzeugt. Nun ist

$$\mathrm{Rg}\phi^* = \mathrm{Rg}\, W^* - \mathrm{Rg}\, (\mathrm{Kern}(\phi^*)),$$

so daß nach 3.2

$$\mathrm{Rg}\phi^* = \mathrm{Rg}\, W^* - \mathrm{Rg}\, (\phi V)^\perp$$

ist. Nach IV.8.5 ist

$$\mathrm{Rg}\, (\phi V)^\perp = \mathrm{Rg}\, W - \mathrm{Rg}\, (\phi V).$$

Wegen $\mathrm{Rg}\, W = \mathrm{Rg}\, W^*$ ist daher

$$\mathrm{Rg}\phi^* = \mathrm{Rg}\, W - \mathrm{Rg}\, W + \mathrm{Rg}\, (\phi V) = \mathrm{Rg}\phi,$$

q. e. d.

Es sei $A = (a_{ij})$ eine $(m \times n)$-Matrix mit Koeffizienten aus K. Die m Zeilen von A kann man als Vektoren sowohl des K-Rechtsvektorraumes $K^{(n)}$ als auch des K-Linksvektorraumes $K^{(n)}$ auffassen. Dabei sprechen wir von $K^{(n)}$ als von einem K-Rechtsvektorraum, falls die Multiplikation mit Elementen aus K vermöge $(x_1,\dots,x_n)k = (x_1k,\dots,x_nk)$ definiert wird. Definiert man die Multiplikation mit Elementen von K vermöge $k(x_1,\dots,x_n) = (kx_1,\dots,kx_n)$, so sprechen wir von $K^{(n)}$ als von einem K-Linksvektorraum. Faßt man die m Zeilen $z_1,\dots,z_m$ von A als Vektoren des Rechtsvektorraumes $K^{(n)}$ auf, so nennt man den Rang von $\langle z_1,\dots,z_m\rangle$ den Rechtszeilenrang von A. Faßt man die m Zeilen $z_1,\dots,z_m$ von A als Vektoren des Linksvektorraumes $K^{(n)}$ auf, so erhält man entsprechend den <u>Linkszeilenrang</u> von A. Ganz analog definiert man den <u>Rechts</u>- bzw. <u>Linksspaltenrang</u> von A. Ist K kommutativ, so ist der Rechtszeilenrang von A gleich dem Linkszeilenrang und der Rechtsspaltenrang von A gleich dem Linksspaltenrang. In diesem Falle sprechen wir daher nur von dem Zeilen- bzw. Spaltenrang von A. Ist K nicht kommutativ, so ist der Rechtszeilenrang nicht stets gleich dem Linkszeilenrang, wie das Beispiel aus Aufgabe 5) zeigt.

V und W seien K-Linksvektorräume. Ferner sei $B = \{b_1,\dots,b_m\}$ eine Basis von V und $C = \{c_1,\dots,c_n\}$ eine Basis von W. Ist $\phi \in \mathrm{Hom}_K(V,W)$, so gibt es eindeutig bestimmte Elemente $a_{ij} \in K$ mit $b_i\phi = \sum_{j=1}^{n} a_{ij}c_j$ für $i = 1,2,\dots,m$. Die so gewonnene $(m \times n)$-Matrix bezeichnen wir genauso wie im Falle der Rechtsvektorräume mit $\phi_{B,C}$.

<u>3.5. Hilfssatz</u>. a) V und W seien zwei endlich erzeugte K-Rechtsvektorräume. Ferner sei B eine Basis von V und C eine Basis von W. Ist dann $\phi \in \mathrm{Hom}_K(V,W)$, so ist

$$\mathrm{Rg}\phi = \text{Rechtsspaltenrang } \phi_{B,C}.$$

b) V und W seien zwei endlich erzeugte K-Linksvektorräume. Ferner sei B eine Basis von V und C eine Basis von W. Ist $\phi \in \mathrm{Hom}_K(V,W)$, so ist

$$\mathrm{Rg}\phi = \text{Linkszeilenrang } \phi_{B,C}.$$

Beweis. a) Es sei $B = \{b_1,\dots,b_n\}$ und $C = \{c_1,\dots,c_m\}$ sowie $\phi_{B,C} = (a_{ij})$. Dann ist $\mathrm{Rg}\phi = \mathrm{Rg}(\phi V) = \mathrm{Rg}\langle \phi b_1,\dots,\phi b_n\rangle$. Es gibt daher eine Teilmenge J von $\{1,2,\dots,n\}$ mit $|J| = \mathrm{Rg}\phi$, so daß $\{\phi b_j \mid j \in J\}$ eine Basis von ϕV ist. Es sei nun $k_j \in K$ und $\sum_{j \in J} a_{ij}k_j = 0$ für alle $i \in \{1,2,\dots,m\}$. Dann ist

$$0 = \sum_{i=1}^{m} c_i \sum_{j \in J} a_{ij}k_j = \sum_{j \in J} \Big(\sum_{i=1}^{m} c_i a_{ij}\Big)k_j = \sum_{j \in J} (\phi b_j)k_j ,$$

so daß $k_j = 0$ ist für alle $j \in J$. Dies besagt nun gerade, daß die Menge der Spaltenvektoren mit Indizes in J rechtslinear unabhängig sind. Daher ist

$$\mathrm{Rg}\phi \leqslant \text{Rechtsspaltenrang } \phi_{B,C}.$$

Es gibt nun umgekehrt eine Teilmenge J von $\{1,2,\dots,n\}$ mit $|J|$ = Rechtsspaltenrang von $\phi_{B,C}$, so daß die Spaltenvektoren mit Indizes aus J rechtslinear unabhängig sind.

Es sei $k_j \in K$ und $\sum_{j \in J} (\phi b_j)k_j = 0$. Dann ist

$$0 = \sum_{j \in J} \sum_{i=1}^{m} c_i a_{ij} k_j = \sum_{i=1}^{m} c_i \sum_{j \in J} a_{ij} k_j$$

und daher $\sum_{j \in J} a_{ij} k_j = 0$ für alle i und somit $k_j = 0$ für alle $i \in J$. Hieraus folgt

$$\text{Rechtsspaltenrang } \phi_{B,C} \leqslant \text{Rg}\phi.$$

Damit ist a) bewiesen. b) beweist man genauso.

3.6. Hilfssatz. V und W seien K-Rechtsvektorräume, $B = \{b_1,\ldots,b_n\}$ sei eine Basis von V und $C = \{c_1,\ldots,c_m\}$ sei eine Basis von W. Ferner sei $B^* = \{b_1^*,\ldots,b_n^*\}$ die zu B und $C^* = \{c_1^*,\ldots,c_m^*\}$ die zu C duale Basis. Ist $\phi \in \text{Hom}_K(V,W)$ und ist ϕ^* die zu ϕ duale Abbildung, so ist $\phi_{B,C} = \phi^*_{C^*,B^*}$.

Beweis. Es sei $\phi_{B,C} = (x_{ij})$ und $\phi^*_{C^*,B^*} = (y_{ij})$. Dann ist

$$c_i^*(\phi b_j) = c_i^*\Big(\sum_{k=1}^{m} c_k x_{kj}\Big) = \sum_{k=1}^{m} (c_i^* c_k) x_{kj} = x_{ij}.$$

Ferner ist

$$(c_i^* \phi^*) b_j = \Big(\sum_{k=1}^{n} y_{ik} b_k^*\Big) b_j = \sum_{k=1}^{n} y_{ik} (b_k^* b_j) = y_{ij}.$$

Also ist

$$y_{ij} = (c_i^* \phi^*) b_j = c_i^* (\phi b_j) = x_{ij},$$

q. e. d.

3.7. Satz. Ist A eine $(m \times n)$-Matrix mit Koeffizienten aus dem Körper K, so ist der Rechtsspaltenrang von A gleich dem Linkszeilenrang von A und der Linksspaltenrang gleich dem Rechtszeilenrang von A. Ist K kommutativ, so ist also der Zeilenrang von A gleich dem Spaltenrang von A. Diese Zahl heißt dann kurz der Rang von A.

Beweis. Es sei $A = (a_{ij})$. Ferner seien V und W zwei K-Vektorräume mit Rg V = n und Rg W = m. Schließlich sei $B = \{b_1,\ldots,b_n\}$ eine Basis von V und $C = \{c_1,\ldots,c_m\}$ eine Basis von W. Es gibt dann ein $\phi \in \text{Hom}_K(V,W)$ mit $b_j\phi = \sum_{i=1}^{m} c_i a_{ij}$ für $j = 1,2,\ldots,n$. Offenbar ist $\phi_{B,C} = A$. Ist B^* die zu B und C^* die zu C duale Basis, so gilt daher nach 3.6 die Gleichung $\phi^*_{C^*,B^*} = A$. Nach 3.5 ist daher Rechtsspaltenrang von A = Rgϕ

und Linkszeilenrang von A = $Rg\phi^*$. Wegen 3.4 ist daher der Rechtsspaltenrang von A gleich dem Linkszeilenrang von A.

Um die zweite Behauptung zu beweisen, definieren wir mit Hilfe von A die $(n \times m)$-Matrix $A^t = (a'_{ij})$ durch $a'_{ij} = a_{ji}$ für alle $i \in \{1,2,\ldots,n\}$ und alle $j \in \{1,2,\ldots,m\}$. Die Matrix A^t heißt die zu A transponierte Matrix oder auch die Transponierte von A. Da die Zeilen von A die Spalten von A^t und die Spalten von A die Zeilen von A^t sind, ist der Linksspaltenrang von A gleich dem Linkszeilenrang von A^t und der Rechtszeilenrang von A gleich dem Rechtsspaltenrang von A^t. Nach dem bereits Bewiesenen ist somit der Linksspaltenrang von A gleich dem Rechtszeilenrang von A, q. e. d.

Aufgaben

1) Zeige, daß die Abbildung $*$ aus 3.1 ein Isomorphismus von $End_K(V)$ in $End_K(V^*)$ ist. Zeige ferner, daß $*$ genau dann surjektiv ist, wenn V endlich erzeugt ist.

2) Beweise 3.5 b).

3) Die Abbildung $A \to A^t$ ist genau dann ein Antiautomorphismus von K_n, falls K kommutativ ist.

4) Es sei K ein Körper mit von 2 verschiedener Charakteristik und e sei die (4×4)-Einheitsmatrix über K. Ferner sei

$$i = \begin{pmatrix} 0 & 0 & 1 & 0 \\ 0 & 0 & 0 & -1 \\ -1 & 0 & 0 & 0 \\ 0 & 1 & 0 & 0 \end{pmatrix} \quad \text{und} \quad j = \begin{pmatrix} 0 & 1 & 0 & 0 \\ -1 & 0 & 0 & 0 \\ 0 & 0 & 0 & 1 \\ 0 & 0 & -1 & 0 \end{pmatrix}$$

sowie $k = ij$. Zeige, daß $Q = \{e,i,j,k,-e,-i,-j,-k\}$ eine Untergruppe von $GL(4,K)$ ist und bestimme die Ordnungen aller Elemente von Q. Zeige, daß alle Untergruppen von Q Normalteiler sind. (Die Gruppe Q heißt die Quaternionengruppe der Ordnung 8.)

5) Es sei K der Körper der reellen Zahlen und F sei der gemäß Aufgabe 3) von Abschnitt 2 konstruierte Quaternionenschiefkörper über K. Haben i und j die gleiche Bedeutung wie in Aufgabe 4), so ist $i,j \in F$.
Setze $A = \begin{pmatrix} 1 & i \\ j & ij \end{pmatrix}$ und zeige, daß der Rechtszeilenrang von A gleich 1 und der Linkszeilenrang von A gleich 2 ist.

6) Bestimme den Rang der $(n \times n)$-Matrix (a_{ij}) mit $a_{ii} = 2$ für $i = 1,\ldots,n$ und $a_{ij} = 1$ für $i \neq j$. (Vorsicht! Der Rang hängt vom Körper ab.)

4. Systeme von linearen Gleichungen. Es sei K ein nicht notwendig kommutativer Körper und A sei eine (m × n)-Matrix mit Koeffizienten aus K. Ist $b \in K^{(m)}$, so nennen wir das Paar (A,b) ein System von linearen Gleichungen. Ist b der Nullvektor, so nennen wir das Gleichungssystem (A,b) homogen, andernfalls inhomogen. Der Vektor $x \in K^{(n)}$ heißt eine Lösung von (A,b), falls $Ax^t = b^t$ ist. Dabei ist x^t die (n × 1)-Matrix, die man aus x durch Transponieren erhält, und b^t ist entsprechend zu interpretieren. Drei Fragen stellen sich, nämlich die Frage nach der Lösbarkeit des Gleichungssystems (A,b), die Frage nach einer Übersicht über sämtliche Lösungen und, wegen der Wichtigkeit der linearen Gleichungssysteme für die Praxis, nach Verfahren, die Lösungen wirklich zu berechnen. Wir werden hier nur die ersten beiden Fragen beantworten. Praktische Lösungsverfahren findet der Leser in Büchern der angewandten Mathematik.

Ist A eine (m × n)-Matrix, so definieren wir die lineare Abbildung ϕ von $K^{(n)}$ in $K^{(m)}$ vermöge $\phi x = (Ax^t)^t$ für alle $x \in K^{(n)}$. (Daß wir ϕ scheinbar so umständlich definieren, liegt daran, daß K nicht kommutativ zu sein braucht, und daß im Falles eines nicht-kommutativen Körpers die Gleichung $xA^t = (Ax^t)^t$ nicht für alle x erfüllt ist.) Aus der Definition von ϕ folgt, daß die Lösungen des homogenen Systems (A,0) gerade aus den Vektoren aus Kern(ϕ) bestehen. Ist ferner B die Basis von $K^{(n)}$, die aus den Vektoren (1,0,...,0), (0,1,0,...,0) usw. besteht, und ist C die entsprechende Basis von $K^{(m)}$, so ist offenbar $\phi_{B,C} = A$. Nach 3.5 ist folglich Rg ϕ = Rechtsspaltenrang A. Insbesondere folgt, daß die Lösungen des homogenen Gleichungssystems (A,0) einen Unterraum vom Rang

$$n - \text{Rechtsspaltenrang } A$$

bilden. Sind x,y zwei Lösungen des Systems (A,b), so ist

$$\phi x = (Ax^t)^t = b^{tt} = (Ay^t)^t = \phi y$$

und daher $x - y \in$ Kern(ϕ), so daß $y \in x +$ Kern(ϕ) gilt. Ist umgekehrt $y \in x +$ Kern(ϕ), so ist $\phi x = \phi y$, so daß auch y eine Lösung von (A,b) ist. Daher gilt

4.1. Satz. Es sei A eine (m × n)-Matrix mit Koeffizienten aus dem Körper K. Ferner sei ϕ die durch $\phi x = (Ax^t)^t$ definierte lineare Abbildung von $K^{(n)}$ in $K^{(m)}$. Ist $b \in K^{(m)}$ und ist x eine Lösung des linearen Gleichungssystems (A,b), so ist x + Kern(ϕ) die Menge aller Lösungen von (A,b). Ist insbesondere b = 0, so ist Kern(ϕ) die Menge aller Lösungen des homogenen Systems (A,0), so daß die Lösungen von (A,0) einen Unterraum vom Range

$$n - \text{Rechtsspaltenrang } A = n - \text{Linkszeilenrang } A$$

bilden.

Und nun zur Frage der Lösbarkeit. Ein homogenes System hat stets wenigstens eine Lösung, nämlich den Nullvektor, der auch triviale Lösung genannt wird. Inhomogene Systeme haben nicht immer eine Lösung. Um ein Kriterium für die Lösbarkeit anzugeben, benötigen wir noch eine Definition. Ist (A,b) ein lineares Gleichungssystem, so setzen wir

$$A_{erw} = \begin{pmatrix} a_{11} \cdots a_{1n} & b_1 \\ \cdots\cdots\cdots\cdots & \\ a_{m1} \cdots a_{mn} & b_m \end{pmatrix}$$

A_{erw} heißt die <u>erweiterte Matrix</u> des linearen Gleichungssystems (A,b).

<u>4.2. Satz</u>. Ist (A,b) ein lineares Gleichungssystem, so hat (A,b) genau dann eine Lösung, wenn

$$\text{Rechtsspaltenrang } A = \text{Rechtsspaltenrang } A_{erw}$$

ist.

Beweis. $a_1,\dots,a_n$ seien die Spaltenvektoren von A. Ist dann $x = (x_1,\dots,x_n)$ eine Lösung von (A,b), so ist $\sum_{i=1}^{n} a_i x_i = b$, so daß $b \in \langle a_1,\dots,a_n \rangle$ gilt. Daher ist

$$\langle a_1,\dots,a_n \rangle = \langle a_1,\dots,a_n,b \rangle ,$$

so daß die fraglichen Ränge gleich sind.

Sind umgekehrt die fraglichen Ränge gleich, so ist

$$\langle a_1,\dots,a_n \rangle = \langle a_1,\dots,a_n,b \rangle .$$

Es gibt folglich ein $x = (x_1,\dots,x_n) \in K^{(n)}$ mit $b = \sum_{i=1}^{n} a_i x_i$, so daß x eine Lösung von (A,b) ist, q. e. d.

<u>Aufgaben</u>

1) A sei eine $(n \times n)$-Matrix mit Koeffizienten aus K. Zeige, daß die folgenden Bedingungen äquivalent sind.
   a) (A,b) hat für jedes $b \in K^{(n)}$ mindestens eine Lösung.
   b) (A,b) hat für jedes $b \in K^{(n)}$ höchstens eine Lösung.
   c) (A,0) hat nur die triviale Lösung.
   d) Der Rechtsspaltenrang von A ist gleich n.

5. Determinanten. Alle in diesem Abschnitt betrachteten Körper sind kommutativ.

Es sei V ein K-Vektorraum und f sei eine Abbildung des n-fachen cartesischen Produktes von V mit sich selbst in K. Wir nennen f eine n-fache Linearform auf V, falls für alle $i \in \{1,2,\dots,n\}$ und alle $v_1,\dots,v_n,v_i' \in V$ die Gleichung

$$f(v_1,\dots,v_{i-1}, v_i + v_i', v_{i+1},\dots,v_n) = f(v_1,\dots,v_{i-1},v_i,v_{i+1},\dots,v_n) + f(v_1,\dots,v_{i-1},v_i',v_{i+1},\dots,v_n)$$

gilt und falls überdies für alle $i \in \{1,2,\dots,n\}$ alle $k \in K$ und alle $v_1,\dots,v_n \in V$ die Gleichung

$$f(v_1,\dots,v_ik,\dots,v_n) = f(v_1,\dots,v_i,\dots,v_n)k$$

erfüllt ist.

Es sei V ein endlich erzeugter K-Vektorraum vom Range n und d sei eine n-fache Linearform auf V. Wir nennen d eine Determinantenform auf V, falls d die beiden folgenden Bedingungen erfüllt:

(1) Sind die Vektoren $v_1,\dots,v_n \in V$ linear abhängig, so ist $d(v_1,\dots,v_n) = 0$.

(2) Es gibt eine Basis $b_1,\dots,b_n$ von V mit $d(b_1,\dots,b_n) \neq 0$.

Eine häufig benutzte Eigenschaft von d, die sofort aus (1) folgt, lautet: Sind zwei der Vektoren $v_1,\dots,v_n$ gleich, so ist $d(v_1,\dots,v_n) = 0$. Ist die Charakteristik von K von 2 verschieden, so folgt (1) aus der soeben formulierten Eigenschaft.

5.1. Hilfssatz. Es sei d eine Determinantenform auf V. Sind i und j zwei verschiedene Elemente aus $\{1,2,\dots,n\}$, ist $k \in K$ und sind $v_1,\dots,v_n \in V$, so ist

$$d(v_1,\dots,v_i,\dots,v_j,\dots,v_n) = d(v_1,\dots,v_i + v_jk,\dots,v_j,\dots,v_n).$$

Beweis. Weil d eine n-fache Linearform ist, ist

$$d(v_1,\dots,v_i + v_jk,\dots,v_n) = d(v_1,\dots,v_i,\dots,v_j,\dots,v_n) + d(v_1,\dots v_j,\dots v_j,\dots,v_n)k,$$

und weil d eine Determinentenform ist, ist der zweite Summand auf der rechten Seite der Gleichung, da ja $i \neq j$ ist, gleich Null, q. e. d.

5.2. Satz. Ist d eine Determinantenform auf V, sind $v_1,\dots,v_n \in V$ und ist $\sigma \in S_n$, so ist $d(v_{1\sigma},\dots,v_{n\sigma}) = \mathrm{sgn}(\sigma)\, d(v_1,\dots,v_n)$.

Beweis. Da sgn nach II.5.3 ein Homomorphismus von S_n in $\{1,-1\}(\cdot)$ ist, und da S_n nach II.5.4 von Transpositionen erzeugt wird, genügt es, 5.2 für den Fall einer Transposition zu beweisen. Es sei also σ die Transposition, die die Ziffern i und j vertauscht. Dann ist

$$0 = d(\dots, v_i + v_j,\dots,v_i + v_j,\dots) = d(\dots,v_i,\dots,v_i,\dots) + d(\dots,v_i,\dots,v_j,\dots) + d(\dots,v_j,\dots,v_i,\dots) + d(\dots,v_j,\dots,v_j,\dots) = d(\dots,v_i,\dots,v_j,\dots) + d(\dots,v_j,\dots,v_i,\dots).$$

Daher ist

$$d(\dots,v_{i\sigma},\dots,v_{j\sigma},\dots) = -d(\dots,v_i,\dots,v_j,\dots) = \mathrm{sgn}\,(\sigma)d(v_1,\dots,v_n),$$

q. e. d.

5.3. Korollar. $\{a_1,\dots,a_n\}$ sei eine Basis von V. Ferner seien $v_1,\dots,v_n \in V$ und es gelte $v_j = \sum_{i=1}^{n} a_i x_{ij}$ $(j = 1,2,\dots,n)$. Ist dann d eine Determinentenform auf V, so ist

$$d(v_1,\dots,v_n) = \Big(\sum_{\sigma \in S_n} \mathrm{sgn}\,(\sigma) \prod_{j=1}^{n} x_{j\sigma,j}\Big)d(a_1,\dots,a_n).$$

Beweis. Es sei A die Menge aller Abbildungen von $\{1,2,\dots,n\}$ in sich. Dann ist

$$d(v_1,\dots,v_n) = d\Big(\sum_{i=1}^{n} a_i x_{i1}, \sum_{i=1}^{n} a_i x_{i2},\dots, \sum_{i=1}^{n} a_i x_{in}\Big) =$$

$$\sum_{\alpha \in A} d(a_{1\alpha},a_{2\alpha},\dots,a_{n\alpha}) \prod_{j=1}^{n} x_{j\alpha,j}.$$

Nun ist $d(a_{1\alpha},\dots,a_{n\alpha}) = 0$, falls α nicht injektiv ist. Andererseits ist α genau dann injektiv, wenn $\alpha \in S_n$ gilt. Somit ist

$$d(v_1,\dots,v_n) = \sum_{\sigma \in S_n} d(a_{1\sigma},\dots,a_{n\sigma}) \prod_{j=1}^{n} x_{j\sigma,j} =$$

$$\Big(\sum_{\sigma \in S_n} \mathrm{sgn}\,(\sigma) \prod_{j=1}^{n} x_{j\sigma,j}\Big)d(a_1,\dots,a_n),$$

q. e. d.

5.4. Korollar. Es sei d eine Determinentenform auf V und $v_1,\dots,v_n$ seien Vektoren aus V. Genau dann ist $d(v_1,\dots,v_n) \neq 0$, wenn $v_1,\dots,v_n$ linear unabhängig sind.

Beweis. Sind $v_1,\dots,v_n$ linear abhängig, so ist auf Grund der Definition einer Determinantenform $d(v_1,\dots,v_n) = 0$. Um die Umkehrung zu beweisen, seien $v_1,\dots,v_n$ linear unabhängig. Weil d eine Determinantenform ist, gibt es eine Basis $b_1,\dots,b_n$ von V mit $d(b_1,\dots,b_n) \neq 0$. Ferner folgt, daß auch $v_1,\dots,v_n$ eine Basis von V ist. Nach 5.3 gibt es daher ein $k \in K$ mit $d(b_1,\dots,b_n) = kd(v_1,\dots,v_n)$, so daß auch $d(v_1,\dots,v_n) \neq 0$ ist, q. e. d.

5.5. Satz. Es sei $\{b_1,\dots,b_n\}$ eine Basis von V. Ferner sei $0 \neq a \in K$. Sind $v_1,\dots,v_n \in V$ und gilt $v_j = \sum_{i=1}^{n} b_i a_{ij}$ $(j = 1,2,\dots,n)$, so wird durch

$$d(v_1,\dots,v_n) = \Big(\sum_{\sigma \in S_n} \operatorname{sgn}(\sigma) \prod_{j=1}^{n} a_{j\sigma,j}\Big)a$$

eine Determinantenform d definiert. Überdies gilt $d(b_1,\dots,b_n) = a$.

Beweis. Triviale Rechnungen zeigen, daß d eine n-fache Linearform auf V ist. Ist $v_j = b_j$ für alle j, so ist $a_{ij} = 0$ für $i \neq j$ und $a_{jj} = 1$. Daher ist $d(b_1,\dots,b_n) = a \neq 0$. Es bleibt zu zeigen, daß $d(v_1,\dots,v_n) = 0$ ist, falls $v_1,\dots,v_n$ linear abhängig sind. $v_1,\dots,v_n$ seien also linear abhängig. Es gibt dann ein $i \in \{1,2,\dots,n\}$ sowie Elemente $c_1,\dots,c_{i-1},c_{i+1},\dots,c_n \in K$ mit

$$v_i = v_1c_1 + \dots + v_{i-1}c_{i-1} + v_{i+1}c_{i+1} + \dots + v_nc_n.$$

Daher ist

$$d(v_1,\dots,v_n) = d(v_1,\dots,v_1,\dots)c_1 + d(v_1,v_2,\dots,v_2,\dots)c_2 + \dots$$

Es genügt daher zu zeigen, daß $d(v_1,\dots,v_n) = 0$ ist, falls zwei der Argumente gleich sind.

Es sei $i \neq j$ und es sei $v_i = v_j$. Ferner sei τ die Transposition, die i und j miteinander vertauscht. Dann ist $S_n = A_n \cup \tau A_n$ und $A_n \cap \tau A_n = \emptyset$. Daher ist

$$d(v_1,\dots,v_n) = \sum_{\sigma \in A_n} \Big(\prod_{l=1}^{n} a_{l\sigma,l} - \prod_{l=1}^{n} a_{l\tau\sigma,l}\Big).$$

Nun ist $l\tau = l$ für $l \neq i,j$ und damit $a_{l\tau\sigma,l} = a_{l\sigma,l}$. Weil $v_i = v_j$ ist, ist $a_{ki} = a_{kj}$

für alle $k \in \{1,2,\dots,n\}$. Daher ist $a_{i\tau\sigma,i} = a_{j\sigma,i} = a_{j\sigma,j}$ und $a_{j\tau\sigma,j} = a_{i\sigma,j} = a_{i\sigma,i}$. Insgesamt folgt

$$\prod_{l=1}^{n} a_{l\sigma,l} = \prod_{l=1}^{n} a_{l\tau\sigma,l}$$

für alle $\sigma \in A_n$. Folglich ist $d(v_1,\dots,v_n) = 0$, q. e. d.

Mit diesem Satz ist die Existenz von Determinantenformen gesichert. Daß es nicht allzu viele Determinantenformen gibt, zeigt der folgende Satz.

5.6. Satz. Sind d und d' zwei Determinantenformen auf V, so gibt es ein $c \in K^*$ mit $d(v_1,\dots,v_n) = cd'(v_1,\dots,v_n)$ für alle $v_1,\dots,v_n \in V$.

Beweis. Es sei $b_1,\dots,b_n$ eine Basis von V. Dann ist $d'(b_1,\dots,b_n) \neq 0$ nach 5.4. Setze

$$c = \frac{d(b_1,\dots,b_n)}{d'(b_1,\dots,b_n)} .$$

Ist $v_j = \sum_{i=1}^{n} b_i x_{ij}$, so liefert zweimalige Anwendung von 5.3

$$d(v_1,\dots,v_n) = \Big(\sum_{\sigma \in S_n} \operatorname{sgn}(\sigma) \prod_{j=1}^{n} a_{j\sigma,j}\Big) d(b_1,\dots,b_n) =$$

$$c\Big(\sum_{\sigma \in S_n} \operatorname{sgn}(\sigma) \prod_{j=1}^{n} a_{j\sigma,j}\Big) d'(b_1,\dots,b_n) = cd'(v_1,\dots,v_n),$$

q. e. d.

Ist d eine Determinentenform und ist $\phi \in GL(V) = G(\mathrm{End}_K(V))$, so ist auch die durch $d_\phi(v_1,\dots,v_n) = d(\phi v_1,\dots,\phi v_n)$ definierte Abbildung d_ϕ eine Determinantenform, wie man sich leicht überlegt. Es gibt daher ein $c \in K^*$ mit $cd(v_1,\dots,v_n) = d_\phi(v_1,\dots,v_n)$ für alle $v_1,\dots,v_n \in V$. Ist $\{b_1,\dots,b_n\}$ eine Basis von V, so ist also

$$c = \frac{d_\phi(b_1,\dots,b_n)}{d(b_1,\dots,b_n)} .$$

Insbesondere folgt, daß c von der speziellen Basis $\{b_1,\dots,b_n\}$ unabhängig ist. c ist aber auch von der Determinantenform d unabhängig. Um dies zu zeigen, sei d' eine weitere Determinantenform auf V. Ferner haben c' und d'_ϕ die entsprechenden Bedeutungen wie c und d_ϕ. Schließlich gibt es nach 5.6 ein $a \in K^*$ mit $ad(v_1,\dots,v_n) = d'(v_1,\dots,v_n)$. Es ist nun

$$c = \frac{d_\phi(b_1,\dots,b_n)}{d(b_1,\dots,b_n)} = \frac{ad(\phi b_1,\dots,\phi b_n)}{ad(b_1,\dots,b_n)} = \frac{d'(\phi b_1,\dots,\phi b_n)}{d'(b_1,\dots,b_n)} = \frac{d'_\phi(b_1,\dots,b_n)}{d'(b_1,\dots,b_n)} = c'.$$

Damit ist gezeigt, daß es eine Zahl $c \in K$ gibt mit

$$c = \frac{d(\phi b_1,\ldots,\phi b_n)}{d(b_1,\ldots,b_n)}$$

für alle Determinantenformen d und alle Basen $\{b_1,\ldots,b_n\}$ von V. Diese nur von ϕ abhängende Zahl nennen wir die Determinante von ϕ und bezeichnen sie mit $\det \phi$. Ist ϕ kein Automorphismus von V, so setzen wir $\det \phi = 0$. Weil in diesem Fall die Vektoren $\phi b_1,\ldots,\phi b_n$ linear abhängig sind, gilt auch hier, daß

$$\det \phi = \frac{d(\phi b_1,\ldots,\phi b_n)}{d(b_1,\ldots,b_n)}$$

für alle Determinantenformen und alle Basen von V ist.

5.7. Satz. V sei ein endlich erzeugter Vektorraum über dem kommutativen Körper K.

a) Ist $\phi \in \mathrm{End}_K(V)$, so ist genau dann $\phi \in GL(V)$, wenn $\det\phi \neq 0$ ist.

b) Für $\phi, \psi \in \mathrm{End}_K(V)$ gilt $\det(\phi\psi) = \det\phi \det\psi$.

c) Es ist $\det \mathrm{id}_V = 1$ und $\det \phi^{-1} = (\det\phi)^{-1}$.

Beweis. a) Ist $\det \phi \neq 0$ und ist d eine Determinantenform, so folgt aus

$$0 \neq \det \phi = \frac{d(\phi b_1,\ldots,\phi b_n)}{d(b_1,\ldots,b_n)}$$

und 5.4, daß $\phi b_1,\ldots,\phi b_n$ eine Basis ist. Somit ist ϕ surjektiv und daher nach IV.3.10 ein Automorphismus von V.

Ist umgekehrt $\phi \in GL(V)$, so ist mit $b_1,\ldots,b_n$ auch $\phi b_1,\ldots,\phi b_n$ eine Basis von V, so daß nach 5.4

$$\det \phi = \frac{d(\phi b_1,\ldots,\phi b_n)}{d(b_1,\ldots,b_n)} \neq 0$$

ist.

b) Wir betrachten zuerst den Fall, daß ψ kein Automorphismus von V ist. Wegen $\{0\} \neq \mathrm{Kern}(\psi) \subseteq \mathrm{Kern}(\phi\psi)$ ist daher auch $\phi\psi$ kein Automorphismus. Wegen a) ist daher

$$\det(\phi\psi) = 0 = (\det\phi)\cdot 0 = \det\phi \det\psi.$$

Wir können daher annehmen, daß ψ ein Automorphismus ist. Ist dann $b_1,\ldots,b_n$ eine Basis, so ist auch $\psi b_1,\ldots,\psi b_n$ eine Basis und folglich

$$\det(\phi\psi) = \frac{d(\phi\psi b_1,\ldots,\phi\psi b_n)}{d(b_1,\ldots,b_n)} = \frac{d(\phi(\psi b_1),\ldots,\phi(\psi b_n))}{d(\psi b_1,\ldots,\psi b_n)}\,\frac{d(\psi b_1,\ldots,\psi b_n)}{d(b_1,\ldots,b_n)} = \det\phi \det\psi.$$

c) Setze $1 = \mathrm{id}_V$. Dann ist

$$\det 1 = \frac{d(1b_1,\ldots,1b_n)}{d(b_1,\ldots,b_n)} = 1$$

und daher

$$(\det \phi)^{-1} = (\det \phi)^{-1}\det(\phi\phi^{-1}) = (\det \phi)^{-1}\det \phi \det \phi^{-1} = \det \phi^{-1},$$

q. e. d.

Es sei $A = (a_{ij})$ eine $(n \times n)$-Matrix mit Koeffizienten aus dem kommutativen Körper K. Als Determinante von A bezeichnet man den Ausdruck

$$\det A = \sum_{\sigma \in S_n} \operatorname{sgn}(\sigma) \prod_{j=1}^{n} a_{j\sigma,j}.$$

5.8. Bemerkung. Ist K ein Körper und ist R ein Teilring von K, ist ferner $A = (a_{ij})$ eine Matrix aus K_n und gilt $a_{ij} \in R$ für alle i und j, so folgt unmittelbar aus der Definition von det A, daß $\det A \in R$ ist.

5.9. Satz. Es sei V ein endlich erzeugter Vektorraum über dem kommutativen Körper K. Ist B eine Basis von V und ist $\phi \in \mathrm{End}_K(V)$, so ist $\det \phi = \det \phi_{B,B}$.

Beweis. Es sei $B = \{b_1,\ldots,b_n\}$ und es sei $\phi_{B,B} = (a_{ij})$. Dann ist nach 3.4

$$d(\phi b_1,\ldots,\phi b_n) = \Big(\sum_{\sigma \in S_n} \operatorname{sgn}(\sigma) \prod_{j=1}^{n} a_{j\sigma,j}\Big) d(b_1,\ldots,b_n) = \det \phi_{B,B}\, d(b_1,\ldots,b_n),$$

q. e. d.

5.10. Korollar. Es sei A eine $(n \times n)$-Matrix mit Koeffizienten aus dem kommutativen Körper K. Das homogene Gleichungssystem (A,0) hat genau dann eine nicht-triviale Lösung, wenn $\det A = 0$ ist.

Beweis. Ist $x \in K^{(n)}$ und definiert man wieder eine lineare Abbildung ϕ von $K^{(n)}$ in sich vermöge $\phi x = (Ax^t)^t$, so ist $\phi_{B,B} = A$, falls $B = \{(1,0,\ldots,0),(0,1,0,\ldots,0),\ldots,(0,\ldots,0,1)\}$ ist. Nun hat (A,0) genau dann eine nicht-triviale Lösung, wenn $\mathrm{Kern}(\phi) \neq$ ist, d.h. genau dann, wenn $\det \phi = 0$ ist. Wegen $\det \phi = \det \phi_{B,B} = \det A$ folgt hieraus die Behauptung, q. e. d.

5.11. Satz. Es sei A eine $(n \times n)$-Matrix mit Koeffizienten aus dem kommutativen Körper K.

a) Es ist det A = det A^t.

b) Ist $\pi \in S_n$ und ist B die Matrix, die man aus A erhält, indem man die Zeilen (Spalten) von A vermöge π permutiert, so ist det B = sgn (π) det A.

c) Addiert man zu einer Zeile (Spalte) von A eine Linearkombination der übrigen Zeilen (Spalten), so erhält man eine Matrix, deren Determinante gleich det A ist.

d) Erhält man B aus A, indem man eine Zeile (Spalte) von A mit $k \in K$ multipliziert, so ist det B = k det A.

e) Ist $k \in K$, so ist det (kA) = k^ndet A.

f) Es ist det (AB) = det A det B für alle $A,B \in K_n$.

g) Ist E die $(n \times n)$-Einheitsmatrix, so ist det E = 1.

h) Ist $A \in GL(n,K)$, so ist det A^{-1} = (det A)$^{-1}$.

Beweis. a) Es sei $A = (a_{ij})$. Dann ist

$$\det A = \sum_{\sigma \in S_n} \operatorname{sgn}(\sigma) \prod_{j=1}^{n} a_{j\sigma,j}.$$

Weil K kommutativ ist, ist

$$\prod_{j=1}^{n} a_{j\sigma,j} = \prod_{j=1}^{n} a_{j\sigma^{-1}\sigma,j\sigma^{-1}} = \prod_{j=1}^{n} a_{j,j\sigma^{-1}} .$$

Ferner ist sgn (σ) = sgn (σ^{-1}). Folglich ist

$$\det A = \sum_{\sigma \in S_n} \operatorname{sgn}(\sigma^{-1}) \prod_{j=1}^{n} a_{j,j\sigma^{-1}} .$$

Nun ist die Abbildung $\sigma \to \sigma^{-1}$ eine Bijektion von S_n auf sich. Daher ist

$$\det A = \sum_{\sigma \in S_n} \operatorname{sgn}(\sigma) \prod_{j=1}^{n} a_{j,j\sigma} = \det A^t.$$

Alles weitere ist nun trivial.

Es sei $A = (a_{ij})$ eine $(m \times n)$-Matrix. Ist $I \subseteq \{1,2,\ldots,n\}$ und $J \subseteq \{1,2,\ldots,n\}$, so definieren wir die Matrix $A_{I,J}$ durch

$$A_{I,J} = (a_{ij}) , \qquad i \in I,\ j \in J.$$

Die Matrix $A_{I,J}$ ist dann eine $(|I| \times |J|)$-Teilmatrix von A.

Ist z.B. $A = (a_{ij})$ eine (4×5)-Matrix und ist $I = \{2,3\}$ und $J = \{2,3,5\}$, so ist

$$A_{I,J} = \begin{pmatrix} a_{22} & a_{23} & a_{25} \\ a_{32} & a_{33} & a_{35} \end{pmatrix} .$$

5.12. Satz. Ist A eine Matrix mit Koeffizienten aus dem kommutativen Körper K, so ist

$\mathrm{Rg}\, A = \max\{r \mid$ es gibt eine $(r \times r)$-Teilmatrix X von A mit $\det X \neq 0\}$.

Beweis. Es sei $X = A_{I,J}$ eine $(r \times r)$-Teilmatrix von A mit $\det X \neq 0$. Nach 5.10 hat dann $(X,0)$ nur die triviale Lösung, so daß nach 4.1 der Rang von X gleich r ist. Es sei nun z_i die i-te Zeile von A. Ferner sei $k_i \in K$ $(i \in I)$ und $\sum_{i \in I} z_i k_i = 0$. Dann ist $\sum_{i \in I} a_{ij} k_i = 0$ für $j = 1,2,\ldots,n$. Erst recht ist dann $\sum_{i \in I} a_{ij} k_i = 0$ für alle $j \in J$. Sind z_i' $(i \in I)$ die Zeilenvektoren von $A_{I,J}$, so ist also $\sum_{i \in I} z_i' k_i = 0$. Wegen $\mathrm{Rg}\, X = r$ folgt hieraus $k_i = 0$ für alle $i \in I$, so daß die Zeilenvektoren z_i von A mit $i \in I$ linear unabhängig sind. Daher ist

$\mathrm{Rg}\, A \geqslant \max\{r \mid$ es gibt eine $(r \times r)$-Teilmatrix X mit $\det X \neq 0\}$.

Es gibt nun ein $I \subseteq \{1,2,\ldots,m\}$ mit $|I| = \mathrm{Rg}\, A$, so daß die Zeilenvektoren z_i mit $i \in I$ linear unabhängig sind. Also ist $\mathrm{Rg}\, A_{I,\{1,2,\ldots,n\}} = \mathrm{Rg}\, A$. Hieraus folgt nach 3.7 die Existenz eines $J \subseteq \{1,2,\ldots,n\}$ mit $|J| = \mathrm{Rg}\, A$, so daß die Spaltenvektoren von $A_{I,\{1,2,\ldots,n\}}$ mit Indizes aus J linear unabhängig sind. Daher hat $A_{I,J}$ den Rang $\mathrm{Rg}\, A$. Dies impliziert wiederum, daß $(A_{I,J},0)$ nur die triviale Lösung hat, so daß nach 5.10 die Ungleichung $\det A_{I,J} \neq 0$ gilt. Somit ist

$\mathrm{Rg}\, A \leqslant \max\{r \mid$ es gibt eine $(r \times r)$-Teilmatrix X mit $\det X \neq 0\}$,

q. e. d.

Aufgaben

Ist A eine $(n \times n)$-Matrix mit Koeffizienten aus einem kommutativen Körper K, so setzen wir $(-1)^{k+1} \det A_{\{k\}^c,\{l\}^c} = \overset{*}{a}_{kl}$ und $\overset{*}{A} = (\overset{*}{a}_{ij})$.

1) Es sei $A = (a_{ij})$ eine $(n \times n)$-Matrix mit Koeffizienten aus einem kommutativen Körper. Ferner seien $k,l \in \{1,2,\ldots,n\}$ und es gelte $a_{kr} = 0$ für alle $r \in \{1,2,\ldots,n\} \setminus \{l\}$, d.h., in der k-ten Zeile von A ist allenfalls der Koeffizient a_{kl} von Null verschieden. Zeige, daß $\det A = a_{kl} \overset{*}{a}_{kl}$ ist.

2) Es sei $A = (a_{ij})$ eine $(n \times n)$-Matrix mit Koeffizienten aus einem kommutativen Körper. Zeige, daß $\det A = \sum_{j=1}^{n} a_{ij} \overset{*}{a}_{ij}$ für alle i gilt. (Benutze Aufgabe 1).)

3) Ist A eine $(n \times n)$-Matrix mit Koeffizienten aus einem kommutativen Körper, so ist $A\overset{*}{A}{}^t = (\det A)E$, wobei E wieder die $(n \times n)$-Einheitsmatrix ist.

4) K sei ein kommutativer Körper. Ferner seien $x_1, \ldots, x_n \in K$. Zeige, daß

$$\det \begin{pmatrix} 1 & x_1 & x_1^2 & x_1^3 & \ldots & x_1^{n-1} \\ 1 & x_2 & x_2^2 & x_2^3 & \ldots & x_2^{n-1} \\ \ldots & \ldots & \ldots & \ldots & \ldots & \ldots \\ 1 & x_n & x_n^2 & x_n^3 & \ldots & x_n^{n-1} \end{pmatrix} = \prod_{j<i} (x_i - x_j)$$

ist. (Diese Determinante heißt Vandermonde'sche Determinante.)

Kapitel VI. Aus der Körpertheorie

Alle in diesem Kapitel betrachteten Körper sind kommutativ.

1. Erweiterungskörper. K und L seien zwei Körper. Ist K ein Teilkörper von L, so heißt L auch Erweiterungskörper von K. Häufig sagt man dafür auch nur, daß L eine Erweiterung von K ist. Ist L eine Erweiterung des Körpers K, so ist L ein K-Vektorraum. Weil L und K kommutativ sind, brauchen wir nicht zwischen links und rechts zu unterscheiden. Ist L als K-Vektorraum endlich erzeugt, so setzen wir $Rg_K L = [L:K]$. Ist L nicht endlich erzeugt, so setzen wir $[L:K] = \infty$. Die "Zahl" $[L:K]$ nennen wir den Grad von L über K. Ist der Grad von L über K endlich, so nennen wir L auch eine endliche Erweiterung von K oder auch kurz endlich über K.

Ein ebenso trivialer, wie für die Theorie fundamentaler Satz ist

1.1. Satz. K,L und M seien Körper. Ist L eine endliche Erweiterung von K und M eine endliche Erweiterung von L, so ist M eine endliche Erweiterung von K und es gilt $[M:K] = [M:L][L:K]$.

Beweis. Weil K ein Teilkörper von L und L ein Teilkörper von M ist, ist K ein Teilkörper von M. Folglich ist M eine Erweiterung von K. Es sei $b_1,\dots,b_m$ eine K-Basis von L und $c_1,\dots,c_n$ eine L-Basis von M. Es sei ferner $a \in M$. Es gibt dann Elemente $x_1,\dots,x_n \in L$ mit $a = \sum_{j=1}^{n} x_j c_j$. Ferner gibt es zu jedem $j \in \{1,2,\dots,n\}$ Elemente $y_{j1},\dots,y_{jm} \in K$ mit $x_j = \sum_{i=1}^{m} y_{ji} b_i$. Daher ist $a = \sum_{j=1}^{n} \sum_{i=1}^{m} y_{ji} b_i c_j$. Folglich ist $\{b_i c_j | i = 1,2,\dots,m;\ j = 1,2,\dots,n\}$ ein K-Erzeugendensystem von M. Um zu zeigen, daß $\{b_i c_j | i = 1,2,\dots,m;\ j = 1,2,\dots,n\}$ sogar eine Basis von M ist, sei $0 = \sum_{i=1}^{m} \sum_{j=1}^{n} y_{ij} b_i c_j$ mit $y_{ij} \in K$. Weil die c_j linear unabhängig sind, folgt wegen $\sum_{i=1}^{m} y_{ij} b_i \in L$ für alle j die Gleichung $\sum_{i=1}^{m} y_{ij} b_i = 0$. Hieraus und aus der linearen Unabhängigkeit der b_i folgt schließlich $y_{ij} = 0$ für alle i und alle j. Damit ist gezeigt, daß $\{b_i c_j | i = 1,2,\dots,m;\ j = 1,2,\dots,n\}$ eine Basis von M ist. Also ist M ein Vektorraum endlichen Ranges über K und es gilt $[M:K] = nm = [M:L][L:K]$, q. e. d.

1.2. Hilfssatz. Es sei L eine Erweiterung von K. Ist $a \in L$ und definiert man für $f = \sum_{i=0}^{n} k_i x^i \in K[x]$ das Element f(a) durch $f(a) = \sum_{i=0}^{n} k_i a^i$, so ist die Abbildung $f \to f(a)$ ein Homomorphismus von K[x] in L.

Der Beweis ergibt sich durch völlig banale Rechnungen, bei denen jedoch die Kommutativität von L wesentlich eingeht.

Ist die in 1.2 definierte Abbildung $f \to f(a)$ ein Isomorphismus von K[x] in L, so nennen wir a transzendent über K, andernfalls algebraisch. Ist a algebraisch über K, so gibt es also ein von Null verschiedenes Polynom $f \in K[x]$ mit $f(a) = 0$, d.h. a ist in diesem Falle Nullstelle eines nicht-trivialen Polynoms aus K[x]. Umgekehrt gilt: Ist $a \in L$ Nullstelle eines nicht-trivialen Polynoms über K, so ist a algebraisch über K.

Es sei wiederum L eine Erweiterung von K. Ist $a \in L$, so bezeichnen wir mit K(a) den Durchschnitt über alle Teilkörper von L, die sowohl K als auch a enthalten. Offenbar ist K(a) ein Teilkörper von L, der K enthält. Man sagt, daß man K(a) durch Adjunktion von a zu K erhält. Es gilt nun

1.3. Satz. Es sei L eine Erweiterung des Körpers K. Ist $a \in L$, so ist a genau dann algebraisch über K, wenn K(a) eine endliche Erweiterung von K ist.

Beweis. K(a) sei eine endliche Erweiterung von K und es sei $[K(a):K] = n$. Dann sind die Elemente $1, a, a^2, \ldots, a^n$ linear abhängig über K, so daß es Elemente $k_0, \ldots, k_n \in K$ gibt, die nicht alle Null sind und für die $\sum_{i=0}^{n} k_i a^i = 0$ gilt. Ist $f = \sum_{i=0}^{n} k_i x^i$, so ist also $0 \neq f \in K[x]$ und $f(a) = 0$, so daß a algebraisch über K ist.

Es sei umgekehrt a algebraisch über K. Dann ist also die Abbildung $\eta : f \to f(a)$ ein echter Homomorphismus von K[x] in L. Es sei R das Bild von K[x] unter η. Ist $f = k \in K$, so ist $f^\eta = k$, so daß $K \subseteq R$ ist. Ferner ist $x^\eta = a$, so daß auch $a \in R$ gilt. Es sei $\mathfrak{p} = \text{Kern}(\eta)$. Es gibt dann ein Polynom $p \in K[x]$ mit $\mathfrak{p} = pK[x]$, da K[x] ja ein Hauptidealring ist. Es sei $p = fg$ mit $f, g \in K[x]$. Dann folgt aus $0 = p(a) = (fg)(a) = f(a)g(a)$, daß entweder $f \in \mathfrak{p}$ oder $g \in \mathfrak{p}$ ist. Hieraus folgt $p \mid f$ oder $p \mid g$, so daß p irreduzibel ist. Nach III.11.4, III.9.10 und III.3.5 ist $K[x] / \mathfrak{p}$ daher ein Körper. Wegen $K[x] / \mathfrak{p} \cong R$ ist folglich auch R ein Körper. Wegen $K \subseteq R$ und $a \in R$ ist daher $K(a) \subseteq R$. Ist andererseits $r \in R$, so gibt es Elemente $k_0, \ldots, k_n \in K$ mit $r = \sum_{i=0}^{n} k_i a^i$, so daß $r \in K(a)$ ist. Somit ist $R \subseteq K(a)$, so daß wir insgesamt $R = K(a)$ erhalten. Ist Grad $p = n$, so ist $1, a, \ldots, a^{n-1}$, wie man leicht verifiziert, eine K-Basis von $R = K(a)$, so daß $K(a)$ eine endliche Erweiterung von K ist, q. e. d.

Das im Beweise von 1.3 konstruierte Polynom p heißt ein Minimalpolynom von a. Alle Minimalpolynome von a haben denselben Grad n. Diese Zahl n heißt auch der Grad von a. Ferner gilt, daß alle Minimalpolynome von a irreduzibel sind.

1.4. Korollar. L sei eine Erweiterung von K. Ist $a \in L$ algebraisch vom Grade n über K, so ist $[K(a):K] = n$.

1.5. Korollar. L sei eine Erweiterung von K. Ist A die Menge der über K algebraischen Elemente von L, so ist A ein K umfassender Teilkörper von L.

Beweis. Ist $k \in K$, so ist k Nullstelle von $x - k \in K[x]$, so daß $K \subseteq A$ ist. Es seien $a,b \in A$. Dann ist $K(a)$ endlich über K. Weil b über K algebraisch ist, ist b auch algebraisch über $K(a)$. Somit ist $K(a)(b) = K(a,b)$ nach 1.3 endlich über $K(a)$ und daher nach 1.1 auch endlich über K. Nun ist $a - b, ab \in K(a,b)$, so daß nach 1.3 sowohl $a - b$ als auch ab zu A gehört. Dies besagt, daß A ein Teilring von L ist. Ist $0 \neq a \in A$, so ist $K(a)$ endlich über K. Wegen $a^{-1} \in K(a)$ ist daher auch $a^{-1} \in A$, q. e. d.

Aufgaben

1) Es sei L eine Erweiterung von K. Ist $[L:K]$ eine Primzahl, so folgt aus: M ist Erweiterung von K und L ist Erweiterung von M, daß entweder $K = M$ oder $M = L$ ist.

2) Eine Erweiterung L von K heißt algebraisch über K, wenn alle Elemente von L algebraisch über K sind. Ist L algebraisch über K und M algebraisch über L, so ist M algebraisch über K.

2. Nullstellen von Polynomen. Im vorherigen Abschnitt haben wir die Nullstellen von Polynomen $f \in K[x]$ betrachtet, die in einer gegebenen Erweiterung L von K liegen. In diesem Abschnitt fragen wir nun, ob es zu $f \in K[x]$ einen Erweiterungskörper L von K gibt, in dem f eine Nullstelle hat. Wir werden sehen, daß es einen solchen Körper stets gibt. Zunächst beweisen wir jedoch

2.1. Hilfssatz. L sei eine Erweiterung von K und es sei $f \in K[x]$. Ist $a \in L$ eine Nullstelle von f, so gibt es ein $g \in L[x]$ mit $f = (x - a)g$.

Beweis. Wegen $K[x] \subseteq L[x]$ ist $f \in L[x]$. Es gibt daher Polynome g und r in $L[x]$ mit $f = (x - a)g + r$ und $r = 0$ oder Grad r < Grad $(x - a) = 1$, so daß in jedem Falle $r \in L$ ist. Also ist

$$r = (a - a)g(a) + r = f(a) = 0$$

q. e. d.

Ist $(x - a)^m \mid f$ und $(x - a)^{m+1} \nmid f$, so nennen wir a eine Nullstelle der <u>Vielfachheit</u> m Zählt man eine Nullstelle der Vielfachheit m stets als m Nullstellen, so gilt auch dann noch

<u>2.2. Hilfssatz</u>. Ist $0 \neq f \in K[x]$, ist Grad f = n und ist L eine Erweiterung von K, so hat f in L höchstens n Nullstellen.

Beweis. Ist n = 0, so ist $f \in K^*$ und hat folglich keine Nullstelle. Es sei also $n \geqslant 1$. Hat f in L keine Nullstellen, so ist nichts mehr zu beweisen. Es sei $a \in L$ eine Nullstelle der Vielfachheit m von f. Dann ist $f = (x - a)^m g$ mit $g \in L[x]$ und $(x - a, g) = 1$. Ist b eine von a verschiedene Nullstelle, so ist $b - a \neq 0$, so daß aus $0 = f(b) = (b - a)^m g(b)$ die Gleichung $g(b) = 0$ folgt. Somit sind alle von a verschiedenen Nullstellen von f Nullstellen von g. Wegen Grad g = Grad f - m = n - m < n hat g höchstens n - m Nullstellen, so daß f höchstens n - m + m = n Nullstellen hat, q. e. d.

<u>2.3. Satz</u>. K sei ein Körper. Ist $f \in K[x]$ irreduzibel und ist Grad f = n, so gibt es eine Erweiterung L von K vom Grade n, in der f eine Nullstelle hat.

Beweis. Weil f irreduzibel ist, ist $L = K[x]/fK[x]$ ein Körper. Ferner ist $k \to k + fK[x]$ ein Isomorphismus von K in L, so daß wir K mit $\{k + fK[x] \mid k \in K\}$ identifizieren können. Auf diese Weise wird L zu einer Erweiterung von K.

Die Elemente $1 = 1 + fK[x], x + fK[x], \ldots, x^{n-1} + fK[x]$, bilden eine K-Basis von L, so daß $[L:K] = n$ ist.

Schließlich ist $f(x + fK[x]) = f + fK[x] = fK[x]$, so daß $x + fK[x]$ eine Nullstelle von f in L ist, q. e. d.

<u>2.4. Korollar</u> (KRONECKER). Ist K ein Körper und ist f ein Polynom vom Grade n über K, so gibt es eine Erweiterung L von K mit $[L:K] \leqslant n$, in der f eine Nullstelle hat.

Beweis. Ist p ein irreduzibler Faktor von f, so konstruiere man gemäß 2.3 einen Körper L, in dem p eine Nullstelle hat. Wegen $p \mid f$ ist dies dann auch eine Nullstelle von f. Überdies gilt $[L:K]$ = Grad p $\leqslant$ Grad f = n, q. e. d.

2.5. Korollar. Ist K ein Körper und ist f ein Polynom vom Grade n über K, so gibt es eine Erweiterung L von K mit $[L:K] \leqslant n!$, in der f genau n Nullstellen hat, wobei jede Nullstelle so oft gezählt wird, wie ihre Vielfachheit angibt.

Beweis. Induktion mit Hilfe von 2.4 und 1.1.

Ist L eine Erweiterung von K, ist $f \in K[x]$ und hat L die Eigenschaft, daß f in $L[x]$ vollständig in Linearfaktoren zerfällt, daß also f in L genau n Nullstellen hat, so sagen wir, daß L das Polynom f zerfällt. Zerfällt L das Polynom f, wird f jedoch von keinem echten Teilkörper von L, der K umfaßt, zerfällt, so heißt L ein Zerfällungskörper von f über K, wobei wir den Zusatz "über K" meist weglassen werden. Das Korollar 2.5 garantiert die Existenz von Zerfällungskörpern, da es nach 2.5 ja Körper endlichen Grades über K gibt, die f zerfällen.

Hauptziel dieses Abschnittes ist nun zu zeigen, daß alle Zerfällungskörper eines Polynoms isomorph sind.

Ist σ ein Isomorphismus des Körpers K auf den Körper K', ist ferner $f = \sum_{i=0}^{n} k_i x^i \in K[x]$ und setzt man $f^\sigma = \sum_{i=0}^{n} k_i^\sigma x^i$, so wird σ zu einem Isomorphismus von $K[x]$ auf $K'[x]$.

2.6. Satz. Es sei σ ein Isomorphismus des Körpers K auf den Körper K'. Sind $L = K(a)$ und $L' = K'(a')$ algebraische Erweiterungen von K bzw, K', ist ferner f das Minimalpolynom von a und gilt $f^\sigma(a') = 0$, so gibt es einen Isomorphismus τ von L auf L' mit $a^\tau = a'$ und $k^\tau = k^\sigma$ für alle $k \in K$.

Beweis. Ist $l \in L$, so gibt es genau ein Polynom $g \in K[x]$ mit Grad $g \leqslant n - 1$, und $l = g(a)$, wenn n = Grad f ist. Setze $l^\tau = g^\sigma(a')$. Dann ist τ offenbar eine additive Abbildung von L auf L'. Es seien $l,m \in L$ und es ferner $l = g(a)$ und $m = h(a)$ mit Polynomen g und h, deren Grad höchstens $n - 1$ ist. Es gibt Polynome $r,s \in K[x]$ mit $r = 0$ oder Grad $r \leqslant n - 1$ und $gh = sf + r$. Daher ist

$$lm = g(a)h(a) = (gh)(a) = (sf + r)(a) = s(a)f(a) + r(a) = r(a).$$

Ferner ist

$$g^\sigma h^\sigma = (gh)^\sigma = (sf + r)^\sigma = s^\sigma f^\sigma + r^\sigma$$

und daher

$$l^\tau m^\tau = g^\sigma(a')h^\sigma(a') = (g^\sigma h^\sigma)(a') = (s^\sigma f^\sigma + r^\sigma)(a') = s^\sigma(a')f^\sigma(a') + r^\sigma(a') =$$
$$r^\sigma(a') = (r(a))^\tau = (lm)^\tau.$$

Also ist τ ein Isomorphismus von L auf L', der σ fortsetzt und der a auf a' abbildet, q. e. d.

2.7. Satz. Es sei σ ein Isomorphismus des Körpers K auf den Körper K'. Ferner sei $f \in K[x]$. Ist L ein Zerfällungskörper von f über K und L' ein Zerfällungskörper von f^σ über K', so gibt es einen Isomorphismus τ von L auf L' mit $k^\tau = k^\sigma$ für alle $k \in K$.

Beweis. Es sei n die Anzahl der Nullstellen von f, die nicht in K liegen. Ist $n = 0$, so ist $L = K$. Weil die Abbildung $g \to g^\sigma$ ein Isomorphismus von $K[x]$ auf $K'[x]$ ist, folgt weiter $L' = K'$. In diesem Fall ist $\tau = \sigma$ der verlangte Isomorphismus. Es sei also $n > 0$. Ferner sei $f = a(x - a_1)(x - a_2) \dots (x - a_r)$. Wegen $n > 0$ können wir o. B. d. A. annehmen, daß $a_1 \notin K$ gilt. Es sei p das Minimalpolynom von a_1 über K. Weil p als Minimalpolynom irreduzibel ist, folgt aus $f(a_1) = 0 = p(a_1)$ und 2.1, daß p ein Teiler von f ist. Es gibt also ein $g \in K[x]$ mit $f = pg$. Dann ist $f^\sigma = p^\sigma g^\sigma$. Weil a der Leitkoeffizient von f ist, ist $a \in K$. Somit ist $f^\sigma = a^\sigma(x - b_1)(x - b_2)\dots(x - b_r)$ mit $b_i \in L'$. In einem geeigneten Erweiterungskörper L" von L' hat p^σ eine Nullstelle c. Dann ist $f^\sigma(c) = p^\sigma(c)g^\sigma(c) = 0$, so daß $a^\sigma(c - b_1)(c - b_2)\dots(c - b_r) = 0$ ist. Wir können daher o. B. d. A. annehmen, daß $c = b_1$ ist. Nach 2.6 gibt es nun einen Isomorphismus ρ von $K(a_1)$ auf $K'(b_1)$, der σ fortsetzt. Wegen $K \subseteq K(a_1) \subseteq L$ ist L auch ein Zerfällungskörper von f über $K(a_1)$ und entsprechend ist L' ein Zerfällungskörper von f^σ über $K'(b_1)$. Ferner ist ρ ein Isomorphismus von $K(a_1)$ auf $K'(b_1)$ und die Anzahl der Nullstellen von f, die nicht in $K(a_1)$ liegen, ist kleiner als n. Vollständige Induktion liefert nun die Existenz eines Isomorphismus τ von l auf L' mit $u^\tau = u^\rho$ für alle $u \in K(a_1)$. Hieraus folgt wiederum $k^\sigma = k^\rho = k^\tau$ für alle $k \in K$, q. e. d.

2.8. Korollar. Alle Zerfällungskörper des Polynoms $f \in K[x]$ sind isomorph.

Dies folgt mit $\sigma = id_K$ aus 2.7.

Eine Nullstelle eines Polynoms heißt mehrfache Nullstelle, falls sie mindestens die Vielfachheit 2 hat. Wir wollen als letztes ein Kriterium dafür angeben, wann ein Polynom in einem geeigneten Erweiterungskörper eine mehrfache Nullstelle hat.

Ist $f = \sum_{i=0}^{n} k_i x^i \in K[x]$, so setzen wir $f' = \sum_{i=1}^{n} i k_i x^{i-1}$. Das Polynom f' heißt die erste Ableitung von f. Sind $f,g \in K[x]$, so rechnet man leicht nach, daß $(f + g)' = f' + g'$ und $(fg)' = f'g + fg'$ ist.

2.9. Satz. Ist K ein Körper und $f \in K[x]$, so gibt es genau dann einen Erweiterungskörper von K, in dem f eine mehrfache Nullstelle hat, wenn f und f' nicht teilerfremd sind.

Beweis. a sei eine mehrfache Nullstelle von f in der Erweiterung L. Es gibt dann ein $g \in L[x]$ und eine natürliche Zahl $m \geq 2$ mit $f = (x - a)^m g$. Daher ist

$$f' = m(x - a)^{m-1}g + (x - a)^m g' = (x - a)h \quad \text{mit} \quad h \in L[x],$$

so daß $x - a$ ein Teiler von f und von f' ist. Wegen Grad $(x - a) = 1$ sind f und f' nicht teilerfremd (s. Kapitel III, Abschnitt 11, Aufgabe 1).

Sind f und f' nicht teilerfremd, so gibt es ein Polynom vom Grade größer oder gleich 1, welches f und f' teilt. Nach 2.4 gibt es daher eine Erweiterung L von K, in der f und f' eine gemeinsame Nullstelle a haben. m sei die Vielfachheit von a als Nullstelle von f. Es gibt dann ein zu $x - a$ teilerfremdes g in $L[x]$ mit $f = (x - a)^m g$. Also ist

$$f' = m(x - a)^{m-1}g + (x - a)^m g'.$$

Weil $f'(a) = 0$ ist, ist $x - a$ nach 2.1 ein Teiler von f'. Daher ist wegen $m \geq 1$ das Polynom $x - a$ auch ein Teiler von $m(x - a)^{m-1}g$. Weil g zu $x - a$ teilerfremd ist, folgt weiter, daß $x - a$ sogar $m(x - a)^{m-1}$ teilt. Hieraus folgt, daß $m(x - a)^{m-1}$ entweder das Nullpolynom ist, oder aber, daß der Grad von $m(x - a)^{m-1}$ mindestens gleich 1 ist. Im ersten Fall wird m durch die Charakteristik von K geteilt, woraus $m \geq 2$ folgt, und im zweiten Fall ist $m - 1 \geq 1$, so daß in jedem Falle $m \geq 2$ ist, q. e. d.

Aufgaben

1) Es sei D der Quaternionenschiefkörper über den reellen Zahlen (s. Aufgabe 3) von Abschnitt 2). Bestimme sämtliche Nullstellen des Polynoms $x^2 + 1$, die in D liegen. (Hinweis: Es gibt mehr als zwei!)

2) Zeige: Sind $f,g \in K[x]$, so ist $(fg)' = f'g + fg'$.

3) Beweise: Ist $f = (x - a)^m \in K[x]$ und ist $m \geq 1$, so ist $f' = m(x - a)^{m-1}$.

3. Galoisfelder. Wir wollen nun die Ergebnisse des letzten Abschnittes benutzen, um uns einen vollständigen Überblick über alle endlichen kommutativen Körper zu verschaffen.

3.1. Satz. Ist K ein Körper mit q Elementen und ist L eine endliche Erweiterung vom Grade n, so ist $|L| = q^n$.

Beweis. L ist ein Vektorraum vom Range n über K. Daher ist die additive Gruppe von L nach IV.3.12 b) zu $K^{(n)}$ isomorph. Nach I.4.7 ist daher $|L| = |K^{(n)}| = q^n$, q. e. d.

3.2. Korollar. Ist K ein endlicher Körper, so ist die Charakteristik p von K eine Primzahl und $|K|$ ist eine Potenz von p.

Beweis. Weil K endlich ist, ist auch der in K enthaltene Primkörper P endlich. Nach III.5.6 ist daher $P \cong GF(p)$ für eine geeignete Primzahl p. Insbesondere ist $|P| = p$, so daß $|K|$ nach 3.1 eine Potenz von p ist, q. e. d.

3.3. Satz. Es sei K ein endlicher Körper. Ist n eine natürliche Zahl, so gibt es einen und bis auf Isomorphie auch nur einen Erweiterungskörper L vom Grade n über K.

Beweis. Es sei L ein Erweiterungskörper vom Grade n über K. Ist $|K| = q$, so ist $|L| = q^n$ nach 3.1. Ist $a \in L^*$, so folgt nach II.2.9 wegen $|L^*| = q^n - 1$, daß $a^{q^n-1} = 1$ ist. Hieraus folgt $a^{q^n} - a = 0$, was auch noch für $a = 0$ richtig ist. Die Elemente von L sind also Nullstellen des Polynoms $x^{q^n} - x$. Nach 2.2 hat dieses Polynom höchstens q^n Nullstellen in L, so daß $x^{q^n} - x$ in L vollständig in Linearfaktoren zerfällt. Da ein echter Teilkörper von L weniger als q^n Elemente enthält, kann $x^{q^n} - x$ in keinem echten Teilkörper von L vollständig in Linearfaktoren zerfallen. Also ist L der Zerfällungskörper von $x^{q^n} - x$ und daher bis auf Isomorphie eindeutig bestimmt. Dies beweist die Eindeutigkeitsaussage von 3.3.

Und nun zur Existenz. Es sei L der Zerfällungskörper von $f = x^{q^n} - x$. Ferner sei L_0 die Menge der Nullstellen von f. Nach 3.2 ist q Potenz der Charakteristik von K. Folglich ist $q^n = 0$ in K und daher $f' = q^n x^{q^n-1} - 1 = -1$. Somit hat f nach 2.9 keine mehrfachen Nullstellen in L, so daß $|L_0| = q^n$ ist.

Ist p eine Primzahl und ist $1 \leq i < p$, so ist auch $0 < p - i < p$, so daß weder $i!$ noch $(p - i)!$ durch p teilbar ist. Weil $p!$ durch p teilbar ist und $\binom{p}{i} = \frac{p!}{i!(p-i)!}$ ist, folgt $\binom{p}{i} \equiv 0 \bmod p$ für alle i mit $1 \leq i < p$. Sind nun $a,b \in K$ und ist p die Charakteristik von K, so ist also

$$(a + b)^p = \sum_{i=0}^{p} \binom{p}{i} a^{p-i} b^i = a^p + b^p.$$

Mit vollständiger Induktion folgt, daß

$$(a + b)^{p^r} = a^{p^r} + b^{p^r}$$

für alle $a,b \in K$ und alle natürlichen Zahlen r gilt. Insbesondere folgt mit $a,b \in L_0$, daß

$$(a + b)^{q^n} = a^{q^n} + b^{q^n} = a + b$$

ist, so daß L_0 additiv abgeschlossen ist. Da auch $(ab)^{q^n} = ab$ gilt, folgt, daß L_0 ein Teilkörper von L ist. Weil L_0 alle Nullstellen von f enthält, weil L der Zerfällungskörper von f ist und weil K in L_0 enthalten ist, folgt schließlich $L_0 = L$.

Ist m der Grad von L über K, so folgen aus 3.1 die Gleichungen

$$q^n = |L_0| = |L| = q^m,$$

so daß n = m ist. Damit ist auch die Existenzaussage bewiesen.

3.4. Korollar. Ist p eine Primzahl und n eine natürliche Zahl, so gibt es einen und bis auf Isomorphie auch nur einen kommutativen Körper mit p^n Elementen.

Beweis. Nach 3.3 gibt es bis auf Isomorphie genau einen Erweiterungskörper vom Grade n über GF(p), der dann nach 3.1 genau p^n Elemente enthält. Ist andererseits L ein kommutativer Körper mit p^n Elementen, so ist p die Charakteristik von L, so daß der Primkörper von L zu GF(p) isomorph ist. Hieraus folgt, daß L zu einem Erweiterungskörper vom Grade n über GF(p) isomorph ist. Damit ist auch die Einzigkeit bewiesen.

In Abschnitt 6 werden wir zeigen, daß man auf das Wörtchen kommutativ in 3.4 verzichten kann. Wir werden dort nämlich beweisen, daß alle endlichen Körper kommutativ sind.

Den nach 3.4 bis auf Isomorphie eindeutig bestimmten Körper mit p^n Elementen bezeichnet man mit $GF(p^n)$ und nennt ihn das Galoisfeld mit p^n Elementen.

3.5. Hilfssatz. Ist A eine endliche abelsche Gruppe, sind $a,b \in A$ und ist $o(a) = m$ und $o(b) = n$, so gibt es ein Element der Ordnung $mn(m,n)^{-1}$ in A.

Beweis. Setze $c = a^{(m,n)}$ und $l = m(m,n)^{-1}$. Dann ist $o(c) = l$ und $(l,n) = 1$. Nun ist $(cb)^{ln} = c^{ln}b^{ln} = 1$ und daher $o(cb) / ln$. Andererseits folgt aus

$$1 = (cb)^{o(cb)} = c^{o(cb)}b^{o(cb)},$$

daß $c^{o(cb)} = b^{-o(cb)}$ ist. Also ist $c^{o(cb)n} = 1$, so daß l ein Teiler von $o(cb)n$ ist. Wegen $(l,n) = 1$ folgt hieraus $l / o(cb)$. Ebenso folgt $n / o(cb)$, so daß wegen $(l,n) = 1$ sogar $ln / o(cb)$ gilt. Also ist $o(cb) = ln = mn(m,n)^{-1}$, q. e. d.

3.6. Korollar. Ist A eine endliche abelsche Gruppe und ist $m = \max\{o(a) | a \in A\}$, so ist o(a) ein Teiler von m für alle $a \in A$.

Beweis. Es sei $b \in A$ und $o(b) = m$. Ist dann $a \in A$ und $o(a) = n$, so gibt es ein Element der Ordnung $nm(n,m)^{-1}$. Wegen $nm(n,m)^{-1} \leqslant m$ ist $n \leqslant (m,n)$ und daher $n = (m,n)$, so daß $n = o(a)$ ein Teiler von m ist, q. e. d.

3.7. Korollar. Ist A eine endliche abelsche Gruppe und hat die Gleichung $x^n = 1$ für jede natürliche Zahl n höchstens n Lösungen in A, so ist A zyklisch.

Beweis. Es sei $a \in A$ und $o(a) = \max\{o(b) | b \in A\}$. Nach 3.6 ist dann $b^{o(a)} = 1$ für alle $b \in A$. Folglich ist $|A| \leq o(a)$. Nach II.2.8 ist andererseits $o(a)$ ein Teiler von A. Daher ist $o(a) = |A|$. Wegen $o(a) = |A| \neq 0$ ist $|A| = |\langle a \rangle|$, so daß $\langle a \rangle = A$ ist, q. e. d.

3.8. Satz. Ist K ein kommutativer Körper und ist G eine endliche Untergruppe von K^*, so ist G zyklisch.

Dies folgt unmittelbar aus 3.7, wenn man nur bemerkt, daß das Polynom $x^n - 1$ nach 2.2 in K und damit erst recht in G höchstens n Nullstellen hat.

3.9. Korollar. Die multiplikative Gruppe von $GF(p^n)$ ist zyklisch.

Dies folgt mit 3.8 aus der Endlichkeit von $GF(p^n)$.

3.10. Korollar. Ist $K = GF(p^r)$ und ist n eine natürliche Zahl, so gibt es wenigstens ein irreduzibles Polynom vom Grade n über K.

Beweis. Es sei L eine Erweiterung vom Grade n über K. Dann ist L^* zyklisch. Ist $L^* = \langle w \rangle$, so ist offenbar $L = K(w)$. Ist m der Grad des Minimalpolynoms von w über K, so gelten nach 1.4 die Gleichungen

$$m = [K(w):K] = [L:K] = n.$$

Da das Minimalpolynom von w über K irreduzibel ist, ist bereits alles bewiesen.

Definiert man die Abbildung α von $GF(p^r)$ in sich durch $x^\alpha = x^p$, so ist, wie wir wissen, $(x + y)^\alpha = x^\alpha + y^\alpha$ und $(xy)^\alpha = x^\alpha y^\alpha$, so daß α ein Endomorphismus von $GF(p^r)$ ist. Wegen $1^\alpha = 1^p = 1$ ist α sogar ein Isomorphismus von $GF(p^r)$ in sich. Weil $GF(p^r)$ endlich ist, folgt schließlich, daß α ein Automorphismus von $GF(p^r)$ ist. Wegen $x^{\alpha^r} = x^{p^r} = x$ für alle $x \in GF(p^r)$ ist $o(\alpha)$ ein Teiler von r. Andererseits ist $x^{p^{o(\alpha)}} = x$ für alle $x \in GF(p^r)$, so daß nach 2.2 die Ungleichung $p^r \leq p^{o(\alpha)}$ und damit $r \leq o(\alpha)$ gilt. Also ist $r = o(\alpha)$. Somit ist $\langle \alpha \rangle$ eine Untergruppe der Ordnung r der Automorphismengruppe Aut $GF(p^r)$ von $GF(p^r)$.

Es sei w ein erzeugendes Element von $GF(p^r)$. Dann ist $GF(p^r) = GF(p)(w)$. Es sei f das Minimalpolynom von w über $GF(p)$. Dann ist $r = \text{Grad } f$. Wir betrachten die Elemente w, $w^\alpha, w^{\alpha^2}, \ldots, w^{\alpha^{r-1}}$. Ist $f = \sum_{i=0}^{r} k_i x^i$, so ist $0 = \sum_{i=0}^{r} k_i w^i$. Hieraus folgt $0 = \sum_{i=0}^{r} k_i^{\alpha^j} (w^{\alpha^j})^i$. Wegen $k_i \in GF(p)$ ist $k_i^{\alpha^j} = k_i$ für alle i und alle j. Somit ist

$f(w^{\alpha^j}) = 0$ für alle j, d.h. die w^{α^j} sind Nullstellen von f. Ist $i \geq j$ und $w^{\alpha^i} = w^{\alpha^j}$, so ist $w^{\alpha^{i-j}} = w$. Weil w die multiplikative Gruppe von $GF(p^r)$ erzeugt, folgt $\alpha^{i-j} = 1$, so daß $i = j$ ist. Ist $i \neq j$, so ist also $w^{\alpha^i} \neq w^{\alpha^j}$. Daher sind $w, w^{\alpha}, w^{\alpha^2}, \ldots, w^{\alpha^{r-1}}$ die sämtlichen Nullstellen von f.

Es sei nun $\beta \in \text{Aut}\, GF(p^r)$. Dann ist

$$0 = \sum_{i=0}^{r} k_i^{\beta} w^{\beta i} = \sum_{i=0}^{r} k_i w^{\beta i} = f(w^{\beta}).$$

Folglich ist $w^{\beta} \in \{w^{\alpha^i} \mid i = 0,1,\ldots,r-1\}$. Es gibt also ein i mit $w^{\alpha^i} = w^{\beta}$. Hieraus folgt $w^{\alpha^i \beta^{-1}} = w$, was wiederum die Gleichung $\alpha^i = \beta$ impliziert, da w die multiplikative Gruppe von $GF(p^r)$ erzeugt. Also ist $\text{Aut}\, GF(p^r) = \langle \alpha \rangle$, d.h. es gilt

<u>3.11. Satz.</u> Aut $GF(p^r)$ ist zyklisch der Ordnung r und wird von dem Automorphismus $x \to x^p$ erzeugt.

<u>Aufgaben</u>

1) Es sei K ein Primkörper. Zeige, daß Aut $K = \{1\}$ ist.

2) K sei ein kommutativer Körper und L und L' seien endliche Teilkörper von K und es gelte $|L| = |L'|$. Zeige, daß $L = L'$ ist.

3) Zeige, daß $GF(p^r) \subseteq GF(p^n)$ genau dann gilt, wenn r ein Teiler von n ist. (Mit 2) zusammen ergibt das einen vollständigen Überblick über alle Teilkörper von $GF(p^n)$.)

4) Es sei G eine Gruppe und M sei eine Teilmenge von G.

   a) Ist $M \cap Mg \neq \emptyset$ für alle $g \in G$, so ist $G = M^{-1}M$.
   b) Ist $M \cap M^{-1}g \neq \emptyset$ für alle $g \in G$, so ist $G = MM$.
   (Dabei ist $M^{-1} = \{m^{-1} \mid m \in M\}$.)

5) Ist K ein endlicher Körper, so ist jedes Element von K sowohl Summe als auch Differenz zweier Quadrate aus K. (Benutze Aufgabe 4).)

<u>4. Symmetrische Funktionen.</u> Es sei R ein kommutativer Ring mit 1. Wir definieren den Polynomring in den n Unbestimmten $x_1,\ldots,x_n$ über R induktiv durch

$$R[x_1,\ldots,x_n] = R[x_1,\ldots,x_{n-1}][x_n].$$

Ist $f \in R[x_1,\ldots,x_n]$, so ist f also von der Form

$$f = \sum r_{i_1,\dots,i_n} x_1^{i_1} x_2^{i_2} \dots x_n^{i_n}$$

mit $r_{i_1,\dots,i_n} \in R$ und $i_j \in \mathbb{N}_0$. Die Zahl

$$\max\{\sum_{j=1}^{n} i_j \mid r_{i_1,\dots,i_n} \neq 0\}$$

heißt der Grad von f. Ist $\sum_{j=1}^{n} i_j = m$ für alle $(i_1,\dots,i_n)$ mit $r_{i_1,\dots,i_n} \neq 0$, so nennen wir f homogen vom Grade m.

Ist $(i_1,\dots,i_n)$ ein n-tupel nicht-negativer ganzer Zahlen, so nennen wir dieses n-tupel für den Augenblick eine Exponentenfolge. Ist $f \in R[x_1,\dots,x_n]$ und hat $x_1^{i_1} \dots x_n^{i_n}$ in f einen von Null verschiedenen Koeffizienten, so sagen wir: die Exponentenfolge $(i_1,\dots,i_n)$ kommt in f vor.

Ist A das n-fache cartesische Produkt von $\mathbb{Z}$ mit sich selbst versehen mit der punktweisen Addition, so ist A mit der lexikographischen Anordnung λ, wie wir in Kapitel III, Abschnitt 6, gesehen haben, eine angeordnete abelsche Gruppe. Sind $a,b \in A$, gilt $a \lambda b$ und $a \neq b$, so schreiben wir dafür $a \lambda' b$.

4.1. Hilfssatz. Es sei R ein kommutativer Ring mit 1. Ferner seien $f,g \in R[x_1,\dots,x_n]$. Ist $(a_1,\dots,a_n)$ die lexikographisch späteste, in f vorkommende und $(b_1,\dots,b_n)$ die lexikographisch späteste, in g vorkommende Exponentenfolge, ist ferner der Koeffizient von $x_1^{a_1} \dots x_n^{a_n}$ in f und der von $x_1^{b_1} \dots x_n^{b_n}$ in g gleich 1, so ist $(a_1 + b_1,\dots,a_n + b_n)$ die lexikographisch späteste, in fg vorkommende Exponentenfolge und der Koeffizient von $x_1^{a_1+b_1} \dots x_n^{a_n+b_n}$ in fg ist gleich 1.

Beweis. Es sei $f = \sum r_{i_1,\dots,i_n} x_1^{i_1} x_2^{i_2} \dots x_n^{i_n}$ und $g = \sum s_{j_1,\dots,j_n} x_1^{j_1} x_2^{j_2} \dots x_n^{j_n}$. Dann ist

$$fg = \sum \sum r_{i_1,\dots,i_n} s_{j_1,\dots,j_n} x_1^{i_1+j_1} \dots x_n^{i_n+j_n} .$$

Nun ist $(i_1,\dots,i_n) \lambda (a_1,\dots,a_n)$ für alle in f vorkommenden Exponentenfolgen und $(j_1,\dots,j_n) \lambda (b_1,\dots,b_n)$ für alle in g vorkommenden Exponentenfolgen. Daher ist

$$(i_1 + j_1,\dots,i_n + j_n) \lambda (a_1 + b_1,\dots,a_n + b_n)$$

für alle in f und g vorkommenden Exponentenfolgen i und j. Ist nun $(i_1,\dots,i_n) \lambda'$ $(a_1,\dots,a_n)$ oder $(j_1,\dots,j_n) \lambda' (b_1,\dots,b_n)$, so ist

$$(i_1 + j_1,\dots,i_n + j_n)\ \lambda'\ (a_1 + b_1,\dots,a_n + b_n).$$

Daher ist genau dann

$$(i_1 + j_1,\dots,i_n + j_n) = (a_1 + b_1,\dots,a_n + b_n),$$

wenn $(i_1,\dots,i_n) = (a_1,\dots,a_n)$ und $(j_1,\dots,j_n) = (b_1,\dots,b_n)$

ist. Folglich ist

$$fg = r_{a_1,\dots,a_n} s_{b_1,\dots,b_n} x_1^{a_1+b_1} x_2^{a_2+b_2} \dots x_n^{a_n+b_n} + h,$$

wobei die in h vorkommenden Exponentenfolgen lexikographisch echt früher als $(a_1 + b_1,\dots,a_n + b_n)$ sind. Aus $r_{a_1,\dots,a_n} = 1$ und $s_{b_1,\dots,b_n} = 1$ folgt schließlich, daß $(a_1 + b_1,\dots,a_n + b_n)$ in fg wirklich vorkommt und daß auch der Koeffizient bei $x_1^{a_1+b_1} x_2^{a_2+b_2} \dots x_n^{a_n+b_n}$ gleich 1 ist, q. e. d.

Ist $f \in R[x_1,\dots,x_n]$ und ist f unter allen Permutationen der $x_1,\dots,x_n$ invariant, so heißt f eine <u>symmetrische Funktion</u> in den Unbestimmten $x_1,\dots,x_n$ über R. Beispiele für symmetrische Funktionen sind $\sum_{i=1}^{n} x_i$ und $\prod_{i=1}^{n} x_i$.

Wir betrachten das Polynom

$$f = \prod_{i=1}^{n} (z - x_i) = \sum_{i=0}^{n} (-1)^i s_i z^{n-i} \in R[x_1,\dots,x_n,z].$$

Weil $\prod_{i=1}^{n} (z - x_i)$ unter allen Permutationen der $x_1,\dots,x_n$ invariant bleibt, bleiben auch alle s_i unter allen Permutationen der $x_1,\dots,x_n$ invariant, so daß die s_i symmetrische Funktionen sind; sie heißen die <u>elementarsymmetrischen Funktionen</u> in den Unbestimmten $x_1,\dots,x_n$. Offenbar ist $s_0 = 1$ und

$$s_i = \sum_{1 \leq r_1 < \dots < r_i \leq n} \prod_{j=1}^{n} x_{r_j}$$

für $i = 1,2,\dots,n$.

Ist $\phi \in R[y_1,\dots,y_n]$ und ersetzt man in ϕ die Unbestimmte y_i für alle i durch s_i, so ist $\phi(s_1,\dots,s_n)$ ein symmetrisches Polynom in den Unbestimmten $x_1,\dots,x_n$. Umgekehrt gilt

<u>4.2. Satz</u>. Ist R ein kommutativer Ring mit 1 und ist f eine symmetrische Funktion in den Unbestimmten $x_1,\dots,x_n$ über R, so gibt es ein $\phi \in R[y_1,\dots,y_n]$ mit $f = \phi(s_1,\dots,s_n)$.

Beweis. Es sei $(a_1,\dots,a_n)$ die lexikographisch späteste, in f vorkommende Exponentenfolge. Ist $\sigma \in S_n$, so hat auch

$$x_{1\sigma}^{a_1} x_{2\sigma}^{a_2} \dots x_{n\sigma}^{a_n}$$

einen von Null verschiedenen Koeffizienten in f, da f symmetrisch ist. Weil $R[x_1,\dots,x_n]$ kommutativ ist, ist

$$x_{1\sigma}^{a_1} x_{2\sigma}^{a_2} \dots x_{n\sigma}^{a_n} = x_1^{a_{1\sigma^{-1}}} x_2^{a_{2\sigma^{-1}}} \dots x_n^{a_{n\sigma^{-1}}} .$$

Da dies für alle σ gilt, insbesondere also auch für σ^{-1}, ist auch $(a_{1\sigma},a_{2\sigma},\dots,a_{n\sigma})$ eine in f vorkommende Exponentenfolge. Daher ist $(a_{1\sigma},\dots,a_{n\sigma}) \lambda (a_1,\dots,a_n)$ für alle $\sigma \in S_n$. Insbesondere ist also

$$(a_1,\dots,a_{i-1},a_{i+1},a_i,a_{i+2},\dots,a_n) \lambda (a_1,\dots,a_n),$$

so daß $a_{i+1} \leqslant a_i$ ist. Daher können wir

$$h = s_1^{a_1-a_2} s_2^{a_2-a_3} \dots s_{n-1}^{a_{n-1}-a_n} s_n^{a_n}$$

bilden. Weil s_i ein homogenes Polynom vom Grade i ist, ist $s_i^{a_i-a_{i+1}}$ ein homogenes Polynom vom Grade $i(a_i - a_{i+1})$, so daß h ein homogenes Polynom vom Grade

$$a_1 - a_2 + 2(a_2 - a_3) + 3(a_3 - a_4) + \dots + (n - 1)(a_{n-1} - a_n) + na_n =$$

$$a_1 + a_2 + \dots + a_n$$

ist.

Die lexikographisch späteste Exponentenfolge von s_i ist offensichtlich $(1,1,\dots,1,0,0,\dots,0)$, d.h., die ersten i Komponenten sind gleich 1, während alle übrigen gleich 0 sind. Nach 4.1 ist daher die lexikographisch späteste Exponentenfolge von $s_i^{a_i-a_{i+1}}$ gleich $(a_i - a_{i+1},\dots,a_i - a_{i+1},0,\dots,0)$.

Somit ist

$$(a_1 - a_2,0,\dots,0) + (a_2 - a_3,a_2 - a_3,0,\dots,0) + \dots + (a_{n-1} - a_n,\dots,a_{n-1} - a_n,0) +$$

$$(a_n,\dots,a_n) = (a_1,a_2,\dots,a_n)$$

die lexikographisch späteste, in h vorkommende Exponentenfolge.

Es sei nun r der Koeffizient von $x_1^{a_1} x_2^{a_2} \dots x_n^{a_n}$ in f. Dann hat wegen

Grad $h = a_1 + \ldots + a_n$ das Polynom $f - rh$ die Eigenschaft

1) $\text{Grad}(f - rh) \leqslant \text{Grad } f$.

Weil $(a_1,\ldots,a_n)$ auch in h die lexikographisch späteste, vorkommende Exponentenfolge ist, gilt ferner

2) Alle in $f - rh$ vorkommenden Exponentenfolgen sind lexikographisch echt früher als $(a_1,\ldots,a_n)$.

Schließlich gilt

3) $f - rh$ ist symmetrisch.

Auf $f - rh$ wende man nun den gleichen Prozeß an. Da es nur endlich viele Exponentenfolgen $(c_1,\ldots,c_n)$ mit $\sum_{i=1}^{n} c_i \leqslant \text{Grad } f$ gibt, muß dieser Algorithmus nach endlich vielen Schritten mit dem Nullpolynom enden, q. e. d.

Aufgabe

Schreibe die symmetrische Funktion $f = \prod_{1 \leqslant i < k \leqslant 3} (x_i - x_k)^2$ als Polynom in den drei elementarsymmetrischen Funktionen s_1, s_2 und s_3.

5. Die komplexen Zahlen. Es sei K ein angeordneter Körper (s. Kapitel III, Abschn.6). Ist $k \in K$, so ist $k^2 \geqslant 0$ und folglich $k^2 + 1 > 0$, so daß das Polynom $x^2 + 1$ in K keine Nullstelle hat. Weil der Grad dieses Polynoms gleich 2 ist, folgt, daß $x^2 + 1$ über K irreduzibel ist. Daher ist $I = (x^2 + 1)K[x]$ ein maximales Ideal in $K[x]$, so daß $K[x] / I = L$ eine Erweiterung von K mit $[L:K] = 2$ ist. Ist i eine Nullstelle von $x^2 + 1$ in L, so ist also $L = K(i)$. Ist insbesondere $K = \mathbb{R}$, so nennen wir $\mathbb{C} = \mathbb{R}(i)$ den Körper der komplexen Zahlen Hauptziel dieses Abschnittes ist zu zeigen, daß $\mathbb{C}$ algebraisch abgeschlossen ist, d.h., daß jedes $f \in \mathbb{C}[x]$ mit Grad $f \geqslant 1$ eine Nullstelle in $\mathbb{C}$ hat. Dies wird eine Folgerung aus dem nächsten Satz sein.

5.1. Satz. Ist K ein angeordneter Körper mit den Eigenschaften:

j) Ist $0 \leqslant k \in K$, so gibt es ein $l \in K$ mit $l^2 = k$,

ij) Ist $f \in K[x]$ und ist Grad f ungerade, so hat f eine Nullstelle in K,

so ist K(i) algebraisch abgeschlossen.

Beweis (C.F. Gauss). 1) Ist $c \in K(i)$, so gibt es ein $d \in K(i)$ mit $d^2 = c$: Es sei $c = a + bi$ mit $a,b \in K$. Dann ist

$$\frac{1}{2}(a + \sqrt{a^2 + b^2}) \geq \frac{1}{2}(a + |a|) \geq 0$$

und

$$\frac{1}{2}(-a + \sqrt{a^2 + b^2}) \geq \frac{1}{2}(-a + |a|) \geq 0.$$

Es gibt also Elemente $u,v \in K$ mit

$$u^2 = \frac{1}{2}(a + \sqrt{a^2 + b^2}) \quad \text{und} \quad v^2 = \frac{1}{2}(-a + \sqrt{a^2 + b^2}).$$

Dann ist $u^2 - v^2 = a$ und $4u^2v^2 = b^2$. Indem man gegebenenfalls das Vorzeichen von u ändert, kann man erreichen, daß $2uv = b$ ist. An der Gleichung $u^2 - v^2 = a$ ändert sich durch Vorzeichenänderung von u nichts. Setzt man nun $d = u + vi$, so ist

$$d^2 = u^2 - v^2 + 2uvi = a + bi = c.$$

2) Ist $f = ax^2 + bx + c \in K(i)[x]$ und ist $a \neq 0$, so gibt es ein $r \in K(i)$ mit $f(r) = 0$: Nach 1) gibt es ein $s \in K(i)$ mit $s^2 = -ca + \frac{b^2}{4}$. Ferner gibt es wegen $a \neq 0$ ein $r \in K(i)$ mit $ar + \frac{b}{2} = s$. Triviale Rechnungen zeigen, daß dieses r eine Nullstelle von f ist.

3) Ist $f \in K[x]$ und hat f in seinem Zerfällungskörper lauter einfache Nullstellen, so hat f bereits eine Nullstelle in K(i): Es sei $g = \text{Grad } f = 2^m n$ und $n \equiv 1 \bmod 2$. Ist $m = 0$, so hat f nach Voraussetzung eine Nullstelle in K und damit auch eine in K(i). Es sei also $m > 0$ und 3) sei für $m - 1$ bereits bewiesen. Es seien $a_1,\dots,a_g$ die g einfachen Nullstellen von f im Zerfällungskörper Z von f. Ist eine der Nullstellen gleich Null, so ist nichts mehr zu beweisen. Wir können daher $a_i \neq 0$ für alle i annehmen. Dann ist für $1 \leq i < j \leq g$ auch $a_ia_j \neq 0$. Weil angeordnete Körper stets die Charakteristik 0 haben, ist K unendlich. Weil die Nullstellen von f alle einfach sind, gibt es daher ein $c \in K$, so daß die Zahlen $ca_ia_j + a_k + a_l$ mit $1 \leq i < j \leq g$ und $1 \leq k < l \leq g$ paarweise verschieden sind. Wir betrachten das Polynom

$$h = \prod_{1 \leq i < j \leq g} (x - ca_ia_j - a_i - a_j).$$

Offenbar ist h ein symmetrisches Polynom in den a_i. Aus 4.1 folgt daher, daß die Koeffizienten von h Polynome in den elementarsymmetrischen Funktionen der a_i sind. Nun ist $f = r\prod_{i=1}^{g}(x - a_i)$, so daß die elementarsymmetrischen Funktionen bis aufs Vorzeichen und bis auf den Faktor r gerade die Koeffizienten von f sind. Weil r der Leitkoeffizient von f ist, ist $r \in K$, so daß auch die elementarsymmetrischen Funktionen in den a_i Elemente aus K sind. Dies hat wiederum zur Folge, daß h ein Element aus $K[x]$ ist. Der Grad von h ist gleich

$$\frac{1}{2}g(g - 1) = 2^{m-1}n(2^m n - 1)$$

und die Nullstellen von h sind paarweise verschieden. Nach Induktionsannahme hat h also eine Nullstelle in $K(i)$. Wir können o. B. d. A. annehmen, daß $ca_1a_2 + a_1 + a_2 \in K(i)$ ist.

Es sei F der von K und $ca_1a_2 + a_1 + a_2$ erzeugte Teilkörper von $K(i)$ und G sei der von K und a_1a_2 und $a_1 + a_2$ erzeugte Teilkörper von Z. Sicherlich ist $F \subseteq G$. Wir zeigen, daß $F = G$ ist. Nach 2.5 und 2.8 ist Z eine endliche Erweiterung von K. Wegen $G \subseteq Z$ ist daher G algebraisch über K. Es sei $p \in K[x]$ das Minimalpolynom von a_1a_2 und $q \in K[x]$ das Minimalpolynom von $a_1 + a_2$. Wie wir wissen, sind p und q als Minimalpolynome irreduzibel. Es sei $v = ca_1a_2 + a_1 + a_2$ und es sei $q = \sum k_ix^i$. Wir betrachten nun die Polynome p und $q^* = \sum k_i(v - cx)^i$. Dann ist $p(a_1a_2) = 0$ und $q^*(a_1a_2) = q(v - ca_1a_2) = q(a_1 + a_2) = 0$. Hieraus folgt, daß $x - a_1a_2$ ein Teiler von p und von q ist. (S. Kapitel III, Abschnitt 11, Aufgabe 1).)

Es sei $r = \prod_{i<j} (x - a_ia_j)$. Dann ist r symmetrisch in den a_i. Folglich ist r so wie h ein Polynom in $K[x]$. Weil $x - a_1a_2$ ein Teiler von p und von r ist, folgt wegen der Irreduzibilität von p, daß p ein Teiler von r ist. (S. Kapitel III, Abschnitt 11, Aufgabe 1).) Hieraus folgt weiter, daß die Nullstellen von p alle von der Form a_ia_j sind. Indem man das Polynom $s = \prod_{i<j} (x - a_i - a_j)$ zu Hilfe nimmt, zeigt man, daß die Nullstellen von q alle von der Form $a_i + a_j$ sind. Nun wurde c so bestimmt, daß $v - ca_ia_j = a_k + a_l$ mit $1 \leqslant i < j \leqslant g$ und $1 \leqslant k < l \leqslant g$ die Gleichungen $i = k = 1$ und $j = l = 2$ impliziert. Daher ist a_1a_2 die einzige gemeinsame Nullstelle von p und q^*. Hieraus folgt, daß der größte gemeinsame Teiler von p und q^* eine Potenz von $x - a_1a_2$ ist. Wegen $K \subseteq F$ ist p auch ein Polynom über F und aus $q \in K[x]$ und $ca_1a_2 + a_1 + a_2, c \in F$ folgt $q^* \in F[x]$. Es gibt daher wegen $x - a_1a_2 \in Z[x]$ und $(p,q^*) = (x - a_1a_2)^t$ ein $z \in Z^*$ mit $z(x - a_1a_2)^t \in F[x]$. Weil z der Leitkoeffizient von $z(x - a_1a_2)^t$ ist, folgt $z \in F$ und damit $a_1a_2 \in F$, da ja der Koeffizient von x^{t-1} in diesem Polynom gleich $-tza_1a_2$ ist, und da außerdem die Charakteristik von F gleich Null ist. Wegen $a_1a_2 \in F$ folgt weiter

$$a_1 + a_2 = ca_1a_2 + a_1 + a_2 - ca_1a_2 \in F,$$

so daß $G \subseteq F$ ist. Somit ist in der Tat $G = F \subseteq K(i)$. Hieraus folgt wiederum

$$(x - a_1)(x - a_2) = x^2 - (a_1 + a_2)x + a_1a_2 \in K(i)[x],$$

so daß nach 2) die Nullstellen a_1 und a_2 dieses Polynoms in $K(i)$ liegen. Damit ist 3) bewiesen.

4) Ist $p \in K[x]$ irreduzibel, so hat p eine Nullstelle in $K(i)$: Es sei $p = \sum_{i=0}^{n} k_ix^i$. Dann ist $p' = \sum_{i=1}^{n} ik_ix^{i-1}$. Hätte p eine mehrfache Nullstelle, so folgte nach 2.9,

daß p und p' nicht teilerfremd wären. Weil p irreduzibel ist, folgte weiter, daß p ein Teiler von p' wäre. Weil der Grad von p' kleiner als der Grad von p ist, folgte $ik_i = 0$ für $i = 1,2,\ldots,n$. Wegen $\chi(K) = 0$ folgte hieraus $k_i = 0$ für $i = 1,2,\ldots,n$, d.h. $p = k_0$ im Widerspruch zu Grad $p \geq 1$. Somit hat p nur einfache Nullstellen, so daß 4) aus 3) folgt.

5) Ist $p \in K(i)[x]$ irreduzibel, so ist p linear: Es sei $I = pK(i)[x]$. Dann ist $L = K(i)[x] / I$ eine endliche Erweiterung von K(i) und wegen $[K(i):K] = 2$ auch eine endliche Erweiterung von K. Ferner hat p eine Nullstelle a in L. Weil $[L:K]$ endlich ist, gibt es ein irreduzibles Polynom $q \in K[x]$ mit $q(a) = 0$. Nach 4) hat q eine Nullstelle b in K(i). Es sei $b = u + vi$ und $b' = u - vi$. Dann ist

$$(x - b)(x - b') = x^2 - 2ux + u^2 + v^2 \in K[x].$$

Weil q und $x^2 - 2ux + u^2 + v^2$ nicht teilerfremd sind, folgt, daß q ein Teiler von $(x - b)(x - b')$ ist. Nun ist a eine gemeinsame Nullstelle von p und q. Wegen $p,q \in K(i)[x]$ folgt somit aus der Irreduzibilität von p, daß p ein Teiler von q ist. Insgesamt folgt, daß p das Polynom $(x - b)(x - b')$ teilt. Weil p irreduzibel ist, ist also $p = c(x - b)$ oder $p = c(x - b')$ mit einem geeigneten $c \in K(i)$, so daß p also linear ist.

Aus 5) folgt schließlich, daß K(i) algebraisch abgeschlossen ist. Ist nämlich $f \in K(i)[x]$ und Grad $f \geq 1$, so gibt es ein irreduzibles Polynom $p \in K(i)[x]$, welches f teilt. Da p nach 5) linear ist, hat p und damit auch f eine Nullstelle in K(i).

Ich nehme an, daß der Leser aus der Analysisvorlesung oder sonstwoher weiß, daß jedes nicht-negative Element aus $\mathbb{R}$ ein Quadrat ist und daß jedes Polynom ungeraden Grades aus $\mathbb{R}[x]$ eine Nullstelle in $\mathbb{R}$ hat. Nach 5.1 gilt daher der sog. Fundamentalsatz der Algebra.

5.2. Satz (C.F. GAUSS). $\mathbb{C}$ ist algebraisch abgeschlossen.

6. Ein Satz von Wedderburn. In diesem Abschnitt wollen wir den berühmten Satz von Wedderburn beweisen, der besagt, daß alle endlichen Körper kommutativ sind. Beim Beweise dieses Satzes klingen eine ganze Reihe von Ideen wieder an, die wir bisher in diesem Buche entwickelt haben.

Es sei G eine Gruppe. Sind $x,y \in G$ und gibt es ein $z \in G$ mit $z^{-1}xz = y$, so nennen wir x und y konjugiert. Offenbar ist die Relation des Konjugiertseins eine Äquivalenzrelation auf G. Die Äquivalenzklassen heißen in diesem Falle die Konjugiertenklassen von G. Ist G endlich, so interessieren wir uns für die Anzahl der Elemente in den jeweiligen Konjugiertenklassen.

Ist $a \in G$, so bezeichnen wir mit $\mathcal{L}_G(a)$ den <u>Zentralisator</u> von a in G, das ist die Menge $\{x | x \in G, xa = ax\}$. Der Zentralisator von a in G ist eine Untergruppe von G. Nun ist $x^{-1}ax = y^{-1}ay$ genau dann, wenn $axy^{-1} = xy^{-1}a$, d.h., wenn $xy^{-1} \in \mathcal{L}_G(a)$ ist. Dies impliziert wiederum, daß die Anzahl der zu a konjugierten Elemente gleich dem Index $|G: \mathcal{L}_G(a)|$ von $\mathcal{L}_G(a)$ in G ist.

Wir setzen $\mathfrak{Z}G = \bigcap_{g \in G} \mathcal{L}_G(g)$. Dann ist $\mathfrak{Z}G$ eine Untergruppe von G, das <u>Zentrum</u> von G. Offenbar ist genau dann $z \in \mathfrak{Z}G$, wenn $\mathcal{L}_G(z) = G$ ist. Sind nun $K_1, \ldots, K_n$ die sämtlichen Konjugiertenklassen von G, die mehr als ein Element enthalten, so ist also

$$|G| = |\mathfrak{Z}G| + \sum_{i=1}^{n} |K_i|.$$

Ist schließlich $a_i \in K_i$, so gilt die

<u>6.1. Klassengleichung</u>. $$|G| = |\mathfrak{Z}G| + \sum_{i=1}^{n} \frac{|G|}{|\mathcal{L}_G(a_i)|} .$$

Soviel zunächst an Gruppentheoretischem.

<u>6.2. Hilfssatz</u>. q,m und n seien natürliche Zahlen und es gelte $q > 1$. Genau dann ist $q^m - 1$ ein Teiler von $q^n - 1$, wenn m ein Teiler von n ist.

Beweis. Es sei $n = mk$. In diesem Fall ist

$$(q^m - 1) \sum_{i=0}^{k-1} q^{mi} = q^{mk} - 1 = q^n - 1 .$$

Folglich ist $q^m - 1$ ein Teiler von $q^n - 1$.

Es sei umgekehrt $q^m - 1$ ein Teiler von $q^n - 1$. Ferner sei $n = mk + r$ mit $0 \leqslant r < m$. Dann ist

$$q^n - 1 = q^r(q^{mk} - 1) + q^r - 1.$$

Nach dem gerade Bewiesenen ist $q^m - 1$ ein Teiler von $q^{mk} - 1$. Folglich ist $q^m - 1$ auch ein Teiler von $q^r - 1$. Wegen $0 \leqslant r < m$ ist $0 \leqslant q^r - 1 < q^m - 1$, so daß $q^r - 1 = 0$ ist. Dies impliziert wiederum $r = 0$, so daß in der Tat m ein Teiler von n ist, q. e. d.

Als nächstes betrachten wir das Polynom $x^n - 1$ über $\mathbb{C}$. Weil $\mathbb{C}$ algebraisch abgeschlossen ist, zerfällt $x^n - 1$ vollständig in Linearfaktoren:

$$x^n - 1 = \prod_{\substack{\lambda \in \mathbb{C} \\ \lambda^n = 1}} (x - \lambda) .$$

Die Nullstellen von $x^n - 1$ heißen n-te Einheitswurzeln. Da das Produkt zweier n-ter Einheitswurzeln wieder eine n-te Einheitswurzel ist, bilden die n-ten Einheitswurzeln eine Untergruppe der multiplikativen Gruppe von $\mathbb{C}$, die, da endlich, nach 3.8 zyklisch ist. Wegen $(x^n - 1, nx^{n-1}) = 1$ (hier benutzen wir, daß die Charakteristik von $\mathbb{C}$ gleich Null ist) gibt es nach 2.9 genau n verschiedene n-te Einheitswurzeln, so daß die Gruppe der n-ten Einheitswurzeln zyklisch der Ordnung n ist. Die $\phi(n)$ Erzeugenden dieser Gruppe werden primitive n-te Einheitswurzeln genannt.

Wir setzen $\Phi_n = \prod (x - \lambda)$, wobei das Produkt über alle primitiven n-ten Einheitswurzeln zu erstrecken ist. Das Polynom Φ_n heißt n-tes Kreisteilungspolynom. Die ersten Kreisteilungspolynome sind:

$\Phi_1 = x - 1$, $\Phi_2 = x + 1$, $\Phi_3 = x^2 + x + 1$, $\Phi_4 = x^2 + 1$,
$\Phi_5 = x^4 + x^3 + x^2 + x + 1$, $\Phi_6 = x^2 - x + 1$,
$\Phi_7 = x^6 + x^5 + x^4 + x^3 + x^2 + x + 1$, $\Phi_8 = x^4 + 1$, $\Phi_9 = x^6 + x^3 + 1$,
$\Phi_{10} = x^4 - x^3 + x^2 - x + 1$.

Das n-te Kreisteilungspolynom läßt sich sehr einfach bestimmen, wenn man Φ_d für alle Teiler d von n, die kleiner als n sind, bereits kennt. Dies besagt unter anderem der folgende Hilfssatz, der unmittelbar aus II.4.5 folgt.

6.3. Hilfssatz. Es ist $x^n - 1 = \prod_{d/n} \Phi_d$.

Weil $\phi(d)$ der Grad von Φ_d ist, wenn ϕ wieder die Eulerfunktion ist, gilt

6.4. Korollar. Für alle natürlichen Zahlen n gilt $n = \sum_{d/n} \phi(d)$.

Weiterhin gilt:

6.5. Hilfssatz. Für alle natürlichen Zahlen n ist $\Phi_n \in \mathbb{Z}[x]$. Überdies ist der Leitkoeffizient von Φ_n gleich 1.

Beweis. Dies ist für n = 1 richtig. Es sei also n > 1 und der Satz sei für d < n richtig. Dann ist

$$g = \prod_{\substack{d/n \\ d<n}} \Phi_d \in \mathbb{Z}[x]$$

und der Leitkoeffizient von g ist gleich 1. Nach 6.3 ist $x^n - 1 = \Phi_n g$. Koeffizientenvergleich zeigt nun, daß auch Φ_n in $\mathbb{Z}[x]$ liegt und daß der Leitkoeffizient von Φ_n gleich 1 ist, q. e. d.

6.6. Hilfssatz. Ist d ein Teiler von n und ist d < n, so ist $\frac{x^n - 1}{x^d - 1} \in \mathbb{Z}[x]$ und Φ_n teilt $\frac{x^n - 1}{x^d - 1}$ in $\mathbb{Z}[x]$.

Beweis. Nach 6.3 ist $x^d - 1 = \prod_{k/d} \Phi_k$. Daher ist

$$x^n - 1 = (x^d - 1)\prod_{\substack{k/n \\ k \nmid d}} \Phi_k,$$

so daß $\frac{x^n - 1}{x^d - 1}$ nach 6.5 in $\mathbb{Z}[x]$ liegt. Wegen d < n ist ferner

$$\frac{x^n - 1}{x^d - 1} = \Phi_n \prod_{\substack{k/n \\ k \nmid d \\ k \neq n}} \Phi_k,$$

q. e. d.

6.7. Satz (WEDDERBURN). Ist K ein endlicher Körper, so ist K kommutativ.

Beweis. Ist $a \in K$, so ist der Zentralisator C(a) von a in K ein Körper, der das Zentrum Z von K umfaßt. Ist $|Z| = q$, so ist $|K| = q^n$ und $|C(a)| = q^{n(a)}$ für geeignete natürliche Zahlen n und n(a). Weil $C(a)^*$ eine Untergruppe von K^* ist, ist $q^{n(a)} - 1$ nach dem Satz von Lagrange ein Teiler von $q^n - 1$, so daß n(a) nach 6.2 ein Teiler von n ist.

K sei nicht kommutativ. Ferner seien $K_1, \ldots, K_r$ die Konjugiertenklassen von K^*, die mehr als ein Element enthalten. Ist $a \in K_i$, so ist $n(a) < n$ und $|K_i| = \frac{q^n - 1}{q^{n(a)} - 1}$. Nach 6.1 ist daher

$$q^n - 1 = q - 1 + \sum \frac{q^n - 1}{q^d - 1},$$

wobei über einige (evt. alle) Teiler d von n zu summieren ist, die von n verschieden sind. Nach 6.6 ist $(q^n - 1)(q^d - 1)^{-1}$ eine ganze Zahl, die überdies durch die nach 6.5 ebenfalls ganze Zahl $\Phi_n(q)$ teilbar ist. Weil $q^n - 1$ ebenfalls durch $\Phi_n(q)$ teilbar ist, folgt $q - 1 \equiv 0 \mod \Phi_n(q)$. Wegen $Z \neq K$ ist $n > 1$. Ferner ist $\Phi_n(q) = \prod (q - \lambda)$, wobei über alle primitiven n-ten Einheitswurzeln λ zu multiplizieren ist. Wegen $n > 1$ ist $\lambda \neq 1$. Es sei $\lambda = a + bi$. Dann ist $|\lambda| = 1 = \sqrt{a^2 + b^2}$, so daß $a^2 + b^2 = 1$ ist. daher ist

$$|q - \lambda|^2 = |q - a - bi|^2 = (q - a)^2 + b^2 = q^2 - 2aq + a^2 + b^2 = q^2 - 2aq + 1.$$

Wegen $\lambda \neq 1$ ist $a < 1$, so daß $-a > -1$ ist. Also ist

$$|q - \lambda|^2 = q^2 - 2aq + 1 > q^2 - 2q + 1 = (q - 1)^2 = |q - 1|^2.$$

Somit ist $|q - \lambda| > q - 1$, woraus

$$|\Phi_n(q)| = \prod |q - \lambda| > q - 1$$

folgt. Dieser Widerspruch zeigt, daß $n = 1$, d.h., daß $Z = K$ ist, q. e. d.

Kapitel VII. Normalformen von linearen Abbildungen und Matrizen

Es sei ϕ ein Endomorphismus des Vektorraumes V. Sind B und C zwei Basen von V, so sind $\phi_{B,B}$ und $\phi_{C,C}$ im allgemeinen nicht gleich. Wie wir in Abschnitt 1 von Kapitel V jedoch sahen, gibt es eine reguläre Matrix A mit $\phi_{B,B} = A^{-1}\phi_{C,C}A$.

Sind andererseits ϕ und ψ zwei Endomorphismen von V, so kann es vorkommen, daß es zwei Basen $B = \{b_1,\dots,b_n\}$ und $C = \{c_1,\dots,c_n\}$ von V gibt, so daß $\phi_{B,B} = \psi_{C,C}$ ist. Ist dies der Fall, so sei χ der durch $\chi b_j = c_j$ definierte Automorphismus von V. Ist $\phi_{B,B} = (a_{ij})$, so ist dann

$$\chi^{-1}\psi\chi b_j = \chi^{-1}\psi c_j = \chi^{-1}\Big(\sum_{i=1}^{n} c_i a_{ij}\Big) = \sum_{i=1}^{n} (\chi^{-1}c_i)a_{ij} = \sum_{i=1}^{n} b_i a_{ij} = \phi b_j.$$

Daher ist $\phi = \chi^{-1}\psi\chi$. Es drängt sich also auf, die folgende Relation, die wir <u>Ähnlichkeit</u> nennen, zu studieren: Zwei Endomorphismen ϕ und ψ des Vektorraumes V heißen <u>ähnlich</u>, falls es einen Automorphismus χ von V gibt mit $\phi = \chi^{-1}\psi\chi$. Entsprechend heißen zwei $(n \times n)$-Matrizen A und B ähnlich, falls es eine reguläre Matrix C gibt mit $A = C^{-1}BC$. Beide Ähnlichkeitsrelationen sind Äquivalenzrelationen, da die regulären Matrizen bzw. die Automorphismen von V eine Gruppe bilden.

Wir wollen nun in diesem Kapitel Kriterien angeben, mit deren Hilfe man entscheiden kann, daß zwei Endomorphismen ähnlich sind. Dabei werden wir uns jedoch auf Vektorräume über kommutativen Körpern beschränken müssen, da für Vektorräume über nichtkommutativen Körpern keine befriedigende Theorie vorliegt. Andererseits werden unsere Sätze so allgemein sein, daß wir mit ihrer Hilfe auch einen vollständigen Überblick über alle endlich erzeugten abelschen Gruppen erhalten werden.

1. <u>$\mathrm{End}_K(V)$ als K-Algebra</u>. Im folgenden sei K stets ein Vektorraum über dem kommutativen Körper K. Ist $k \in K$, so definieren wir die Abbildung $\sigma(k)$ von V in sich durch $\sigma(k)v = vk$ für alle $v \in V$. Dann ist

$$\sigma(k)(u + v) = (u + v)k = uk + vk = \sigma(k)u + \sigma(k)v \qquad \text{und}$$

$$\sigma(k)(vl) = (vl)k = v(lk) = v(kl) = (vk)l = (\sigma(k)v)l,$$

so daß $\sigma(k) \in \mathrm{End}_K(V)$ gilt. Ebenso einfache Rechnungen zeigen, daß $k \to \sigma(k)$ ein Isomorphismus von K in $\mathrm{End}_K(V)$ ist. Ist $\phi \in \mathrm{End}_K(V)$, so ist

$$\phi\sigma(k)v = \phi(vk) = (\phi v)k = \sigma(k)\phi v$$

für alle $v \in V$, so daß $\phi\sigma(k) = \sigma(k)\phi$ ist. Daher ist $\sigma(k) \in \mathfrak{Z}(\mathrm{End}_K(V))$. Darüberhinaus gilt

1.1. Satz. Ist V ein Vektorraum über dem kommutativen Körper K und ist $V \neq \{0\}$, so ist $\mathfrak{Z}(\mathrm{End}_K(V)) = \{\sigma(k) | k \in K\}$.

Beweis. Es sei zunächst $\mathrm{Rg}\, V = 1$. Ferner sei $0 \neq v \in V$. Dann ist $V = vK$. Es sei ϕ ein Endomorphismus von V. Dann ist $\phi v \in vK$, so daß es ein $k \in K$ gibt mit $\phi v = vk$. Es sei nun $w \in V$. Es gibt dann ein $l \in K$ mit $w = vl$. Daher ist

$$\phi w = \phi(vl) = (\phi v)l = (vk)l = v(kl) = v(lk) = (vl)k = wk.$$

Hieraus folgt, daß $\phi = \sigma(k)$ ist. Also ist

$$\mathrm{End}_K(V) \subseteq \{\sigma(k) | k \in K\} \subseteq \mathfrak{Z}(\mathrm{End}_K(V)) \subseteq \mathrm{End}_K(V).$$

In diesem Falle ist der Satz also richtig.

V enthalte zwei linear unabhängige Vektoren. Es sei $0 \neq h \in V$. Dann ist $hK \neq V$, so daß es eine Hyperebene H gibt, die h enthält. Es sei $\phi \in V^*$ und $\mathrm{Kern}(\phi) = H$. Es sei ferner τ die durch $\tau v = v + h\phi(v)$ definierte Transvektion. Schließlich sei $\sigma \in \mathfrak{Z}(\mathrm{End}_K(V))$. Dann ist

$$\sigma\tau v = \sigma v + (\sigma h)\phi(v)$$

und

$$\tau\sigma v = \sigma v + h\phi(\sigma v).$$

Wegen $\sigma\tau = \tau\sigma$ ist daher $(\sigma h)\phi(v) = h\phi(\sigma v)$ für alle $v \in V$. Wegen $\mathrm{Kern}(\phi) = H$ gibt es ein v mit $\phi(v) = 1$. Somit ist σh ein skalares Vielfaches von h. Dies besagt, daß es zu jedem $v \in V$ ein $k_v \in K$ mit $\sigma v = vk_v$ gibt. Es bleibt zu zeigen, daß k_v von v unabhängig ist. Sind $v,w \in K$ und sind v und w linear unabhängig, so folgt aus

$$vk_{v+w} + wk_{v+w} = (v + w)k_{v+w} = \sigma(v + w) = \sigma v + \sigma w = vk_v + wk_w,$$

daß $k_v = k_{v+w} = k_w$ ist. Sind v und w linear abhängig, so können wir o. B. d. A. annehmen, daß $v \neq 0 \neq w$ ist. In diesem Falle ist $vK = wK \neq V$, da V ja zwei linear unabhängige Vektoren enthält. Ist nun $u \in V$ und $u \notin vK$, so sind u und v ebenso wie u

und w linear unabhängig. Nach dem bereits Bewiesenen ist daher $k_v = k_u = k_w$. Es gibt also ein $k \in K$ mit $\sigma v = vk$ für alle $v \in V$ mit $v \neq 0$. Wegen $\sigma 0 = 0 = 0k$ ist daher $\sigma = \sigma(k)$, q. e. d.

Ist M eine abelsche Gruppe und R ein Ring, ist M sowohl ein R-Rechtsmodul als auch ein R-Linksmodul und gilt $(am)b = a(mb)$ für alle $m \in M$ und alle $a,b \in R$, so heißt M ein <u>zweiseitiger</u> R-Modul.

Ist R ein Ring und K ein kommutativer Körper, ist ferner R ein zweiseitiger K-Vektorraum und gilt $kr = rk$ für alle $k \in K$ und alle $r \in R$, so heißt R eine <u>K-Algebra</u> oder auch Algebra über K. Hat R eine Eins, so ist die Abbildung $k \to k1$ ein Isomorphismus von K in R.

Triviale Rechnungen zeigen nun die Gültigkeit von

<u>1.2. Satz</u>. Es sei V ein Vektorraum über dem kommutativen Körper K. Definiert man für $k \in K$ und $\phi \in \mathrm{End}_K(V)$ die Produkte $k\phi$ bzw. ϕk vermöge $k\phi = \sigma(k)\phi$ bzw. $\phi k = \phi\sigma(k)$ so wird $\mathrm{End}_K(V)$ zu einer K-Algebra. Überdies gilt $(k\phi)v = \phi(vk)$ für alle $k \in K$, alle $v \in V$ und alle $\phi \in \mathrm{End}_K(V)$.

Im folgenden werden wir auf Grund dieses Satzes die Abbildung $\sigma(k) = k\cdot \mathrm{id}_V$ meist mit k identifizieren.

Ist $f = \sum_{i=0}^{n} a_i x^i \in K[x]$ und $\phi \in \mathrm{End}_K(V)$, so können wir $f(\phi) = \sum_{i=0}^{n} a_i \phi^i$ bilden, da $\mathrm{End}_K(V)$ ja eine K-Algebra ist. Banale Rechnungen zeigen, daß die Abbildung $f \to f(\phi)$ ein Homomorphismus von $K[x]$ in $\mathrm{End}_K(V)$ ist. Hat dieser Homomorphismus einen von $\{0\}$ verschiedenen Kern, so heißt ϕ <u>algebraisch</u>. Ist V endlich erzeugt, so ist jeder Endomorphismus von V algebraisch. Ist nämlich $\{b_1,\ldots,b_n\}$ eine Basis von V, so sind die Vektoren $b_i, \phi b_i, \phi^2 b_i, \ldots, \phi^n b_i$ linear abhängig. Es gibt daher Elemente $a_{ij} \in K$, die nicht alle Null sind und für die $\sum_{j=0}^{n} (\phi^j b_i) a_{ij} = 0$ ist. Setzt man $f_i = \sum_{j=0}^{n} a_{ij} x^j$, so ist also $f_i(\phi) b_i = 0$. Ist $f = \prod_{i=1}^{n} f_i$, so folgt hieraus $f(\phi) b_i = 0$ für alle i, so daß $f(\phi) = 0$ ist. Weil $f \neq 0$ ist, ist ϕ algebraisch.

<u>1.3. Satz</u>. Ist V ein endlich erzeugter Vektorraum über einem kommutativen Körper, so ist jeder Endomorphismus von V algebraisch.

Ist ϕ ein algebraischer Endomorphismus von V, so ist der Kern I der Abbildung $f \to f(\phi)$ von Null verschieden. Weil $K[x]$ ein Hauptidealring ist, gibt es ein Polynom μ

mit $I = \mu K[x]$. Wir können μ sogar so wählen, daß der Leitkoeffizient von μ gleich 1 ist. Dieses so gewonnene Polynom μ_ϕ heißt das Minimalpolynom von ϕ. Der Ausdruck Minimalpolynom rührt daher, daß μ_ϕ unter den Polynomen aus I kleinstmöglichen Grad hat.

Ist V ein Vektorraum über dem kommutativen Körper K und ist $\phi \in \mathrm{End}_K(V)$, so machen wir V zu einem $K[x]$-Linksmodul V_ϕ durch die Vorschrift $fv = f(\phi)v$ für alle $v \in V$. Daß V_ϕ tatsächlich ein $K[x]$-Linksmodul ist, folgt aus der Tatsache, daß $\{f(\phi) | f \in K[x]\}$ ein Teilring von $\mathrm{End}_K(V)$ ist. Weil V_ϕ ein $K[x]$-Linksmodul ist, ist V_ϕ wegen $K \subseteq K[x]$ auch ein K-Linksvektorraum. Wegen $\phi^0 = id_V$ ist ferner $kv = (k \cdot id_V)v = id_V(vk) = vk$, woraus insbesondere folgt, daß V_ϕ ein zweiseitiger K-Vektorraum ist.

1.4. Satz. Es sei V ein Vektorraum über dem kommutativen Körper K. Sind $\phi, \psi \in \mathrm{End}_K(V)$, so sind die $K[x]$-Linksmoduln V_ϕ und V_ψ genau dann isomorph, wenn ϕ und ψ ähnlich sind.

Beweis. Der Deutlichkeit halber bezeichnen wir in diesem Beweis die Multiplikation von Elementen von V_ϕ mit Elementen aus $K[x]$ mit $\circ$ und die Multiplikation von Elementen aus V_ψ mit Elementen aus $K[x]$ mit $*$.

ϕ und ψ seien ähnlich. Es gibt dann einen Automorphismus χ von V mit $\phi = \chi^{-1}\psi\chi$. Insbesondere ist χ ein Isomorphismus von $V_\phi(+)$ auf $V_\psi(+)$. Schließlich ist mit $f = \sum_{i=0}^{n} a_i x^i$

$$\chi(f \circ v) = \chi(f(\phi)v) = \chi(\sum_{i=0}^{n} (a_i\phi^i)v) = \chi(\sum_{i=0}^{n} \phi^i(va_i)) = \sum_{i=0}^{n} (\chi\phi^i)(va_i) =$$

$$\sum_{i=0}^{n} (\psi^i\chi)(va_i) = \sum_{i=0}^{n} \psi^i((\chi v)a_i) = (\sum_{i=0}^{n} a_i\psi^i)(\chi v) = f(\psi)(\chi v) = f * (\chi v).$$

Daher ist χ ein Isomorphismus von V_ϕ auf V_ψ.

Es sei umgekehrt χ ein Isomorphismus von V_ϕ auf V_ψ. Dann ist χ insbesondere ein Automorphismus von $V(+)$. Ferner ist

$$\chi(f(\phi)v) = \chi(f \circ v) = f * (\chi v) = f(\psi)(\chi v)$$

für alle $f \in K[x]$ und alle $v \in V$. Daher ist

$$\chi(vk) = \chi(k\phi^0 \circ v) = k\psi^0 * (\chi v) = (\chi v)k.$$

Also ist χ sogar ein Automorphismus des Vektorraumes V. Schließlich ist

$$(\chi\phi)v = \chi(\phi v) = \chi(x \circ v) = x * (\chi v) = \psi(\chi v) = (\psi\chi)v$$

für alle $v \in V$, so daß $\chi\phi = \psi\chi$ ist. Hieraus folgt $\phi = \chi^{-1}\psi\chi$, q. e. d.

1.5. Korollar. Es sei V ein Vektorraum über einem kommutativen Körper. Ferner seien ϕ und ψ ähnliche Endomorphismen von V. Ist dann ϕ algebraisch, so ist auch ψ algebraisch und es gilt $\mu_\phi = \mu_\psi$.

Dies folgt unmittelbar aus der Isomorphie von V_ϕ und V_ψ.

Satz 1.4 zeigt, daß jeder Ähnlichkeitsklasse von $\mathrm{End}_K(V)$ ein Isomorphietyp eines $K[x]$-Linksmoduls zugeordnet ist, der die Ähnlichkeitsklasse seinerseits eindeutig bestimmt. Andererseits sind abelsche Gruppen $\mathbb{Z}$ -Linksmoduln. Da $K[x]$ und $\mathbb{Z}$ als euklidische Ringe Hauptidealringe sind und Hauptidealringe ebenfalls die Eigenschaft haben, daß die Zerlegung in Primfaktoren eindeutig ist, erscheint es also angebracht, Moduln über Hauptidealringen zu untersuchen. Dies werden wir in Abschnitt 4 tun.

Aufgaben

1) Es sei V ein Vektorraum über einem kommutativen Körper. Ferner sei $0 \neq \phi \in V^*$ und $0 \neq h \in \mathrm{Kern}(\phi)$. Schließlich sei τ die durch $\tau v = v + h\phi(v)$ definierte Transvektion von V. Bestimme μ_τ.

2) Es sei V ein Vektorraum über einem kommutativen Körper K. Ferner sei $V = pK \oplus H$ mit $p \neq 0$. Ist $k \in K$, so definieren wir die Dilation $\delta \in \mathrm{End}_K(V)$ vermöge $\delta(pl + h) = pkl + h$ für alle $l \in K$ und alle $h \in H$. Bestimme μ_δ. (Achtung: $H = \{0\}$ und $H \neq \{0\}$ ergeben verschiedene μ_δ!)

3) V sei ein Vektorraum über K und V enthalte zwei linear unabhängige Vektoren. Zeige, daß $\mathfrak{Z}(\mathrm{End}_K(V))$ zu $\mathfrak{Z}\,K$ isomorph ist.

2. Eigenwerte. Es sei V ein Vektorraum über dem kommutativen Körper K. Ferner sei $\phi \in \mathrm{End}_K(V)$. Wann ist eine Untergruppe U von V(+) ein Untermodul von V_ϕ? Sicherlich muß U ein Unterraum von V sein, für den $\phi U \subseteq U$ gilt. Ist nämlich $f \in K[x]$ und $f = k \in K$, so ist $U \supseteq fU = (k \cdot id_V)U = Uk$, wenn U ein Teilmodul von V_ϕ ist. Daß $\phi U \subseteq U$ ist folgt mit Hilfe des Polynoms x. Diese beiden Bedingungen sind aber auch hinreichend, wie man sich leicht überlegt. Besonders interessante Teilmoduln von V_ϕ sind die, die gleichzeitig Unterräume vom Rang 1 von V sind. Es sei U ein solcher Teilraum. Dann ist $U = vK$. Wegen $\phi U \subseteq U$ gibt es daher ein $k \in K$ mit $\phi v = vk$. Dieses k heißt ein Eigenwert von ϕ und der Vektor v heißt ein Eigenvektor zum Eigenwert k von ϕ. Man beachte, daß Eigenvektoren stets vom Nullvektor verschieden sind, da sie ja einen Unterraum vom Range 1 aufspannen. Ist v ein Eigenvektor zum Eigenwert k von ϕ, so ist $v \in \mathrm{Kern}(\phi - k)$, so daß also $\phi - k$ kein Automorphismus von V ist.

Ist umgekehrt V endlich erzeugt und ist $\phi - k$ kein Automorphismus von V, so ist $\mathrm{Kern}(\phi - k) \neq \{0\}$, so daß es einen Vektor $v \in V$ mit $v \neq 0$ und $\phi v = vk$ gibt. Somit ist k ein Eigenwert von ϕ.

Es sei $k \in K$ ein Eigenwert von ϕ und v sei ein Eigenvektor zum Eigenwert k. Dann ist also $\phi v = vk$. Ist $\phi^i v = vk^i$, so folgt $\phi^{i+1}v = \phi(vk^i) = (\phi v)k^i = vk^{i+1}$. Also gilt $\phi^i v = vk^i$ für alle $i \in \mathbb{N}_0$. Hieraus folgt weiter, daß f(k) ein Eigenwert von $f(\phi)$ ist, falls $f \in K[x]$ ist. Dies impliziert insbesondere

2.1. Satz. Ist V ein Vektorraum über dem kommutativen Körper K und ist ϕ ein algebraischer Endomorphismus von V, so ist jeder Eigenwert von ϕ Nullstelle des Minimalpolynoms von ϕ. Insbesondere hat ϕ nur endlich viele Eigenwerte.

Ist nämlich k ein Eigenwert von ϕ und ist μ das Minimalpolynom von ϕ, so ist $\mu(k)$ ein Eigenwert von $\mu(\phi) = 0$, so daß $\mu(k) = 0$ ist.

Es sei V ein endlich erzeugter Vektorraum vom Range n über dem kommutativen Körper K. Ferner sei $\phi \in \mathrm{End}_K(V)$. Schließlich sei B eine Basis von V und $A = \phi_{B,B}$. Dann ist $A - xI$ eine Matrix aus dem Matrizenring über dem Funktionenkörper K(x) in der Unbestimmten x, wenn I die Einheitsmatrix ist. Die Koeffizienten von $A - xI$ liegen alle in $K[x]$, so daß $\det(A - xI)$ nach V.5.8 ein Polynom in x ist. Ist B' eine weitere Basis von V und $A' = \phi_{B',B'}$, so gibt es eine reguläre Matrix C mit $A = C^{-1}A'C$. Daher ist

$$\det(A - xI) = \det(C^{-1}A'C - xI) = \det(C^{-1}(A' - xI)C) =$$

$$\det C^{-1} \det(A' - xI) \det C = \det(A' - xI).$$

Dies besagt, daß das Polynom $\det(A - xI)$ nur von ϕ, nicht jedoch von der Auswahl der Basis B abhängt. Das Polynom $\chi_\phi = \det(A - xI)$ heißt das charakteristische Polynom von ϕ. Der Leitkoeffizient von χ_ϕ ist $(-1)^{\mathrm{Rg}\, V}$, ferner ist Grad $\chi_\phi = \mathrm{Rg}\, V$ und $\chi_\phi(0) = \det \phi$, d.h., $\det \phi$ ist das Absolutglied von χ_ϕ.

2.2. Satz. Es sei V ein endlich erzeugter Vektorraum über dem kommutativen Körper K. Ist $\phi \in \mathrm{End}_K(V)$ und $k \in K$, so ist k genau dann ein Eigenwert von ϕ, wenn $\chi_\phi(k) = 0$ ist.

Beweis. Es sei B eine Basis von V und $A = \phi_{B,B}$. Dann ist $(\phi - k)_{B,B} = A - kI$. Nach V.5.9 ist daher $\det(\phi - k) = \det(A - kI) = \chi_\phi(k)$. Nun ist k genau dann ein Eigenwert von ϕ, wenn $\phi - k$ singulär ist. Dies ist nach V.5.7 wiederum genau dann der Fall, wenn $\det(\phi - k) = 0$ ist, d.h., wenn k eine Nullstelle von χ_ϕ ist, q. e. d.

Weil χ_ϕ höchstens Rg V verschiedene Nullstellen hat, folgt aus 2.2, daß ϕ höchstens Rg V verschiedene Eigenwerte hat.

Ist k eine Nullstelle mit der Vielfachheit r von χ_ϕ, so nennen wir r auch die Vielfachheit des Eigenwertes k von ϕ. Mit dieser Benennung gilt

2.3. Satz. Ist V ein endlich erzeugter Vektorraum über dem kommutativen Körper K und ist k ein Eigenwert der Vielfachheit r von $\phi \in \mathrm{End}_K(V)$, so ist $\mathrm{Def}\ (\phi - k) \leqslant r$, bzw., was damit gleichbedeutend ist, $\mathrm{Rg}\ (\phi - k) \geqslant \mathrm{Rg}\ V - r$.

Beweis. Es sei $b_1,\dots,b_s$ eine Basis von $\mathrm{Kern}(\phi - k)$. Man ergänze diese zu einer Basis $b_1,\dots,b_s,b_{s+1},\dots,b_n$ von V. Bezüglich dieser Basis ist ϕ eine Matrix der Gestalt

$$\begin{pmatrix} k & 0 & 0 & \dots & 0 & 0 & \dots & 0 \\ 0 & k & 0 & \dots & 0 & 0 & \dots & 0 \\ \cdot & \cdot & \cdot & & \cdot & \cdot & & \cdot \\ \cdot & \cdot & \cdot & & \cdot & \cdot & & \cdot \\ \cdot & \cdot & \cdot & & \cdot & \cdot & & \cdot \\ 0 & 0 & 0 & \dots & k & 0 & \dots & 0 \\ a_{s+1,1} & a_{s+1,2} & a_{s+1,3} & \dots & a_{s+1,s} & a_{s+1,s+1} & \dots & a_{s+1,n} \\ \dots & \dots & \dots & \dots & \dots & \dots & \dots & \dots \\ a_{n,1} & a_{n,2} & \dots & \dots & \dots & \dots & \dots & a_{n,n} \end{pmatrix}$$

zugeordnet. Dies zeigt, daß $(k - x)^s$ ein Teiler von χ_ϕ ist. Folglich ist $\mathrm{Def}\ (\phi - k) = s \leqslant r$, q. e. d.

Es sei $\phi \in \mathrm{End}_K(V)$ und L sei der Zerfällungskörper von χ_ϕ. Es gibt dann Elemente $\lambda_1,\dots,\lambda_n \in L$ mit $\chi_\phi = \prod_{i=1}^{n} (\lambda_i - x)$. Satz 2.2 legt es nahe, alle diese λ_i, selbst wenn sie nicht in K liegen, Eigenwerte von ϕ zu nennen. Dies werden wir im folgenden tun. Man kann im übrigen V mit Hilfe des Tensorproduktes in einen Vektorraum V_L so einbetten, daß $\mathrm{Rg}_K V = \mathrm{Rg}_L V_L$ wird und daß sich ϕ zu einem Endomorphismus ϕ_L von V_L fortsetzen läßt, dessen charakteristisches Polynom gerade χ_ϕ ist, so daß die λ_i gerade die Eigenwerte im ursprünglichen Sinne von ϕ_L sind. Diese Konstruktion werden wir hier jedoch nicht durchführen.

Trifft man nun die Vereinbarung, die λ_i Eigenwerte von ϕ zu nennen, so gilt

2.4. Satz. Ist V ein endlich erzeugter Vektorraum über dem kommutativen Körper K, ist $\phi \in \mathrm{End}_K(V)$ und sind $\lambda_1,\dots,\lambda_r$ die verschiedenen Eigenwerte von ϕ und $e_1,\dots,e_r$ ihre Vielfachheiten, so ist $\det \phi = \prod_{i=1}^{r} \lambda_i^{e_i}$.

Dies folgt unmittelbar daraus, daß det ϕ bzw. $\prod_{i=1}^{r} \lambda_i^{e_i}$ das absolute Glied von χ_ϕ bzw. $\prod_{i=1}^{r} (\lambda_i - x)^{e_i}$ ist.

2.5. Satz. V sei ein Vektorraum über dem kommutativen Körper K. Ferner sei $\phi \in \mathrm{End}_K(V)$. Sind $k_1,\ldots,k_r$ paarweise verschiedene Eigenwerte von ϕ und ist v_i ein Eigenvektor zum Eigenwert k_i $(i = 1,2,\ldots,r)$, so sind die Vektoren $v_1,\ldots,v_r$ linear unabhängig.

Beweis. Es sei $\sum_{i=1}^{r} v_i a_i = 0$. Dann ist $0 = (\phi - k_1)\ldots(\phi - k_{j-1})(\phi - k_{j+1})\ldots$ $\ldots(\phi - k_r) \sum_{i=1}^{r} v_i a_i = v_j(k_j - k_1)\ldots(k_j - k_{j-1})(k_j - k_{j+1})\ldots(k_j - k_r)a_j$.

Weil die k_i paarweise verschieden sind, folgt $v_j a_j = 0$, so daß wegen $v_j \neq 0$ die Gleichung $a_j = 0$ gilt, q. e. d.

Ist V ein Vektorraum über K und ist $\phi \in \mathrm{End}_K(V)$, ist ferner $B = \{b_1,\ldots,b_n\}$ eine Basis aus Eigenvektoren von ϕ, so ist $\phi_{B,B}$ eine Diagonalmatrix, d.h. die Koeffizienten außerhalb der Hauptdiagonalen dieser Matrix sind alle gleich Null. Überdies sind die Koeffizienten in der Hauptdiagonalen gerade die Eigenwerte von ϕ. Ist umgekehrt B eine Basis, so daß $\phi_{B,B}$ eine Diagonalmatrix ist, so ist B eine Basis von Eigenvektoren von ϕ. Wir nennen daher ϕ diagonalisierbar, wenn V eine Basis aus Eigenvektoren von ϕ besitzt.

2.6. Satz. Es sei V ein endlich erzeugter Vektorraum über dem kommutativen Körper K. Ist $\phi \in \mathrm{End}_K(V)$, so sind die folgenden Bedingungen äquivalent:

j) ϕ ist diagonalisierbar.

ij) K ist der Zerfällungskörper von χ_ϕ und es gilt, daß Def $(\phi - k)$ gleich der Vielfachheit von k für alle Eigenwerte k von ϕ ist.

iij) K ist der Zerfällungskörper von μ_ϕ und μ_ϕ hat lauter einfache Nullstellen in K.

Beweis. ϕ sei diagonalisierbar und $k_1,\ldots,k_r$ seien die verschiedenen Eigenwerte von ϕ. Ferner sei B eine Basis aus Eigenvektoren von ϕ. Ist e_i die Anzahl der $b \in B$ mit $\phi b = bk_i$, so ist offenbar $\chi_\phi = \prod_{i=1}^{r} (k_i - x)^{e_i}$, so daß e_i die Vielfachheit von k_i ist. Ferner folgt unmittelbar, daß Def $(\phi - k_i) = e_i$ ist. Damit ist gezeigt, daß ij) aus j) folgt.

Es gelte ij). Aus 2.5 folgt, daß die Summe $\sum_{i=1}^{r} \mathrm{Kern}(\phi - k_i)$ direkt ist. Also ist

$$\mathrm{Rg}\,\Big(\sum_{i=1}^{r} \mathrm{Kern}(\phi - k_i)\Big) = \sum_{i=1}^{r} \mathrm{Rg}\,(\mathrm{Kern}(\phi - k_i)) = \sum_{i=1}^{r} e_i = \mathrm{Grad}\,\chi_\phi = \mathrm{Rg}\,V.$$

Also ist $V = \bigoplus_{i=1}^{r} \mathrm{Kern}(\phi - k_i)$. Wir betrachten das Polynom $f = \prod_{i=1}^{r} (x - k_i)$. Nach 2.1 ist f ein Teiler von μ_ϕ, da die k_i paarweise verschieden sind. Es sei $v \in V$. Dann ist $\sum_{i=1}^{r} v_i$ mit $v_i \in \mathrm{Kern}(\phi - k_i)$. Daher ist

$$f(\phi)v = \sum_{i=1}^{r} \prod_{j=1}^{r} (\phi - k_j)v_i = 0$$

Also ist μ_ϕ auch ein Teiler von f. Weil die Leitkoeffizienten beider Polynome gleich 1 sind, ist $f = \mu_\phi$, so daß μ_ϕ in K in Linearfaktoren zerfällt und lauter einfache Nullstellen hat.

Schließlich gelte iij). Wir zeigen, daß $V = \bigoplus_{i=1}^{r} \mathrm{Kern}(\phi - k_i)$ ist. Sicherlich ist die Summe $\sum_{i=1}^{r} \mathrm{Kern}(\phi - k_i)$ direkt (Satz 2.5). Es bleibt zu zeigen, daß sie gleich V ist. Weil die k_i paarweise verschieden sind, sind die Polynome $x - k_i$ paarweise teilerfremd. Daher haben die Polynome $\prod_{\substack{j=1 \\ j \neq 1}}^{r} (x - k_j) = g_i$ $(i = 1,2,\ldots,r)$ den größten gemeinsamen Teiler 1. Folglich gibt es Polynome u_i mit $1 = \sum_{i=1}^{r} g_i u_i$. Ist $v \in V$, so ist daher

$$v = \sum_{i=1}^{r} g_i(\phi)u_i(\phi)v.$$

Ferner ist

$$(\phi - k_i)g_i(\phi)u_i(\phi)v = \mu_\phi(\phi)u_i(\phi)v = 0,$$

so daß in der Tat $V = \bigoplus_{i=1}^{r} \mathrm{Kern}(\phi - k_i)$ ist. Hieraus folgt nun, daß V eine Basis aus Eigenvektoren von ϕ besitzt, q. e. d.

Ist τ eine von der Identität verschiedene Transvektion, so ist $\mu_\tau = (x - 1)^2$, so daß es also Endomorphismen gibt, die nicht diagonalisierbar sind.

Aufgaben

Bei den folgenden fünf Aufgaben ist K ein kommutativer Körper und V ein endlich erzeugter Vektorraum über K.

1) Es sei $\phi \in \mathrm{End}_K(V)$ und ϕ^* sei die zu ϕ duale Abbildung. Zeige, daß $k \in K$ genau dann ein Eigenwert von ϕ ist, wenn k ein Eigenwert von ϕ^* ist.

2) Bestimme alle Eigenwerte und die Determinante der Transvektion τ.

3) Bestimme alle Eigenwerte und die Determinante der Dilatation δ.

4) Ist $A = (a_{ij})$ eine $(n \times n)$-Matrix mit Koeffizienten aus K, ist $k \in K$ und $0 \neq x \in K^{(n)}$ und gilt $Ax^t = x^t k$, so heißt k ein Eigenwert der Matrix A. Ferner

heißt $s_i = \sum_{j=1}^{n} a_{ij}$ die i-te Zeilensumme und $z_j = \sum_{i=1}^{n} a_{ij}$ die j-te Spaltensumme von A. Zeige: Ist $s_i = k$ für alle i oder $z_j = k$ für alle j, so ist k ein Eigenwert von A.

5) Es sei I die $(n \times n)$-Einheitsmatrix und J die $(n \times n)$-Matrix, deren Koeffizienten alle gleich 1 sind. Ferner seien $a,b \in K$. Bestimme alle Eigenwerte und die Determinante der Matrix $A = (a - b)I + bJ$. Wann ist A diagonalisierbar?

3. Hauptidealringe. Ein Hauptidealring ist nach unserer früheren Definition ein Ring R, in dem alle Ideale Hauptideale, d.h. von der Form aR mit $a \in R$ sind. Wir betrachten in diesem und dem folgenden Abschnitt nur solche Hauptidealringe, die gleichzeitig Integritätsbereiche mit 1 sind, ohne dies jeweils ausdrücklich zu sagen. Beispiele für Hauptidealringe in diesem Sinne sind die euklidischen Ringe, insbesondere also $\mathbb{Z}$ und $K[x]$ sowie alle kommutativen Körper. Wie wir schon früher erwähnten, gibt es Hauptidealringe, die nicht euklidisch sind.

Das Hauptziel dieses Abschnittes ist zu zeigen, daß in Hauptidealringen der Satz von der eindeutigen Zerlegung in Primfaktoren gilt. Der Beweis dieses Satzes wird uns Gelegenheit geben, den Gebrauch des Zorn'schen Lemmas noch einmal zu üben.

R sei ein kommutativer Ring. Ein Ideal I von R heißt Primideal, falls aus $a,b \in R$ und $ab \in I$ folgt, daß $a \in I$ oder $b \in I$ (oder beides) gilt. I ist genau dann ein Primideal, falls R/I ein Integritätsbereich ist (Beweis!).

Ist R ein kommutativer Ring mit 1 und ist M ein maximales Ideal von R, so ist M ein Primideal. In diesem Falle ist nämlich R/M nach III.3.5 ein Körper und damit erst recht ein Integritätsbereich.

3.1. Satz. Es sei R ein Ring mit 1 (nicht notwendig kommutativ). Ist I ein von R verschiedenes Ideal, so gibt es ein maximales Ideal M von R mit $I \subseteq M$.

Beweis. Es sei Φ die Menge aller von R verschiedenen Ideale, die I umfassen. Wegen $I \in \Phi$ ist dann Φ nicht leer. Es sei $\mathfrak{K}$ eine Kette von $\Phi(\subseteq)$. Dann ist $J = \bigcup_{X \in \mathfrak{K}} X$ ein Ideal, welches I umfaßt. Wegen $1 \notin X$ für alle $X \in \mathfrak{K}$ ist $1 \notin J$, so daß J zu Φ gehört. Auf Grund des Zorn'schen Lemmas gibt es ein maximales $M \in \Phi$. Weil jedes Ideal, welches M umfaßt, auch I enthält, folgt, daß M sogar ein maximales Ideal von R ist, q. e. d.

3.2. Satz. Ist R ein Hauptidealring und ist $p \in R^* \setminus G(R)$, so sind die folgenden Bedingungen gleichbedeutend:

a) p ist ein Primelement.

b) pR ist maximal.

c) pR ist ein Primideal.

Beweis. a) impliziert b). Es sei I ein Ideal mit $pR \subseteq I \subseteq R$. Weil R ein Hauptidealring ist, ist $I = aR$ mit $a \in R$. Daher ist $p = ab$ mit $b \in R$. Somit ist a oder b eine Einheit. Ist a eine Einheit, so ist $I = aR = R$. Ist b eine Einheit, so ist $a = pb^{-1} \in pR$ und daher $I = aR \subseteq pR \subseteq I$, so daß in diesem Falle $I = pR$ ist. Folglich ist pR maximal.

Wie wir vor 3.2 bemerkten, ist jedes maximale Ideal insbesondere ein Primideal, so daß also c) aus b) folgt.

c) impliziert a). Es sei $p = ab$. Weil pR ein Primideal ist, folgt $a \in pR$ oder $b \in pR$. Wir können o. B. d. A. annehmen, daß $a \in pR$ gilt. Dann ist $a = pc$ mit $c \in R$. Folglich ist $p = pcb$. Nun ist $p \in R^{*} \setminus G(R)$, so daß insbesondere $p \neq 0$ gilt. Dies hat wiederum $1 = cb$ zur Folge, so daß b eine Einheit ist. Weil p keine Einheit ist, besagt dies, daß p ein Primelement ist, q. e. d.

3.3. Satz. Ist R ein Hauptidealring, so erfüllt R die Maximalbedingung für Ideale.

Beweis. Es sei $\mathfrak{M}$ eine nicht-leere Menge von Idealen von R. Ferner sei $\mathfrak{K}$ eine Kette von $\mathfrak{M}$ ($\subseteq$). Dann ist $\bigcup_{X \in \mathfrak{K}} I$ ein Ideal. Es gibt also ein $a \in R$ mit $\bigcup_{I \in \mathfrak{K}} I = aR$. Hieraus folgt wiederum die Existenz eines $J \in \mathfrak{K}$ mit $a \in J$. Daher ist $aR \subseteq J \subseteq aR$ und folglich $\bigcup_{I \in \mathfrak{K}} I = J \in \mathfrak{K}$. Somit hat jede Kette von $\mathfrak{K}$ eine obere Schranke in $\mathfrak{K}$, so daß es nach dem Zorn'schen Lemma ein in $\mathfrak{M}$ maximales Ideal gibt, q. e. d.

3.4. Satz. R sei ein Hauptidealring. Ist $0 \neq a \in R$, so gibt es eine Einheit ε und Primelemente $p_1,\ldots,p_n$ mit $a = \varepsilon \prod_{i=1}^{n} p_i$. Ist ε' eine weitere Einheit und sind $q_1,\ldots,q_m$ Primelemente und gilt $\varepsilon \prod_{i=1}^{n} p_i = \varepsilon' \prod_{j=1}^{m} q_j$, so ist $n = m$ und es gibt ein $\sigma \in S_n$ sowie Einheiten $\varepsilon_1,\ldots,\varepsilon_n$ mit $p_i = \varepsilon_i q_{\sigma(i)}$ für $i = 1,2,\ldots,n$.

Beweis. Wir zeigen zunächst die Existenz einer solchen Zerlegung. Dazu sei H die Menge aller derjenigen Elemente von R^{*}, die eine solche Zerlegung besitzen. Insbesondere ist dann $1 \in H$. Es sei $a \in R^{*}$. Ferner sei

$$\mathfrak{M} = \{bR \mid a = bh,\ b \in R,\ h \in H\}.$$

Wegen $a = a1$ ist $aR \in \mathfrak{M}$, so daß $\mathfrak{M}$ nicht leer ist. Nach 3.3 gibt es ein maximales

Element cR in $\mathfrak{M}$. Ist $c \notin G(R)$, so ist cR echt in R enthalten. Nach 3.1 gibt es dann ein maximales Ideal M von R mit $cR \subseteq M$. Nach 3.2 gibt es weiterhin ein Primelement p von R mit $M = pR$. Also ist $c = pd$. Hieraus folgt wiederum, daß cR echt in dR enthalten ist, weil p ja keine Einheit ist. Nun ist $a = ch$ mit $h \in H$. Daher ist $a = dph = d(ph)$. Weil $ph \in H$ ist, folgt $dR \in \mathfrak{M}$ im Widerspruch zur Maximalität von cR. Also ist c eine Einheit, so daß auch a zu H gehört, womit die Möglichkeit der Zerlegung nachgewiesen ist.

Und nun zur Eindeutigkeit. Weil $\varepsilon' q_1 \ldots q_m = p_1(\varepsilon p_2 \ldots p_n)$ ist und weil $p_1 R$ nach 3.2 ein Primideal ist, folgt mit vollständiger Induktion, daß einer der Faktoren $\varepsilon', q_1, \ldots, q_m$ ein Element von $p_1 R$ ist. Wegen $\varepsilon' R = R$ ist ε' kein Element von $p_1 R$. Daher ist eines der Elemente $q_1, \ldots, q_m$ in $p_1 R$ enthalten. Wir können o. B. d. A. annehmen, daß $q_1 \in p_1 R$ gilt. Dann ist $q_1 R \subseteq p_1 R$ und aus der Maximalität von $q_1 R$ (nach 3.2) folgt $q_1 R = p_1 R$. Hieraus folgt die Existenz einer Einheit ε_1 mit $p_1 = \varepsilon_1 q_1$. Weil R ein Integritätsbereich ist, folgt weiter $\varepsilon' q_2 \ldots q_m = \varepsilon\varepsilon_1 p_2 \ldots p_n$. Vollständige Induktion führt nun zum Ziele.

Wir benötigen im nächsten Abschnitt noch einen Satz über die simultane Lösbarkeit von Kongruenzen, den wir zusammen mit einer zahlentheoretischen Anwendung zum Abschluß dieses Abschnittes angeben werden. Hierzu erinnern wir an die Definition der Summe und des Produktes von Idealen. Sind I und J zwei Ideale eines Ringes R, so ist

$$I + J = \{i + j \mid i \in I,\ j \in J\}$$

und

$$IJ = \{x \mid x = \sum_{a=1}^{n} i_a j_a,\ i_a \in I,\ j_a \in J\}.$$

$I + J$ und IJ sind Ideale von R und es gilt überdies $IJ \subseteq I \cap J$. Entsprechend definiert man das Produkt und die Summe von mehr als zwei Idealen.

3.5. Satz. R sei ein (nicht notwendig kommutativer) Ring mit 1. Sind $I_1, \ldots, I_n$ und J Ideale von R und gilt $I_k + J = R$ für $k = 1,2,\ldots,n$, so gelten auch die Gleichungen $I_1 I_2 \ldots I_n + J = R$ und $I_1 \cap I_2 \cap \ldots \cap I_n + J = R$.

Beweis. Gilt die erste der beiden Gleichungen, so gilt wegen $I_1 I_2 \ldots I_n \subseteq I_1 \cap I_2 \cap \ldots \cap I_n$ auch die zweite. Es genügt also die erste Gleichung zu beweisen. Dazu machen wir Induktion nach n. Es sei also zunächst $n = 2$. Es gibt dann Elemente i_1, i_2, j, j' mit $i_k \in I_k$ und $j, j' \in J$ sowie $i_1 + j = 1 = i_2 + j'$. Daher ist

$$1 = 1^2 = (i_1 + j)(i_2 + j') = i_1 i_2 + i_1 j' + j i_2 + j j' \in I_1 I_2 + J,$$

so daß $I_1 I_2 + J = R$ ist.

Es sei nun $n > 2$ und der Satz gelte für $n - 1$. Dann ist also
$I_1 \dots I_{n-1} + J = R$ und $I_n + J = R$. Nach dem gerade Bewiesenen ist daher
$I_1 \dots I_n + J = R$, q. e. d.

$R_1,\dots,R_n$ seien Ringe. Unter der direkten Summe $R_1 \oplus \dots \oplus R_n$ dieser Ringe verstehen wir die Menge aller n-tupel $(r_1,\dots,r_n)$ mit $r_i \in R_i$ versehen mit der komponentenweise erklärten Addition und Multiplikation. Offenbar ist $R_1 \oplus \dots \oplus R_n$ ein Ring.

3.6. Chinesischer Restsatz. R sei ein (nicht notwendig kommutativer) Ring mit 1. Sind $I_1,\dots,I_n$ Ideale von R und gilt für $k \neq l$ stets $I_k + I_l = R$, so ist die Abbildung

$$x \to (x + I_1,\ x + I_2,\dots,\ x + I_n)$$

ein Homomorphismus von R auf $R/I_1 \oplus R/I_2 \oplus \dots \oplus R/I_n$. Der Kern dieser Abbildung ist $I_1 \cap I_2 \cap \dots \cap I_n$.

Beweis. Es ist banal, daß diese Abbildung ein Homomorphismus von R in $R/I_1 \oplus \dots \oplus R/I_n$ und daß der Kern dieser Abbildung gleich $I_1 \cap I_2 \cap \dots \cap I_n$ ist. Nur über die Surjektivität muß man ein Wort verlieren.

Es seien $b_1,\dots,b_n \in R$. Es ist zu zeigen, daß es ein $x \in R$ mit $x - b_k \in I_k$ für $k = 1,2,\dots,n$ gibt. Um dies zu zeigen, machen wir Induktion nach k. Dabei beginnen wir mit $k = 2$. Wegen $I_1 + I_2 = R$ gibt es Elemente $i_1 \in I_1$ und $i_2 \in I_2$ mit $i_1 + i_2 = 1$. Setze $x = i_1b_2 + i_2b_1$. Dann ist wegen $i_1 + i_2 = 1$

$$x - b_1 = i_1b_2 + (i_2 - 1)b_1 = i_1(b_2 + b_1) \in I_1$$

und

$$x - b_2 = (i_1 - 1)b_2 + i_2b_1 = i_2(b_2 + b_1) \in I_2.$$

Es sei also $2 < k \leq n$. Nach Induktionsannahme gibt es ein $y \in R$ mit $y - b_j \in I_j$ für $j = 1,2,\dots,k - 1$. Nach 3.5 ist nun $I_1 \cap I_2 \cap \dots \cap I_{k-1} + I_k = R$, da ja $I_j + I_k = R$ ist für alle $j = 1,2,\dots,k - 1$. Nach dem soeben Bewiesenen gibt es ein $x \in R$ mit $x - y \in I_1 \cap \dots \cap I_{k-1}$ und $x - b_k \in I_k$. Ist $j \in \{1,2,\dots,k-1\}$, so ist also $x - y \in I_j$ und daher $x - b_j = x - y + y - b_j \in I_j$. Also ist $x - b_j \in I_j$ für $j = 1,2,\dots,k$. Damit ist gezeigt, daß es ein $x \in R$ gibt mit $x - b_k \in I_k$ für alle $k \in \{1,2,\dots,n\}$, q. e. d.

Über die Herkunft des Namens dieses Satzes findet sich Auskunft in L.E.Dickson, History of the Theory of Numbers. Vol.II, S. 57-64. Chelsea Publ. Comp., New York 1966

Ist R ein Integritätsbereich und gilt für $a,b \in R$ die Gleichung $aR + bR = R$, so nennen wir die Elemente a und b teilerfremd, d.h., wir definieren die Teilerfremdheit zweier Ringelemente genauso, wie wir es im Falle der euklidischen Ringe getan haben. Aus 3.6 folgt nun sofort

3.7. Korollar. Ist R ein Integritätsbereich und sind die Elemente $a_1,\dots,a_n \in R$ paarweise teilerfremd und sind schließlich $b_1,\dots,b_n \in R$, so gibt es ein $x \in R$ mit $x \equiv b_i \bmod a_i$ für alle $i \in \{1,2,\dots,n\}$.

R sei ein Hauptidealring. Sind $a_1,\dots,a_n \in R$ und sind die a_i paarweise teilerfremd, ist ferner $A_i = \prod_{\substack{j=1\\ j\neq i}}^{n} a_j$, so sind auch a_i und A_i teilerfremd, da in R der Satz von der eindeutigen Primfaktorzerlegung gilt. Es gibt also zu jedem $i \in \{1,2,\dots,n\}$ ein $r_i \in R$ mit $r_i \equiv 0 \bmod A_i$ und $r_i \equiv 1 \bmod a_i$. Sind nun $b_1,\dots,b_n \in R$ gegeben und setzt man $x = \sum_{i=1}^{n} b_i r_i$, so ist, da $A_i \equiv 0 \bmod a_j$ für $i \neq j$ ist, $x \equiv b_i \bmod a_i$ für alle i. Diese Bemerkung ist nützlich für den Fall, daß man für mehrere n-tupel $(b_1,\dots,b_n)$ ein x mit $x \equiv b_i \bmod a_i$ bestimmen muß.

$G_1,\dots,G_n$ seien multiplikativ geschriebene Gruppen. Definiert man auf $\bigtimes_{i=1}^{n} G_i$ eine Multiplikation durch die komponentenweise Multiplikation der n-tupel, so erhält man eine Gruppe. Diese Gruppe heißt das direkte Produkt der Gruppen $G_1,\dots,G_n$. Sind $R_1,\dots,R_n$ Ringe, so folgt unmittelbar, daß

$$G(R_1 \oplus \dots \oplus R_n) = G(R_1) \times \dots \times G(R_n)$$

ist.

Sind n_1 und n_2 teilerfremde ganze Zahlen, so ist $(n_1 n_2)\mathbb{Z} = (n_1\mathbb{Z})(n_2\mathbb{Z}) = (n_1\mathbb{Z}) \cap (n_2\mathbb{Z})$. Hieraus und aus der zuvor gemachten Bemerkung folgt mit Hilfe des Chinesischen Restsatzes

3.8. Korollar. Ist n eine natürliche Zahl und ist $n = \prod_{i=1}^{r} p_i^{e_i}$ mit paarweise verschiedenen Primzahlen p_i, so gilt:

a) Es ist $\mathbb{Z}/n\mathbb{Z} \cong \mathbb{Z}/p_1^{e_1} \oplus \dots \oplus \mathbb{Z}/p_r^{e_r}$.

b) Es ist $G(\mathbb{Z}/n\mathbb{Z}) = G(\mathbb{Z}/p_1^{e_1}\mathbb{Z}) \times \dots \times G(\mathbb{Z}/p_r^{e_r}\mathbb{Z})$.

Um die Struktur von $G(\mathbb{Z}/n\mathbb{Z})$ aufzudecken, genügt es also die Struktur der $G(\mathbb{Z}/p_i^{e_i}\mathbb{Z})$ zu bestimmen.

3.9. Satz. a) Ist p eine von 2 verschiedene Primzahl, so ist $G(\mathbb{Z}/p^e\mathbb{Z})$ zyklisch.

b) $G(\mathbb{Z}/2\mathbb{Z})$ und $G(\mathbb{Z}/4\mathbb{Z})$ sind zyklisch. Ist $e \geqslant 3$, so ist so ist $G(\mathbb{Z}/2^e\mathbb{Z})$ gleich dem direkten Produkt einer zyklischen Gruppe der Ordnung 2^{e-2} mit einer zyklischen Gruppe der Ordnung 2.

Beweis. a) Sind $m,m' \in \mathbb{Z}$ und ist $e \geqslant 1$ sowie $m - m' \in p^e\mathbb{Z}$, so ist $m - m' \in p\mathbb{Z}$. Daher folgt aus $m + p^e\mathbb{Z} = m' + p^e\mathbb{Z}$ die Gleichung $m + p\mathbb{Z} = m' + p\mathbb{Z}$. Folglich ist

$$\sigma = \{x \mid x = (m + p^e\mathbb{Z}, m + p\mathbb{Z}), m \in \mathbb{Z}, p \nmid m\}$$

eine Abbildung von $G(\mathbb{Z}/p^e\mathbb{Z})$ in $G(\mathbb{Z}/p\mathbb{Z})$, die offenbar sogar ein Homomorphismus von $G(\mathbb{Z}/p^e\mathbb{Z})$ auf $G(\mathbb{Z}/p\mathbb{Z}) = GF(p)^*$ ist. Ist K der Kern von σ, so ist daher $G(\mathbb{Z}/p^e\mathbb{Z})/K \cong GF(p)^*$, so daß $G(\mathbb{Z}/p^e\mathbb{Z})/K$ nach VI.3.9 eine zyklische Gruppe der Ordnung $p - 1$ ist. Wegen $|G(\mathbb{Z}/p^e\mathbb{Z})| = \phi(p^e) = p^{e-1}(p - 1)$ folgt weiter, daß $|K| = p^{e-1}$ ist. Ist nun $G(\mathbb{Z}/p^e\mathbb{Z})/K = \langle xK \rangle$, so ist also $o(x) = (p - 1)p^i$ mit $0 \leqslant i \leqslant e - 1$. (Man lasse sich hier und im weiteren Verlauf des Beweises nicht durch die Schreibweise verwirren. So ist das Element x von der Form $m + p^e\mathbb{Z}$, ebenso die Elemente von K. Die Verknüpfung in $G(\ldots)$ ist aber die Ringmultiplikation von $\mathbb{Z}/p^e\mathbb{Z}$, so daß man also für das erzeugende Element von $G(\ldots)/K$, wie oben, xK und nicht etwa $x + K$ schreiben muß.)

Es ist $\sigma(1 + p + p^e\mathbb{Z}) = 1 + p\mathbb{Z}$, so daß $1 + p + p^e\mathbb{Z} \in K$ ist. Nun ist

$$(1 + p)^p = \sum_{j=0}^{p} \binom{p}{j} p^j = 1 + p^2 + \tfrac{1}{2}(p - 1)p^3 + \sum_{j=3}^{p} \binom{p}{j} p^j .$$

Weil $p \geqslant 3$ ist, ist also $(1 + p)^p \equiv 1 + p^2 \bmod p^3$. Es sei bereits gezeigt, daß $(1 + p)^{p^i} \equiv 1 + p^{i+1} \bmod p^{i+2}$ ist. Dann ist

$$(1 + p)^{p^{i+1}} = (1 + p^{i+1}(1 + kp))^p = \sum_{j=0}^{p} \binom{p}{j} p^{j(i+1)}(1 + kp)^j = 1 + p^{i+2}(1 + kp) +$$
$$\tfrac{1}{2}(p - 1)p^{2(i+1)+1}(1 + kp)^2 + \sum_{j=3}^{p} \binom{p}{j} p^{j(i+1)}(1 + kp)^j.$$

Hieraus folgt $(1 + p)^{p^{i+1}} \equiv 1 + p^{i+2} \bmod p^{i+3}$. Insbesondere ist also

$(1 + p)^{p^{e-2}} \equiv 1 + p^{e-1} \not\equiv 1 \bmod p^e$. Hieraus folgt, daß die Ordnung von $1 + p + p^e\mathbb{Z}$ gleich p^{e-1} ist. Dies wiederum besagt, daß K zyklisch der Ordnung p^{e-1} ist. Es sei $y = 1 + p + p^e\mathbb{Z}$. Wegen $o(x) = (p - 1)p^i$ mit $0 \leqslant i \leqslant e - 1$ und $o(y) = p^{e-1}$ gibt es nach VI.3.5 ein Element $z \in G(\mathbb{Z}/p^e\mathbb{Z})$ mit $o(z) = p^e(p - 1)$. Daher ist $G(\mathbb{Z}/p^e\mathbb{Z}) = \langle z \rangle$.

b) Es ist $\phi(2) = 1$ und $\phi(4) = 2$. Daher sind die Gruppen $G(\mathbb{Z}/2\mathbb{Z})$ und $G(\mathbb{Z}/4\mathbb{Z})$ zyklisch. Es sei also $e \geqslant 3$. Es ist $5 \equiv 1 + 2^2 \bmod 2^3$. Es sei bereits gezeigt, daß

$$5^{2^i} \equiv 1 + 2^{i+2} \bmod 2^{i+3}$$

ist.

Dann ist

$$5^{2^{i+1}} = (1 + 2^{i+2} + k2^{i+3})^2 = 1 + 2^{2(i+2)} + k^2 2^{2(i+3)} + 2\cdot 2^{i+2} + 2k2^{i+3} +$$

$$2\cdot 2^{i+2}k2^{i+3} \equiv 1 + 2^{i+3} \bmod 2^{i+4}.$$

Daher ist $5^{2^{e-3}} \equiv 1 + 2^{e-1} \not\equiv 1 \bmod 2^e$ und $5^{2^{e-2}} \equiv 1 + 2^e \bmod 2^{e+1}$, so daß $5^{2^{e-2}} \equiv 1 \bmod 2^e$ ist. Also ist $\{5^i + 2^e\mathbb{Z} \mid i = 1,\ldots,2^{e-2}\}$ eine Untergruppe der Ordnung 2^{e-2} von $G(\mathbb{Z}/2^e\mathbb{Z})$. Wäre $-1 \equiv 5^i \bmod 2^e$, so wäre $-1 \equiv 5^i \bmod 4$. Nun ist aber $5 \equiv 1 \bmod 4$ und folglich $5^i \equiv 1 \bmod 4$. Daher wäre $-1 \equiv 1 \bmod 4$: ein Widerspruch. Also ist $-1 + 2^e\mathbb{Z} \notin \langle 5 + 2^e\mathbb{Z}\rangle$. Wegen $|\langle -1 + 2^e\rangle| = 2$ folgt schließlich, daß $G(\mathbb{Z}/2^e\mathbb{Z}) = \langle 5 + 2^e\mathbb{Z}\rangle \times \langle -1 + 2^e\mathbb{Z}\rangle$ ist, q. e. d.

Aufgaben

1) R sei ein kommutativer Ring und H sei ein multiplikatives System von R. Es sei ferner $\mathcal{J} = \{I \mid I \text{ ist Ideal von } R \text{ mit } I \cap H = \emptyset\}$. Zeige, daß $\mathcal{J}$ ein maximales Element P enthält und daß P ein Primideal ist.

2) K sei ein kommutativer Körper und $R = K[x,y]$ sei der Polynomring in den beiden Unbestimmten x und y über K. Zeige, daß $xR + yR$ kein Hauptideal ist.

3) Bestimme eine natürliche Zahl x mit $x \equiv 2 \bmod 17$, $x \equiv -5 \bmod 19$ und $x \equiv 23 \bmod 25$.

4. Moduln über Hauptidealringen. Es sei M ein Modul über einem Integritätsbereich R. Gibt es zu $m \in M$ ein $r \in R^*$ mit $rm = 0$, so heißt m ein Torsionselement von M. Die Menge aller Torsionselemente von M bezeichnen wir mit T(M). Wir nennen T(M) den Torsionsuntermodul von M. Ist $T(M) = \{0\}$, so nennen wir M torsionsfrei. Ist $M = T(M)$, so heißt M ein Torsionsmodul. Beispiele für diese Extremfälle sind die Vektorräume, die stets torsionsfrei sind, und die endlichen abelschen Gruppen, die, wenn man sie als $\mathbb{Z}$-Moduln auffaßt, stets Torsionsmoduln sind.

Daß T(M) wirklich ein Teilmodul ist, zeigt u.a. der folgende Satz.

4.1. Satz. Ist M ein Modul über einem Integritätsbereich, so ist T(M) ein Teilmodul von M und M/T(M) ist torsionsfrei.

Beweis. Es sei $m \in T(M)$, $r \in R^*$ und $rm = 0$. Ist $a \in R$, so ist $r(am) = a(rm) = a0 = 0$, so daß $am \in T(M)$ gilt. Ist ferner $m' \in T(M)$, $r' \in R^*$ und $r'm' = 0$, so ist einmal $rr' \neq 0$ und $rr'(m + m') = r'(rm) + r(r'm') = 0$. Also ist auch $m + m' \in T(M)$, so daß $T(M)$ ein Teilmodul von M ist.

Es sei $m + T(M) \in T(M/T(M))$. Es gibt dann ein $r \in R^*$ mit $rm \in T(M)$. Hieraus folgt die Existenz eines $r' \in R^*$ mit $r'(rm) = 0$. Weil R ein Integritätsbereich ist, ist $rr' \neq 0$, so daß $m \in T(M)$ gilt. Also ist $T(M/T(M)) = \{T(M)\}$, q. e. d.

Ist M ein R-Linksmodul und ist $x \in M$, so setzen wir $O(x) = \{r | r \in R, rx = 0\}$. Offenbar ist $O(x)$ ein Linksideal von R. Dieses Linksideal nennen wir das Ordnungsideal von x.

Der R-Modul M heißt zyklisch, falls es ein $x \in M$ gibt mit $M = Rx$.

Der Untermodul U des R-Moduls M heißt rein, falls es zu jedem Paar $(r,m) \in R \times M$ mit $rm \in U$ ein $u \in U$ mit $rm = ru$ gibt. Reine Untermoduln von M sind M und $\{0\}$. Ferner gilt

4.2. Hilfssatz. Ist M ein Modul über einem Integritätsbereich R und ist U ein Teilmodul von M, so gilt:

a) Ist U ein direkter Summand von M, so ist U rein.

b) Ist M/U torsionsfrei, so ist U rein.

Insbesondere ist T(M) rein.

Beweis. a) Es sei $x \in M = U \oplus V$, $r \in R$ und $rx \in U$. Es gibt dann ein $u \in U$ und ein $v \in V$ mit $x = u + v$. Daher ist $rx = ru + rv$. Wegen $rx \in U$ ist daher $rv \in U \cap V = \{0\}$, so daß $rx = ru$ mit $u \in U$ ist.

b) Es sei M/U torsionsfrei. Ferner sei $r \in R$, $x \in M$ und $rx \in U$. Ist $r = 0$, so ist $rx = r0$, so daß die Gleichung $rx = ru$ eine Lösung $u \in U$ hat. Es sei also $r \neq 0$. Dann ist $r(x + U) = rx + U = U$. Weil M/U torsionsfrei ist, folgt $x + U = U$, so daß x in U liegt, q. e. d.

Alle Unterräume eines Vektorraumes sind rein, wie man sich leicht überlegt. (Der Hilfssatz 4.2, so wie er formuliert ist, erledigt nur den Fall der Vektorräume über kommutativen Körpern.) Ein Beispiel für das andere Extrem, daß nämlich $\{0\}$ und M die einzigen reinen Untermoduln sind, liefern die Prüfergruppen. Ist nämlich $M = \mathbb{Z}(p^\infty)$ und fassen wir M als $\mathbb{Z}$-Modul auf, so ist $U = \langle \frac{1}{p^i} + \mathbb{Z} \rangle$ mit einem geeigneten $i \in \mathbb{N}$, falls U ein von $\{0\}$ und M verschiedenen Teilmodul von M ist.

Nun ist $p(\frac{1}{p^{i+1}} + \mathbb{Z}) = \frac{1}{p^i} + \mathbb{Z} \in U$. Es gibt aber kein $x \in U$ mit $px = \frac{1}{p^i} + \mathbb{Z}$, so daß U unrein ist.

<u>4.3. Hilfssatz</u>. M sei ein Modul über dem Hauptidealring R. Ist U ein reiner Untermodul von M, so gibt es zu jedem $y \in M$ ein $x \in y + U$ mit $O(x) = O(y + U)$.

Beweis. Es sei $z \in y + U$. Ist $r \in O(z)$, so ist $r(y + U) = rz + U = U$, so daß $r \in O(y + U)$ ist. Also gilt für alle $z \in y + U$ die Inklusion $O(z) \subseteq O(y + U)$. Weil R ein Hauptidealring ist, gibt es ein $r \in R$ mit $O(y + U) = rR$. Es ist dann $ry \in U$. Weil U ein reiner Untermodul ist, gibt es ein $u \in U$ mit $ry = ru$. Setzt man $x = y - u$, so ist $x \in y + U$. Ferner ist $rx = 0$, so daß $r \in O(x)$ ist. Hieraus folgt $O(y + U) = rR \subseteq O(x)$, so daß $O(x) = O(y + U)$ ist, q. e. d.

<u>4.4. Satz</u>. M sei ein Modul über dem Hauptidealring R und U sei ein reiner Teilmodul von M. Ist M/U die direkte Summe zyklischer R-Moduln, so ist U ein direkter Summand von M.

Beweis. Nach Voraussetzung ist $M/U = \bigoplus_{i \in I} Z_i$ mit zyklischen R-Moduln Z_i. Das Auswahlaxiom liefert die Existenz einer Familie $(X_i \mid i \in I)$ mit $Z_i = RX_i$ für alle $i \in I$. Aus 4.2 folgt wieder mit Hilfe des Auswahlaxioms die Existenz einer Familie $(x_i \mid i \in I)$ mit $x_i \in X_i$ und $O(x_i) = O(X_i)$. Wir setzen $W = \sum_{i \in I} Rx_i$. Ist $m \in M$, so ist $m + U \in M/U$. Es gibt daher eine endliche Teilmenge J von I und zu jedem $j \in J$ ein $r_j \in R$ mit $m + U = \sum_{i \in J} r_j(x_j + U)$. Folglich gibt es ein $u \in U$ mit $m = u + \sum_{j \in J} r_j x_j$, so daß $m \in U + W$ ist. Somit ist $M = U + W$. Es sei schließlich $u = \sum_{j \in J} r_j x_j \in U \cap W$. Dann ist $U = \sum_{j \in J} r_j(x_j + U)$, so daß $r_j \in O(x_j + U) = O(x_j)$ für alle $j \in J$ ist. Folglich ist $u = \sum_{j \in J} r_j x_j = 0$, so daß $U \cap W = \{0\}$ ist. Daher gilt $M = U \oplus W$, q. e. d.

Dieser Beweis ist eine Verfeinerung des ersten Beweises, den wir für Satz IV.6.4 gaben.

<u>4.5. Hilfssatz</u>. Ist M ein zyklischer Modul über einem Hauptidealring, so ist jeder Teilmodul von M zyklisch.

Beweis. Es sei M ein zyklischer Modul über dem Hauptidealring R. Es gibt dann ein $m \in M$ mit $M = Rm$. Setzt man $\phi(r) = rm$ für alle $r \in R$, so ist $\phi \in \mathrm{Hom}_R(R,M)$. Überdies ist ϕ surjektiv. Ferner ist $\mathrm{Kern}(\phi) = O(m)$. Nach IV.2.2 ist daher $R/O(m)$ zu M isomorph. Es genügt daher nachzuweisen, daß alle Teilmoduln von $R/O(m)$ zyklisch sind. Es sei X ein Teilmodul von $R/O(m)$. Nach IV.2.3 gibt es dann einen Teilmodul I von R mit $O(m) \subseteq I$ und $I/O(m) = X$. Als Teilmodul ist I ein Linksideal von R. Weil R kommutativ ist, ist I daher sogar ein Ideal. Daher ist $I = Ra$ mit $a \in R$, da R ja ein Hauptidealring ist. Somit ist $X = R(a + O(m))$, q. e. d.

4.6. Satz. Ist M ein endlich erzeugter, torsionsfreier Modul über einem Hauptidealring R, so ist M die direkte Summe von endlich vielen zyklischen R-Moduln.

Beweis. Es sei M das Erzeugnis der $a_1,\dots,a_n$. Ist $n = 1$, so ist $M = Ra_1$ zyklisch. Es sei also $n > 1$ und 4.6 sei für $n - 1$ bewiesen. Nach IV.2.3 gibt es einen Teilmodul U von M mit $U \supseteq Ra_n$ und $U/Ra_n = T(M/Ra_n)$. Nach Kapitel IV., Abschnitt 2, Aufgabe 1) ist $M/U \cong (M/Ra_n)/(U/Ra_n) = T(M/Ra_n)$, so daß M/U nach 4.1 torsionsfrei ist. Nach 4.2 b) ist U folglich rein. Nun wird M/U von $a_1 + U,\dots,a_{n-1} + U$ erzeugt, da $a_n \in U$ ist. Weil M/U torsionsfrei ist, ist M/U nach Induktionsannahme die direkte Summe von endlich vielen zyklischen R-Moduln. Nach 4.4 gibt es also, da U ja rein ist, einen Teilmodul W mit $M = U \oplus W$. Wegen $U \cong M/W$ ist U endlich erzeugt. $\{b_1,\dots,b_k\}$ sei ein solches Erzeugendensystem von U. Wegen $U/Ra_n = T(M/Ra_n)$ gibt es Elemente $r_1,\dots,r_k \in R^*$ und $s_1,\dots,s_k \in R$ mit $r_i b_i = s_i a_n$ für $i = 1,\dots,k$. Ist $x \in U$, so gibt es $f_1,\dots,f_k \in R$ mit $x = \sum_{i=1}^{k} f_i b_i$. Setzt man $r = \prod_{j=1}^{k} r_j$ und definiert man g_i vermöge $f_i r = g_i r_i$, so ist $rx = \sum_{i=1}^{k} g_i r_i b_i = (\sum_{i=1}^{k} g_i s_i) a_n$. Die Abbildung $x \to rx$ ist also ein Homomorphismus von U in Ra_n. Weil M torsionsfrei und weil $r \neq 0$ ist, ist diese Abbildung sogar ein Isomorphismus von U in Ra_n. Weil nach 4.5 alle Teilmoduln von Ra_n zyklisch sind, folgt, daß $U = Z_1$ zyklisch ist. Nun ist $W \cong M/U$, so daß auch W die direkte Summe zyklischer Moduln $Z_2,\dots,Z_t$ ist. Daher ist $M = \bigoplus_{i=1}^{t} Z_i$, q. e. d.

Der R-Linksmodul M heißt <u>frei</u>, falls M die direkte Summe von zu R isomorphen Teilmoduln ist. Dabei ist diese Isomorphie so zu verstehen, daß man R(+) als R-Linksmodul auffaßt. Ist M ein endlich erzeugter, torsionsfreier Modul über dem Hauptidealring R, so ist M also frei, denn nach 4.6 ist M die direkte Summe zyklischer R-Moduln, die als torsionsfreie R-Moduln zu R isomorph sind.

4.7. Satz. R sei ein kommutativer Ring mit 1. Ferner seien M und N freie R-Moduln. Ist $M = \bigoplus_{i \in I} M_i$ und $N = \bigoplus_{j \in J} N_j$ mit $M_i \cong N_j \cong R$ für alle $i \in I$ und alle $j \in J$, so ist genau dann $M \cong N$, wenn es eine Bijektion von I auf J gibt.

Beweis. Es sei zunächst ϕ eine Bijektion von I auf J. Ferner sei $\Sigma_{i,j}$ die Menge der Isomorphismen von M_i auf N_j. Nach Voraussetzung ist dann $\Sigma_{i,j} \neq \emptyset$. Somit läßt sich auf $(\Sigma_{i,\phi(i)} \mid i \in I)$ das Auswahlaxiom anwenden. Es gibt also eine Familie $(\sigma_i \mid i \in I)$ mit $\sigma_i \in \Sigma_{i,\phi(i)}$ für alle $i \in I$. Nach IV.7.2 gibt es daher ein $\sigma \in \mathrm{Hom}_R(M,N)$ mit $\sigma(m) = \sigma_i(m)$ für alle $i \in I$ und alle $m \in M_i$. Man rechnet leicht nach, daß σ sogar ein Isomorphismus vom M auf N ist. (Man beachte, daß wir bisher noch keinen Gebrauch davon gemacht haben, daß R kommutativ ist und eine Eins besitzt.)

Es sei nun σ ein Isomorphismus von M auf N. Dann ist $N = \bigoplus_{i \in I} \sigma(M_i)$ und $\sigma(M_i)$ ist ein zu R isomorpher Teilmodul von N. Daher hat N die beiden direkten Zerlegungen $N = \bigoplus_{i \in I} \sigma(M_i) = \bigoplus_{j \in J} N_j$. Wir können daher o. B. d. A. annehmen, daß M = N und daß $\sigma = 1$ ist. Weil R ein Ring mit 1 ist, enthält R nach 3.1 ein maximales Ideal μ, und weil R kommutativ ist, folgt weiter, daß R/μ ein Körper ist. Setzt man

$$\mu M = \{x \mid x = \sum_{i=1}^{n} r_i m_i,\ r_i \in \mu,\ m_i \in M\},$$

dann ist μM ein Teilmodul von M. Ferner wird $M/\mu M$ durch die Vorschrift $(r + \mu)(m + \mu M) = rm + \mu M$ zu einem R/μ-Modul, d.h. zu einem Vektorraum über dem Körper R/μ. Es sei $M_i = Rm_i (i \in I)$. (Hier wird das Auswahlaxiom benutzt.) Dann ist, wie wir jetzt zeigen werden, $\{m_i + \mu M \mid i \in I\}$ eine Basis von $M/\mu M$. Sicherlich ist $\{m_i + \mu M \mid i \in I\}$ ein Erzeugendensystem. Um die Unabhängigkeit zu beweisen, müssen wir zeigen, daß aus $\sum_{i \in I} r_i m_i \in \mu M$ (nur endlich viele r_i ungleich Null) folgt, daß $r_i \in \mu$ ist. Wegen $\sum_{i \in I} r_i m_i \in \mu M$ gibt es $s_\alpha \in \mu$ und $x_\alpha \in M (\alpha = 1,\ldots,n)$ mit $\sum_{i \in I} r_i m_i = \sum_{\alpha=1}^{n} s_\alpha x_\alpha$. Nun ist $x_\alpha = \sum_{i \in I} t_{\alpha i} m_i$ (nur endlich viele $t_{\alpha i}$ ungleich Null) und daher $\sum_{i \in I} r_i m_i = \sum_{\alpha=1}^{n} s_\alpha \sum_{i \in I} t_{\alpha i} m_i = \sum_{i \in I} (\sum_{\alpha=1}^{n} s_\alpha t_{\alpha i}) m_i$. Hieraus folgt $(r_i - \sum_{\alpha=1}^{n} s_\alpha t_{\alpha i}) m_i = 0$ für alle $i \in I$. Es sei nun σ ein Isomorphismus von R auf $M_i = Rm_i$. Ferner sei $e \in R$ und $\sigma(e) = m_i$. Dann ist $\sigma(re) = r\sigma(e) = rm_i$, so daß $\sigma(Re) = Rm_i = M_i$ ist. Weil σ bijektiv ist, folgt hieraus Re = R, so daß e eine Einheit von R ist. Nun ist

$$0 = \sigma^{-1}((r_i - \sum_{\alpha=1}^{n} s_\alpha t_{\alpha i}) m_i) = (r_i - \sum_{\alpha=1}^{n} s_\alpha t_{\alpha i}) e.$$

Weil e eine Einheit ist, folgt hieraus $r_i = \sum_{\alpha=1}^{n} s_\alpha t_{\alpha i} \in \mu$, da ja $s_\alpha \in \mu$ für alle α gilt. Damit ist gezeigt, daß $\{m_i + \mu M \mid i \in I\}$ eine Basis ist. Ebenso zeigt man, daß $\{n_j + \mu M \mid j \in J\}$, wobei $N_j = Rn_j$ ist, eine Basis von $M/\mu M$ ist. Aus IV.5.2 folgt nun, daß es eine Bijektion von I auf J gibt, q. e. d.

Ist I endlich und $|I| = n$, so heißt M frei vom Range n.

4.8. Satz. Ist M ein endlich erzeugter Modul über dem Hauptidealring R, so ist $M = T(M) \oplus F$ mit einem endlich erzeugten freien R-Modul F, dessen Rang nur von M abhängt. Überdies ist auch T(M) endlich erzeugt.

Beweis. Mit M ist auch $M/T(M)$ endlich erzeugt. Da T(M) ein reiner Teilmodul von M ist, folgt nach 4.6 und 4.4, daß $M = T(M) \oplus F$ mit einem freien Modul F ist. Wegen der Isomorphie von F mit $M/T(M)$ folgt weiter, daß F endlich erzeugt und daß der Rang von F gleich dem Rang von $M/T(M)$ ist. Wegen $T(M) \cong M/F$ folgt schließlich noch, daß auch $T(M)$ endlich erzeugt ist, q. e. d.

4.9. Korollar. Sind M und N zwei endlich erzeugte Moduln über dem Hauptidealring R, so sind M und N genau dann isomorph, wenn $T(M) \cong T(N)$ und $M/T(M) \cong N/T(N)$ gilt.

Beweis. σ sei ein Isomorphismus von M auf N. Ist $rm = 0$, so ist $0 = \sigma(rm) = r\sigma(m)$, so daß $\sigma(T(M)) \subseteq T(N)$ ist. Ist $rn = 0$ und $m = \sigma^{-1}(n)$, so ist $rm = r(\sigma^{-1}(n)) = \sigma^{-1}(rn) = 0$, so daß sogar $\sigma(T(M)) = T(N)$ ist. Folglich sind $T(M)$ und $T(N)$ isomorph. Ebenso leicht sieht man, daß durch $\sigma^*(m + T(M)) = \sigma(m) + T(N)$ eine Abbildung definiert wird, die sogar ein Isomorphismus von $M/T(M)$ auf $N/T(N)$ ist. (Beim Nachrechnen dieser Behauptungen muß man von der bereits bewiesenen Tatsache $\sigma(T(M)) = T(N)$ Gebrauch machen.)

Es gelte umgekehrt $T(M) \cong T(N)$ und $M/T(M) \cong N/T(N)$. Nach 4.8 ist $M = T(M) \oplus F$ und $N = T(N) \oplus H$. Ferner ist $F \cong M/T(M) \cong N/T(N) \cong H$. Ist nun μ ein Isomorphismus von $T(M)$ auf $T(N)$ und ν ein Isomorphismus von F auf H und definiert man für $t \in T(M)$ und $f \in F$ die Abbildung σ von M in N durch $\sigma(t + f) = \mu(t) + \nu(f)$, so ist σ ein Isomorphismus von M auf N, q. e. d.

Um einen vollständigen Überblick über alle endlich erzeugten Moduln über Hauptidealringen zu erhalten, müssen wir nun nur noch die Struktur der endlich erzeugten Torsionsmoduln über Hauptidealringen aufdecken. Einen wesentlichen Schritt in dieser Richtung liefert der folgende Satz. Zuvor jedoch noch eine Definition. Sind a und b Elemente des Ringes R, so heißen a und b assoziiert, falls es eine Einheit e von R gibt mit $a = eb$.

4.10. Satz. T sei ein Torsionsmodul über dem Hauptidealring R. Ist $\mathfrak{p}$ ein maximales Ideal von R, so setzen wir

$$T(\mathfrak{p}) = \{x \mid x \in T,\ O(x) = \mathfrak{p}^i \text{ für ein } i \in \mathbb{N}_0\}.$$

Dann ist $T = \bigoplus_{\mathfrak{p}} T(\mathfrak{p})$, wobei die Summation über alle maximalen Ideale $\mathfrak{p}$ von R zu erstrecken ist. Ist T' ein zweiter Torsionsmodul über R, so gibt es genau dann einen Isomorphismus von T auf T', wenn $T(\mathfrak{p}) \cong T'(\mathfrak{p})$ für alle maximalen Ideale $\mathfrak{p}$ von R gilt.

Beweis. Banale Rechnungen zeigen, daß $T(\mathfrak{p})$ ein Teilmodul von T ist. Es sei nun $x \in T$. Dann ist $O(x) = rR$ mit $r \neq 0$, da T ja ein Torsionsmodul ist. Nach 3.4 gibt es endlich viele, paarweise nicht-assoziierte Primelemente $p_1, \ldots, p_n$, eine Einheit e und natürliche Zahlen $a_1, \ldots, a_n$ mit $r = e \prod_{i=1}^{n} p_i^{a_i}$. Es sei r_i das durch $er_ip_i^{a_i} = r$ definierte Element von R. Ferner sei $r_1R + \ldots + r_nR = dR$. Dann ist $r_i \in dR$, so daß d ein Teiler von allen r_i ist. Ist p ein Primteiler von d, so ist p ein Teiler von r_i für alle i. Nach dem Satz von der eindeutigen Primfaktorzerlegung gibt es daher wegen $p \nmid r_1$ eine Einheit e_1 und ein $i \in \{2,3,\dots,n\}$ mit $p = e_1 p_i$. Nun ist p auch ein Teiler von r_i. Daher gibt es eine weitere Einheit e_2 und ein $j \in \{1,2,\dots,n\} \setminus \{i\}$ mit $p = e_2 p_j$. Also ist $e_1 p_i = e_2 p_j$ im Widerspruch zu der Voraussetzung, daß p_i und p_j nicht assoziiert sind. Dieser Widerspruch zeigt, daß d eine Einheit ist. Somit ist $r_1 R + \dots + r_n R = R$. Es gibt folglich Elemente $s_1,\dots,s_n \in R$ mit $\sum_{i=1}^{n} r_i s_i = 1$. Daher ist $x = \sum_{i=1}^{n} r_i s_i x$. Setze $x_i = r_i s_i x$. Dann ist $p_i^{a_i} x_i = s_i e^{-1} rx = 0$, so daß $p_i^{a_i} \in O(x_i) = tR$ ist. Hieraus folgt mit Hilfe des Satzes von der eindeutigen Primfaktorzerlegung $t = p_i^{b_i} f$ mit $f \in G(R)$. Also ist $O(x_i) = p_i^{b_i} R$, so daß $x_i \in T(p_i R)$ gilt. Daher ist $T = \sum_{\mathfrak{p}} T(\mathfrak{p})$.

Es seien nun $\mathfrak{p}_1,\dots,\mathfrak{p}_n$ endlich viele maximale Ideale. Ferner sei $x_i \in T(\mathfrak{p}_i)$ und es gelte $\sum_{i=1}^{n} x_i = 0$. Schließlich sei $O(x_i) = \mathfrak{p}_i^{k(i)}$. Ist $\mathfrak{p}_i = p_i R$, so ist $O(x_i) = p_i^{k(i)} R$. Weil die $\mathfrak{p}_i$ paarweise verschieden sind, sind die $p_i^{k(i)}$ paarweise teilerfremd. Nach 3.7 gibt es daher ein $r \in R$ mit $r \equiv 0 \bmod p_i^{k(i)}$ für $i \neq j$ und $r \equiv 1 \bmod p_j^{k(j)}$. Daher ist $0 = r \sum_{i=1}^{n} x_i = \sum_{i=1}^{n} rx_i = x_j$. Da dies für alle j gilt, folgt, daß $T = \bigoplus_{\mathfrak{p}} T(\mathfrak{p})$ ist.

Die Isomorphieaussage ist nun trivial, q. e. d.

Ist T endlich erzeugt, so sind nicht alle $T(\mathfrak{p})$ von $\{0\}$ verschieden. Welche maximalen Ideale $\mathfrak{p}$ wirklich vorkommen, beschreibt der nächste Satz.

Für einen R-Modul M setzen wir $\mathfrak{a}(M) = \{r \mid r \in R, rx = 0 \text{ für alle } x \in M\}$. Offenbar ist $\mathfrak{a}(M)$ ein Ideal in R.

4.11. Satz. Es sei T ein endlich erzeugter Torsionsmodul über dem Hauptidealring R. Ist dann $\mathfrak{a}(T) = rR$, so ist $r \neq 0$. Ist ferner $r = \prod_{i=1}^{n} p_i^{a_i}$ die Zerlegung von r in Primfaktoren mit paarweise nicht-assoziierten p_i, so ist genau dann $T(\mathfrak{p}) \neq \{0\}$, wenn $\mathfrak{p} \in \{p_i R \mid i = 1,2,\dots,n\}$ ist. Ferner ist $\mathfrak{a}(T(p_i R)) = p_i^{a_i} R$.

Beweis. Es sei $\{b_1,\dots,b_m\}$ ein Erzeugendensystem von T. Ferner sei $O(b_i) = r_i R$. Weil T ein Torsionsmodul ist, ist $r_i \neq 0$ für alle i. Wegen $r_1 \dots r_m b_i = 0$ für alle i folgt, daß $0 \neq r_1 \dots r_m \in \mathfrak{a}(T)$ ist. Also ist $r \neq 0$. Es sei nun $T(\mathfrak{p}) \neq \{0\}$. Es sei ferner $0 \neq x \in T(\mathfrak{p})$ und $O(x) = p^t R$. Wegen $rx = 0$ ist $r \in p^t R$, so daß p ein Teiler von r ist, da wegen $x \neq 0$ ja $t \geqslant 1$ ist. Hieraus folgt die Existenz einer Einheit f und eines $i \in \{1,2,\dots,n\}$ mit $fp = p_i$. Daher ist $\mathfrak{p} = fpR = p_i R$. Damit ist die eine Hälfte unserer Behauptungen bewiesen.

Weil $T(p_iR)$ ein direkter Summand von T ist, ist auch $T(p_iR)$ endlich erzeugt. Es sei $\{x_{i1},\ldots,x_{iv}\}$ ein Erzeugendensystem von $T(p_iR)$. Die Ordnungsideale von $x_{i1},\ldots,x_{iv}$ sind Potenzen von p_iR, so daß wir o. B. d. A. annehmen können, daß $p_i^{e_i}R = O(x_{i1}) \subseteq O(x_{ij})$ ist für $j = 1,2,\ldots,v$. Dann ist aber $p_i^{e_i}T(p_iR) = \{0\}$. Setze $s = e\prod_{i=1}^{n} p_i^{e_i}$. Dann ist $sT(p_iR) = \{0\}$ und folglich $sT = \{0\}$, da ja $T = \bigoplus_{i=1}^{n} T(p_iR)$ ist. Also ist $s \in rR$, so daß r ein Teiler von s ist. Umgekehrt ist $rx_{i1} = 0$ und daher $r \in p_i^{e_i}R$ für alle i. Somit ist $p_i^{e_i}$ ein Teiler von r für alle i, so daß s ebenfalls ein Teiler von r ist. Hieraus folgt weiter, daß r und s assoziiert sind. Weil zur Konstruktion von s die Primteiler von r sowie die Einheit e benutzt wurden, folgt schließlich $r = s$. Hieraus folgt $e_i = a_i \neq 0$ für alle i, so daß $x_{i1} \neq 0$ ist. Daher ist $T(p_iR) \neq \{0\}$ für alle i. Ferner folgt $\mathfrak{u}(T(p_iR)) = O(x_{i1})$, q. e. d.

Weil jeder direkte Summand eines endlich erzeugten Moduls ebenfalls endlich erzeugt ist, wird unser Problem der Bestimmung aller Isomorphietypen von endlich erzeugten Moduln über Hauptidealringen durch 4.10 auf den Fall eines primären Moduls über einem Hauptidealring zurückgeführt. Dabei heißt ein Modul über dem Hauptidealring R primär, falls es ein maximales Ideal $\mathfrak{p}$ in R gibt, so daß es zu jedem $x \in M$ ein $i \in \mathbb{N}_0$ gibt mit $O(x) = \mathfrak{p}^i$. Wir nennen einen solchen Modul M dann auch einen $\mathfrak{p}$-Modul. Man beachte, daß die Bezeichnung $\mathfrak{p}$-Modul zwei verschiedene Bedeutungen hat, je nachdem man $\mathfrak{p}$ als einen selbständigen Ring oder als ein maximales Ideal eines Hauptidealringes auffaßt. Aus dem Zusammenhang wird jedoch immer hervorgehen, welche der beiden Bedeutungen gemeint ist.

4.12. Satz. Es sei R ein Hauptidealring. Ist M ein endlich erzeugter primärer Modul über R, so ist M die direkte Summe von endlich vielen zyklischen Teilmoduln.

Beweis. Wir machen zunächst die folgende Bemerkung: Es sei $\mathfrak{p}$ ein maximales Ideal von R und M sei ein $\mathfrak{p}$-Modul. Ferner gelte $O(x) \supseteq \mathfrak{p}^n$ für alle $x \in M$, wobei n eine natürliche Zahl ist. Ist dann $a \in M$ und $O(a) = \mathfrak{p}^n$, so ist Ra ein reiner Teilmodul von M. Um dies zu zeigen, sei $x \in M$, $r \in R$ und $rx \in Ra$. Ist $rx = 0$, so ist $rx = r0$, so daß in diesem Falle nichts mehr zu beweisen ist. Es sei also $rx \neq 0$ und $\mathfrak{p} = pR$. Dann ist $\mathfrak{p}^i = p^iR$ für alle $i \in \mathbb{N}_0$. Es sei $r = p^is$ und p sei kein Teiler von s. Es gibt dann Elemente $u,v \in R$ mit $us + vp^n = 1$. Dabei hat n dieselbe Bedeutung wie oben. Es ist $p^ix = usp^ix + vp^ip^nx$. Wegen $p^nR \subseteq O(x)$ ist folglich $p^ix = usp^ix = urx \in Ra$, da ja $rx \in Ra$ ist. Es gibt also ein $t \in R$ mit $p^ix = ta$. Es sei $O(x) = p^jR$. Wegen $rx \neq 0$ ist $p^ix \neq 0$ und folglich $p^i \notin p^jR$, so daß $j > i$ ist. Somit ist $j - i > 0$ und daher $0 = p^jx = p^{j-i}p^ix = p^{j-i}ta$. Also ist $p^{j-i}t \in p^nR$. Aus dem Satz von der eindeutigen Primfaktorzerlegung folgt somit $t \in p^{n-j+i}R$. Nun ist $O(a) = p^nR \subseteq O(x) = p^jR$ und daher $n \geqslant j$. Folglich ist $n - j + i \geqslant i$, so daß $t \in p^iR$ ist. Folglich ist

$t = p^i k$ mit $k \in R$. Setzt man $y = ka$, so ist $y \in Ra$ und es gilt $rx = sp^i x = sta = sp^i ka = ry$, so daß Ra in der Tat rein ist.

Es sei nun $\{a_1,\dots,a_n\}$ ein Erzeugendensystem von M. Ist $n = 1$, so ist $M = Ra_1$ und wir sind fertig. Es sei also $n > 1$. Weil die Ideale $\mathfrak{p}^i$ eine Kette bilden, können wir annehmen, daß $O(a_1) \subseteq O(a_i)$ für alle i ist. Dann folgt $O(a_1) \subseteq O(x)$ für alle $x \in M$, da $\{a_1,\dots,a_n\}$ ein Erzeugendensystem von M ist. Somit ist Ra_1 nach unserer Vorbemerkung ein reiner Teilmodul von M. Der Modul M/Ra_1 wird von $a_2 + Ra_1,\dots,a_n + Ra_1$ erzeugt. Nach Induktionsannahme ist M/Ra_1 daher die direkte Summe von endlich vielen zyklischen Moduln. Nach 4.4 ist daher $M = Ra_1 \oplus N$. Weil N zu M/Ra_1 isomorph ist, ist N die direkte Summe von endlich vielen zyklischen Teilmoduln, womit der Satz bewiesen ist.

4.13. Korollar. M sei ein endlich erzeugter $\mathfrak{p}$-Modul über dem Hauptidealring R.

Ist dann $O(x) \supseteq \mathfrak{p}^n$ für alle $x \in M$ und gilt für $a \in M$ die Gleichung $O(a) = \mathfrak{p}^n$, so ist Ra ein direkter Summand von M.

Beweis. Ra ist rein, wie wir beim Beweise von 4.12 gesehen haben. Ferner ist M/Ra als homomorphes Bild von M endlich erzeugt. Überdies ist auch M/Ra ein $\mathfrak{p}$-Modul, so daß M/Ra nach 4.12 direkte Summe von zyklischen Moduln ist. Nach 4.4 ist somit Ra ein direkter Summand von M, q. e. d.

Es sei R ein Hauptidealring und $\mathfrak{p}$ sei ein Primideal von R, welches von $\{0\}$ verschieden ist. Ferner sei $M \neq \{0\}$ ein endlich erzeugter $\mathfrak{p}$-Modul. Schließlich sei $\mathfrak{p} = pR$. Weil M endlich erzeugt ist, gibt es ein $e \in \mathbb{N}$ mit $p^e M = \{0\}$ und $p^{e-1}M \neq \{0\}$. Wir betrachten die Teilmoduln $p^i M$ mit $i \in \{0,1,\dots, e-1\}$. Ist $\{x_1,\dots,x_n\}$ ein Erzeugendensystem von M, so wird $p^i M$ von den $p^i x_1,\dots,p^i x_n$ erzeugt, so daß $p^i M$ und damit auch $V_i = p^i M/p^{i+1}M$ $(i = 0,1,\dots, e-1)$ endlich erzeugt ist. Wegen $p(p^i M) = p^{i+1}M$ ist V_i sogar ein $R/\mathfrak{p}$-Modul. Weil $\mathfrak{p}$ nach 3.2 maximal ist, ist $R/\mathfrak{p}$ ein kommutativer Körper, so daß V_i ein endlich erzeugter $R/\mathfrak{p}$-Vektorraum ist. Setze $d_i = \operatorname{Rg} V_i$. Die Zahlen $d_0,d_1,\dots,d_{e-1}$ heißen die Ulm'schen Invarianten von M. Sie sind alle von Null verschieden. Wäre nämlich etwa $d_j = 0$, so wäre $p^j M = p^{j+1}M$. Wäre nun $m \in M$, so gäbe es ein $m' \in M$ mit $p^j m = p^{j+1}m'$. Daher wäre $p^{e-1}m = p^{e-j-1}p^j m = p^{e-j-1}p^{j+1}m' = p^e m' = 0$, so daß $p^{e-1}M = \{0\} \neq p^{e-1}M$ wäre.

4.14. Satz. Ist R ein Hauptidealring und $\mathfrak{p} = pR$ ein von $\{0\}$ verschiedenes Primideal von R, ist M ein endlich erzeugter $\mathfrak{p}$-Modul und ist $M = Ra_1 \oplus Ra_2 \oplus \dots \oplus Ra_m$ mit $Ra_i \neq \{0\}$, sind schließlich $d_0,d_1,\dots,d_{e-1}$ die Ulm'schen Invarianten von M, so ist d_s die Anzahl der a_i mit $O(a_i) \subseteq p^{s+1}R$.

Beweis. Wir können o. B. d. A. annehmen, daß $O(a_1) \subseteq O(a_2) \subseteq \dots \subseteq O(a_m)$ ist. Ist $O(a_i) = p^{e_i}R$, so ist also $e_1 \geq e_2 \geq \dots \geq e_m \geq 1$. Es sei $k \in \{1,2,\dots,m\}$ und $e_k > s \geq e_{k+1}$. Ferner sei $x \in p^sM$. Es gibt dann ein $y \in M$ mit $x = p^sy$. Es sei $y = \sum_{i=1}^{m} r_ia_i$. Dann ist $x = \sum_{i=1}^{m} p^sr_ia_i$. Wegen $s \geq e_{k+1}$ ist $p^s \in O(a_j)$ für $j = k + 1, \dots, m$. Also ist $x = \sum_{i=1}^{k} r_ip^sa_i$. Folglich ist $p^sM = \langle p^sa_i \mid i = 1,2,\dots,k \rangle$ und daher $V_s = \langle p^sa_i + p^{s+1}M \mid i = 1,2,\dots,k \rangle$. Daher ist $d_s \leq k$.

Es seien nun $r_1,\dots,r_k \in R$ und es gelte $p^{s+1}M = \sum_{i=1}^{k} (r_{i_k} + \mathfrak{p})(p^sa_i + p^{s+1}M)$. Dann ist $\sum_{i=1}^{k} r_ip^sa_i \in p^{s+1}M$. Es gibt also ein $y \in M$ mit $\sum_{i=1}^{k} r_ip^sa_i = p^{s+1}y$. Nun ist $y = \sum_{i=1}^{m} s_ia_i$ mit geeigneten $s_i \in R$. Folglich ist $\sum_{i=1}^{k} r_ip^sa_i = \sum_{i=1}^{m} s_ip^{s+1}a_i$. Hieraus folgt $r_ip^s - s_ip^{s+1} \in O(a_i) = p^{e_i}R$ für $i = 1,2,\dots,k$. Nun ist $e_i > s$ für diese i und damit $e_i \geq s + 1$, so daß $p^{e_i}R \subseteq p^{s+1}R$ ist. Folglich ist $r_ip^s - s_ip^{s+1} \in p^{s+1}R$ und daher $r_ip^s \in p^{s+1}R$ für alle $i \in \{1,2,\dots,k\}$. Hieraus folgt wiederum $r_i \in pR = \mathfrak{p}$ für alle diese i, so daß die Menge $\{p^sa_i + p^{s+1}M \mid i = 1,2,\dots,k\}$ eine Basis von V_i ist. Also ist $d_s = k$, q. e. d.

<u>4.15. Korollar</u>. R sei ein Hauptidealring und pR sei ein Primideal von R, welches von $\{0\}$ verschieden ist. Sind M und N zwei endlich erzeugte pR-Moduln, so sind die folgenden Bedingungen äquivalent:

a) M und N sind isomorph.

b) Sind $d_0,d_1,\dots,d_{e-1}$ die Ulm'schen Invarianten von M und $d'_0,d'_1,\dots,d'_{f-1}$ die Ulm'schen Invarianten von N, so ist $e = f$ und $d_i = d'_i$ für alle $i \in \{0,1,\dots,e-1\}$.

c) Ist $M = Ra_1 \oplus Ra_2 \oplus \dots \oplus Ra_m$ und $N = Rb_1 \oplus Rb_2 \oplus \dots \oplus Rb_n$ sowie $O(a_1) \subseteq O(a_2) \subseteq \dots \subseteq O(a_m)$ und $O(b_1) \subseteq O(b_2) \subseteq \dots \subseteq O(b_n)$ so ist $m = n$ und $O(a_i) = O(b_i)$ für $i = 1,2,\dots,m$.

Beweis. a) impliziert b): Es sei σ ein Isomorphismus von M auf N. Wegen $\sigma(p^im) = p^i\sigma(m)$ ist $\sigma(p^iM) \subseteq p^iN$. Ist andererseits $n \in p^iN$, so ist $n = p^ix$ mit $x \in N$. Setzt man $\sigma^{-1}(x) = m$, so ist $\sigma(p^im) = p^i\sigma\sigma^{-1}(x) = p^ix = n$, so daß $\sigma(p^iM) = p^iN$ ist. Folglich ist die Einschränkung von σ auf p^iM ein Isomorphismus von p^iM auf p^iN. Es sei $W_i = p^iN/p^{i+1}N$. Wir definieren $\phi \subseteq V_i \times W_i$ vermöge $(X,Y) \in \phi$ genau dann, wenn es ein $x \in X$ und ein $y \in Y$ mit $\sigma(x) = y$ gibt. Ist $X = x + p^{i+1}M \in V_i$, so ist $\sigma(x) + p^{i+1}N \in W_i$ und daher $(X,\sigma(x) + p^{i+1}N) \in \phi$. Es seien $(X,Y),(X,Y') \in \phi$. Es gibt dann $u,v \in X$ und $y \in Y$ und $y' \in Y'$ mit $\sigma(u) = y$ sowie $\sigma(v) = y'$. Nun ist $u - v \in p^{i+1}M$ und daher $\sigma(u - v) \in p^{i+1}N$. Also ist $y - y' = \sigma(u) - \sigma(v) = \sigma(u - v) \in p^{i+1}N$ und folglich $Y = Y'$. Also ist ϕ eine Abbildung von V_i in W_i mit $\phi(x + p^{i+1}M) = \sigma(x) + p^{i+1}N$ für alle $x \in p^iM$. Wegen $\sigma(p^iM) = p^iN$ ist ϕ sogar surjekt

Ferner ist klar, daß ϕ additiv ist. Genau dann ist $\phi(x + p^{i+1}M) = p^{i+1}N$, wenn $\sigma(x) \in p^{i+1}N$, d.h. genau dann, wenn $x \in \sigma^{-1}(p^{i+1}N) = p^{i+1}M$ ist. Folglich ist $\text{Kern}(\phi) = \{p^{i+1}M\}$, so daß ϕ bijektiv ist. Ist $r \in R$ so folgt schließlich, daß

$$\phi((r + \mathfrak{p})(x + p^{i+1}M)) = \phi(rx + p^{i+1}M) = \sigma(rx) + p^{i+1}N = r\sigma(x) + p^{i+1}N =$$

$$(r + \mathfrak{p})(\sigma(x) + p^{i+1}N) = (r + \mathfrak{p})\phi(x + p^{i+1}M)$$

ist. Somit ist ϕ ein Isomorphismus des $R/\mathfrak{p}$-Vektorraumes V_i auf den $R/\mathfrak{p}$-Vektorraum W_i. Hieraus folgt b).

b) impliziert c): Nach 4.14 ist d_s die Anzahl der a_i mit $O(a_i) \subseteq p^{s+1}R$ und d_{s-1} die Anzahl der a_i mit $O(a_i) \subseteq p^sR$. Weil es nach dem Satz von der eindeutigen Primfaktorzerlegung keine Ideale gibt, die echt zwischen $p^{s+1}R$ und p^sR liegen, folgt, daß $d_{s-1} - d_s$ die Anzahl der a_i mit $O(a_i) = p^sR$ ist. Dies gilt für $s = 1,2,\dots, e - 1$. Aus der Definition von e folgt ferner, daß d_{e-1} die Anzahl der a_i mit $O(a_i) = p^eR$ ist. Schließlich ist d_0 die Anzahl aller a_i. Da Entsprechendes für die gestrichenen d und die b_i gilt, folgt einmal $m = d_0 = d'_0 = n$ und zum andern

$$|\{i|i \in \{1,\dots,m\}, O(a_i) = p^sR\}| = d_{s-1} - d_s = d'_{s-1} - d'_s = |\{i|i \in \{1,\dots,m\},$$

$$O(b_i) = p^sR\}| \text{ bzw. } |\{i|i \in \{1,\dots,m\}, O(a_i) = p^eR\}| = d_{e-1} = d'_{e-1} =$$

$$|\{i|i \in \{1,\dots,m\}, O(b_i) = p^eR\}|.$$

Wegen $O(a_1) \subseteq \dots \subseteq O(a_m)$ und $O(b_1) \subseteq \dots \subseteq O(b_m)$ folgt daher die Behauptung.

c) impliziert a): Es ist $Ra_i \cong R/O(a_i) = R/O(b_i) \cong Rb_i$ für $i = 1,\dots,m$. Hieraus folgt alles weitere, q. e. d.

Damit haben wir nun einen vollständigen Überblick über alle Isomorphietypen von endlich erzeugten Moduln über Hauptidealringen gewonnen. Satz 4.9 besagt ja, daß zwei endlich erzeugte Moduln M und N über dem Hauptidealring R genau dann isomorph sind, wenn $T(M) \cong T(N)$ und $M/T(M) \cong N/T(N)$ ist. Ferner besagt 4.8, daß M zur direkten Summe von T(M) und M/T(M) isomorph ist. 4.1 und 4.6 besagen, daß M/T(M) und N/T(N) frei endlichen Ranges sind, und aus 4.7 folgt, daß M/T(M) und N/T(N) genau dann isomorph sind, wenn ihre Ränge gleich sind. Aus 4.10 folgt weiter, daß $M \cong \bigoplus_{\mathfrak{p}} T(M)(\mathfrak{p}) \oplus M/T(M)$ ist. Ferner folgt, daß T(M) und T(N) genau dann isomorph sind, wenn ihre Primärkomponenten es sind. Schließlich besagt 4.12, daß ein endlich erzeugter primärer Modul, die direkte Summe von endlich vielen zyklischen Teilmoduln ist, und 4.15 wiederum gibt Kriterien für die Isomorphie zweier solcher Moduln. Indem man die meisten dieser Einzelheiten wegläßt, kann man zusammenfassend sagen, daß ein endlich erzeugter Modul über einem Hauptidealring die direkte Summe von zyklischen Moduln ist.

Aufgaben

1) Jede endlich erzeugte abelsche Torsionsgruppe ist endlich.

2) Formuliere die Sätze 4.6 bis 4.15 für abelsche Gruppen und ersetze dabei die Ordnungsideale, wo sie vorkommen, stets durch die Ordnungen der Elemente.

3) Bestimme die Ordnungen der Primärkomponenten einer endlichen abelschen Gruppe. (Die Primärkomponenten einer endlichen abelschen Gruppe heißen auch ihre <u>Sylow'schen Untergruppen</u>.)

Sind $x_1,\dots,x_k,n \in \mathbb{N}$, ist $x_1 \geqslant x_2 \geqslant \dots \geqslant x_k$ und gilt $\sum_{i=1}^{k} x_i = n$, so heißt das k-tupel $(x_1,\dots,x_k)$ eine <u>Partition</u> von n. Mit $\pi(n)$ bezeichnen wir die Anzahl aller Partitionen von n. Ist z.B. $n = 6$, so ist wegen $6 = 5 + 1 = 4 + 2 = 4 + 1 + 1 = 3 + 3 = 3 + 2 + 1 = 3 + 1 + 1 + 1 = 2 + 2 + 2 = 2 + 2 + 1 + 1 = 2 + 1 + 1 + 1 + 1 = 1 + 1 + 1 + 1 + 1 + 1$ die Anzahl $\pi(6) = 11$.

4) Es sei $N = \prod_{i=1}^{r} p_i^{e_i}$ mit paarweise verschiedenen Primzahlen p_i. Zeige, daß es bis auf Isomorphie genau $\prod_{i=1}^{r} \pi(e_i)$ verschiedene abelsche Gruppen der Ordnung N gibt.

5) Zeige, daß $\pi(n)$ die Anzahl der Konjugiertenklassen in der S_n ist.

6) p sei eine Primzahl und Z_i sei die zyklische Gruppe der Ordnung p^i. Ferner sei G die Menge aller $f \in \bigtimes_{i=1}^{\infty} Z_i$ mit $f(i) \neq 0$ für höchstens endlich viele i. Addiert man die Elemente von G punktweise, so wird G zu einer abelschen Gruppe. Das Auswahlaxiom liefert eine Familie $(x_i \mid i = 1,2,3,\dots)$ mit $Z_i = \langle x_i \rangle$. Wir definieren $f_n \in G$ vermöge $f_n(i) = 0$ für $i \neq n$ und $f_n(n) = x_n$. Schließlich sei $U = \langle f_n - pf_{n+1} \mid n \in \mathbb{N} \rangle$. Zeige:

a) U ist eine reine Untergruppe von G.

b) $G/U \cong \mathbb{Z}(p^\infty)$.

c) U ist ein direkter Summand von G.

<u>5. Anwendungen auf lineare Abbildungen.</u> Wir wollen nun die Ergebnisse des vorherigen Abschnittes auf die Endomorphismen von Vektorräumen endlichen Ranges über kommutativen Körpern anwenden. Zu diesem Zweck treffen wir für den gesamten Abschnitt mit Ausnahme des Hilfssatzes 5.10 die folgenden Vereinbarungen: V ist ein endlich erzeugter Vektorraum über dem kommutativen Körper K. Ferner ist $\phi \in \mathrm{End}_K(V)$ und V_ϕ bezeichnet den vermöge ϕ definierten $K[x]$-Modul.

<u>5.1. Satz</u>. Es ist $\mathfrak{A}(V_\phi) = \mu_\phi K[x]$.

Beweis. Die Abbildung $f \to f(\phi)$ ist ein Homomorphismus von $K[x]$ in $\mathrm{End}_K(V)$. Der Kern dieses Homomorphismus ist offenbar $\mathfrak{a}(V_\phi)$. Andererseits ist μ_ϕ nach seiner Definition eine Erzeugende dieses Kerns. Folglich ist $\mathfrak{a}(V_\phi) = \mu_\phi K[x]$, q. e. d.

<u>5.2. Satz</u>. Es sei $\mu_\phi = \prod_{i=1}^{n} p_i^{a_i}$ mit paarweise nicht assoziierten irreduziblen Polynomen p_i, deren Leitkoeffizienten alle gleich 1 sind. (Eine solche Zerlegung ist möglich, da der Leitkoeffizient von μ_ϕ gleich 1 ist.) Ferner sei $a_i \geqslant 1$ für alle i. Dann ist $V_i = V_\phi(p_i K[x]) \neq \{0\}$ und $V_\phi = \bigoplus_{i=1}^{n} V_i$, wobei die direkte Zerlegung als direkte Zerlegung des $K[x]$-Moduls V_ϕ zu verstehen ist.

Dies folgt unmittelbar aus 5.1, 4.10 und 4.11.

<u>5.3. Satz</u>. Ist ϕ_i die von ϕ auf V_i induzierte lineare Abbildung, so ist $\mu_{\phi_i} = p_i^{a_i}$.

Dies folgt aus 4.11.

<u>5.4. Satz</u>. V_i ist die direkte Summe zyklischer, von $\{0\}$ verschiedener $K[x]$-Moduln $Z_{i1},\ldots,Z_{i,r(i)}$. Ist μ_{ij} das Minimalpolynom der von ϕ_i auf Z_{ij} induzierten linearen Abbildung, so ist $\mu_{ij} = p_i^{e_{ij}}$ mit $1 \leqslant e_{ij} \leqslant a_i$. Ferner ist $a_i \in \{e_{ij} \mid j = 1,2,\ldots,r(i)\}$ und durch geeignete Numerierung kann man erreichen, daß $a_i = e_{i1} \geqslant e_{i2} \geqslant \ldots \geqslant e_{i,r(i)} \geqslant 1$ ist.

5.4 folgt aus 5.3 und 4.12.

Es sei $f = x^m + \sum_{i=0}^{m-1} a_i x^i \in K[x]$. Setze

$$B(f) = \begin{pmatrix} 0 & 1 & 0 & \ldots & 0 \\ 0 & 0 & 1 & \ldots & 0 \\ \ldots & \ldots & \ldots & \ldots & \ldots \\ \ldots & \ldots & \ldots & \ldots & \ldots \\ 0 & 0 & 0 & \ldots & 1 \\ -a_0 & -a_1 & -a_2 & \ldots & -a_{m-1} \end{pmatrix}$$

B(f) heißt die <u>Begleitmatrix</u> von f.

<u>5.5. Hilfssatz</u>. Ist $f \in K[x]$ ein Polynom vom Grade m, dessen Leitkoeffizient 1 ist, so ist $\det(B(f) - xI) = (-1)^m f$.

Beweis. Man multipliziere die letzte Spalte von $B(f) - xI$ mit x und addiere sie zur vorletzten Spalte. Man multipliziere in der so gewonnenen Matrix die vorletzte Spalte mit x und addiere sie zur drittletzten Spalte dieser Matrix. So fortfahrend erhält man nach m - 1 Schritten die Matrix

$$M = \begin{pmatrix} 0 & 1 & 0 \dots 0 \\ 0 & 0 & 1 \dots 0 \\ \dots & \dots & \dots \\ 0 & 0 & 0 \dots 1 \\ -f & * & * \dots * \end{pmatrix},$$

deren Determinante nach 5.5.11 c) gleich der Determinante von $B(f) - xI$ ist. Entwickelt man M nun nach der ersten Spalte, so folgt $\det(B(f) - xI) = \det(M) = (-1)^{m+1}(-f) = (-1)^m f$, q. e. d.

Im folgenden sei $\pi_i = \text{Grad } p_i$.

5.6. Satz. Ist $Z_{ij} = K[x]b_{ij1}$, so ist $\{b_{ijk} | b_{ijk} = \phi^{k-1}b_{ij1}, k = 1,2,\dots,\pi_i e_{ij}\}$ eine K-Basis von Z_{ij}. Der Einschränkung von ϕ auf Z_{ij} ist bez. dieser Basis die Matrix $B(\mu_{ij})$ zugeordnet.

Beweis. Wir setzen $\pi_i e_{ij} = m$. Es sei nun U der von $\{b_{ijk} | k = 1,\dots,m\}$ erzeugte K-Unterraum von Z_{ij}. Dann ist $b_{ij1} \in U$. Ferner ist $\phi b_{ijk} = b_{i,j,k+1} \in U$ für $k = 1,\dots,m - 1$. Wegen $\mu_{ij} = p_i^{e_{ij}}$ ist m der Grad von μ_{ij}. Daher ist $\mu_{ij} = x^m + \sum_{l=0}^{m-1} a_l x^l$ und folglich $\phi^m = - \sum_{l=0}^{m-1} a_l \phi^l$, wobei zu beachten ist, daß diese Gleichung nur auf Z_{ij} gültig ist. Folglich ist $\phi b_{ijm} = \phi^m b_{ij1} = - \sum_{l=0}^{m-1} a_l \phi^l b_{ij1} = - \sum_{l=0}^{m-1} a_l b_{i,j,l+1} \in U$. Hieraus folgt $\phi U \subseteq U$, so daß U ein $K[x]$-Teilmodul von Z_{ij} ist. Wegen $b_{ij1} \in U$ ist somit $U = Z_{ij}$.

Es seien $t_1,\dots,t_m \in K$ und es sei $\sum_{l=1}^{m} t_l b_{ijl} = 0$. Dann ist $0 = (\sum_{l=1}^{m} t_l \phi^{l-1}) b_{ij1}$. Hieraus folgt weiter $\sum_{l=1}^{m} t_l \phi^{l-1} = 0$, so daß $\sum_{l=0}^{m-1} t_{l+1} x^l \in \mu_{ij} K[x]$ ist. Weil der Grad von μ_{ij} gleich m ist, folgt weiter, daß $\sum_{l=0}^{n-1} t_{l+1} x^l = 0$ ist. Somit ist $t_1 = t_2 = \dots$ $\dots = t_m = 0$, so daß die b_{ijk} linear unabhängig sind. Damit ist gezeigt, daß $\{b_{ijk} | k = 1,\dots,m\}$ eine K-Basis von Z_{ij} ist.

Nun ist $\phi b_{ijk} = b_{i,j,k+1}$ für $k = 1,2,\dots,m - 1$ und

$$\phi b_{ijm} = \phi^m b_{ij1} = -\sum_{l=0}^{m-1} a_l \phi^l b_{ij1} = -\sum_{l=0}^{m-1} a_l b_{i,j,l+1}.$$

Daher ist $B(\mu_{ij})$ die Matrix, welche der Einschränkung von ϕ auf Z_{ij} vermöge der Basis $\{b_{ijk}\}$ zugeordnet ist, q. e. d.

5.7. Satz von Caley-Hamilton. Ist V ein Vektorraum endlichen Ranges über dem kommutativen Körper K und ist $\phi \in \mathrm{End}_K(V)$, so ist μ_ϕ ein Teiler von χ_ϕ. Umgekehrt gilt, daß jeder irreduzible Faktor von χ_ϕ ein Teiler von μ_ϕ ist. Insbesondere folgt noch, daß jede Nullstelle von μ_ϕ ein Eigenwert von ϕ ist.

Beweis. Mit Hilfe von 5.6 und 5.5 folgt $\chi_\phi = \prod_{i=1}^{n} \prod_{j=1}^{r(i)} (-1)^{\pi_i e_{ij}} \mu_{ij}$. Ferner ist $\mu_\phi = \prod_{i=1}^{n} \mu_{i1}$, woraus alles weitere folgt, q. e. d.

Es sei $B = \{b_{ijk} \mid i = 1,\dots,n;\ j = 1,\dots,r(i);\ k = 1,\dots,\pi_i e_{ij}\}$. Dann ist B eine Basis von V. Die Matrix $\phi_{B,B}$ heißt die rationale Normalform von ϕ. Ist A eine Matrix und ist $A = \phi_{C,C}$ für eine geeignete Basis C von V, so heißt $\phi_{B,B}$ auch die rationale Normalform von A. Aus 4.15 folgt, daß jede lineare Abbildung bzw. jede quadratische Matrix mit Koeffizienten aus einem kommutativen Körper, wenn man von der Numerierung absieht, genau eine rationale Normalform hat.

Mit Hilfe von 4.10, 5.2 und 1.4 folgt

5.8. Satz. Ist V ein endlich erzeugter Vektorraum über dem kommutativen Körper K und sind $\phi, \psi \in \mathrm{End}_K(V)$ bzw. $A, B \in K_n$, so sind ϕ und ψ bzw. A und B genau dann ähnlich, wenn ϕ und ψ bzw. A und B dieselbe rationale Normalform haben.

Der Leser überlege sich selbst, daß jede Matrix, die so aussieht wie eine rationale Normalform, auch eine rationale Normalform ist.

5.9. Satz. χ_ϕ zerfalle in K vollständig in Linearfaktoren. Setzt man dann $a_{ijk} = p_i^{k-1} b_{ij1}$ für $k = 1,2,\dots, e_{ij}$, so ist $\{a_{ijk} \mid k = 1,2,\dots,e_{ij}\}$ eine Basis von Z_{ij}. Ist $p_i = x - \lambda_i$, so ist $\phi a_{ijk} = \lambda_i a_{ijk} + a_{i,j,k+1}$ für $k = 1,\dots,e_{ij} - 1$ und $\phi a_{ije_{ij}} = \lambda_i a_{ije_{ij}}$.

Beweis. Es sei U der von $\{a_{ijk} \mid k = 1,2,\dots,e_{ij}\}$ erzeugte K-Unterraum von Z_{ij}. Dann ist $a_{ij1} = b_{ij1} \in U$. Ferner ist $\phi = p_i(\phi) + \lambda_i$ und daher

$$\phi a_{ijk} = (p_i(\phi) + \lambda_i) a_{ijk} = \lambda_i a_{ijk} + p_i(\phi) a_{ijk} = \lambda_i a_{ijk} + a_{i,j,k+1}$$

für $k = 1,2,\dots,e_{ij} - 1$, so daß für diese k der Vektor ϕa_{ijk} in U liegt.

Schließlich ist

$$\phi a_{ije_{ij}} = \lambda_i a_{ije_{ij}} + p_i(\phi) a_{ije_{ij}} = \lambda_i a_{ije_{ij}} + p_i^{e_{ij}}(\phi) a_{ij1} = \lambda_i a_{ije_{ij}},$$

so daß auch $\phi a_{ije_{ij}} \in U$ gilt. Folglich ist $\phi U \subseteq U$. Hieraus und aus $b_{ij1} \in U$ folgt $U = Z_{ij}$. Also ist $\{a_{ijk} | k = 1,2,\dots,e_{ij}\}$ ein K-Erzeugendensystem von Z_{ij}. Nach Satz 5. ist Rg $Z_{ij} = e_{ij}$, da der Grad von p_i ja gleich 1 ist. Folglich ist $\{a_{ijk} | k = 1,2,\dots,e_{ij}\}$ sogar eine Basis von Z_{ij}. Damit ist bereits alles bewiesen.

$A = \{a_{ijk} | i = 1,2,\dots,n;\ j = 1,2,\dots,r(i);\ k = 1,2,\dots,e_{ij}\}$ ist eine Basis von V. Die Matrix $\phi_{A,A}$ heißt die Jordan'sche Normalform von ϕ. Wie bei der rationalen Normalform gilt auch hier der Satz, daß zwei lineare Abbildungen genau dann ähnlich sind, wenn sie die gleiche Jordan'sche Normalform haben.

Eine lineare Abbildung ϕ des K-Vektorraumes V heißt nilpotent, falls $\mu_\phi = x^a$ ist. Ist Z ein zyklischer direkter Summand von V_ϕ und ist ϕ' die Einschränkung von ϕ auf Z, so ist mit einer geeigneten Basis B von Z

$$\phi'_{B,B} = \begin{pmatrix} 0 & 1 & 0 & \dots & 0 & 0 \\ 0 & 0 & 1 & \dots & 0 & 0 \\ \dots & \dots & \dots & \dots & \dots & \dots \\ 0 & 0 & 0 & \dots & 0 & 1 \\ 0 & 0 & 0 & \dots & 0 & 0 \end{pmatrix}$$

Hieraus folgt, daß die Ähnlichkeitsklasse von ϕ durch das n-tupel (Rg Z_1, Rg $Z_2 \dots$, Rg Z_N) eindeutig bestimmt ist. Hieraus folgt weiter, daß die Anzahl der Ähnlichkeitsklassen nilpotenter Matrizen gleich π(Rg V) ist. Dabei ist $\pi(m)$ wieder die Anzahl der Partitionen der natürlichen Zahl m.

5.10. Hilfssatz. Es sei L eine endliche Erweiterung des Körpers K. Ist V ein endlich erzeugter L-Vektorraum, so ist V ein endlich erzeugter K-Vektorraum und es gilt $\mathrm{Rg}_K V = [L:K]\,\mathrm{Rg}_L V$.

Beweis. Es sei $\{b_1,\dots,b_n\}$ eine L-Basis von V und $\{a_1,\dots,a_m\}$ eine K-Basis von L. Setze $c_{ij} = b_i a_j$ für $i = 1,2,\dots,n$ und $j = 1,2,\dots,m$. Es sei $\sum_{i,j} c_{ij}k_{ij} = 0$. Dann ist

$$0 = \sum_{i=1}^{n} \sum_{j=1}^{m} b_i a_j k_{ij} = \sum_{i=1}^{n} b_i \sum_{j=1}^{m} a_j k_{ij}.$$

Wegen $\sum_{j=1}^{m} a_j k_{ij} \in L$ ist daher $\sum_{j=1}^{m} a_j k_{ij} = 0$ für $i = 1,2,\dots,n$. Daher ist $k_{ij} = 0$ für alle i und alle j. Folglich sind die c_{ij} linear unabhängig über K.

Ist $v \in V$, so gibt es $l_i \in L$ mit $v = \sum_{i=1}^{n} b_i l_i$. Ferner gibt es $k_{ij} \in K$ mit $l_i = \sum_{j=1}^{m} a_j k_{ij}$. Daher ist

$$v = \sum_{i=1}^{n} \sum_{j=1}^{m} b_i a_j k_{ij} = \sum_{i,j} c_{ij} k_{ij},$$

so daß $\{c_{ij} | i = 1,2,\ldots,n;\ j = 1,2,\ldots,m\}$ eine K-Basis von V ist. Also ist $Rg_K V = mn = [L:K]\, Rg_L V$, q. e. d.

Ist $f \in K[x]$, so bezeichnen wir mit $Ir(f)$ die Menge der f teilenden, irreduziblen Polynome aus $K[x]$, deren Leitkoeffizient gleich 1 ist.

5.11. Satz. V sei ein endlich erzeugter K-Vektorraum. Sind $\phi, \psi \in End_K(V)$, so sind die folgenden Aussagen äquivalent:

a) ϕ und ψ sind ähnlich.

b) Es ist $Rg\, f(\phi) = Rg\, f(\psi)$ für alle $f \in K[x]$.

c) Es ist $Ir(\mu_\phi) = Ir(\mu_\psi)$ und es gilt $Rg\, p^i(\phi) = Rg\, p^i(\psi)$ für alle $p \in Ir(\mu_\phi)$ und alle $i \in \mathbb{N}$.

Beweis. Sind ϕ und ψ ähnlich, so gibt es ein $\sigma \in GL(V)$ mit $\psi = \sigma^{-1}\phi\sigma$. Daher ist $f(\psi) = f(\sigma^{-1}\phi\sigma) = \sigma^{-1}f(\phi)\sigma$ für alle $f \in K[x]$. Hieraus folgt $Rg\, f(\phi) = Rg\, f(\psi)$ für alle $f \in K[x]$, so daß b) aus a) folgt.

Gilt b), so ist genau dann $Rg\, f(\phi) = 0$, wenn $Rg\, f(\psi) = 0$ ist. Daher ist $f(\phi) = 0$ mit $f(\psi) = 0$ gleichwertig. Dies impliziert wiederum $\mu_\phi = \mu_\psi$, so daß $Ir(\mu_\phi) = Ir(\mu_\psi)$ ist. Also folgt c) aus b).

Es gelte nun c) und es sei $Ir(\mu_\phi) = \{p_1,\ldots,p_n\}$ mit paarweise nicht-assoziierten, irreduziblen p_i, deren Leitkoeffizienten alle gleich 1 sind. Es sei ferner $V_i = V_\phi(p_i K[x])$ und $V_i' = V_\psi(p_i K[x])$. Es genügt zu zeigen, daß V_i und V_i' als $K[x]$-Moduln isomorph sind. Dazu genügt es nach 4.14 die Ulm'schen Invarianten $d_0, d_1, \ldots, d_{e-1}$ von V_i bzw. die Ulm'schen Invarianten $d_0', d_1', \ldots, d_{f-1}'$ von V_i' zu berechnen und zu zeigen, daß sie gleich sind.

Es sei $L = K[x]/p_i K[x]$. Dann ist $d_j = Rg_L(p_i^j V_i / p_i^{j+1} V_i)$. Nach 5.10 ist daher

$$d_j = [L:K]^{-1} Rg_K(p_i^j V_i / p_i^{j+1} V_i) = [L:K]^{-1}\{Rg_K(p_i^j V_i) - Rg_K(p_i^{j+1} V_i)\}.$$

Nun ist $V_\phi = \bigoplus_{r=1}^{n} V_r$ eine Zerlegung als $K[x]$-Modul. Daher ist

$$Rg_K(p_i^j(\phi)) = Rg_K(p_i^j V) = \sum_{k=1}^{n} Rg_K(p_i^j V_k).$$

Ferner ist $(p_i, p_k) = 1$ für $i \neq k$ und daher $Rg_K(p_i^j V_k) = Rg_K(V_k)$ für alle $k \neq i$. Somit ist, da dies ja auch für $j + 1$ an Stelle von j gilt,

$$d_j = [L:K]^{-1}\{Rg_K(p_i^j(\phi)) - Rg_K(p_i^{j+1}(\phi))\}.$$

Wegen $[L:K]$ = Grad p_i ist schließlich

$$d_j = (\text{Grad } p_i)^{-1}\{Rg_K(p_i^j(\phi)) - Rg_K(p_i^{j+1}(\phi))\}.$$

Ebenso erhält man

$$d'_j = (\text{Grad } p_i)^{-1}\{Rg_K(p_i^j(\psi)) - Rg_K(p_i^{j+1}(\psi))\}.$$

Mit Hilfe der Voraussetzung folgt daher $d_j = d'_j$ für alle j, so daß V_i und V'_i isomorph sind. Folglich sind ϕ und ψ ähnlich, q. e. d.

Um die Ähnlichkeitsklassen einer linearen Abbildung ϕ zu bestimmen, kann man also so vorgehen. Man berechnet zunächst das charakteristische Polynom χ_ϕ von ϕ und bestimmt $Ir(\chi_\phi)$. Nach dem Satz von Caley-Hamilton ist $Ir(\chi_\phi) = Ir(\mu_\phi)$. Ist $Ir(\chi_\phi) = \{p_i \mid i = 1,2,\ldots,n\}$ und $\chi_\phi = \prod_{i=1}^{n} p_i^{a_i}$, so berechne man die Zahlen Rg $p_i^j(\phi)$ für $i = 1,2,\ldots,n$ und $j = 0,1,2,\ldots,a_i$. Dabei ist trivialerweise Rg $p_i^0(\phi)$ = Rg V und Rg $p_i^{a_i}(\phi)$ = Rg V - Rg V_i, da ja V_i = Kern$(p_i^{a_i}(\phi))$ ist. Aus diesen Zahlen wiederum berechnen sich die Ulm'schen Invarianten $d_{i0}, d_{i1}, \ldots, d_{i,e_i-1}$ von V_i vermöge

$$d_{ij} = (\text{Grad } p_i)^{-1}\{Rg\ p_i^j(\phi) - Rg\ p_i^{j+1}(\phi)\}.$$

Dabei ist e_i durch Rg $p_i^{e_i-1}(\phi) \neq$ Rg $p_i^{e_i}(\phi)$ = Rg V - Rg V_i bestimmt. Mit Hilfe dieser e_i berechnet sich das Minimalpolynom von ϕ zu $\mu_\phi = \prod_{i=1}^{n} p_i^{e_i}$.

Sieht man von der Zerlegung von χ_ϕ in irreduzible Faktoren ab, die häufig nur sehr schwierig oder überhaupt nicht zu bewerkstelligen ist, so ist die Bestimmung der Ähnlichkeitsklasse von ϕ im Prinzip weiter kein Problem, da alle sonst noch vorkommenden Rechnungen in endlich vielen Schritten erledigt werden können.

Ist $\phi \in End_K(V)$ und ist B eine Basis von V, so folgt mit Hilfe von V.1.1, daß $f(\phi_{B,B}) = f(\phi)_{B,B}$ für alle Polynome $f \in K[x]$ ist. Mit 5.11 folgt daher, daß die beiden Matrizen $A,B \in K_n$ genau dann ähnlich sind, wenn Rg f(A) = Rg f(B) für alle $f \in K[x]$ gilt. Nun ist $f(A^t) = f(A)^t$ für alle $A \in K_n$ und alle $f \in K[x]$. Nach V.3.7 ist daher Rg $f(A^t)$ = Rg $f(A)^t$ = Rg f(A). Also gilt

<u>5.12. Korollar.</u> Ist K ein kommutativer Körper und ist $A \in K_n$, so sind A und A^t ähnlich.

Man könnte versucht sein, 5.12 so zu beweisen, daß man durch direkte Rechnung eine Matrix $C \in GL(n,K)$ bestimmt, für die $A = C^{-1}A^tC$ gilt.

Dies ist jedoch mit Schwierigkeiten verbunden, da C von A abhängt. Wäre nämlich $A = C^{-1}A^tC$ für alle $A \in K_n$, so wäre

$$AB = C^{-1}(AB)^tC = C^{-1}B^tA^tC = C^{-1}B^tCC^{-1}A^tC = BA,$$

so daß K_n kommutativ wäre, was für $n \geqslant 2$ nicht zutrifft.

Weiterführende Literatur: I. Kaplansky, Infinite Abelian Groups. University of Michigan Press. Ann Arbor. 4th printing 1962.

Aufgaben

1) V sei ein endlich erzeugter Vektorraum über dem kommutativen Körper K und ϕ sei ein Endomorphismus von V. Sind $\{0\}$ und V die einzigen Teilmoduln des $K[x]$-Moduls V_ϕ und ist $\mu'_\phi \neq 0$, so ist $\mu'_\phi(\phi)$ ein Automorphismus von V.

2) K sei ein kommutativer Körper und p sei ein irreduzibles Polynom über K, dessen Leitkoeffizient gleich 1 ist. Ferner sei $A = B(p)$ die Begleitmatrix von p. Ist n der Grad von p, so ist also A eine $(n \times n)$-Matrix. Mit E bezeichnen wir die $(n \times n)$-Einheitsmatrix. Definiert man die Matrix (a_{ij}) für $i,j \in \mathbb{N}$ vermöge

$$(a_{ij}) = \begin{pmatrix} A & & & & \\ E & A & & & \\ & E & A & & \\ & & E & A & \\ & & & \ddots & \ddots \\ & & & & \ddots & \ddots \end{pmatrix},$$

wobei die nicht aufgeführten Koeffizienten dieser Matrix gleich Null zu setzen sind und ist $B = \{b_i \mid i \in \mathbb{N}\}$ eine Basis des K-Vektorraumes V, so wird durch $\phi b_i = \sum_{j=1}^{\infty} b_j a_{ij}$ ein Endomorphismus ϕ von V definiert. Ist nun $p' \neq 0$, so ist $V_\phi \cong Z(p^\infty)$. (Auf folgende Frage weiß ich keine Antwort: Gibt es im Falle $p' = 0$ ebenfalls einen K-Vektorraum V und ein $\phi \in \mathrm{End}_K(V)$ mit $V_\phi \cong Z(p^\infty)$?)

Anhang

Das deutsche Alphabet:

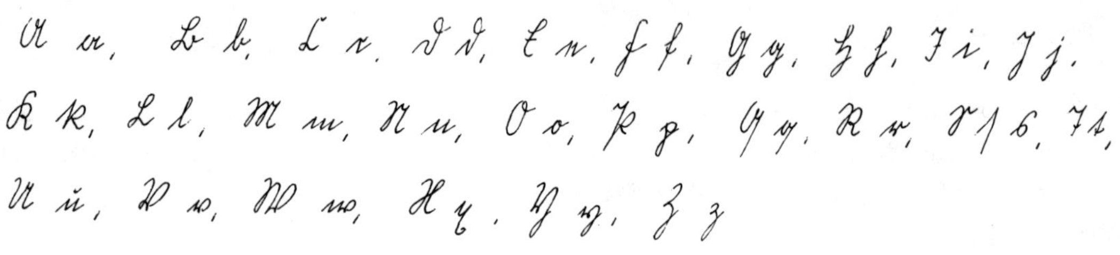

Das griechische Alphabet:

Α α	Β β	Γ γ	Δ δ	Ε ε	Ζ ζ	Η η	Θ θ	
Alpha	Beta	Gamma	Delta	Epsilon	Zeta	Eta	Theta	
Ι ι	Κ κ	Λ λ	Μ μ	Ν ν	Ξ ξ	Ο ο	Π π	Ρ ρ
Iota	Kappa	Lambda	Mü	Nü	Xi	Omikron	Pi	Rho
Σ σ	Τ τ	Υ υ	Φ φ	Χ χ	Ψ ψ	Ω ω		
Sigma	Tau	Ypsilon	Phi	Chi	Psi	Omega		

Index